高等院校土木工程专业规划教材

混凝土结构设计原理

（第2版）

李斌　薛刚　牛建刚　主编

清华大学出版社

北京

内 容 简 介

本书为高等院校土木工程专业的学科基础课教材,介绍混凝土结构构件的受力性能,房屋建筑工程、公路及桥涵工程混凝土结构设计方法。本书主要依据我国国家标准《混凝土结构设计规范》(GB 50010—2010)(2015年版)编写而成,主要内容包括:绪论,材料的基本性能,以概率理论为基础的极限状态设计方法,钢筋混凝土受弯构件、受压构件、受拉构件、受扭构件性能分析、设计计算和构造措施,钢筋混凝土构件裂缝及变形验算,预应力混凝土轴心受拉构件、受弯构件的力学性能及设计方法。

本书对混凝土结构构件的性能及分析有充分的论述,概念清楚;有明确的计算方法和详细的设计步骤,以及相当数量的计算例题,有利于理解结构构件的受力性能和具体的设计计算方法。每章有内容提要、思考题或习题等内容;文字通俗易懂,论述由浅入深,循序渐进,便于自学理解,巩固深入。书中还编排了近年注册结构工程师专业考试真题的相关内容,便于读者学习。

本书可作为高等院校土木工程专业的教材,也可供有关的设计、施工和科研人员使用。

版权所有,侵权必究。举报:010-62782989,beiqinquan@tup.tsinghua.edu.cn。

图书在版编目(CIP)数据

混凝土结构设计原理/李斌,薛刚,牛建刚主编. —2版. —北京:清华大学出版社,2017(2023.1重印)
(高等院校土木工程专业规划教材)
ISBN 978-7-302-48140-9

Ⅰ. ①混… Ⅱ. ①李… ②薛… ③牛… Ⅲ. ①混凝土结构-结构设计-高等学校-教材
Ⅳ. ①TU370.4

中国版本图书馆 CIP 数据核字(2017)第 205685 号

责任编辑:赵益鹏
封面设计:陈国熙
责任校对:刘玉霞
责任印制:丛怀宇

出版发行:清华大学出版社
    网 址:http://www.tup.com.cn, http://www.wqbook.com
    地 址:北京清华大学学研大厦 A 座   邮 编:100084
    社 总 机:010-83470000   邮 购:010-62786544
    投稿与读者服务:010-62776969,c-service@tup.tsinghua.edu.cn
    质量反馈:010-62772015,zhiliang@tup.tsinghua.edu.cn
印 装 者:三河市龙大印装有限公司
经 销:全国新华书店
开 本:185mm×260mm 印 张:20 字 数:487 千字
版 次:2014 年 8 月第 1 版 2017 年 8 月第 2 版 印 次:2023 年 1 月第 5 次印刷
定 价:59.80 元

产品编号:076531-03

前　言

2014 年 8 月以来，国家相继修订了一些规范，包括《混凝土结构设计规范》(GB 50010—2010)(2015 年版)、《公路桥涵设计通用规范》(JTG D60—2015)、《公路钢筋混凝土及预应力混凝土桥涵设计规范》(JTG D62—2012)等。为此，需要对第 1 版进行修订，主要包括了以下内容：

(1) 根据新近颁布的两个路桥方面的设计规范，在第 2～10 章，每章增加一节，讲述路桥混凝土的设计内容。

(2) 根据《混凝土结构设计规范》(GB 50010—2010)(2015 年版)局部修订有关"取消HRBF335，限制使用 HRB335 和 HPB300 钢筋"的规定，对本书的相关内容进行了修订。

(3) 根据《混凝土结构设计规范》(GB 50010—2010)(2015 年版)局部修订有关"HRB500 钢筋抗压强度设计值由原来的 410MPa 调整为 435MPa"的规定，对本书的相关内容进行了修订。

(4) 根据《混凝土结构设计规范》(GB 50010—2010)(2015 年版)局部修订有关"对轴心受压构件，当钢筋的抗压强度设计值大于 400MPa 时应取 400MPa"，以及"预应力螺纹钢筋的抗压强度设计值由原来的 410MPa 调整为 400MPa"的规定，对本书相关内容进行了修订。

本书第 2 版由第 1 版的各位作者分别修订原编写内容，新增的路桥混凝土的设计内容由薛刚执笔。

本书在编写过程中参考了国内外大量参考文献，引用了一些学者的研究成果，在此表示感谢。本教材的出版得到内蒙古科技大学的专项资助。

鉴于作者水平有限，本书第 2 版难免有错误及不妥之处，欢迎读者批评指正。

作　者

2017 年 4 月

第 1 版前言

"混凝土结构设计原理"是土木工程专业重要的专业基础课,适用于土木工程领域内所有混凝土结构的设计,如房屋建筑工程、交通土建工程、矿井建设、水利工程、港口工程等。其内容是土木工程专业本科学生应当具备的基础知识,为学生学习专业课和毕业后在本专业的其他领域继续深造提供坚实的基础。

混凝土结构由一些基本构件组成,如受弯构件、受压构件、受拉构件、受扭构件、预应力混凝土构件等。本书主要讲述混凝土结构构件的受力性能和设计计算方法,包括钢筋和混凝土材料的基本性能,以概率理论为基础的极限状态设计方法,以及钢筋混凝土结构基本构件的性能分析、设计计算和构造措施等。鉴于目前我国土木工程各领域的混凝土结构设计规范尚未统一,本书主要介绍房屋建筑工程的有关规范内容。读者在掌握了基本构件的受力性能和建筑工程混凝土结构的设计原理之后,通过自学不难掌握其他工程的混凝土结构设计原理。

本课程的教学目的如下:首先使学生从原理和问题的本质上去认识混凝土结构的受力和变形性能,正确理解钢筋混凝土的基本性能,然后引导学生掌握现行设计实践所用的主要方法,特别是现行设计规范所推荐的方法。

本书按混凝土结构构件的受力性能和特点划分章节,各章相对独立,以便根据不同的教学要求对内容进行取舍。在叙述方法上,注意到学生从数学、力学等基础课到学习学科基础课的认识规律,由浅入深,循序渐进,力求对基本概念论述清楚,使读者能较容易地掌握结构构件的力学性能及理论分析方法;有明确的计算方法和实用设计步骤,力求做到能具体应用。书中有相当数量的计算例题,有利于理解和掌握设计原理。为了便于自学,每章结尾设置了思考题或习题。

为让读者了解全国注册结构工程师的考试题型和解题思路,本书在主要章节增设全国注册结构工程师考题。该专题中都是近年注册结构师的考试真题及详解,题目和解题过程均按照《混凝土结构设计规范》(GB 50010—2010)编写,书中提到的《混凝土结构设计规范》,均指最新版规范。

本书主编为李斌、薛刚、牛建刚,副主编为郝润霞、高春彦、李云云。具体编写分工如下:第 1 章由李斌执笔,第 2、3、9 章由郝润霞执笔,第 4、5 章由李云云执笔,第 6、7 章由高春彦执笔,9.5.2 节、第 10 章由牛建刚执笔;第 8 章、各章的注册结构工程师考题及教材附录由薛刚执笔;全书由李斌、薛刚、牛建刚修改定稿。本教材的出版得到内蒙古科技大学的专项资助。

　　本书在编写过程中参考了国内外大量参考文献,引用了一些学者的资料,均在本书末的参考文献中予以列出。

　　希望本书能为读者的学习和工作提供帮助。鉴于作者水平有限,书中难免有错误及不妥之处,敬请读者批评指正。

作　者

2014 年 5 月

目　录

第 7 章 受拉构件的正截面承载力计算 ……………………………………… 167

第 8 章 受扭构件的扭曲截面承载力 ……………………………………… 175

第 1 章

绪　　论

本章主要讲述混凝土结构的一般概念,重点阐述性质不同的两种材料(钢筋和混凝土)能够结合在一起共同工作的可能性和有效性,分析混凝土结构的特点;简要介绍混凝土结构的发展与应用概况;最后指出本课程的主要内容和特点,并对混凝土结构课程的学习方法提出建议。

1.1　混凝土结构的基本概念

将水泥、砂、石子、水以及必要的添加剂按一定的比例和工序进行混合,经搅拌、养护即成为混凝土。混凝土结构主要包括素混凝土结构、钢筋混凝土结构、预应力混凝土结构和其他形式的加筋混凝土结构等。

素混凝土结构是指无筋或不配置受力钢筋的混凝土结构,在建筑工程中一般用作基础的垫层或室内外地坪,很少将其做成受力构件。钢筋混凝土结构是配置普通受力钢筋的混凝土结构。预应力混凝土是配置预应力钢筋,通过张拉或其他方法建立预应力的混凝土结构。

钢筋和混凝土都是土木工程中重要的建筑材料,混凝土有较好的抗压强度,但其抗拉强度很低,只有其抗压强度的 $1/17 \sim 1/8$;若将其用于梁构件,则起不到承担荷载的作用。钢材抗拉、抗压强度均很高,但细长条的钢筋受压易压屈,几乎不能形成实际承重结构。钢筋和混凝土两者经适当组合,则可充分发挥混凝土抗压性能好、钢筋受拉强度高的优点。

如图 1-1(a)、(b)所示两根简支梁,跨度为 3m,截面尺寸 $b \times h = 150\text{mm} \times 300\text{mm}$,混凝土强度等级为 C20,一根为素混凝土梁,另一根梁的受拉区配置了两根直径为 16mm 的钢筋(HRB400 级,记作 2Φ16)。混凝土的抗拉强度较低,在荷载作用下,素混凝土梁受拉区边缘混凝土一旦开裂,裂缝便迅速发展,梁瞬时脆断而破坏(见图 1-1(a)),此时受压区混凝土的抗压强度还远远没有充分利用,梁的承载力只有 3.8kN 左右。对于在受拉区配置钢筋的梁,当受拉区混凝土开裂后,裂缝截面处混凝土的拉力转由钢筋来承担,裂缝不会迅速发展,裂缝截面处混凝土的拉力转由钢筋来承担,故荷载还可以进一步增加,直到加荷到 27kN 时,受拉钢筋的应力达到屈服强度,随后截面受压区混凝土被压碎,梁始告破坏。试件破坏前,裂缝充分发展,梁的变形幅度较大,有明显的破坏预兆(见图 1-1(b))。由素混凝土梁与钢筋混凝土梁的对比实验可知,在混凝土中配置一定形式和数量的钢筋形成钢筋混凝土构件后,构件的承载能力可得到很大提高,受力性能也得到明显改善。

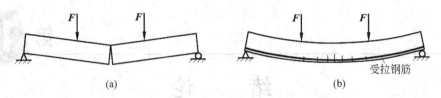

图 1-1 素混凝土梁与钢筋混凝土梁的破坏情况对比

(a) 素混凝土梁；(b) 钢筋混凝土梁

钢筋和混凝土是两种物理、力学性能不同的材料,之所以能有效地在一起共同发挥作用,首先是由于混凝土硬化后,钢筋(尤其是带肋钢筋)与混凝土之间有很好的粘结力,在外荷载作用下能协调变形、共同工作。其次,钢筋与混凝土两种材料的温度线膨胀系数颇为接近:钢为 $1.2 \times 10^{-5}/℃$,混凝土为 $(1.0 \sim 1.5) \times 10^{-5}/℃$。当温度变化时,不会产生过大的相对变形而破坏两者之间的粘结。再次,混凝土可为钢筋提供保护作用。

钢筋混凝土结构在土木工程结构中的应用非常广泛。目前在我国,大量的在役建筑和在建的工业与民用建筑采用钢筋混凝土结构,这是因为它有如下优点:

(1) 就地取材。在钢筋混凝土结构中,所占比例较大的砂和石易于就地取材,在工业废料(例如矿渣、粉煤灰等)较多的地方,还可将其部分替代水泥或加工成人造骨料用于钢筋混凝土结构中。

(2) 节约钢材。钢筋混凝土结构合理地发挥了材料的性能,达到节约钢材、降低造价的目的。

(3) 耐久性好。在钢筋混凝土结构中,混凝土的强度随时间而增长,与此同时,钢筋受混凝土的保护而不易锈蚀,所以钢筋混凝土结构的耐久性很好,不像钢结构那样需要定期保养和维修。处于侵蚀性气体或受海水浸泡的钢筋混凝土结构,经过合理的设计及采取特殊的措施,一般也可满足工程需要。

(4) 耐火性好。混凝土包裹在钢筋的外面,起着保护作用。一定的保护层厚度,可避免钢材在火灾中很快达到软化温度而造成结构整体破坏。与钢结构和木结构相比,钢筋混凝土结构的耐火性相对较好。

(5) 可模性好。可根据需要将钢筋混凝土结构浇筑成各种形状和尺寸,以适用于形状复杂的结构,如箱形结构、空间薄壳等。

(6) 整体性好。整体浇筑的钢筋混凝土结构整体性好,对结构抗震、抗爆有利。

但是,钢筋混凝土结构也存在一些缺点,主要有以下几点:

(1) 自重大。钢筋混凝土的密度约 $2.5t/m^3$,对大跨度结构、高层结构、高耸结构的抗震性能不利。

(2) 抗裂性差。混凝土的抗拉强度很低,混凝土受拉时极易产生裂缝。因此,在正常使用荷载作用下,普通钢筋混凝土结构往往带裂缝工作,从而限制了钢筋混凝土结构在防渗、防漏要求严格的容器、管道结构中的应用。

(3) 施工较复杂。现浇结构模板需耗用较多的木材,且施工受季节环境影响较大,补强修复工作比较困难。

(4) 承载力较低。与钢材相比,混凝土的强度很低,因此,钢筋混凝土构件的截面尺寸相对较大,占据较多的使用空间。

（5）结构的循环再利用率较低。在钢筋混凝土结构的原材料中,水泥、钢材都属于高耗能材料,大量使用混凝土结构将对资源、生态产生不利影响,拆除、报废的混凝土结构又会污染环境。

随着科学技术的发展,上述一些缺点已经或正在逐步加以改善。例如:

（1）针对自重大的问题,研制了轻骨料混凝土,轻质高强混凝土可达 LC60 级,密度约为 $1800 kg/m^3$,约为普通混凝土的 70%。

（2）采用预应力混凝土可有效提高结构构件的抗裂能力。

（3）采用滑模施工,利用泵送混凝土、早强混凝土、自密实混凝土可大大提高施工效率。

（4）针对钢筋混凝土承载力受限的问题,近年发展了钢骨混凝土、钢管混凝土等新型结构形式,减小了构件的截面尺寸,改善了受力性能。

（5）出于对资源、能源的保护,近年发展了绿色混凝土、再生混凝土。

1.2　混凝土结构的应用与发展概况

1.2.1　混凝土结构的发展概况

现代混凝土结构是随着水泥和钢铁工业的进步而发展起来的。1824 年,英国人 J. 阿斯普汀（J. Asptin）发明了波特兰水泥并取得专利。1850 年,法国人朗波（L. Lambot）制造了世界上第一支钢筋混凝土小船。此后,混凝土结构逐步用于结构工程。

尽管混凝土结构的历史比砖石结构和钢结构都短,但其发展非常迅速。混凝土结构的发展大体分为三个阶段。

第一阶段是从发明钢筋混凝土到 20 世纪初。这一阶段所采用的钢筋和混凝土的强度都比较低,主要用来建造中小型楼板、梁、拱和基础等构件。计算套用弹性理论,采用容许应力法设计。

第二阶段是从 20 世纪初到第二次世界大战前后。这一阶段混凝土和钢筋强度有所提高,预应力混凝土的发明和应用使钢筋混凝土可用于建造大跨的空间结构。在计算理论方面,能够考虑材料的塑性,如板的塑性铰线理论,并开始按破坏阶段计算钢筋混凝土构件的承载力。

第三阶段是第二次世界大战以后到现在。这一阶段的主要成就是高强混凝土和高强钢筋的出现及其广泛应用;装配式混凝土结构、泵送商品混凝土技术以及各种新的施工技术应用于各类土木工程,如超高层建筑、大跨度桥梁、特长的跨海隧道、高耸结构等。在计算理论方面,已过渡到充分考虑混凝土和钢筋塑性的极限状态设计理论,采用以概率论为基础的多系数表达的设计公式。

1.2.2　混凝土结构的工程应用

混凝土结构的应用范围日益扩大,无论从地上或地下,乃至海洋及工程构筑物,很多都用混凝土建造。下面从几个方面加以说明。

1. 高层建筑与大跨度结构

在房屋建筑中,工厂、住宅、办公楼等单层、多层建筑广泛采用混凝土结构。在 7 层以下的多层房屋中,部分采用砌体结构作为竖向承重构件,但楼板几乎全都采用预制混凝土板或现浇钢筋混凝土楼盖。7 层以上的大量高层建筑,采用了混凝土结构或钢与混凝土组合结构。目前,混凝土结构的高层建筑代表有朝鲜平壤市柳京饭店,105 层,高 334.2m,于 1990 年 4 月完工,主体结构采用钢筋混凝土剪力墙结构。广州天河中信广场(见图 1-2),83 层,主楼高达 391m,是国内标志性的混凝土建筑。台北国际金融中心大厦(101 大楼)采用钢筋混凝土巨型结构,1998 年 1 月动工,2003 年 10 月主体工程完工,楼高 508m,地上 101 层,地下 5 层。深圳平安金融中心屋顶高度为 597m,基础底板厚 4.5m,混凝土强度等级 C40,混凝土总量为 $3.02 \times 10^6 \mathrm{m}^3$。举世瞩目的摩天大楼哈利法塔(见图 1-3),高 818m,162 层,主体结构为混凝土结构。

图 1-2　广州天河中信广场　　　　　　图 1-3　哈利法塔

混凝土结构还用于建造民用建筑中的大跨度影剧院、体育馆、展览馆、大会堂、航空港候机大厅及其他大型公共建筑,以及工业建筑中的大跨度厂房、飞机装配车间和大型仓库等。旧金山地下展览厅采用 16 片钢筋混凝土拱,跨度为 83.8m,拱的推力达 4.8×10^4 kN。意大利都灵展览馆拱顶由装配式构件组成,跨度达 95m,非常宏伟、壮丽。钢筋混凝土薄壳组成的屋盖更是风格多样,如美国西雅图金群体育馆采用圆球壳,跨度达 202m。前南斯拉夫贝尔格莱德展览馆,采用带肋的圆球顶,直径约 110m。

2. 桥梁工程

一般中小跨径的桥梁,大部分采用钢筋混凝土建造,有梁式桥、拱桥、刚架桥和桁架桥等结构形式。有些大跨度桥梁虽然采用了钢悬索和钢制斜拉索,但其桥面结构也大部分采用混凝土结构。预应力混凝土简支梁桥在 20 世纪 20～50 年代得到广泛应用。基于拱桥的力学特性,采用钢筋混凝土建造具有更大的优势。目前,世界上跨度较大的混凝土拱桥有我国万县长江大桥(见图 1-4),跨度达到 420m。前南斯拉夫克尔克岛的克尔克 1 号桥(见图 1-5),跨度 390m。日本的别府明磐桥,跨度为 30m+351m+30m。我国 1989 年建成的四川涪陵乌江桥,全长 351.83m,主跨 200m,为拱结构,矢跨比为 1/4。

钢筋混凝土刚架桥在铁路、公路中也广为应用。如广东洛溪跨越珠江的洛溪大桥,采用刚架结构,桥面与桥墩整体刚接,主跨达 180m。清水河大桥主桥三跨为 72m+128m+

72m,为预应力连续刚架结构,桥梁主跨 128m,其中 4 号桥墩高 100m,是世界闻名的铁路桥墩。超过 500m 跨度的大桥往往采用悬索桥或斜拉桥,但也常与混凝土结构混合使用。如香港青马大桥,跨度 1377m,桥体为悬索结构,其中支承悬索的两端立塔高 203m,是混凝土结构;又如上海杨浦大桥,主跨 602m,为斜拉桥,其桥塔及桥面均为混凝土结构。

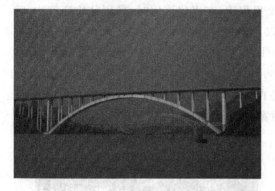

图 1-4   万县长江大桥   图 1-5   克尔克 1 号桥

3. 特殊结构与高耸结构

混凝土结构在道路、港口工程以及特种结构中也有大量应用。码头、道路、储水池、仓储构筑物、电线杆、下水管道、烟囱等均可见到混凝土结构的应用。由于滑模施工方法的发展,许多高耸建筑也可采用混凝土结构。广州电视台新塔(见图 1-6),塔身主体 454m,天线桅杆 156m,总高度 610m,建于广州市海珠区,距离珠江南岸 125m,是一座以观光旅游为主,具有广播电视发射、文化娱乐和城市窗口功能的大型城市基础设施,为 2010 年的第十六届亚洲运动会提供了转播服务。加拿大多伦多电视塔(见图 1-7),塔高 553.3m(包括天线部分),1975 年建成。其截面主体中间为圆筒,在塔楼以下有 Y 形肢翼相连,塔楼建于 335m 处,人们可以乘电梯到塔楼观光。莫斯科奥斯坦金电视塔,高 533.3m,1967 年建成。我国混凝土电视塔中高度超过 400m 的还有上海东方明珠电视塔,高 468m;天津电视塔,高 415.2m;北京中央电视塔,高 405m。

图 1-6   广州电视台新塔   图 1-7   多伦多电视塔

4. 水利及其他工程

混凝土自重大,所用材料易于就地取材,所以在水利工程中,常用混凝土来修建大坝。如瑞士狄克桑斯坝,坝高 285m,坝顶宽 15.0m,坝底宽 225m,坝长 695m,库容量 $4 \times 10^8 \mathrm{m}^3$。美国胡佛坝为 1936 年建成的混凝土重力坝(见图 1-8),高 221m,坝顶长 379m,顶宽 14m,底宽 202m。此坝被认为是混凝土建坝史上的一个里程碑,在兴建该坝时,采用分块浇筑法,解决了大体积混凝土的收缩和温度应力问题,为以后修建大坝提供了成功经验。巴西和巴拉圭共有的伊泰普水电站,装机容量为 $1.26 \times 10^7 \mathrm{kW}$,主坝高 196m,长 1060m,为混凝土坝。我国长江三峡水利枢纽工程,装机容量为 $1.82 \times 10^7 \mathrm{kW}$,总库容 $3.93 \times 10^{10} \mathrm{m}^3$,其中防洪库容 $2.215 \times 10^{10} \mathrm{m}^3$。龙羊峡水电站(见图 1-9)是青海省内黄河上游的一座水电站,拦河大坝为混凝土重力坝,坝高 178m,坝长 393.34m,顶宽 15m,底宽 80m,于 1989 年全部竣工。该坝是在高寒地区建成的重力坝,技术难度极大。

图 1-8　美国胡佛坝　　　　　　　　　图 1-9　龙羊峡水电站

混凝土结构在其他特殊的结构中也有广泛的应用,如地下铁道的支护和站台工程、核发电站的安全壳、飞机场的跑道、填海造地工程、海上采油平台等。

1.2.3　我国混凝土结构设计规范发展概况

我国在百废待兴的第一个“五年计划”期间(1953—1957 年),大规模的基本建设蓬勃开展,当时应用的是 20 世纪 50 年代发布的《钢筋混凝土结构设计规范》(规结 6—1955),实际这仅仅是一本苏联规范的“中译本”。

我国混凝土结构设计规范的编制起步于 20 世纪 60 年代初期。当时编制工作实际是学习、消化苏联规范。由于没有自己的研究成果,规范不可能有大的改进。当时发布的《钢筋混凝土结构设计规范》(BJG 21—1966)实际只是苏联规范的“消化版”。

随着基本建设发展的需要,我国急需编写自己的规范。但由于仍缺少自己的研究成果,故 20 世纪 70 年代公布的《钢筋混凝土结构设计规范》(TJ 10—1974),虽然外表形象发生了改变,但从内涵而言,还是一本“脱胎不换骨”的苏联规范。

20 世纪 70 年代初,以中国建筑科学研究院结构所为主体,从基础研究开始,我国开展了全面、系统的混凝土结构构件的实验研究。这批科研成果为我国的混凝土结构理论和编制自己的设计规范奠定了基础。1989 年发布的《混凝土结构设计规范》(GB 10—1989)是我国自己编制并符合国情的混凝土结构设计规范。1993 年,对该规范进行了局部修订。

2002 年,以大量的科研成果为基础,对 1989 年版规范(GBJ 10—1989)进行充实、完善、提高,发布了《混凝土结构设计规范》(GB 50010—2002)。

2010 年颁布实施的《混凝土结构设计规范》(GB 50010—2010)中新增加了以下重要内容:①强调结构的整体稳固性,使构件计算规范真正过渡到结构设计规范;②提高结构的防灾性能,加强结构在偶然作用下防倒塌的设计概念;③丰富、完善了结构耐久性设计;④采用高强-高性能材料,强调延性的重要性。2015 年对该规范进行局部修订,此次修订根据我国钢筋标准的变化,对混凝土结构所用钢筋的品种进行了调整。

1.3 混凝土结构发展展望

混凝土已成为现代建筑应用最多的工程材料之一,在我国更是如此。我国混凝土工程规模居世界首位,混凝土年产量约为 $20 \times 10^9 \, \mathrm{m^3}$,连续多年超过世界混凝土年产量的 50%。在今后的经济社会建设中,钢筋混凝土结构仍将是一种重要的工程结构,并将在材料、结构、施工技术和计算理论等各个方面得到进一步发展。

1.3.1 材料方面

作为组成混凝土结构的主体材料,混凝土的主要发展方向是高强、轻质、耐久、提高抗裂性和易于成型。强度达到多高可称为高强混凝土,目前尚无定论。在美国,以圆柱抗压强度标准值达到或超过 42MPa 为高强混凝土,圆柱体抗压强度标准值 42MPa 相当于我国的 C50 级混凝土。我国通常将强度等级等于或超过 C50 级的混凝土称为高强混凝土,这个分类标准和西方国家标准大体是一致的。提高混凝土强度可减少断面,减轻自重,提高空间利用率。目前国内常用混凝土的强度等级为 30～60MPa,国外常用的强度等级在 C60 以上。C60～C100 区段高强混凝土的研究开发已比较成熟,目前研究的热点集中在 C100～C150 的强度区段,预计不久的将来,C100 以上的超高强混凝土将会得到大量的推广应用。目前,高强混凝土的塑性低于普通强度混凝土塑性,塑性好的高强混凝土将是当今研究的主要问题。

为了减轻混凝土结构的自重,国内外都在大力发展轻质混凝土。欧洲和美国较多地采用中密度混凝土作为结构轻骨料混凝土,有时也称为特定密度混凝土或改进普通密度混凝土(MND)。它指以轻骨料(如浮石、凝灰岩等)、人造轻骨料(页岩陶粒、黏土陶粒、膨胀珍珠岩等)和工业废料(如炉渣、矿渣粉煤灰陶粒等)代替部分普通粗、细骨料,密度介于 1800～2200kg/m³、强度介于 40～80MPa 的中高强度的中密度混凝土。因其自重小,有利于结构抵抗地震,吸收冲击能快,隔热、隔声性能好。

在混凝土中加入适量纤维形成纤维混凝土,可以改善混凝土的抗裂性、耐磨性及延性,在一些有特殊要求的工程中已开始应用。目前,增强纤维主要是钢纤维,但钢纤维易锈蚀、有磁、表面凸尖、成本高,生产、加工和拌合比较麻烦,这些缺点严重影响混凝土的耐久性和使用性能。塑钢纤维是一种新型的混凝土增强材料,具有耐久性能好、质量轻、经济性好、纤维分散好、易于搅拌与泵送等优点,一定程度上可取代钢纤维,目前在国内外一些工程中已得到使用。今后随着技术进步和生产工艺的改进,纤维混凝土有望用于高层、桥梁、地下、水工、核电站等各类工程。

碾压混凝土近年得到较快发展，该种混凝土水灰比很低，坍落度极小，在未凝结前其性能与普通混凝土大不相同，施工中不用振捣，而用大型碾压机碾压，凝固后其性能又与普通混凝土相近。因为这种混凝土不用振捣，工序简单，机械化程度高，施工条件改善，可大大缩短施工工期。碾压混凝土需分层碾压，层间结合需要进一步研究。碾压混凝土中采用钢纤维增强，可以改善碾压混凝土的抗压、抗拉强度及压缩韧性和耐磨性。这种混凝土多用于大体积(如大坝、大型设备基础等)混凝土及公路路面等。

1988 年"第一届国际材料科学研究会"上首次提出了"绿色材料"的概念。目前学术界还没有统一定义绿色混凝土的概念，一般来说，绿色混凝土应具有比传统混凝土更高的强度和耐久性，可以实现非再生性资源的可循环使用和有害物质的最低排放，既能减少环境污染，又能与自然生态系统协调共生。目前，绿色混凝土有以下几种类型。

(1) 透水、排水性混凝土。传统的结构用混凝土都要求其具有不透水性，所以城市地表大约 80% 以上的面积被不透水、不透气的混凝土建筑物和道路覆盖。这在集中降雨季节加重了城市排水系统的负担；市区的地下土壤水分得不到应有的补充，使地表植物的生长受到影响；而排水性、透水性混凝土与传统的混凝土相比最大的特点是具有 15%～30% 的连通孔隙，具有透气性和透水性，能够使雨水迅速地渗入地表，还原成地下水，使地下水资源得到及时补充，改善城市地表植物和土壤微生物的生存条件。

(2) 绿化、景观混凝土。传统的混凝土色彩灰暗，表面呆滞，给人以生硬、粗糙、灰冷的视觉效果。绿化混凝土是指能够适应绿色植物生长、覆盖绿色植被的混凝土及其制品。

(3) 吸声混凝土。吸声混凝土具有连续多孔结构，入射声波通过连通孔被吸收到混凝土内部，小部分由于混凝土内部摩擦作用转换为热能，大部分透过多孔混凝土层到达多孔混凝土背后的空气层和密实混凝土板表面再被反射，此反射声波从反方向再次通过多孔混凝土向外发散，与入射声波有一定的相位差，因干涉部分互相抵消而降低噪声。

(4) 生态水泥混凝土。生态水泥是指用城市的垃圾灰、下水道或污水处理厂的污泥及其他工业废弃物等作为水泥的原料制造的水泥。用这种水泥制作的混凝土可以有效解决废弃物处理占地、节省资源和能源的问题。

(5) 再生混凝土。再生混凝土是发展绿色混凝土，实现建筑、资源、环境可持续发展的主要措施之一，正日益引起混凝土研究人员的关注，并越来越受到工程界的重视。将废混凝土经过特殊处理工艺制成再生骨料，用其部分或全部代替天然骨料配制成再生混凝土，这样可节省建筑原材料的消耗，保护生态环境，有利于混凝土工业的可持续发展。另外，利用工业固体废弃物如锅炉煤渣、火力发电厂的粉煤灰等工业废料作为骨料制备轻质混凝土，降低了混凝土的生产成本，是另一种形式的再生混凝土。

近年来混凝土配合比设计技术得到显著改善。大力推广较大掺量粉煤灰和掺少量磨细矿渣粉等矿物掺和料的技术，不仅节约了水泥和能源，并且有利于控制混凝土裂缝，不少超高层建筑基础底板 C40 混凝土水泥用量仅为 $230kg/m^3$，而粉煤灰用量达 $190kg/m^3$，后期强度(60d)可达 C50 以上。

混凝土结构中的钢材主要是向高强、防腐方向发展。目前普通钢筋的强度已达 420MPa，在预应力混凝土中的高强钢丝强度已达 1800MPa，今后钢筋及钢丝的强度有望进一步提高。为了增强结构的耐久性，钢筋的防锈、防腐问题日益得到重视，低成本、高抗腐性能的钢筋是今后的主要研究课题。

1.3.2　结构方面

　　钢与混凝土组合结构是目前发展较快的方向。型钢与混凝土组合用于桥梁、房屋建筑已有一段历史。在约束混凝土概念的指导下,外包钢混凝土柱已在火电厂主厂房、石油化工企业的构筑物中得到应用。钢管混凝土在地下铁道、桥梁、高层中也得到广泛应用,目前我国已经有了这方面的设计和施工规程。钢-混凝土组合结构、钢骨混凝土(劲性钢筋混凝土)结构和钢管混凝土结构具有强度高、截面小、延性好的优点,加之施工环节简化(钢骨可代替支架、钢板、钢管可作模板使用等)、工期短,在以后必将得到更加广泛的应用。

　　预应力混凝土是 20 世纪工程结构的重大发明之一,现在已有先张法、后张法、无粘结预应力等技术。预应力技术在将来还会有大的发展。在施加预应力方面会有新技术出现,目前正研究将预应力用于组合结构,方法是将带有拱度的工字形钢梁,在加载状态下在下翼缘浇筑混凝土,当混凝土达到一定强度后卸载,这样下翼缘的混凝土即受到预压力。这种方法不需要锚夹具,具有广泛的应用前景。体外张拉预应力索的技术,开始只用于补强和加固,目前也已开始用于新结构,因体外张拉预应力筋可避免制孔、穿索、灌浆等工序,并且发现问题时易于更换预应力索。在张拉方法、形式、锚夹具的改进等方面,预应力技术都会有进一步的发展。

　　在工程结构的实践中,许多跨世纪的工程和大型、巨型工程都将使用混凝土结构。随着人口增长,城市将快速发展,促使土木工程向空间发展,如超高层建筑等;向地下发展,如地下交通、地下商场等;向海洋发展,如填海造田、人工岛等,这些工程的建设必将扩大混凝土的应用范围,建造出更加宏伟的建筑。美国已有人把从月球上取回的土煅烧制成水泥,设想在月球上建造房屋及人类活动中心,大部分材料可就地取材,只要带上水就可制造混凝土。至于越海、越江隧道以及环球地铁的建造均离不开混凝土结构的支护。可以展望,混凝土结构在未来的工程建设中将会发挥更大的作用。

1.3.3　施工技术

　　近年来,混凝土施工工艺也有了显著的变化,商品混凝土已从大城市发展到中、小城市,在一些大城市已基本消除了现场搅拌。随着混凝土集中搅拌的发展,混凝土达不到强度等事故也大幅度减少,劳动效率有所提高,工程进度大大加快。由于高层和超高层建筑的迅速发展,泵送混凝土技术大大提高,目前混凝土一次泵送高度已达 400m 左右,正在向 500m 高度进军。泵送混凝土已得到普遍推广应用,大大加快了混凝土施工速度,减轻了塔式起重机的负担,提高了劳动效率、加快了整体工程进度。泵送混凝土对现场文明施工、绿色施工都起到了较显著的作用,不少大体积混凝土基础的底板施工 24h 内可浇筑 $1 \times 10^4 \, m^3$ 以上。

　　施工技术的改进对钢筋混凝土结构施工质量的提升和缩短工期起了很大的促进作用。预应力的发明使得混凝土结构的跨度大大增加,滑模施工法的发明使得高耸筒体结构施工进度大为加快,泵送混凝土的出现使高层建筑、大跨桥梁可以方便地整体浇筑,蒸汽养护法使预制构件的成品出厂时间大大缩短。相信不久的将来,混凝土施工技术还会有很大的进展。

　　混凝土结构的模板工程,是混凝土结构构件施工的重要工具。现浇混凝土结构施工所使用模板工程的造价,约占混凝土结构工程总造价的 1/3,总用工量的 1/2。模板已经历了现场支模到工具式模板的发展,目前有木模板、钢模板、竹模板和硬塑料模板等。模板的作用仅限于为混凝土成型,因此,采用先进的模板技术,对于提高工程质量、加快施工速度、缩短工期、提高劳动生产率、降低工程成本和实现文明施工,都具有十分重要的意义。模板今后会向多功能发展。比如,模板可作为结构的一部分,即发展薄片、美观、廉价而又与混凝土结合牢固的模板,混凝土浇筑完,模板即可作为结构的一部分参与受力,而不再拆除,如外观很美,还可减少装修的工序。又如透水木模,因混凝土中的多余水分对强度和耐久性不利,已有学者采用棉布贴于木模内侧,布眼极小,可以滤去多余的水分,但水泥颗粒不能通过,可以大大改善混凝土的密实性和耐久性。在高耸筒体结构中,滑模施工是一个很大发明,但滑模施工管理、控制比较复杂,目前国外已在推广跳模(爬模),即在浇筑完一段混凝土后,模板脱开混凝土表面向上爬升,浇筑在白天,爬升在夜间,工效大大提高,管理也较简单。总之,无论在模板支护还是功能方面,模板技术均会有较大发展。

随着建筑施工技术飞速发展,现代建筑中经常涉及大体积混凝土施工,如高层楼房基础、大型设备基础、水利大坝等,其主要特点是体积大、表面小、水泥水化热释放较集中、内部温升较快。当混凝土内外温差较大时,会产生温度裂缝,影响结构安全和正常使用,因此合理选择施工材料、优化混凝土配合比的目的是使混凝土具有较大的抗裂能力。超长混凝土结构裂缝控制的方法可从"放""防""抗"三方面控制:①以"放"的理念控制混凝土裂缝,包括设置伸缩缝、设置后浇带等;②以"抗"的理念控制混凝土裂缝,包括增加结构配筋、设置混凝土加强带、采用后张拉预应力技术;③以"防"的理念控制混凝土裂缝,采取保温措施、减少混凝土收缩应力。

随着高层、超高层结构的发展,诸如钢管混凝土、钢骨混凝土结构和超高层的出现,对混凝土的性能、施工工艺都提出了许多新的要求,促进了混凝土性能和施工工艺的不断发展。近几年来钢管混凝土结构中混凝土的浇筑工艺较普遍地采用了混凝土从管底顶升浇灌的新工艺,目前这种新工艺在许多工程中成功应用,一次顶升可达21m(5层),取得了显著的经济效益。对特种混凝土,如地下工程中的喷射混凝土,大体积或路面混凝土中的碾压混凝土,除了在材料方面加以改性外,在施工工艺方面也会有很大改进。但在混凝土的施工缝处理上,为改善接缝质量,已发展了二次捣固法、清除浮浆法等。

在钢筋绑扎和成型中,应大力发展各种钢筋成型机械及绑扎机具,以减少大量的手工操作。钢筋接头,已有绑扎搭接、焊接、螺栓及挤压连接等多种方式,随着化工胶结料的发展,将来胶接会有大的发展。钢筋还有一个重要的问题是防锈、防腐。国外已有用不锈钢或特种配筋的防锈、防腐钢筋混凝土结构,但成本太高。目前国外还在发展一种阴极保护法,效果不错,但多限于重大工程。

在养护方面,有天然养护和蒸汽养护,后者大多限于预制构件厂,现场采用有很大困难,目前国外发展远红外热养护,这一技术有望在现筑混凝土施工现场推广。在工厂生产预制构件时,将蒸汽养护与远红外辐射养护结合起来,可节约能源、提高工效。在现场浇筑混凝土时也有人设想用电热钢模板来加速混凝土的养护时间,这是一种可行的施工技术,值得研究推广。还有一个动向是广泛采用养护液(养护薄膜),又称养生液,该法是将养护液喷洒于新生混凝土表面,快速干燥,形成一层极薄的封闭膜,可有效保护混凝土中的含水量,充分利用水泥水化热使混凝土早强,且后期强度也有所提高。

1.3.4　试验技术

混凝土是一种性能很复杂的组合材料,加上新的组成材料的不断发展,尽管在计算理论方面有很大改善,但必须由试验验证理论,这是混凝土学科的一个突出的特点。混凝土试验技术的进展与物理、化学、电子学、计算机等方面的进展密切相关。例如,在对已建结构混凝土强度的评估方法中,除回弹法、拉拔法、钻芯法之外,还应用了超声波法、超声回弹综合法、拉脱法、射钉法等。在监测裂缝发生和发展方面,应用了多声道声波仪、光弹贴片法、云纹法、激光散斑法、埋置光纤法等。在无损检测技术中,应用冲击反射(回波)法,还有探测混凝土内部损伤的雷达仪。在观察混凝土微观构造方面,应用了电子显微镜、工业 CT 等。先进的电液伺服疲劳试验机、三轴试验机、快速应变记录仪等也都应用于混凝土结构试验。可以预见,随着科学技术的进步,试验技术还将不断地发展。

1.4　本课程的主要内容及特点

1.4.1　主要内容

本课程讲述的主要内容是混凝土结构基本构件的受力性能、承载力和变形计算以及配筋构造等。这些内容是土木工程混凝土结构的共性问题,即混凝土结构的基本理论。下面介绍混凝土结构构件的分类。

混凝土结构按其构成的形式可分为实体结构和组合结构两大类。大坝、桥墩、基础等通常为实体,称为实体结构;而建筑、桥梁、地下等工程中的混凝土结构通常由杆和板组成,称为组合结构,其中杆包括直杆(梁、柱等)和曲杆(拱、曲梁等),板包括平板(楼板等)和竖板(墙)。如按结构构件的主要受力特点来区分,混凝土结构构件可分为以下几类。

(1)受弯构件,如梁、板等。这类构件的截面上有弯矩作用,故称为受弯构件。与此同时,构件截面上也有剪力存在。

(2)受压构件,如柱、墙等。这类构件都有压力作用。当压力沿构件纵轴作用在构件截面上时,则为轴心受压构件;如果压力在截面上不是沿纵轴作用,或截面上同时有压力和弯矩作用时,则为偏心受压构件。柱、墙、拱等构件一般为偏心受压且有剪力作用。所以,受压构件截面上一般作用有弯矩、轴力和剪力。

(3)受拉构件,如屋架下弦杆、拉杆拱中的拉杆等,通常按轴心受拉构件(忽略构件自重重力影响)考虑。又如层数较多的框架结构,在竖向荷载和水平荷载共同作用下,有的柱截面上除产生剪力和弯矩外,还可能出现拉力,则为偏心受拉构件。

(4)受扭构件,如曲梁、框架结构的边梁等。这类构件的截面上除产生弯矩和剪力外,还会产生扭矩,对这类结构构件应考虑扭矩的作用。

在混凝土结构设计中,首先应根据结构使用功能要求及经济、施工等条件,选择合理的结构方案,进行结构布置以及确定构件类型等;然后根据结构上所作用的荷载及其他作用,对结构进行内力分析,求出构件截面内力(包括弯矩、剪力、轴力、扭矩等)。在此基础上,对组成结构的各类构件分别进行构件截面设计,即确定构件截面所需的钢筋数量、配筋方式,并采取必要的构造措施。关于确定结构方案、进行结构内力分析等内容,将在"混凝土结构设计""桥梁工程""地下建筑结构"等专业课中讲述。

1.4.2　课程特点及学习方法

混凝土结构设计原理主要是对混凝土结构构件的受力性能、计算方法和构造要求等问题进行讨论。在学习本课程时,应注意以下问题。

(1) 钢筋混凝土是由钢筋和混凝土两种材料组成的构件,且混凝土为非均匀、非弹性材料,因此,不能直接用材料力学的公式计算钢筋混凝土构件的承载力和变形;而材料力学中解决问题的基本方法,即通过平衡条件、物理条件和几何条件建立基本方程的手段,对于钢筋混凝土结构也是适用的,但在具体应用时要很好地掌握钢筋和混凝土的力学性能。

(2) 钢筋混凝土构件的计算方法都是建立在试验研究基础上的,许多计算公式都是在大量试验资料的基础上用统计分析方法得出的半理论半经验公式。这些公式的推导不像数学或力学公式那样严谨,却能较好地反映钢筋混凝土的真实受力情况。

(3) 本课程的实践性很强,因此在学习中要逐步熟悉和正确运用我国颁布的一系列设计规范和设计规程,如《混凝土结构设计规范》(GB 50010—2010)、《建筑结构荷载规范》(GB 50009—2012)、《建筑抗震设计规范》(GB 50011—2010)、《高层建筑混凝土结构技术规程》(JGJ 3—2010)等。混凝土结构是一门发展很快的科学,学习时要多注意它的新动向和新成就,以扩大知识面。

本书每章的引言中介绍了该部分的内容提要。为检验读者的学习效果,各章后面给出了习题及思考题。学习时,应先复习教学内容,掌握例题后再做习题,切忌边看例题边做题。习题的正确答案往往不是唯一的,这也是本课程与一般的数学、力学课程所不同的地方。对构造规定,也要着眼于理解,切忌死记硬背。

第2章

钢筋和混凝土的基本性能

　　钢筋和混凝土的力学性能是钢筋混凝土和预应力混凝土结构构件设计的基础。本章主要讨论钢筋和混凝土在不同承受力条件下强度和变形的变化规律，以及这两种材料共同工作的性能，这些内容将为建立有关计算理论及钢筋混凝土构件的设计方法提供重要依据。

　　钢筋和混凝土的物理力学性能以及共同工作的特性直接影响混凝土结构和构件的性能，也是混凝土结构计算理论和设计方法的基础。本章讲述钢筋和混凝土的主要物理力学性能以及混凝土与钢筋之间的粘结。

2.1　钢筋的基本性能

2.1.1　钢筋的品种和级别

　　《混凝土结构设计规范》（GB 50010—2010）规定，用于钢筋混凝土结构和预应力混凝土中的普通钢筋，可采用热轧钢筋；用于预应力混凝土结构中的预应力钢筋，可采用预应力钢丝、钢绞线和预应力螺纹钢筋。

　　热轧钢筋是由低碳钢、普通低合金钢或细晶粒钢在高温状态下轧制而成，其强度由低到高为 HPB300、HRB335、HRB400、HRBF400、RRB400、HRB500、HRBF500 级。其中，HPB300 级钢筋是光圆钢筋，为低碳钢，这种钢筋将逐渐被淘汰。HRB335 级、HRB400 级和 HRB500 级为普通低合金钢，HRBF400 级和 HRBF500 级为细晶粒钢筋，均为变形钢筋，在表面轧有月牙肋。RRB400 级钢筋为余热处理月牙纹变形钢筋，是在生产过程中，钢筋热轧后经淬火提高其强度，再利用芯部余热回火处理。

2.1.2　钢筋的力学性能

1. 钢筋的强度特征

　　钢筋的强度和变形性能可以用拉伸试验得到的应力-应变曲线来说明。根据拉伸试验应力-应变关系曲线的不同特点，钢筋可分为有明显屈服点钢筋（如热轧钢筋等）（见图 2-1）和无明显屈服点钢筋（如消除应力钢丝、钢绞线和热处理钢筋等）（见图 2-2）。有明显流幅的钢筋也称为软钢。无明显屈服点的钢筋也称为硬钢。

　　对于有明显屈服点的钢筋，从图 2-1 中可以看到，应力值在 A 点以前，应力与应变成比例变化，与 A 点对应的应力称为比例极限。过 A 点后，应变比应力增长得快，到达 B' 点后钢筋开始屈服。B' 点称为屈服上限，它与加载速度、截面形式、试件表面光洁度等因素有关。通常 B' 点是不稳定的，待 B' 点降至屈服下限 B 点，这时应力基本不增加而应变急剧增长,曲线接近水平线。曲线延伸至 C 点,B 点到 C 点的水平距离称为流幅或屈服台阶。有明显流幅的热轧钢筋屈服强度是按屈服下限确定的。过 C 点以后,应力继续上升,说明钢筋的抗拉能力又有所提高,随着曲线上升到最高点 D,相应的应力称为钢筋的极限强度,CD 段称为钢筋的强化阶段。试验表明,过了 D 点,试件薄弱处的截面将会显著缩小,发生局部颈缩,变形迅速增加,应力随之下降,达到 E 点时试件被拉断。

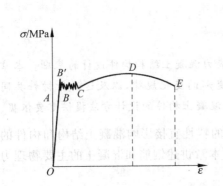

图 2-1   有明显屈服点钢筋的应力-应变曲线   图 2-2   无明显屈服点钢筋的应力-应变曲线

由于构件中钢筋的应力到达屈服点后,会产生很大的塑性变形,使钢筋混凝土构件出现很大的变形和过宽的裂缝,以致不能使用,所以对有明显流幅的钢筋,在计算承载力时以屈服点作为设计计算的依据。

对没有明显流幅或屈服点的预应力钢丝、钢绞线和热处理钢筋,《混凝土结构设计规范》(GB 50010—2010)中规定,在进行构件承载力设计时,取对应于残余应变为 0.2% 的应力 $\sigma_{0.2}$ 作为强度限值,称为条件屈服点。为简化计算,对消除应力钢丝及钢绞线,$\sigma_{0.2}$ 为极限抗拉强度 σ_b 的 85%,如图 2-2 所示。

2. 钢筋的变形

钢筋除了要满足屈服强度和极限强度的要求外,还应具有一定的塑性变形能力,通常用伸长率和冷弯性能两个指标衡量钢筋的塑性。

钢筋的伸长率是指钢筋试件上标距为 $10d$ 或 $5d$ 范围内钢筋的极限伸长率,记为 δ_{10} 或 δ_5。拉断后(见图 2-1 中的 E 点)钢筋的伸长值与原长的比值称为伸长率。伸长率越大,塑性和变形能力越好。

伸长率忽略了钢筋的弹性变形,仅能反映钢筋残余变形的大小。在量测标距过程中,易产生人为误差。因此,近年来国际上已采用总伸长率 δ_{gt} 来表示钢筋的变形能力。如图 2-1 所示,钢筋在 D 点时达到最大应力 σ_b,此时的变形包括弹性变形和塑性变形两部分,故最大力下的总伸长率 δ_{gt} 可表示为

$$\delta_{gt} = \left(\frac{L - L_0}{L_0} + \frac{\sigma_b}{E_s} \right) \times 100\% \tag{2-1}$$

式中 L_0——实验前的原始标距,不包含颈缩区;

L——实验后量测标记之间的距离;

σ_b——钢筋的最大拉应力;

E_s——钢筋的弹性模量。

钢筋最大拉力对应的总伸长率 δ_{gt} 既能反映钢筋的塑性变形,又能反映钢筋的弹性变形,量测结果也不受人为因素的影响,因此,《混凝土结构设计规范》(GB 50010—2010)采用 δ_{gt} 评定钢筋的塑性性能,δ_{gt} 具体数值见附录表 A-5。

冷弯性能是将直径为 d 的钢筋围绕直径为 D 的弯芯弯曲到规定的角度(90°或 180°)后无裂纹断裂及起层现象,则表示合格。弯芯的直径 D 越小,弯转角越大,说明钢筋的塑性越好。

2.1.3　钢筋应力-应变关系的数学模型

常用的钢筋应力-应变曲线模型有以下几种。

1. 描述完全弹塑性的双直线模型

双直线模型适用于流幅较长的低强度钢材。模型将钢筋的应力-应变曲线简化为图 2-3(a)所示的两段直线,不计屈服强度的上限和由于应变硬化而增加的应力。图中 OB 段为完全弹性阶段,B 点为屈服下限,相应的应力及应变为 f_y 和 ε_y,OB 段的斜率即为弹性模量 E_s。BC 段为完全塑性阶段,C 点为应力强化的起点,对应的应变为 $\varepsilon_{s,h}$,过 C 点后,即认为钢筋变形过大不能正常使用。双直线模型的数学表达式如下:

当 $\varepsilon_s \leqslant \varepsilon_y$ 时,

$$\sigma_s = E_s \varepsilon_s \quad \left(\text{其中 } E_s = \frac{f_y}{\varepsilon_y}\right) \tag{2-2}$$

当 $\varepsilon_y \leqslant \varepsilon_s \leqslant \varepsilon_{s,h}$ 时,

$$\sigma_s = f_y \tag{2-3}$$

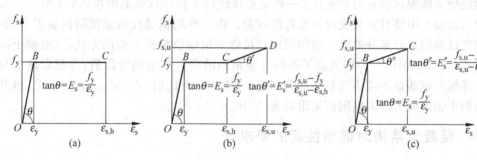

图 2-3　钢筋应力-应变曲线的数学模型

(a) 双直线;(b) 三折线;(c) 双斜线

2. 描述完全弹塑性加硬化的三折线模型

三折线模型适用于流幅较短的软钢,可以描述屈服后立即发生应变硬化(应力强化)的钢材,正确地估计高出屈服应变后的应力。如图 2-3(b)所示,图中 OB 和 BC 直线段分别为完全弹性和塑性阶段。C 点为硬化的起点,CD 为硬化阶段。到达 D 点时即认为钢筋破坏,受拉应力达到极限值 $f_{s,u}$,相应的应变为 $\varepsilon_{s,u}$。三折线模型的数学表达形式如下:

当 $\varepsilon_s \leqslant \varepsilon_y$,$\varepsilon_y \leqslant \varepsilon_s \leqslant \varepsilon_{s,h}$ 时,表达式同式(2-2)和式(2-3);

当 $\varepsilon_{s,h} \leqslant \varepsilon_s \leqslant \varepsilon_{s,u}$ 时,

$$f_s = f_y + (\varepsilon_s - \varepsilon_{s,h})\tan\theta' \tag{2-4}$$

可取

$$\tan\theta' = E'_s = 0.01E_s \tag{2-5}$$

3. 描述弹塑性的双斜线模型

双斜线模型可以描述没有明显流幅的高强钢筋或钢丝的应力-应变曲线。如图 2-3(c) 所示,B 点为条件屈服点,C 点的应力达到极限值 $f_{s,u}$,相应的应变为 $\varepsilon_{s,u}$,双斜线模型的数学表达形式如下:

当 $\varepsilon_s \leqslant \varepsilon_y$ 时,表达式同式(2-2);

当 $\varepsilon_y \leqslant \varepsilon_s \leqslant \varepsilon_{s,u}$ 时,

$$\sigma_s = f_y + (\varepsilon_s - \varepsilon_y)\tan\theta'' \tag{2-6}$$

$$\tan\theta'' = E'_s = \frac{f_{s,u} - f_y}{\varepsilon_{s,u} - \varepsilon_y} \tag{2-7}$$

2.1.4 钢筋的松弛和疲劳

钢筋在高应力作用下,随时间增长,其应变会继续增加。钢筋受力后,若保持长度不变,其应力随时间增长而降低的现象称为松弛。松弛随时间的增长而增大,与钢筋初始应力大小、钢材品种以及温度等因素有关。

钢筋的疲劳是指钢筋在承受重复、周期性的动荷载作用下,经过一定次数后,突然脆性断裂的现象。吊车梁、桥面板、轨枕等承受重复荷载的钢筋混凝土构件在正常使用期间会由于疲劳发生破坏。钢筋的疲劳强度与一次循环应力中最大和最小应力的差值(应力幅度)有关,钢筋的疲劳强度是指在某一规定应力幅度内,经受一定次数的循环荷载后发生疲劳破坏的最大应力值。

钢筋疲劳断裂试验有两种方法:一种是直接进行单根原状钢筋轴拉试验;另一种是将钢筋埋入混凝土中使其重复受拉或受弯的试验。由于影响钢筋疲劳强度的因素很多,钢筋疲劳强度试验结果是很分散的。我国采用直接做单根钢筋轴拉试验的方法。《混凝土结构设计规范》(GB 50010—2010)规定了不同等级钢筋的疲劳应力幅度限值,并规定该值与截面同一纤维上钢筋最小应力与最大应力比值(即疲劳应力比值)$\rho_s^f = \sigma_{s,min}^f / \sigma_{s,max}^f$ 有关,钢筋混凝土结构中钢筋疲劳应力幅限值见附录表 A-10。

2.1.5 混凝土结构对钢筋性能的要求

1. 钢筋的强度

钢筋强度是指钢筋的屈服强度和极限强度。钢筋的屈服强度是设计计算时的主要依据(对无明显流幅的钢筋,取其条件屈服点)。采用高强度钢筋可以节约钢材,取得较好的经济效果。另外,对钢筋进行冷加工也可以提高钢筋的屈服强度。使用冷拉和冷拔钢筋时应符合专门规程的规定。

2. 钢筋的延性

要求钢材有一定的延性是为了使钢筋在断裂前有足够的变形,在钢筋混凝土结构中,能给出构件将要破坏的信号,同时要保证钢筋冷弯的要求,通过试验检验钢材承受弯曲变形的能力以间接反映钢筋的塑性性能。钢筋的伸长率和冷弯性能是施工单位验收钢筋是否合格的主要指标。

3. 钢筋的可焊性

可焊性是评定钢筋焊接后接头性能的指标。可焊性好,即要求在一定的工艺条件下钢

筋焊接后不产生裂纹及过大的变形。

4. 钢筋的耐火性

热轧钢筋的耐火性能最好,冷轧钢筋其次,预应力钢筋最差。结构设计时应注意混凝土保护层厚度应满足对构件耐火极限的要求。

5. 钢筋与混凝土的粘结力

为了保证钢筋与混凝土共同工作,要求钢筋与混凝土之间必须有足够的粘结力。钢筋表面的形状是影响粘结力的重要因素。

2.1.6　钢筋的选用

根据对强度、延性、连接方式、施工适应性、节材减耗等的要求,混凝土结构可选用下列牌号的钢筋:

(1) 普通纵向受力钢筋可选用 HRB400、HRB500、HRBF400、HRBF500、HRB335、RRB400、HPB300 钢筋,梁、柱和斜撑构件的纵向受力普通钢筋宜采用 HRB400、HRB500、HRBF400 和 HRBF500 钢筋;

(2) 箍筋宜采用 HRB400、HRBF400、HRB335、HPB300、HRB500 和 HRBF500 钢筋;

(3) 预应力筋宜选用预应力钢丝、钢绞线和预应力螺纹钢筋。

2.2　混凝土的基本性能

混凝土构件和结构的力学性能,在很大程度上取决于混凝土材料的性能。本节主要阐述混凝土的强度和变形性能。

混凝土的强度与水泥强度等级、水灰比有很大关系,骨料的性质、混凝土的级配、混凝土成型方法、硬化时的环境条件及混凝土的龄期等也不同程度地影响混凝土的强度。试件的大小和形状、试验方法和加载速率也会影响混凝土强度的试验结果。

混凝土的变形性能包括一次短期加载下的变形性能、长期荷载作用下的变形性能以及非荷载作用下的变形性能。

2.2.1　单轴应力状态下混凝土的强度

实际工程中的混凝土构件和结构一般处于复合应力状态,单向应力状态下混凝土的强度是复合应力状态下强度的基础和重要参数。各国对各种单向受力条件下的混凝土强度都有统一的标准试验方法。

1. 混凝土的立方体抗压强度和强度等级

立方体试件的强度比较稳定,所以我国把立方体强度值作为混凝土强度的基本指标,并依据立方体抗压强度标准值划分混凝土强度等级。立方体抗压强度标准值指按照标准方法制作养护的边长为 150mm 的立方体试件在 28d 龄期用标准试验方法测得的具有 95% 保证率的抗压强度,单位为 MPa。

立方体抗压强度标准值用 $f_{cu,k}$ 表示。混凝土强度等级有 C15、C20、C25、C30、C35、C40、C45、C50、C55、C60、C65、C70、C75 和 C80 共 14 个等级。例如,C20 表示立方体抗压强度标准值为 20MPa。其中,C50~C80 属于高强度混凝土范畴。素混凝土结构的强度等级不应低于 C15；钢筋混凝土结构的混凝土强度等级不应低于 C20；当采用 400MPa 级钢筋时，混凝土强度等级不应低于 C25。承受重复荷载的钢筋混凝土构件，混凝土强度等级不应低于 C30。预应力混凝土结构的混凝土强度等级不应低于 C30，不宜低于 C40。

试验方法对混凝土的立方体抗压强度有较大影响。试件在试验机上单向受压时，竖向缩短，横向扩张，由于混凝土与压力机垫板弹性模量与横向变形系数不同，压力机垫板的横向变形明显小于混凝土的横向变形，所以垫板通过接触面上的摩擦力约束混凝土试块的横向变形，就像在试件上下端各加了一个"套箍"，致使混凝土破坏时形成两个对顶的角锥形破坏面，抗压强度比没有约束的情况要高。如果在试件上下表面涂一些润滑剂，这时试件与压力机垫板间的摩擦力大大减小，其横向变形几乎不受约束，受压时没有"套箍"作用的影响，试件将沿着平行于力的作用方向产生几条裂缝而破坏，测得的抗压强度较低。图 2-4(a)、(b)是两种混凝土立方体试块的破坏情况，我国规定的标准试验方法是不涂润滑剂的。

加载速度对立方体强度也有影响，加载速度越快，测得的强度越高。通常对加载速度作如下规定：混凝土强度等级低于 C30 时，取 0.3～0.5MPa/s；混凝土强度等级高于或等于 C30 时，取 0.5～0.8MPa/s。

混凝土的立方体强度还与成型后的龄期有关。如图 2-5 所示，混凝土的立方体抗压强度随着成型后混凝土龄期的逐渐增长，增长速度开始较快，后来逐渐缓慢，强度增长过程往往要延续几年，在潮湿环境中往往延续更长。

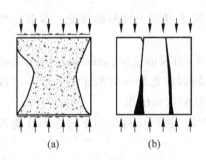

图 2-4　混凝土立方体试块的破坏特征

(a) 不涂润滑剂；(b) 涂润滑剂

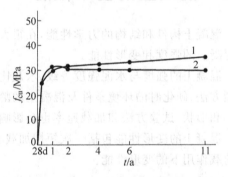

图 2-5　混凝土立方体强度随龄期的变化

1—在潮湿环境下；2—在干燥环境下

2. 混凝土的轴心抗压强度

混凝土的抗压强度与试件形状有关，在实际工程中，一般的受压构件不是立方体而是棱柱体，即构件的高度要比截面的宽度或长度大。因此，采用棱柱体比立方体能更好地反映混凝土结构实际抗压能力。用混凝土棱柱体试件测得的抗压强度称为轴心抗压强度。

《普通混凝土力学性能试验方法》(GB/T 50081—2002)规定以 150mm×150mm×300mm 的棱柱体作为混凝土轴心抗压强度试验的标准试件。棱柱体试件与立方体试件的制作条件相同，试验时试件上下表面不涂润滑剂。由于试件的高度越大，试验机压板与试件之间摩擦力对试件高度中部的横向变形的约束影响越小，所以棱柱体试件的抗压强度都比立方体的强度值小，并且棱柱体试件高宽比越大，强度越小。但是，当高宽比达到一定值后，这种影响就不明显了。在确定棱柱体试件尺寸时，一方面要考虑试件应具有足够的高度以不受试验机压板与试件承压面间摩擦力的影响,在试件的中间区段形成纯压状态,同时要考虑避免因试件过高,在破坏前产生较大的附加偏心而降低抗压极限强度。根据资料,一般认为试件的高宽比为 2~3 时,可以基本消除上述两种因素的影响。

《混凝土结构设计规范》(GB 50010—2010)规定以上述棱柱体试件试验测得的具有 95% 保证率的抗压强度为混凝土轴心抗压强度标准值,用符号 f_{ck} 表示。

图 2-6 是我国所做的混凝土棱柱体与立方体抗压强度对比试验的结果。横坐标用 f_{cu}^0 表示,纵坐标用 f_c^0 表示,由图可以看出,试验值 f_c^0 与 f_{cu}^0 的统计平均值大致成一条直线,它们的比值大致在 0.70~0.92 内变化,强度大的比值大些。这里,上角标"0"表示试验时观测到的值。

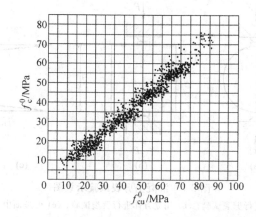

图 2-6　混凝土轴心抗压强度与立方体抗压强度的关系

考虑到实际结构构件制作、养护和受力情况,实际构件强度与试件强度之间存在的差异,《混凝土结构设计规范》(GB 50010—2010)基于安全取偏低值,轴心抗压强度标准值与立方体抗压强度标准值的关系按下式确定:

$$f_{ck} = 0.88 \alpha_{c1} \alpha_{c2} f_{cu,k} \tag{2-8}$$

式中　　α_{c1}——棱柱体强度与立方体强度之比,对混凝土强度等级为 C50 及以下的取 $\alpha_{c1}=0.76$,对 C80 取 $\alpha_{c1}=0.82$,在此之间按线性插值;

　　　　α_{c2}——C40 以上混凝土的脆性折减系数,对 C40 取 $\alpha_{c2}=1.0$,对 C80 取 $\alpha_{c2}=0.87$,中间按线性插值;

　　　　0.88——考虑实际构件与试件混凝土强度之间的差异而取用的折减系数。

国外常采用混凝土圆柱体试件来确定混凝土轴心抗压强度。例如美国、日本和欧洲混凝土协会(CEB)系采用直径 6 英寸(152mm)、高 12 英寸(305mm)的圆柱体标准试件的抗压强度作为轴心抗压强度的指标,记作 f_c'。对 C60 以下的混凝土,圆柱体抗压强度 f_c' 和立方体抗压强度标准值 $f_{cu,k}$ 之间的关系可按式(2-9)折算:

$$f_c' = 0.79 f_{cu,k} \tag{2-9}$$

当 $f_{cu,k}$ 超过 60MPa 后,随着抗压强度提高,f_c' 与 $f_{cu,k}$ 的比值(即公式中的系数)相应提高。对 C60、C70、C80 混凝土,f_c' 与 $f_{cu,k}$ 的比值分别为 0.833、0.857、0.875。

3. 混凝土的轴心抗拉强度

混凝土的轴心抗拉强度也是混凝土的基本力学指标之一,可用它间接地衡量混凝土的冲切强度等其他力学性能。混凝土的轴心抗拉强度可以采用直接轴心受拉的试验方法来测定。但是,由于混凝土内部的不均匀性,加之安装试件的偏差等原因,准确测定抗拉强度是很困难的。所以,国内外也常用如图 2-7 所示的圆柱体或立方体的劈裂试验来间接测试混凝土的轴心抗拉强度。根据弹性理论,劈拉强度 f_{ts} 可按下式计算:

$$f_{ts} = \frac{2F}{\pi dl} \tag{2-10}$$

式中　F——破坏荷载;
　　　d——圆柱体直径或立方体边长;
　　　l——圆柱体长度或立方体边长。

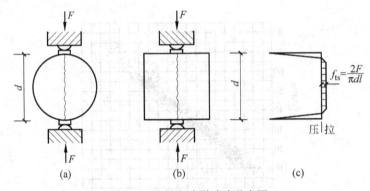

图 2-7　混凝土劈裂试验示意图
(a) 用圆柱体进行劈裂试验;(b) 用立方体进行劈裂试验;(c) 劈裂面中水平应力分布

　　试验表明,劈裂抗拉强度略大于直接受拉强度,劈拉试件的大小对试验结果有一定影响。

　　图 2-8 是混凝土轴心抗拉强度试验的结果。可以看出,轴心抗拉强度只有立方抗压强度的 1/17~1/8,混凝土强度等级越高,这个比值越小。考虑到构件与试件的差别、尺寸效应、加载速度等因素的影响,《混凝土结构设计规范》(GB 50010—2010)考虑了从普通强度混凝土到高强度混凝土的变化规律,取轴心抗拉强度标准值 f_{tk} 与立方体抗压强度标准值 $f_{cu,k}$ 的关系为

$$f_{tk} = 0.88 \times 0.395 f_{cu,k}^{0.55} (1 - 1.645\delta)^{0.45} \times \alpha_{c2} \tag{2-11}$$

式中　δ——变异系数;
　　　0.88 的意义和 α_{c2} 的取值与式(2-8)中相同。

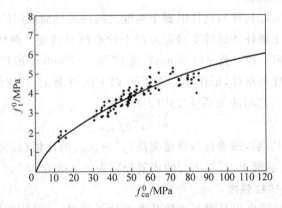

图 2-8　混凝土轴心抗拉强度与立方体抗压强度的关系

2.2.2　复合应力状态下混凝土的强度

混凝土结构和构件通常受到轴力、弯矩、剪力和扭矩等不同的组合作用,混凝土很少处于理想的单向受力状态,更多的是处于双向或三向受力状态,因此,很有必要分析混凝土在复合应力作用下的强度。

由于问题较为复杂,至今尚未建立起完善的复合应力作用下的强度理论,目前仍然借助一些试验资料,推荐一些近似方法作为计算的依据。

1. 混凝土的双轴应力状态

图 2-9 为混凝土双向受力试验结果。单元体在两个对边方向受到法向应力的作用,另一方向法向应力 σ_3 为零。第一象限为双向受拉情况,无论应力比值 $\alpha = \sigma_1/\sigma_2$ 如何,σ_1 与 σ_2 的相互影响不大,双向受拉强度均接近于单向受拉强度。第二、四象限为拉、压应力状态,在这种情况下,混凝土强度均低于单向拉伸或压缩的强度,即双向异号应力使强度降低,这一现象符合混凝土的破坏机理。第三象限为双向受压情况,由于一个方向的压应力会对另一个方向应力引起的侧向变形起到一定程度的约束作用,限制了试件内混凝土微裂缝的扩展,故提高了混

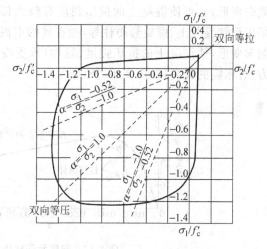

图 2-9　混凝土的双向受力强度

凝土的抗压强度。最大受压强度发生在应力比值 σ_1/σ_2 为 0.4～0.8 时,混凝土双向受压强度比单向受压强度最大提高幅度超过 20%。

图 2-9 中 $\sigma_i(i=1,2,3)$ 为混凝土的主应力值,受拉为正,受压为负,f'_c 为混凝土圆柱体单轴抗压强度。

2. 混凝土在法向应力和剪应力作用下的复合强度

当混凝土受到由剪力、扭矩引起的剪应力和由轴力引起的法向应力共同作用时,形成拉剪和压剪的复合应力状态,图 2-10 为混凝土法向应力与切应力共同作用时的复合强度曲线。从中可知:抗剪强度随拉应力的增大而减小;随着压应力的增大,抗剪强度增大,但大约当 $\sigma/f'_c > 0.6$ 时,由于内裂缝的明显发展,抗剪强度反而随压应力的增大而减小。从抗压强度的角度来分析,由于切应力的存在,混凝土的抗压强度要低于单向抗压强度。

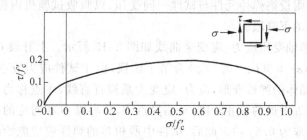

图 2-10　混凝土在法向应力和切应力共同作用时的复合强度

3. 混凝土的三向受压强度

混凝土在三向受压的情况下,其最大主压应力方向的抗压强度取决于侧向压应力的约束程度。图2-11所示为圆柱体三轴受压(侧向压应力均为σ_1)的试验,随着侧向压应力的增加,微裂缝的发展受到极大限制,大大提高了混凝土纵向抗压强度,此时混凝土的变形性能接近理想的弹塑性体。

对于纵向受压的混凝土试件,如果约束混凝土的侧向变形,也可使混凝土的抗压强度有较大提高。如采用钢管混凝土、螺旋箍筋柱等,能有效约束混凝土的侧向变形,使混凝土的抗压强度、延性(承受变形的能力)有相应的提高,如图2-12所示。

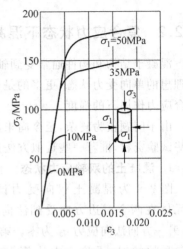

图 2-11　受液压作用的圆柱体试件

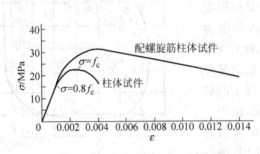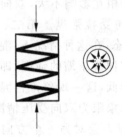

图 2-12　配螺旋筋柱体试件的应力-应变曲线

2.2.3　混凝土短期加载下的变形性能

混凝土单轴受力时的应力-应变关系反映了混凝土受力全过程的重要力学特征,属于混凝土的受力变形,是混凝土构件应力分析、建立承载力和变形计算理论,以及进行非线性分析的主要依据。

1. 单轴(单调)受压应力-应变关系

混凝土单轴受压时的应力-应变关系是混凝土最基本的力学性能之一,反映了混凝土受压力学性能全过程,常采用棱柱体试件来测定。当在普通试验机上采用等应力速度加载,达到混凝土轴心抗压强度f_{ck}时,试验机中积聚的弹性应变能大于试件所能吸收的应变能,会导致试件产生突然的脆性破坏,试验只能测得应力-应变曲线的上升段。采用等应变速度加载,或在试件旁附设高弹性元件与试件一同受压,以吸收试验机内积聚的应变能,可以测得应力-应变曲线的下降段。

典型的混凝土单轴受压应力-应变全曲线如图2-13所示。上升段OC分为三个阶段,从开始加载到A点($\sigma=0.3f_{ck}-0.4f_{ck}$)为第Ⅰ阶段,由于试件应力较小,混凝土的变形主要是骨料和水泥结晶体的弹性变形,应力-应变关系接近直线,A点称为比例极限点。超过A点后,进入稳定裂缝扩展的第Ⅱ阶段,至临界点B,临界点B相对应的应力可作为长期受压强度的依据(一般取为$0.8f_{ck}$)。此后,试件中所积蓄的弹性应变能始终保持大于裂缝发展所需的能量,形成裂缝快速发展的不稳定状态,直至C点,即第Ⅲ阶段,应力达到的最高

点 f_{ck}，f_{ck} 相对应的应变称为峰值应变 ε_0，ε_0 为 0.0015～0.0025，取平均值 $\varepsilon_0 = 0.002$。应力超过 f_{ck} 以后，裂缝迅速发展，结构内部的整体性受到严重破坏，试件的平均应力强度下降，当曲线下降到拐点 D 后，σ-ε 曲线凸向水平方向发展，在拐点 D 之后 σ-ε 曲线中曲率最大点 E 称为收敛点。E 点以后主裂缝已很宽，结构内聚力已几乎耗尽，对于无侧向约束的混凝土已失去结构的意义。

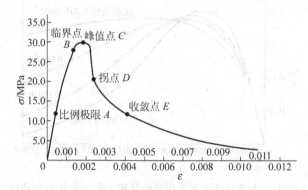

图 2-13　混凝土棱柱体受压应力-应变关系

影响混凝土应力-应变曲线的因素很多，如混凝土的强度、组成材料的性质、配合比、龄期、试验方法以及箍筋约束等。试验表明，混凝土的强度对其应力-应变曲线有一定的影响。如图 2-14 所示，对于上升段，混凝土强度的影响较小；随着混凝土强度的增大，则应力峰值点处的应变也稍大些。对于下降段，混凝土强度有较大的影响，混凝土强度越高，下降段的坡度越陡，即应力下降相同幅度时变形越小，延性越差。另外，混凝土受压应力-应变曲线的形状与加载速度也有着密切的关系。图 2-15 为不同加载速度对应力-应变曲线形状的影响。随着加载速度的降低，应力峰值略有降低，但相应的峰值应变 ε_0 增大，且下降曲线段比较平缓。

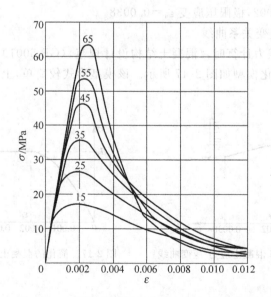

图 2-14　不同强度混凝土的受压应力-应变曲线

混凝土试件可能达到的最大应变值称为混凝土的极限压应变,用 ε_{cu} 表示,包括弹性应变和塑性应变。极限压应变越大,混凝土的变形能力越好。对于均匀受压的混凝土构件,如轴心受压构件,其应力达到峰值时,混凝土就不能承受更大的荷载,故峰值应变 ε_0 就成为计算构件承载能力的依据。结构计算时,取普通混凝土 $\varepsilon_0 = 0.002$,$\varepsilon_{cu} = 0.0033$。

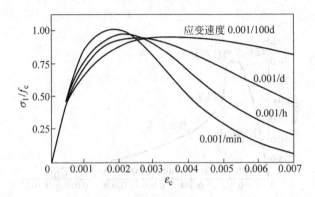

图 2-15　加载应变速度不同时的混凝土受压应力-应变曲线

2. 混凝土单轴受压应力-应变关系模型

1)美国采用 E. Hognestad 建议的模型

如图 2-16 所示,模型的上升段为二次抛物线,下降段为斜直线。

上升段:

$$\sigma = f_c \left[\frac{2\varepsilon}{\varepsilon_0} - \left(\frac{\varepsilon}{\varepsilon_0} \right)^2 \right], \quad 0 \leqslant \varepsilon \leqslant \varepsilon_0 \tag{2-12}$$

下降段:

$$\sigma = f_c \left(1 - 0.15 \frac{\varepsilon - \varepsilon_0}{\varepsilon_u - \varepsilon_0} \right), \quad \varepsilon_0 \leqslant \varepsilon \leqslant \varepsilon_u \tag{2-13}$$

式中,峰值应变 $\varepsilon_0 = 0.002$,极限压应变 $\varepsilon_u = 0.0038$。

2)我国的应力-应变关系曲线

用于构件截面承载力计算时,《混凝土结构设计规范》(GB 50010—2010)推荐的混凝土受压应力-应变关系简化模型如图 2-17 所示。该模型形式较简单,上升段采用二次抛物线,下降段采用水平直线。

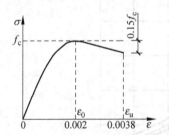

图 2-16　Hognestad 混凝土应力-应变曲线

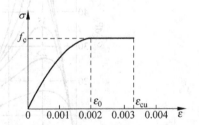

图 2-17　简化的混凝土应力-应变曲线

上升段:

$$\sigma_c = f_c \left[1 - \left(1 - \frac{\varepsilon_c}{\varepsilon_0} \right)^n \right], \quad \varepsilon_c \leqslant \varepsilon_0 \tag{2-14}$$

水平段：

$$\sigma_c = f_c, \quad \varepsilon_0 < \varepsilon_c \leqslant \varepsilon_{cu} \tag{2-15}$$

式中，参数 n、ε_0 和 ε_u 的取值如下：

$$n = 2 - \frac{1}{60}(f_{cu,k} - 50) \leqslant 2.0 \tag{2-16}$$

$$\varepsilon_0 = 0.002 + 0.5(f_{cu,k} - 50) \times 10^{-5} \geqslant 0.002 \tag{2-17}$$

$$\varepsilon_{cu} = 0.0033 - (f_{cu,k} - 50) \times 10^{-5} \leqslant 0.0033 \tag{2-18}$$

式中　σ_c——混凝土压应变为 ε_c 时的混凝土压应力；

　　　f_c——混凝土轴心抗压强度代表设计值，其取值见附录表 A-1；

　　　ε_0——混凝土压应力达到峰值时的混凝土压应变，当计算值小于 0.002 时，取为 0.002；

　　　ε_{cu}——正截面的混凝土极限压应变，当处于非均匀受压且按式(2-18)计算的值大于 0.0033 时，取为 0.0033；当处于轴心受压时取为 ε_0；

　　　$f_{cu,k}$——混凝土立方体抗压强度标准值；

　　　n——系数，当计算值大于 2.0 时，取为 2.0。

3. 混凝土的变形模量

在分析计算混凝土构件的截面应力、构件变形以及预应力混凝土构件中的预压应力和预应力损失等时，需要利用混凝土的弹性模量指标。由于混凝土的应力-应变关系为非线性，在不同的应力阶段，应力与应变之比的变形模量是一个变量，混凝土的变形模量有三种表示方法。

1) 原点弹性模量

如图 2-18 所示，混凝土棱柱体受压时，在应力-应变曲线的原点（图中的 O 点）作切线，该切线的斜率即为混凝土的原点弹性模量，称为弹性模量，以 E_c 表示，即

$$E_c = \tan\alpha_0 \tag{2-19}$$

式中　α_0——混凝土应力-应变曲线在原点处的切线与横坐标的夹角。

当混凝土进入塑性阶段后，初始的弹性模量已不能反映此时的应力-应变性质。因此，有时用变形模量或切线模量来表示这时的应力-应变关系。

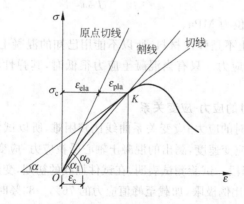

图 2-18　混凝土的弹性模量、变形模量和切线模量

2) 变形模量

如图 2-18 所示,连接混凝土应力-应变曲线的原点 O 及曲线上任一点 K 作一割线,K 点的混凝土应力为 σ_c,则该割线 OK 的斜率即为变形模量,也称为割线模量或弹塑性模量,以 E'_c 表示,即

$$E'_c = \tan\alpha_1 \qquad (2\text{-}20)$$

可以看出,混凝土的变形模量是个变值,它随应力的大小而不同。

3) 切线模量

如图 2-18 所示,在混凝土应力-应变曲线上某一应力 σ_c 处作一切线,该切线的斜率即为相应于应力 σ_c 时的切线模量,以 E''_c 表示,即

$$E''_c = \tan\alpha \qquad (2\text{-}21)$$

可以看出,混凝土的切线模量是一个变值,它随着混凝土的应力增大而减小。

在某一应力 σ_c 下,可认为混凝土应变 ε_c 由弹性应变 ε_{ce} 和塑性应变 ε_{cp} 两部分组成。于是得出混凝土的变形模量与弹性模量的关系如下:$E'_c = \nu E_c$,ν 称为弹性特征系数。

弹性特征系数 ν 与应力值有关。当 $\sigma_c = 0.5f_c$ 时,$\nu = 0.8 \sim 0.9$;当 $\sigma_c = 0.9f_c$ 时,$\nu = 0.4 \sim 0.8$。一般情况下,混凝土的强度越高,ν 值越大。

目前,各国对弹性模量的试验方法尚无统一的标准。显然,要在混凝土一次加载的应力-应变曲线上作原点的切线,以求得 α_0 角的准确值是不容易的(因为试验结果很不稳定)。《混凝土结构设计规范》(GB 50010—2010)规定的弹性模量确定方法如下:对标准尺寸 150mm×150mm×300mm 的棱柱体试件,先加载至 $\sigma_c = 0.5f_c$,然后卸载至零,再重复加载、卸载 5～10 次。由于混凝土不是弹性材料,每次卸载至应力为零时,存在残余变形,随着加载次数增加,应力-应变曲线渐趋稳定并基本趋于直线。该直线的斜率即为混凝土的弹性模量。试验结果表明,按上述方法测得的弹性模量比按应力-应变曲线原点切线斜率确定的弹性模量要略低一些。

根据试验结果,《混凝土结构设计规范》(GB 50010—2010)中混凝土受压弹性模量按下列公式计算:

$$E_c = \frac{10^5}{2.2 + \dfrac{34.7}{f_{cu,k}}} \qquad (2\text{-}22)$$

式中,E_c 和 $f_{cu,k}$ 的计量单位为 MPa。

需要注意的是,混凝土不是弹性材料,所以不能用已知的混凝土应变乘以规范中所给的弹性模量值去求混凝土的应力。只有当混凝土应力很低时,其弹性模量与变形模量值才近似相等。

4. 混凝土轴心受拉时的应力-应变关系

由于测试混凝土受拉时的应力-应变关系曲线比较困难,所以试验资料较少。图 2-19 是采用电液伺服试验机控制应变速度,测出的混凝土轴心受拉应力-应变曲线。曲线形状与受压时相似,具有上升段和下降段。试验测试表明,在试件加载的初期,变形与应力呈线性增长,至峰值应力的 40%～50% 达比例极限,加载至峰值应力的 76%～83% 时,曲线出现临界点(即裂缝不稳定扩展的起点),到达峰值应力时对应的应变只有 $75 \times 10^{-6} \sim 115 \times 10^{-6}$。曲线下降段的坡度随混凝土强度的提高而更陡峭。受拉弹性模量与受压弹性模量值基本相同。

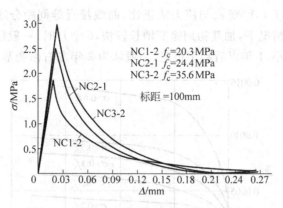

图 2-19　不同强度混凝土拉伸应力-应变曲线

2.2.4　混凝土的徐变

试验表明,将混凝土棱柱体($100\text{mm}\times100\text{mm}\times400\text{mm}$)加压到某个应力之后维持荷载不变,则混凝土会在加荷瞬时变形的基础上,产生随时间增长的应变。这种结构或材料承受的荷载或应力不变,应变或变形随时间增长的现象称为徐变。徐变也属于混凝土的受力变形。

混凝土的徐变特性主要与时间参数有关。混凝土的典型徐变曲线如图 2-20 所示。

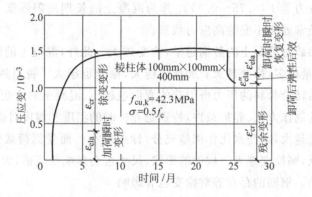

图 2-20　混凝土的徐变

从图 2-20 可以看出,当对棱柱体试件加载,应力达到 $0.5f_c$ 时,其加载瞬间产生的应变为瞬时应变 ε_{ela}。若保持荷载不变,随着加载作用时间的增加,应变也将继续增大,这就是混凝土的徐变 ε_{cr}。徐变开始增长较快,以后逐渐减慢,经过较长时间后就逐渐趋于稳定。徐变应变值为瞬时应变的 $1\sim4$ 倍,2 年后卸载,试件瞬时要恢复的一部分应变称为瞬时恢复应变 $\varepsilon'_{\text{ela}}$,其值比加载时的瞬时变形略小。当长期荷载完全卸除后,经过量测会发现混凝土并不处于静止状态,而是经过一个徐变的恢复过程(约为 20d),卸载后的徐变恢复变形称为弹性后效 $\varepsilon''_{\text{ela}}$,其绝对值仅为徐变变形的 1/12 左右。在试件中还有绝大部分应变是不可恢复的,称为残余应变 ε'_{cr}。

试验表明,混凝土的徐变与混凝土的应力大小有着密切的关系。应力越大,徐变也越大,随着混凝土应力的增加,混凝土徐变将发生不同的情况。如图 2-21 所示,当混凝土应力较小时(例如小于 $0.5f_c$),徐变 ε_{cr} 与应力成正比,曲线接近等间距分布,这种情况称为线性徐变。在线性徐变的情况下,加载初期徐变增长较快,6 个月时,一般已完成大部分徐变,后期徐变的增长逐渐减小,1 年以后趋于稳定,一般认为 3 年左右徐变基本终止。

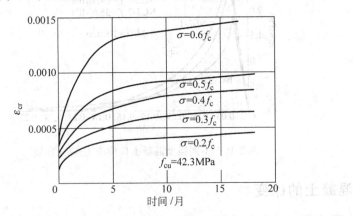

图 2-21　压应力与徐变的关系

当混凝土应力较大时(例如大于 $0.5f_c$),徐变变形与应力不成正比,徐变变形比应力增长要快,称为非线性徐变。在非线性徐变范围内,当加载应力过高时,徐变变形急剧增加不再收敛,呈非稳定徐变的现象。由此说明,在高应力的作用下可能造成混凝土的破坏。所以,一般取混凝土应力等于 $(0.75\sim0.8)f_c$ 作为混凝土的长期极限强度。混凝土构件在使用期间,应当避免经常处于不变的高应力状态。

试验还表明,加载时混凝土的龄期越早,徐变越大。此外,混凝土的组成成分徐变也有很大影响。水泥用量越多,徐变越大;水灰比越大,徐变也越大。骨料越坚硬,弹性模量越高,由凝胶体流动后转给骨料的压力所引起的变形也越小,混凝土的徐变越小。

此外,混凝土的制作方法、养护条件,特别是养护时的温度和湿度对徐变有重要影响,养护时温度越高、湿度越大,水泥水化作用越充分,徐变越小。而受到荷载作用后所处的环境温度越高、湿度越低,则徐变越大。构件的形状、尺寸也会影响徐变值,大尺寸试件内部失水受到限制,徐变减小。钢筋的存在等对徐变也有影响。

徐变对混凝土结构和构件的工作性能有很大影响。混凝土的徐变会使构件的变形增加,在钢筋混凝土截面中引起应力重分布,在预应力混凝土结构中会造成预应力损失。

影响混凝土徐变的因素很多,通常认为混凝土产生徐变的原因主要可归结为三个方面:内在因素、环境影响、应力因素。在应力不大的情况下,混凝土凝结硬化后,骨料之间的水泥浆一部分变为完全弹性结晶体,另一部分是充填在晶体间的凝胶体,它具有黏性流动的性质,当施加荷载时,在加载的瞬间结晶体与凝胶体共同承受荷载。其后,随着时间的推移,凝胶体由于黏性流动而逐渐卸载,此时晶体承受了更多的外力而产生弹性变形。在这个过程中,从水泥凝胶体向水泥结晶体进行应力重分布,从而使混凝土徐变变形增加。在应力较大的情况下,混凝土内部微裂缝在荷载长期作用下不断发展和增加,也将导致混凝土变形的增加。

2.2.5　混凝土的疲劳性能

混凝土的疲劳是在荷载重复作用下产生的。混凝土在荷载重复作用下引起的破坏称为疲劳破坏。疲劳现象大量存在于工程结构中,钢筋混凝土吊车梁受到重复荷载的作用,钢筋混凝土道桥受到车辆振动的影响以及港口海岸的混凝土结构受到波浪冲击而损伤等,都属于疲劳破坏现象。疲劳破坏的特征是裂缝小而变形大,在重复荷载作用下,混凝土的强度和变形将有明显的变化。

图 2-22 是混凝土棱柱体在多次重复荷载作用下的应力-应变曲线。可以看出,对于混凝土棱柱体试件,一次加载应力 σ_1 小于混凝土疲劳强度 f_c^f 时,其加载卸载应力-应变曲线 OAB 形成了一个闭环。而在多次加载、卸载作用下,应力-应变环会越来越密合,经过多次重复,这个曲线就密合成一条直线。如果再选择一个较高的加载应力 σ_2,但 σ_2 仍小于混凝土疲劳强度 f_c^f 时,其加、卸载的规律同前,多次重复后形成密合直线。如果选择一个高于混凝土疲劳强度 f_c^f 的加载应力 σ_3,开始加载时,混凝土应力-应变曲线凸向应力轴,在重复荷载过程中逐渐凸向应变轴,以致加、卸载不能形成封闭环,这标志着混凝土内部微裂缝的发展加剧而趋于破坏。随着重复荷载次数的增加,应力-应变曲线倾角不断减小,至荷载重复到一定次数时,混凝土试件会因严重开裂或变形过大而破坏。

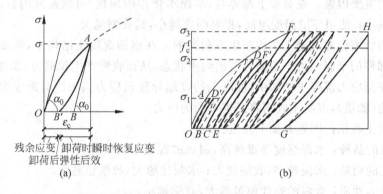

图 2-22　混凝土在重复荷载作用下的应力-应变曲线

混凝土的疲劳强度用疲劳试验测定。疲劳试验采用 100mm × 100mm × 300mm 或 150mm × 150mm × 450mm 的棱柱体,把能使棱柱体试件承受 200 万次或其以上循环荷载而发生破坏的压应力值称为混凝土的疲劳抗压强度。

施加荷载时的应力大小是影响应力-应变曲线发展和变化的关键因素,即混凝土的疲劳强度与重复作用时应力变化的幅度有关。在相同的作用次数下,疲劳强度随着疲劳应力比值的减小而增大。疲劳应力比值 ρ_c^f 按下式计算:

$$\rho_c^f = \frac{\sigma_{c,min}^f}{\sigma_{c,max}^f} \tag{2-23}$$

式中,$\sigma_{c,min}^f$、$\sigma_{c,max}^f$ 分别为构件疲劳验算时,截面同一纤维上的混凝土最小应力及最大应力。

2.2.6　混凝土的收缩、膨胀和温度变形

混凝土凝结硬化时,在空气中体积收缩,在水中体积膨胀。通常,收缩值比膨胀值大很多。混凝土的收缩和膨胀属于混凝土的非受力变形。

我国原铁道部科学研究院的收缩试验结果如图 2-23 所示。混凝土收缩随着时间增长而增加,收缩的速度随着时间的增长而逐渐减缓。一般在 1 个月内就可完成全部收缩量的 50%,3 个月后增长缓慢,2 年后趋于稳定,最终收缩应变为$(2\sim5)\times10^{-4}$。

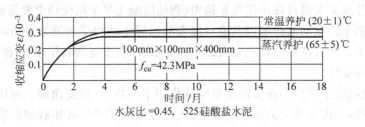

图 2-23 混凝土的收缩

混凝土收缩主要是由干燥失水和碳化作用引起的。混凝土收缩量与混凝土的组成有密切关系。水泥用量越多,水灰比越大,收缩越大;骨料越坚实(弹性模量越高),更能限制水泥浆的收缩;骨料粒径越大,越能抵抗砂浆的收缩,而且在同一稠度条件下,混凝土用水量越少,混凝土的收缩越小。

由于干燥失水会引起混凝土收缩,所以养护方法、存放及使用环境的温湿度条件是影响混凝土收缩的重要因素。在高温下湿养时,水泥水化作用加快,可供蒸发的自由水分较少,从而使收缩减小;使用环境温度越高,相对湿度越小,其收缩越大。

混凝土的收缩会对混凝土结构产生不利影响。在钢筋混凝土结构中,混凝土往往由于钢筋或相邻部件的牵制而处于不同程度的约束状态,从而收缩产生拉应力,加速了裂缝的出现和开展。在预应力混凝土结构中,混凝土的收缩导致预应力损失。对跨度变化比较敏感的超静定结构(如拱),混凝土收缩将产生不利的内力。

影响混凝土收缩的因素有如下几点。

(1) 水泥的品种:水泥强度等级越高,制成的混凝土收缩越大。

(2) 水泥的用量:水泥越多,收缩越大;水灰比越大,收缩也越大。

(3) 骨料的性质:骨料的弹性模量越大,收缩越小。

(4) 养护条件:在结硬过程中周围温、湿度越大,收缩越小。

(5) 混凝土制作方法:混凝土越密实,收缩越小。

(6) 使用环境:使用环境温度、湿度大时,收缩小。

(7) 构件的体积与表面积比值:比值大时,收缩小。

温度变化会使混凝土热胀冷缩,在结构中产生温度应力,甚至会使构件开裂以致损坏。因此,对于烟囱、水池等结构,设计中应考虑温度应力的影响。

混凝土的温度线膨胀系数随骨料的性质和配合比不同而略有不同,以每摄氏度计,线膨胀系数为$(1.0\sim1.5)\times10^{-5}$,《混凝土结构设计规范》(GB 50010—2010)取为 1.0×10^{-5}。

2.3 钢筋与混凝土的粘结

2.3.1 基本概念

粘结是钢筋与外围混凝土之间一种复杂的相互作用,可借助这种作用来传递两者间的应力,协调变形,保证共同工作。这种作用实质上是钢筋与混凝土接触面上所产生的沿钢筋纵向的剪应力,称为粘结应力或粘结力。

钢筋和混凝土这两种材料能够结合在一起共同工作,除了二者具有相近的线膨胀系数外,更主要的是由于混凝土硬化后,沿着钢筋长度在钢筋与混凝土之间产生了良好的粘结。钢筋端部与混凝土的粘结称为锚固。为了保证钢筋不从混凝土中拔出或压出,还要求钢筋有良好的锚固。粘结和锚固是钢筋和混凝土形成整体、共同工作的基础。

粘结作用可以用图 2-24 所示的钢筋和其周围混凝土之间产生的粘结应力来说明。根据受力性质的不同,钢筋与混凝土之间的粘结应力可分为钢筋端部的锚固粘结应力(锚固粘结)和裂缝间的局部粘结应力(局部粘结)两种。

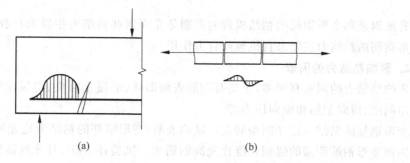

图 2-24　锚固粘结应力和局部粘结应力
(a) 锚固粘结应力；(b) 局部粘结应力

钢筋端部的锚固粘结应力(锚固粘结)。钢筋伸进支座或在连续梁承担负弯矩的上部钢筋在跨中截断时需要延伸一段长度,即锚固长度。要使钢筋承受所需的拉力,就要求受拉钢筋有足够的锚固长度以积累足够的粘结力,否则,将发生锚固破坏。

裂缝间的局部粘结应力(局部粘结)是在相邻两个开裂截面之间产生的,钢筋应力的变化受到粘结应力的影响,粘结应力使相邻两个裂缝之间混凝土参与受拉。局部粘结应力的丧失会影响构件刚度的降低和裂缝的开展。

2.3.2　粘结力的组成及其影响因素

1. 粘结力的组成

光圆钢筋与混凝土的粘结作用主要由以下三部分组成。

(1) 钢筋与混凝土接触面上的化学吸附作用力(胶结力)。这种吸附作用力来自浇筑时水泥浆体对钢筋表面氧化层的渗透以及水化过程中水泥晶体的生长和硬化。这种吸附作用力一般很小,仅在受力阶段的局部无滑移区域起作用。当接触面发生相对滑移时,该力即消失。

(2) 混凝土收缩握裹钢筋而产生摩阻力。摩阻力是由于混凝土凝固时收缩,对钢筋产生垂直于摩擦面的压应力。这种压应力越大,接触面的粗糙程度越大,摩阻力就越大。

(3) 钢筋表面凹凸不平与混凝土之间产生的机械咬合作用力(咬合力)。对于光圆钢筋,这种咬合力来自表面的粗糙不平。

变形钢筋与混凝土之间有机械咬合作用,改变了钢筋与混凝土间相互作用的方式,显著提高了粘结强度。对于变形钢筋,咬合力是由于变形钢筋肋间嵌入混凝土而产生的。虽然也存在胶结力和摩擦力,但变形钢筋的粘结主要来自钢筋表面凸出的肋与混凝土的机械咬合作用。变形钢筋的横肋对混凝土的挤压如同一个楔,会产生很大的机械咬合力,从而提高了变形钢筋的粘结能力(见图 2-25)。

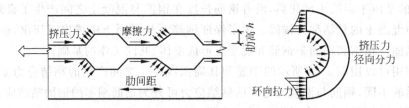

图 2-25　变形钢筋和混凝土之间的机械咬合作用

光圆钢筋和变形钢筋的粘结机理的差别是光面钢筋粘结力主要来自胶结力和摩阻力,而变形钢筋的粘结力主要来自机械咬合力作用。

2. 影响粘结力的因素

影响粘结力的因素有很多,主要有钢筋表面形状、混凝土强度、浇筑位置、保护层厚度、钢筋净间距、横向钢筋和横向压力等。

变形钢筋的粘结力比光圆钢筋大。试验表明,变形钢筋的粘结力比光圆钢筋高出 2～3倍。因而变形钢筋所需的锚固长度比光圆钢筋短。试验还表明,月牙纹钢筋的粘结力比螺纹钢筋的粘结力低 10%～15%。

粘结力与浇筑混凝土时钢筋所处的位置有明显的关系。对于混凝土浇筑深度超过300mm 以上的顶部水平钢筋,其底面的混凝土由于水分、气泡的逸出和泌水下沉,与钢筋之间形成了空隙层,从而削弱了钢筋与混凝土之间的粘结作用。

混凝土保护层和钢筋间距对于粘结力也有重要的影响。对于高强度的变形钢筋,当混凝土保护层太薄时,外围混凝土可能发生径向劈裂而使粘结力降低;当钢筋净距太小时,可能出现水平劈裂而使整个保护层崩落,从而使粘结力显著降低。

横向钢筋(如梁中箍筋)可以延缓径向劈裂裂缝的发展,限制劈裂裂缝的宽度,从而提高粘结力。因此,在较大直径钢筋的锚固或搭接长度范围内,以及当一层并列的钢筋根数较多时,均应设置一定数量的附加箍筋,以防止混凝土保护层的劈裂崩落。

当钢筋的锚固区作用有侧向压应力时,将会提高粘结力。

2.3.3　保证可靠粘结的构造措施

1. 保证粘结的构造措施

由于粘结破坏机理复杂,影响粘结力的因素多,工程结构中粘结力的多样性等,目前尚无比较完整的粘结力计算理论。《混凝土结构设计规范》(GB 50010—2010)不进行粘结计算,用构造措施来保证混凝土与钢筋的粘结。

保证粘结的构造措施有如下几个方面。

(1) 对不同等级的混凝土和钢筋,要保证最小搭接长度和锚固长度;

(2) 为了保证混凝土与钢筋之间有足够的粘结,必须满足钢筋最小间距和混凝土保护层最小厚度的要求;

(3) 在钢筋的搭接接头范围内应加密箍筋;

（4）为了保证足够的粘结，在钢筋端部应设置弯钩。

此外，在浇筑大深度混凝土时，为防止在钢筋底面出现沉淀收缩和泌水，形成疏松空隙层，削弱粘结，对高度较大的混凝土构件应分层浇筑或二次浇捣。

钢筋表面粗糙程度会影响摩擦阻力，从而影响粘结强度。轻度锈蚀的钢筋，其粘结强度比新轧制的无锈钢筋要高，比除锈处理的钢筋更高。所以，除重锈钢筋外，可不必对钢筋除锈。

2. 基本锚固长度

钢筋受拉会产生向外的膨胀力，这个膨胀力导致拉力传送到构件表面。为了保证钢筋与混凝土之间有可靠的粘结，钢筋必须有一定的锚固长度。钢筋的基本锚固长度取决于钢筋强度及混凝土抗拉强度，并与钢筋的外形有关。

钢筋的锚固可采用机械锚固的形式，如弯钩、贴焊钢筋及焊锚板等。

3. 钢筋的搭接

钢筋长度不够，或需要采用施工缝或后浇带等构造措施时，就需要对钢筋进行搭接。搭接是指将两根钢筋的端头在一定长度内并放，并采用适当的连接将一根钢筋的力传给另一根钢筋。力的传递可以通过各种连接接头实现。由于钢筋通过连接接头传力总不如整体钢筋，所以钢筋搭接的原则是接头应设置在受力较小处，同一根钢筋上应尽量少设接头，机械连接接头能产生较牢固的连接力，所以应优先采用机械连接。

受压钢筋的搭接接头及焊接骨架的搭接也应满足相应的构造要求，以保证力的传递。

2.4　钢筋混凝土的一般构造规定

要求在所有钢筋混凝土构件的设计和施工中遵照执行《混凝土结构设计规范》（GB 50010—2010）中关于一般构造的规定。这些规定中的部分内容与钢筋和混凝土的粘结性能有关，或与钢筋混凝土的材料性质有关，或者是考虑了设计和施工中存在的某些不确定的因素。

2.4.1　混凝土保护层

纵向受力钢筋以及预应力钢筋、钢丝、钢绞线的混凝土保护层厚度是指从钢筋外边缘到最近的混凝土外边缘的距离，此值不应小于钢筋的直径或并筋的等效直径，且应符合附录表 C-4 的规定。

设计使用年限为 50 年的混凝土结构，其保护层厚度应符合附录表 C-4 的规定；设计使用年限为 100 年的混凝土结构，其最外层钢筋的保护层厚度应不小于附录表 C-4 数值的1.4 倍。

当有充分依据并采取下列有效措施时，可适当减小混凝土保护层的厚度。

（1）构件表面有可靠的防护层；

（2）采用工厂化生产的预制构件，并能保证构件混凝土的质量；

（3）在混凝土中掺加阻锈剂；

（4）对钢筋进行环氧树脂涂层等防锈处理。

2.4.2　钢筋的锚固长度

当计算中充分利用钢筋的强度时,受拉钢筋锚固长度应按下式计算:

$$l_{ab} = \alpha \frac{f_y}{f_t} d \tag{2-24}$$

式中　l_{ab}——受拉钢筋的基本锚固长度;

f_y——锚固钢筋的抗拉强度设计值;

f_t——锚固区混凝土的抗拉强度设计值,当混凝土强度等级高于 C60 时,按 C60 取值;

d——锚固钢筋的直径或并筋的等效直径;

α——锚固钢筋的外形系数,如表 2-1 所示。

表 2-1　锚固钢筋的外形系数 α

钢筋类别	光面钢筋	带肋钢筋	螺旋肋钢丝	三股钢绞线	七股钢绞线
钢筋外形系数 α	0.16	0.14	0.13	0.16	0.17

光面钢筋末端应做 180° 标准弯钩,弯后平直段长度不应小于 $3d$,但做受压钢筋时可不做弯钩。

带肋钢筋指除光面钢筋以外的热轧 HRB、HRBF、RRB 系列钢筋。

纵向受拉带肋钢筋的锚固长度修正系数应根据钢筋的锚固条件按下列条件取用:

(1) 当钢筋的公称直径大于 25mm 时,修正系数取 1.1;

(2) 对于环氧树脂涂层钢筋,修正系数取 1.25;

(3) 对于施工过程中易受扰动的钢筋,修正系数取 1.1;

(4) 当纵向受力钢筋的实际配筋面积大于其设计计算面积时,其锚固长度修正系数取设计计算面积与实际配筋面积的比值;

(5) 锚固区混凝土保护层厚度较大时,锚固长度修正系数可按表 2-2 确定。

表 2-2　保护层厚度较大时的锚固长度修正系数 ψ_a

保护层厚度	侧边、角部	厚保护层
$\geqslant 3d$	0.8	0.7
$\geqslant 4d$	0.7	0.6

当锚固条件多于一项时,修正系数可按连乘计算。经修正的锚固长度不应小于基本锚固长度的 60%,且不应小于 200mm。

对受压钢筋而言,钢筋受压后加大了界面的摩擦力和咬合力,对锚固受力有利。因此,受压钢筋的锚固长度应小于受拉钢筋的锚固长度。试验研究及工程实践表明,当计算中充分利用受压钢筋的抗压强度时,其锚固长度不应小于相应受拉钢筋锚固长度的 70%。受压钢筋不应采用末端弯钩和一侧贴焊锚筋的锚固措施。

2.4.3　机械锚固

工程设计中,如遇到构件支承长度较短,靠钢筋自身的锚固性能无法满足受力钢筋的锚固要求时,可采用机械锚固措施。图 2-26 所示是机械锚固的形式和构造要求。机械锚固虽能满足锚固承载力的要求,但难以保证钢筋的锚固刚度,因此,需要一定的锚固长度与其配合。《混凝土结构设计规范》(GB 50010—2010)规定,采取机械锚固措施后,其锚固长度(包括锚头在内的水平投影长度)可取基本锚固长度的 60%。

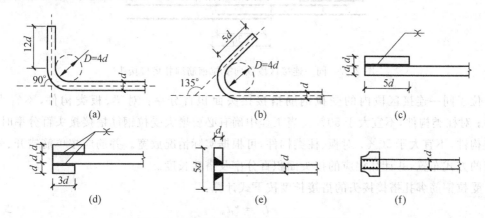

图 2-26 钢筋机械锚固的形式及构造要求

(a) 弯折;(b) 弯钩;(c) 一侧贴焊锚筋;(d) 两侧贴焊锚筋;(e) 穿孔塞焊端锚板;(f) 螺栓锚头

机械锚固的锚固长度修正系数可按表 2-3 确定。

表 2-3 钢筋机械锚固的形式及修正系数 ψ_a

机械锚固形式		技术要求	修正系数
侧边角部	弯折	末端 90°弯钩,弯后直段长度 12d	0.7
	弯钩	末端 135°弯钩,弯后直段长度 5d	
	一侧贴焊锚筋	末端一侧贴焊长 3d 短钢筋,焊缝满足强度要求	
厚保护层	两侧贴焊锚筋	末端两侧贴焊长 3d 短钢筋,焊缝满足强度要求	0.6
	穿孔塞焊端锚板	末端与锚板穿孔塞焊,焊缝满足强度要求	
	螺栓锚头	末端旋入螺栓锚头,螺纹长度满足承载要求	

2.4.4 钢筋的连接

受力钢筋的连接接头宜设置在受力较小处。在同一根受力钢筋上宜少设接头。在结构的关键受力部位,纵向受力钢筋不宜设置连接接头。钢筋连接可采用绑扎搭接、机械连接或焊接。

绑扎搭接宜用于受拉钢筋直径不大于 25mm 以及受压钢筋直径不大于 28mm 的连接;轴心受拉和小偏心受拉杆件的纵向受力钢筋不应采用绑扎搭接。机械连接宜用于直径不小于 16mm 受力钢筋的连接。焊接宜用于直径不大于 28mm 受力钢筋的连接。

同一构件中相邻纵向受力钢筋的绑扎搭接接头宜相互错开。钢筋绑扎搭接接头连接区段的长度为 1.3 倍搭接长度,凡搭接接头中点位于该连接区段长度内的搭接接头均属于同一连接区段,如图 2-27 所示。

同一连接区段内纵向受力钢筋搭接接头面积百分率为该区段内有搭接接头的纵向受力钢筋与全部纵向受力钢筋截面面积的比值。当直径不同的钢筋搭接时,按直径较小的钢筋计算。

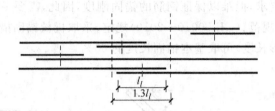

图 2-27　同一连接区段纵向受拉钢筋绑扎搭接接头

位于同一连接区段内的受拉钢筋搭接接头面积百分率：对梁、板类构件，不宜大于 25%；对柱类构件，不宜大于 50%。当工程中确有必要增大受拉钢筋搭接接头百分率时，对梁类构件，不宜大于 50%；对板、柱类构件，可根据实际情况放宽。并筋应按单筋错开、分散搭接的方式布置，并计算相应的接头面积百分率及搭接长度。

受拉钢筋绑扎搭接接头的搭接长度按下式计算：

$$l_l = \zeta_l l_a \tag{2-25}$$

式中，ζ_l 为纵向受拉钢筋搭接长度修正系数，它与同一连接区段内搭接钢筋的截面面积有关，见表 2-4。

表 2-4　纵向受拉钢筋搭接长度修正系数

纵向搭接钢筋接头面积百分率/%	≤25	50	100
ζ_l	1.2	1.4	1.6

纵向受压钢筋采用搭接连接时，其受压搭接长度不小于按式(2-25)所计算的纵向受拉钢筋搭接长度的 0.7 倍，且不应小于 200mm。

在纵向受拉钢筋搭接长度范围内应配置箍筋，其直径不应小于 $0.25d$。当钢筋受拉时，箍筋间距不应大于 $5d$，且不应大于 100mm；当钢筋受压时，箍筋间距不应大于 $10d$，且不应大于 200mm，d 为搭接钢筋的较小直径。当受压钢筋直径大于 25mm 时，尚应在搭接接头两个端面外 100mm 范围内各设置两道箍筋。

2.4.5　并筋

在钢筋混凝土构件中，通常采用单根钢筋成排布置。有时为了解决配筋密集引起的设计、施工困难，可采用并筋(钢筋束)的配筋方式。直径 28mm 及以下的钢筋并筋数量不应超过 3 根；直径 32mm 的钢筋并筋数量宜为 2 根；直径 36mm 及以上的钢筋不应采用并筋。并筋应按单根等效钢筋进行计算，等效钢筋的等效直径应按截面面积相等的原则换算确定。相同直径的二并筋等效直径可取为 1.41 倍单根钢筋直径；三并筋等效直径可取为 1.73 倍单根钢筋的直径。二并筋可按纵向或横向的方式布置；三并筋可按品字形布置，并均把并筋的重心作为等效钢筋的重心。并筋等效直径的概念适用于与钢筋间距、保护层厚度、钢筋锚固长度、搭接接头面积百分率、搭接长度以及裂缝宽度验算等有关的计算及构造规定。

2.5　公路桥涵工程混凝土结构材料

2.5.1　混凝土与钢筋

1. 混凝土

《公路钢筋混凝土及预应力混凝土桥涵设计规范》(JTG D62—2012)的混凝土强度等级划分标准与《混凝土结构设计规范》(GB 50010—2010)相同。混凝土强度等级按下列规定采用：钢筋混凝土构件不宜低于 C25，不应低于 C20；当采用强度等级 400MPa 及以上钢筋配筋时，不宜低于 C30，不应低于 C25；预应力混凝土构件不应低于 C40。

2. 钢筋

公路桥涵工程钢筋混凝土和预应力混凝土构件中的普通钢筋宜选用热轧 HPB300、HRB335、HRB400 钢筋，预应力混凝土构件中的箍筋应选用其中的带肋钢筋；按构造要求配置的钢筋网可采用冷轧带肋钢筋。

预应力混凝土构件中的预应力钢筋应采用钢绞线、钢丝；中小型构件或竖、横向预应力钢筋，也可选用精轧螺纹钢筋。

2.5.2　公路桥涵工程混凝土结构的一般构造

普通钢筋和预应力直线形钢筋的最小混凝土保护层厚度不应小于钢筋公称直径，后张法构件预应力直线形钢筋不应小于其管道直径的 1/2。当受拉区主筋的混凝土保护层厚度大于 50mm 时，应在保护层内设置直径不小于 6mm，间距不大于 100mm 的钢筋网。

当设计中充分利用钢筋的强度时，其最小锚固长度与钢筋级别、混凝土强度等级以及钢筋的受力状态有关，具体长度在《公路钢筋混凝土及预应力混凝土桥涵设计规范》(JTG D62—2012)中有详细规定。

受拉钢筋端部弯钩应符合上述规范的规定。箍筋的末端应做成弯钩，弯钩的角度可取 135°，弯钩的弯曲直径应大于被箍的受力主钢筋的直径，且 HPB300 钢筋不应小于箍筋直径的 2.5 倍，HRB335 钢筋不应小于箍筋直径的 4 倍。对于弯钩平直段长度，一般结构不应小于箍筋直径的 5 倍，抗震结构不应小于箍筋直径的 10 倍。

《公路钢筋混凝土及预应力混凝土桥涵设计规范》(JTG D62—2012)规定：钢筋接头宜采用焊接接头和钢筋机械连接接头(套筒挤压接头、镦粗直螺纹接头)，当施工或构造条件有困难时，也可采用绑扎接头。钢筋接头宜设在受力较小区段，并宜错开布置。绑扎接头的钢筋直径不宜大于 28mm，但轴心受压和偏心受压构件中的受压钢筋可不大于 32mm。轴心受拉和小偏心受拉构件不应采用绑扎接头。

钢筋焊接接头宜采用闪光接触对焊。当不具备闪光接触对焊的条件时，也可采用电弧焊(帮条焊或搭接焊)、电渣压力焊和气压焊。电弧焊应采用双面焊缝，不得已时方可采用单面焊缝。帮条焊的帮条应采用与被焊接钢筋同强度等级的钢筋，其总截面面积不应小于被焊接钢筋的截面面积。采用搭接焊时，两钢筋端部应预先折向一侧，两钢筋轴线应保持一致。电弧焊接头焊接长度的规定如下：双面焊缝不应小于钢筋直径的 5 倍，单面焊缝不应小于钢筋直径的 10 倍。

在任一焊接接头中心至长度为钢筋直径的 35 倍,且不小于 500mm 的区段内,同一根钢筋不得有两个接头。在该区段内,有接头的受力筋截面面积占受力钢筋总截面面积的百分数,普通钢筋在受拉区不宜超过 50%,在受压区和装配式构件间的连接钢筋不受限制。

帮条焊或搭接焊接头部分钢筋的横向净距不应小于钢筋直径,且不应小于 25mm,同时非焊接部分钢筋净距应符合《公路钢筋混凝土及预应力混凝土桥涵设计规范》(JTG D62—2012)的规定。

上述规范对受拉钢筋绑扎接头的搭接长度作了规定。受压钢筋绑扎接头的搭接长度应取受拉钢筋绑扎接头搭接长度的 0.7 倍。

思考题

2-1　软钢和硬钢的应力-应变曲线有何不同? 二者的强度取值有何不同? 了解钢筋的应力-应变曲线的数学模型。

2-2　我国建筑结构用钢筋的品种有哪些? 并说明各种钢筋的应用范围。

2-3　钢筋混凝土结构对钢筋的性能有哪些要求?

2-4　混凝土立方抗压强度 $f_{cu,k}$、轴心抗压强度 f_{ck} 和抗拉强度 f_{tk} 是如何确定的? 为什么 f_{ck} 低于 $f_{cu,k}$? f_{tk} 与 $f_{cu,k}$ 有何关系? f_{ck} 与 $f_{cu,k}$ 有何关系?

2-5　混凝土的强度等级是根据什么确定的?《混凝土结构设计规范》(GB 50010—2010)规定的混凝土强度等级有哪些?

2-6　请举出约束混凝土的实际工程实例。

2-7　单向受力状态下,混凝土的强度与哪些因素有关? 混凝土轴心受压应力-应变曲线有何特点? 常用的表示应力-应变关系的数学模型有哪几种?

2-8　混凝土的变形模量和弹性模量是如何确定的?

2-9　什么是混凝土疲劳破坏? 疲劳破坏时应力-应变曲线有何特点?

2-10　什么是混凝土的徐变? 徐变对混凝土构件有何影响? 通常认为影响徐变的主要因素有哪些? 如何减少徐变?

2-11　什么是混凝土的线性徐变? 什么是混凝土的非线性徐变?

2-12　混凝土收缩对钢筋混凝土构件有何影响? 收缩与哪些因素有关? 如何减少收缩?

2-13　什么是钢筋和混凝土之间的粘结力? 粘结力由哪些因素组成? 影响钢筋和混凝土粘结力的主要因素有哪些? 为保证钢筋和混凝土之间有足够的粘结力,要采取哪些措施?

混凝土结构设计的基本原则

本章介绍混凝土结构设计时应遵循的基本原则,主要包括作用在结构上的荷载大小如何确定;所用结构材料强度如何取值;结构应具有的功能;结构安全可靠的标准;概率极限状态实用设计表达式等。

3.1 结构极限状态设计方法

3.1.1 结构的功能要求

1. 结构的安全等级

建筑物的重要程度是根据其用途决定的。例如,设计一个大型体育馆和设计一个普通仓库是有差异的,因为大型体育馆一旦发生破坏,造成的生命财产损失要比普通仓库大得多,所以对它们安全度的要求应该不同,进行建筑结构设计时应按不同的安全等级进行设计。建筑结构设计时,应根据结构破坏可能产生的后果,如危及人的生命、造成经济损失、产生社会影响等的严重性,采用不同的安全等级。建筑结构安全等级的划分应符合表 3-1 的要求。对人员比较集中、使用频繁的影剧院、体育馆等,安全等级宜按一级设计。对特殊的建筑物,其设计安全等级可视具体情况确定。还有,建筑物中梁、柱等各类构件的安全等级一般应与整个建筑物的安全等级相同,对部分特殊构件可根据其重要程度作适当调整。

表 3-1　建筑结构的安全等级

安 全 等 级	破 坏 后 果	建筑物类型
一级	很严重	重要的建筑物
二级	严重	一般的建筑物
三级	不严重	次要的建筑物

注:(1) 对特殊的建筑物,其安全等级应根据具体情况另行确定;
　　(2) 地基基础设计安全等级及按抗震要求设计时建筑结构的安全等级,尚应符合国家现行有关规范的规定。

2. 结构的设计使用年限与设计基准期

计算结构可靠度所依据的年限称为结构的设计使用年限。结构的设计使用年限,是指设计规定的结构或结构构件不需进行大修即可按其预定目的使用的时期。设计使用年限按《建筑结构可靠度设计统一标准》(GB 50068—2001)确定,就总体而言,桥梁应比房屋的设计使用年限长,大坝的设计使用年限更长。结构的设计使用年限应按表 3-2 采用。

表 3-2   设计使用年限分类

类别	设计使用年限/年	示 例
1	5	临时性结构
2	25	易于替换的结构构件
3	50	普通房屋和构筑物
4	100	纪念性建筑和特别重要的建筑物

设计基准期是为确定可变作用代表值与时间有关的材料性能而选用的时间参数。

设计使用年限与设计基准期既有联系又有不同。设计基准期可根据结构设计使用年限的要求适当选定。结构的设计使用年限虽与其使用寿命有联系，但不等同。超过设计使用年限的结构并不是不能使用，而是指它的可靠度降低了。

3. 建筑结构的功能

根据《建筑结构可靠度设计统一标准》（GB 50068—2001），结构在规定的设计使用年限内应满足下列功能要求：

(1) 在正常施工和正常使用时，能承受可能出现的各种作用；

(2) 在正常使用时具有良好的工作性能；

(3) 在正常维护下有足够的耐久性能；

(4) 在设计规定的偶然事件发生时及发生后，仍能保持必需的整体稳定性。

上述(1)、(4)两项属于结构的安全性，结构应能承受正常施工和正常使用时可能出现的各种荷载和变形，在偶然事件（如地震、爆炸等）发生时和发生后保持必需的整体稳定性，不致发生倒塌。纽约世界贸易中心双子大厦遭恐怖分子劫持飞机撞击，产生爆炸、燃烧而最终导致整体倒塌，是一个非常典型的偶然事例。第(2)项关系到结构的适用性，如不产生影响使用的过大变形或振幅，不发生足以让使用者不安的过宽裂缝等。第(3)项为结构的耐久性，如结构在正常维护条件下在设计规定的年限内混凝土不发生严重风化、腐蚀、脱落，钢筋不发生锈蚀等。安全性、适用性和耐久性总称为结构的可靠性。

3.1.2   结构功能的极限状态

整个结构或结构的一部分超过某一特定状态就不能满足设计指定的某一功能要求，这个特定状态称为该功能的极限状态，如构件即将开裂、倾覆、滑移、压屈、失稳等。也就是说，能完成预定的各项功能时，结构处于有效状态，反之，则处于失效状态。有效状态和失效状态的分界，称为极限状态，是结构开始失效的标志。极限状态可分为两类。

1. 承载能力极限状态

结构或结构构件达到最大承载能力或不适于继续承载的变形及裂缝宽度，称为承载能力极限状态。例如，当结构或构件由于材料强度不够而破坏，或因疲劳而破坏，或因漂浮而破坏，或产生过度的变形而不能继续承载，结构或结构构件丧失稳定（如压屈），或结构在偶然作用下连续倒塌或大范围破坏等；结构转变为机动体系时，结构或构件就超过了承载能力极限状态。超过承载能力极限状态后，结构或构件就不能满足安全性的要求。

2. 正常使用极限状态

结构或结构构件达到正常使用的某项限值或产生影响耐久性能的局部损坏，这种状态称为正常使用极限状态。例如,当结构或结构构件出现影响正常使用或外观的变形、过宽裂缝、局部损坏和振动时,可认为结构或构件超过了正常使用极限状态。超过了正常使用极限状态,结构或构件就不能保证适用性和耐久性的功能要求。

结构或构件按承载能力极限状态进行计算后,还应该按正常使用极限状态进行验算。

为了提高使用质量,正常使用极限状态中对跨度较大的楼板及业主有要求时,增加了舒适度要求,需控制楼盖竖向自振频率达到舒适度设计要求。

结构的极限状态可以用极限状态函数来表达。承载能力极限状态函数可表示为

$$Z = R - S \tag{3-1}$$

根据概率统计理论,S、R 都是随机变量,则 $Z = R - S$ 也是随机变量。根据 S、R 的取值不同,Z 值可能出现三种情况:当 $Z = R - S > 0$ 时,结构处于可靠状态;当 $Z = R - S = 0$ 时,结构达到极限状态;当 $Z = R - S < 0$ 时,结构处于失效(破坏)状态。$Z = R - S = 0$ 成立时,结构处于极限状态的分界线,超过这一界线,结构就不能满足设计规定的某一功能要求。

3.1.3　结构上的作用及结构抗力

结构上的作用是指能使结构产生内力、应力、位移、应变、裂缝等效应的各种原因的总称,分直接作用和间接作用两种。荷载是直接作用,混凝土的收缩、温度变化、基础的差异沉降、地震等引起结构外加变形或约束的原因称为间接作用。间接作用不仅与外界因素有关,还与结构本身的特性有关。例如,地震对结构物的作用,不仅与地震加速度有关,还与结构自身的动力特性有关。

按作用时间的长短和性质,荷载可分为以下三类。

(1) 永久荷载。永久荷载指在结构设计使用期间,其值不随时间而变化,或其变化与平均值相比可以忽略不计,或其变化是单调的并能趋于限值的荷载,如结构的自重、土压力、预应力等。永久荷载又称为恒荷载。

(2) 可变荷载。可变荷载指在结构设计使用期内其值随时间而变化,其变化与平均值相比不可忽略的荷载,如楼面活荷载、屋面活荷载和积灰荷载、吊车荷载、风荷载、雪荷载等。可变荷载又称为活荷载。

(3) 偶然荷载。偶然荷载指在结构设计使用期内不一定出现,一旦出现,其值很大且持续时间很短的荷载,如爆炸力、撞击力等。

《建筑结构荷载规范》(GB 50009—2012)规定,对不同荷载应采用不同的代表值。对永久荷载应采用标准值作为代表值。对可变荷载应根据设计要求采用标准值、组合值、频遇值或准永久值作为代表值。对偶然荷载应按建筑结构使用的特点确定其代表值。

作用效应是指作用引起的结构或结构构件的内力、变形和裂缝等,当为直接作用(即荷载)时,其效应也称为荷载效应,通常用 S 表示。结构抗力是指结构或结构构件承受作用效应的能力,如结构构件的承载力、刚度和抗裂度等,用 R 表示。它主要与结构构件的材料性能(强度、变形模量)、几何参数(构件尺寸等)和计算模式的精确性(抗力计算所采用的基本假设和计算公式不够精确)等有关。

3.2　荷载和材料强度的取值

结构物所承受的荷载不是定值,而是在一定范围内变动的;结构所用材料的实际强度也在一定范围内波动。因此,结构设计时所取用的荷载值和强度值应采用概率统计方法来确定。

3.2.1　荷载标准值的确定

1. 荷载的统计特性

我国对建筑结构的各种恒载、民用房屋(包括办公楼、住宅、商店等)楼面活荷载、风荷载和雪荷载等进行了大量的调查和实测工作。用概率统计方法对所取得的资料处理后,得到这些荷载的概率分布和统计参数。

1) 永久荷载 G

建筑结构中的屋面、楼面、墙体、梁柱等构件以及找平层、保温层、防水层等的自重重力,桥梁结构中的梁、板、桥墩、耐磨面层、人行道和路缘石等的自重重力,以及土压力、预应力等,都是永久荷载,通常称为恒荷载,其值不随时间变化或变化很小。永久荷载计算是根据构件体积和材料重度确定的。由于构件尺寸在施工制作中的允许误差以及材料组成或施工工艺对材料重度的影响,构件的实际自重重力是在一定范围内波动的。经过试验实测和数理统计分析后,认为永久荷载这一随机变量符合正态分布。

2) 可变荷载 Q

建筑结构的楼面活荷载、屋面活荷载和积灰荷载、吊车荷载,桥梁结构的车辆荷载,以及风荷载和雪荷载等属于可变荷载,其数值随时间而变化。在结构使用期间,可变荷载的最大值无法精确估计。

民用房屋楼面活荷载一般分为持久性活荷载和临时性活荷载两种。在设计基准期内,持久性活荷载是经常出现的,如家具等产生的荷载,其数量和分布随着房屋的用途、家具的布置方式而变化,并且是时间的函数;临时性活荷载是短暂出现的,如人员临时聚会的荷载等,它随着人员的数量和分布而异,也是时间的函数。同样,风荷载和雪荷载均是时间的函数。因此,可变荷载随时间的变异可统一用随机过程来描述。对可变荷载随机过程的样本函数进行处理后,可得到可变荷载在任意时点的概率分布和在设计基准期内最大值的概率分布。根据对全国范围内实测资料的统计分析,民用房屋楼面活荷载在上述两种情况下的概率分布以及风荷载和雪荷载的概率分布均可认为是极值 I 型分布。

2. 荷载标准值

荷载标准值是建筑结构按极限状态设计时采用的荷载基本代表值。荷载标准值可由设计基准期最大荷载概率分布的某一分位值确定,若为正态分布,则如图 3-1 中的 P_k。荷载标准值为理论上可能出现的具有一定保证率的偏大荷载值。例如,若取荷载标准值为

$$P_k = \mu_p + 1.645\sigma_p \qquad (3-2)$$

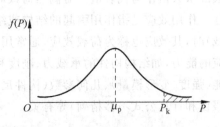

图 3-1　荷载标准值的概率含义

则 P_k 具有 95% 的保证率,亦即在设计基准期内超过此标准值的荷载出现的概率为 5%。式(3-1)中的 μ_p 是荷载平均值,σ_p 是荷载标准差。

目前,由于对很多可变荷载未能取得充分的资料,难以给出符合实际的概率分布,若统一按 95% 的保证率调整荷载标准值,会使结构设计与过去相比在经济指标方面引起较大的波动。因此,我国现行《建筑结构荷载规范》(GB 50009—2012)规定的荷载标准值,除了对个别不合理处作了适当调整外,大部分仍沿用或参照传统习用的数值。

1) 永久荷载标准值 G_K

永久荷载(恒荷载)标准值 G_K 可按结构设计规定的尺寸和《建筑结构荷载规范》(GB 50009—2012)规定的材料重度(或单位面积的自重)平均值确定,一般相当于永久荷载概率分布的平均值。对于自重变异性较大的材料,尤其是制作屋面的轻质材料,在设计中应根据荷载对结构不利或有利,分别取其自重的上限值或下限值。

2) 可变荷载标准值 Q_K

《建筑结构荷载规范》(GB 50009—2012)规定,办公楼、住宅楼面均布活荷载标准值 Q_K 均为 $2.0kN/m^2$。根据统计资料,这个标准值对于办公楼相当于设计基准期最大活荷载概率分布的平均值增加 3.16 倍标准差,对于住宅则相当于设计基准期最大荷载概率分布的平均值增加 2.38 倍的标准差。可见,对于办公楼和住宅,楼面活荷载标准值的保证率均大于 95%,但住宅结构构件的可靠度低于办公楼。

风荷载标准值是由建筑物所在地的基本风压乘以风压高度变化系数、风载体型系数和风振系数确定的。其中,基本风压是以当地比较空旷平坦地面上离地 10m 高处统计所得的 50 年一遇 10min 平均最大风速 v_0(m/s)为标准,按 $v_0^2/1600$ 确定的。

雪荷载标准值是由建筑物所在地的基本雪压乘以屋面积雪分布系数确定的。而基本雪压则是以当地一般空旷平坦地面上统计所得 50 年一遇最大雪压确定的。

在结构设计中,各类可变荷载标准值及各种材料重度(或单位面积的自重)可由《建筑结构荷载规范》(GB 50009—2012)查取。

3) 可变荷载的频遇值和准永久值

荷载标准值是在设计基准期内最大荷载的意义上确定的,它没有反映荷载作为随机过程而具有随时间变异的特性。当结构按正常使用极限状态的要求进行设计时,例如要求控制房屋的变形、裂缝以及局部损坏时,就应根据不同的要求来选择荷载的代表值。

可变荷载有四种代表值,即标准值、组合值、频遇值和准永久值。其中,标准值为基本代表值,其他三种代表值可由标准值乘以相应的小于 1.0 的系数得到。下面说明频遇值和准永久值的概念。

在可变荷载 Q 的随机过程中,荷载超过某水平荷载 Q_x 的表示方式,可用超过 Q_x 的总持续时间 $T_x\left(T_x=\sum t_i\right)$ 与设计基准期 T 的比率 $\mu_x\left(\mu_x=\dfrac{T_x}{T}\right)$ 来表示,如图 3-2 所示。

可变荷载的频遇值是指在设计基准期内,其超越的总时间为规定的较小比率(μ_x 不大于 0.1)或超越频率为规定频率的荷载值。它相当于在结构上时而出现的较大荷载值,但总小于荷载标准值。

可变荷载的准永久值是指在设计基准期内,其超越的总时间约为设计基准期一半(即 $\mu_x \approx 0.5$)的荷载值,即在设计基准期内经常作用的荷载值(接近于永久荷载)。

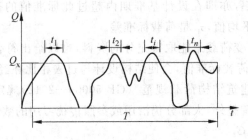

图 3-2   可变荷载的一个样本

3.2.2   材料强度标准值的确定

1. 材料强度的变异性及统计特性

材料强度的变异性,主要是指材质以及工艺、加载、尺寸等因素引起的材料强度的不确定性。例如,按同一标准生产的钢材或混凝土,各批之间的强度常有变化,即使是同一炉钢轧成的钢筋或同一次搅拌而得的混凝土试件,按照统一方法在同一试验机上进行试验,所测得的强度也不完全相同。统计资料表明,钢筋强度的概率分布符合正态分布,如图 3-3 所示。

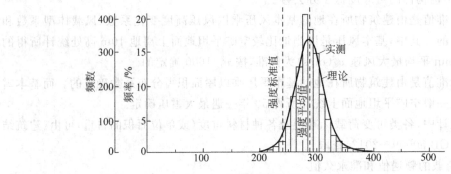

图 3-3   钢材屈服强度统计资料

统计资料表明,混凝土强度分布也基本符合正态分布,如图 3-4 所示。

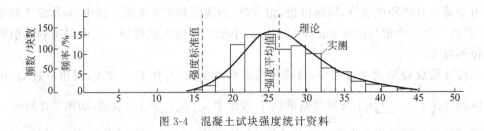

图 3-4   混凝土试块强度统计资料

根据全国各地的调查统计结果,热轧带肋钢筋强度的变异系数 δ_s 如表 3-3 所示;混凝土立方体抗压强度的变异系数 $\delta_{f_{cu}}$ 如表 3-4 所示。

表 3-3　热轧带肋钢筋强度的变异系数 δ_s

强度等级	HRB335		HRB400		HRB500	
δ_s	屈服强度	抗拉强度	屈服强度	抗拉强度	屈服强度	抗拉强度
	0.050	0.034	0.045	0.036	0.039	0.036

表 3-4　混凝土立方体抗压强度的变异系数 $\delta_{f_{cu}}$

强度等级	C15	C20	C25	C30	C35	C40	C45	C50	C55	C60～C80
$\delta_{f_{cu}}$	0.21	0.18	0.16	0.14	0.13	0.12	0.12	0.11	0.11	0.10

2. 材料强度标准值

钢筋和混凝土的强度标准值是混凝土结构按极限状态设计时采用的材料强度基本代表值。材料强度标准应根据符合规定质量的材料强度概率分布的某一分位值确定,如图 3-5 所示。由于钢筋和混凝土强度均服从正态分布,故它们的强度标准值 f_k 可统一表示为

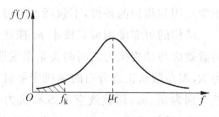

图 3-5　材料强度标准值的概率含义

$$f_k = \mu_f - \alpha\sigma_f \qquad (3-3)$$

式中　α——与材料实际强度 f 低于材料强度标准值 f_k 的概率有关的保证率系数;

μ_f——材料强度平均值;

σ_f——材料强度标准差。

由此可见,材料强度标准值是材料强度概率分布中具有一定保证率的偏低的材料强度值。

1) 混凝土的强度标准值

混凝土强度标准值为具有 95% 保证率的强度值,亦即式(3-3)中的保证率系数 $\alpha = 1.645$,各种单轴受力下的标准值计算采用式(3-3)。

不同强度等级的混凝土强度标准值见附录表 A-2。

2) 钢筋的强度标准值

钢筋的强度标准值应具有不小于 95% 的保证率。具体取值见附录表 A-5。

3.2.3　材料强度设计值

1. 混凝土强度设计值

为了保证结构的安全性和满足可靠度要求,在承载能力极限状态设计计算中,应采用混凝土强度的设计值。混凝土强度设计值等于混凝土强度标准值除以混凝土材料分项系数 γ_c,并取 $\gamma_c = 1.4$,计算结果进行适当调整,按附录表 A-1 取值。

2. 钢筋强度设计值

为保证结构的安全性和满足可靠度要求,在承载能力极限状态设计计算时,对钢筋强度取用一个比标准值小的强度值,即钢筋强度设计值,两者的关系如下。

钢筋的强度设计值由强度标准值除以材料强度分项系数求得,普通钢筋材料分项系数 γ_s 取值如下:对于 HPB300、HRB335、HRB400、HRBF400、RRB400,取 $\gamma_s = 1.1$;对于

HRB500、HRBF500,取 $\gamma_s=1.15$。预应力钢筋的材料分项系数 $\gamma_s=1.2$。根据计算结果进行适当调整并取整数,普通钢筋强度设计值 f_y 按附录表 A-6 取值,预应力钢筋的强度设计值见附录表 A-8。

3.3　结构可靠度、可靠指标和目标可靠指标

　　结构的安全性、适用性和耐久性总称为结构的可靠性,也就是结构在规定的时间内,在规定的条件下,完成预定功能的能力。而结构的可靠度则是结构在规定的时间内,在规定的条件下,完成预定功能的概率,结构可靠度是结构可靠性的概率度量。规定时间是指结构的设计使用年限,所有的统计分析均以该时间区间为准。规定条件是指正常设计、正常施工、正常使用和维护的条件,不包括人为过失的影响,人为过失应通过其他措施予以避免。

　　结构的可靠度用可靠概率 p_s 描述的。可靠概率 $p_s=1-p_f$,p_f 为失效概率。这里,用荷载效应与结构抗力之间的关系来说明失效概率 p_f 的计算方法。设构件的荷载效应 S、抗力 R,都是服从正态分布的随机变量且二者为线性关系。S、R 的平均值分别为 μ_S、μ_R,标准差分别为 σ_S、σ_R,荷载效应为 S 和抗力为 R 的概率密度曲线如图 3-6 所示。按照结构设计的要求,显然应该 $\mu_R>\mu_S$。从概率密度曲线可以看出,在多数情况下构件的抗力 R 大于荷载效应 S。但是,由于离散性,在 S、R 的概率密度曲线的重叠区(阴影部分),仍有可能出现构件的抗力 R 小于荷载效应 S 的情况。重叠区的大小与 μ_R、μ_S 以及 σ_S、σ_R 有关。μ_R 比 μ_S 大得越多(μ_R 远离 μ_S),或者 σ_R 和 σ_S 越小(曲线高而窄),都会使重叠的范围减少。所以,重叠区的大小反映了抗力 R 和荷载效应 S 之间的概率关系,即结构的失效概率。重叠的范围越小,结构的失效概率越低。从结构安全的角度可知,提高结构构件的抗力(例如提高承载能力),减小抗力 R 和荷载效应 S 的离散程度(例如减小不定因素的影响),可以提高结构构件的可靠程度。所以,加大平均值之差 $\mu_R-\mu_S$,减小标准差 σ_R 和 σ_S,可以使失效概率降低。

　　同前,令 $Z=R-S$,功能函数 Z 也应该是服从正态分布的随机变量。图 3-7 表示 Z 的概率密度分布曲线。结构的失效概率 p_f 可直接通过 $Z<0$ 的概率来表达:

$$p_f = P(Z<0) = \int_{-\infty}^{0} f(Z)\,\mathrm{d}Z = \int_{-\infty}^{0} \frac{1}{\sigma_Z \sqrt{2\pi}} \exp\left[-\frac{1}{2}\left(\frac{Z-\mu_Z}{\sigma_Z}\right)^2\right]\mathrm{d}Z \tag{3-4}$$

　　用失效概率度量结构可靠性具有明确的物理意义,能较好地反映问题的实质。但 p_f 的计算比较复杂,因而国际标准和我国标准目前都采用可靠指标 β 来度量结构的可靠性。

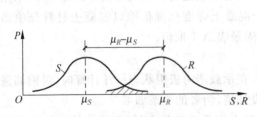

图 3-6　S、R 的概率密度分布曲线

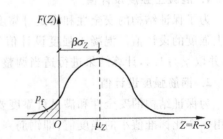

图 3-7　可靠指标与失效概率关系示意图

由图 3-7 可得

$$\mu_Z = \beta\sigma_Z \tag{3-5}$$

则

$$\beta = \frac{\mu_Z}{\sigma_Z} = \frac{\mu_R - \mu_S}{\sqrt{\sigma_R^2 + \sigma_S^2}} \tag{3-6}$$

可以看出 β 越大,则失效概率越小。所以,β 和失效概率一样可作为衡量结构可靠度的一个指标,称为可靠指标。β 与失效概率 p_f 之间有一一对应关系。现将部分特殊值的关系列于表 3-5。由式(3-6)可知,在随机变量 R、S 服从正态分布时,只要知道 μ_R、μ_S、σ_S、σ_R 就可以求出可靠指标 β。

表 3-5　目标可靠指标 $[\beta]$ 与失效概率 p_f 的对应关系

$[\beta]$	p_f	$[\beta]$	p_f	$[\beta]$	p_f
1.0	1.59×10^{-1}	2.7	3.47×10^{-3}	3.7	1.08×10^{-5}
1.5	6.68×10^{-2}	3.0	1.35×10^{-3}	4.0	3.17×10^{-5}
2.0	2.28×10^{-2}	3.2	6.87×10^{-4}	4.2	1.33×10^{-6}
2.5	6.21×10^{-3}	3.5	2.33×10^{-4}	4.5	3.40×10^{-6}

另一方面,结构按承载能力极限状态设计时,要保证其完成预定功能的概率不低于某一允许的水平,应对不同情况下的目标可靠指标 β 值作出规定。结构构件的破坏类型分为延性破坏和脆性破坏两类。延性破坏有明显的预兆,可及时采取补救措施,所以目标可靠指标可定得稍低些。脆性破坏常常是突发性破坏,破坏前没有明显的预兆,所以目标可靠指标就应该定得高一些。《建筑结构可靠度设计统一标准》(GB 50068—2001)根据结构的安全等级和破坏类型,在对有代表性的构件进行可靠度分析的基础上,规定了结构构件承载能力极限状态的可靠指标不应小于表 3-6 的规定。结构构件正常使用极限状态的目标可靠指标,根据其作用效应的可逆程度宜取 $0 \sim 1.5$。例如,梁在某一荷载作用后,其挠度超过了规定的限值,卸去该荷载后,若梁的挠度小于规范的限值,则为可逆极限状态,否则为不可逆极限状态。对于可逆的正常使用极限状态,其目标可靠指标取为 0;对于不可逆的正常使用极限状态,其目标可靠指标取为 1.5。当可逆程度介于可逆与不可逆之间时,取 $0 \sim 1.5$ 的值。

表 3-6　结构构件承载能力极限状态的目标可靠指标

破坏类型	安 全 等 级		
	一级	二级	三级
延性破坏	3.7	3.2	2.7
脆性破坏	4.2	3.7	3.2

3.4　极限状态实用设计表达式

用可靠指标 β 进行设计,不仅需用大量的统计数据,且计算可靠指标 β 比较复杂,所以直接采用可靠指标进行设计不方便,《混凝土结构设计规范》(GB 50010—2010)采用荷载标准值、材料强度标准值及分项系数的设计表达式进行设计,习惯上称为实用设计表达式。

3.4.1 承载能力极限状态设计表达式

1. 一般表达式

令 S_k 为荷载效应的标准值(下标 k 意指标准值),$\gamma_s(\geqslant 1)$ 为荷载分项系数,二者乘积为荷载效应的设计值:

$$S = \gamma_s S_k \tag{3-7}$$

同样,令 R_k 为结构抗力标准值,γ_{Rd} 为抗力分项系数,二者之商为抗力的设计值:

$$R = \frac{R_k}{\gamma_{Rd}} = R(f_c, f_s, \alpha_k, \cdots) \tag{3-8}$$

式中　f_c、f_s——混凝土、钢筋的强度设计值。

γ_{Rd}——结构构件的抗力模型不定性系数。静力设计取 1.0,对不确定性较大的结构构件根据具体情况取大于 1.0 的数值;抗震设计应用承载力抗震调整系数 γ_{RE} 代替 γ_{Rd}。

α_k——几何参数的标准值,当几何参数的变异性对结构性能有明显的不利影响时,可另增减一个附加值。

为了充分考虑材料的离散性和施工中不可避免的偏差带来的不利影响,再将材料强度标准值除以一个大于 1 的系数,即得材料强度设计值,相应的系数称为材料的分项系数,即

$$f_c = \frac{f_{ck}}{\gamma_c}, \quad f_s = \frac{f_{sk}}{\gamma_s} \tag{3-9}$$

确定钢筋和混凝土材料分项系数时,对于具有统计资料的材料,按设计可靠指标 $[\beta]$ 通过可靠度分析确定。确定钢筋和混凝土材料分项系数时,先通过对钢筋混凝土轴心受拉构件进行可靠度分析(此时构件承载力仅与钢筋有关,属于延性破坏,取 $[\beta]=3.2$),求得钢筋的材料分项系数 γ_s,通过对钢筋混凝土轴心受压构件进行可靠度分析(此时属于脆性破坏,取 $[\beta]=3.7$),求出混凝土的材料分项系数 γ_c。根据这一原则确定的混凝土材料分项系数 $\gamma_c=1.4$;热轧钢筋的材料分项系数 $\gamma_s=1.1(1.15)$;预应力钢筋(包括钢绞线、中强刚度预应力钢丝、消除应力钢丝和预应力螺纹钢筋热处理钢筋)$\gamma_s=1.2$。

此外,考虑到结构安全等级的差异,其目标可靠指标应作相应的提高或降低,故引入结构重要性系数 γ_0。由

$$\gamma_0 S \leqslant R \tag{3-10}$$

式中,γ_0 为结构构件重要性系数,与安全等级对应,对安全等级为一级或设计使用年限为 100 年及以上的结构构件不应小于 1.1;对安全等级为二级或设计使用年限为 50 年的结构构件不应小于 1.0;对安全等级为三级或设计使用年限为 5 年及以下的结构构件不应小于 0.9;在抗震设计中,不考虑结构构件的重要性系数。

式(3-10)是极限状态设计的基本表达式。

2. 荷载效应组合设计值 S

结构设计时,应根据所考虑的设计状况,选用不同的组合:持久和短暂状况设计,应采用基本组合;对偶然设计状况,应采用偶然组合;对考虑地震作用的状况,应采用考虑地震作用的组合。

对于基本组合,荷载效应组合的设计值 S 应从以下组合值中取最不利值确定。

(1) 由可变荷载效应控制的组合

$$S = \sum_{j=1}^{n} \gamma_{Gj} S_{Gjk} + \gamma_{Q1} \gamma_{L1} S_{Q1k} + \sum_{i=2}^{m} \gamma_{Qi} \psi_{ci} \gamma_{Li} S_{Qik} \qquad (3\text{-}11)$$

(2) 由永久荷载效应控制的组合

$$S = \sum_{j=1}^{m} \gamma_{Gj} S_{Gjk} + \sum_{i=1}^{n} \gamma_{Qi} \gamma_{Li} \psi_{ci} S_{Qik} \qquad (3\text{-}12)$$

式中 S_{Gjk}——第 j 个永久作用标准值的效应;

S_{Q1k}——第 1 个可变作用即主导可变作用标准值的效应;

S_{Qik}——第 i 个可变荷载标准值的效应;

γ_{Gj}——第 j 个永久作用的分项系数,当永久荷载效应对结构不利时,对由可变荷载效应控制的组合 γ_G 一般取 1.2;对由永久荷载效应控制的组合 γ_G 一般取 1.35;当永久荷载效应对结构有利时,取 γ_G 等于 1.0;

γ_{Q1}、γ_{Qi}——主导可变荷载和第 i 个可变荷载分项系数,当可变荷载效应对结构构件承载能力不利时,一般取 1.4,对标准值大于 4kN/m^2 的工业房屋楼面结构的活荷载应取 1.3;

γ_{L1}、γ_{Li}——第 1 个和第 i 个关于结构设计使用年限的荷载调整系数,结构设计使用年限为 5 年,取 0.9;结构设计使用年限为 50 年,取 1.0;结构设计使用年限为 100 年,取 1.1;当设计使用年限是其他数值时,可按线性内插的方法计算;

ψ_{ci}——第 i 个可变荷载的组合值系数,其值不应大于 1.0。

在应用式(3-12)组合时。对于可变荷载,仅考虑与结构自重方向一致的竖向荷载,而忽略影响不大的水平荷载。

应当指出,基本组合中的设计值仅适用于荷载与荷载效应为线性的情况。另外,当对 S_{Qjk} 无法明显判断时,依次以各可变荷载效应为 S_{Q1k},选其中最不利的荷载效应组合。

当结构上作用有几个可变荷载时,各可变荷载最大值在同一时刻出现的概率很小,若设计中仍采用各荷载效应设计值叠加,则可能造成结构可靠度不一致,因而必须对可变荷载设计值再乘以调整系数。荷载组合值系数 ψ_{ci} 就是这种调整系数。除风荷载取 $\psi_{ci}=0.6$ 外,大部分可变荷载取 0.7,个别可变荷载取 0.9~0.95(例如,对于书库、储藏室的楼面活荷载取 0.9)。

对于偶然组合,承载能力极限状态下荷载效应组合的设计值可按下式确定:

$$S = \sum_{i=1}^{n} S_{Gik} + S_{A_d} + \psi_{f1} S_{Q1k} + \sum_{j=2}^{m} \psi_{qj} S_{Qjk} \qquad (3\text{-}13)$$

对于偶然事件发生后,受损结构整体稳固性验算的效应设计值,应按下式进行计算:

$$S = \sum_{i=1}^{n} S_{Gik} + \psi_{f1} S_{Q1k} + \sum_{j=2}^{m} \psi_{qj} S_{Qjk} \qquad (3\text{-}14)$$

式中 S_{A_d}——按偶然荷载标准值 A_d 计算的荷载效应值;

ψ_{f1}——第 1 个可变作用的频遇值系数;

ψ_{qj}——第 j 个可变作用的准永久值系数。

偶然荷载的代表值不乘分项系数,这是因为偶然荷载标准值的确定带有主观性;与偶然荷载同时出现的其他荷载可根据观测资料和工程经验采用适当的代表值。

各种荷载的具体组合规则,应符合现行国家标准《建筑结构荷载规范》(GB 50009—2012)的规定。对于偶然组合,其内力组合设计值应按有关的规范或规程确定。例如,当考虑地震作用时,应按现行国家标准《建筑抗震设计规范》(GB 50011—2010)确定。此外,根据结构的使用条件,在必要时还应验算结构的倾覆、滑移等。

3.4.2　正常使用极限状态设计表达式

1. 正常使用极限状态设计表达式

按正常使用极限状态设计时,应验算结构构件的变形、抗裂度或裂缝宽度。由于结构构件达到或超过正常使用极限状态时的危害程度不如承载力不足引起结构破坏大,故可适当降低对其可靠度的要求。因此,按正常使用极限状态设计时,对于荷载组合值,不需再乘以荷载分项系数,也不再考虑结构的重要性系数 γ_0。同时,由于荷载短期作用和长期作用对于结构构件正常使用性能的影响不同,对于正常使用极限状态,应根据不同的设计目的,分别按荷载效应的标准组合和准永久组合,或标准组合并考虑长期作用影响,采用下列极限状态表达式

$$S \leqslant C \tag{3-15}$$

式中　C——结构构件达到正常使用要求所规定的限值,例如变形、裂缝和应力等限值;

S——正常使用极限状态的荷载效应(变形、裂缝和应力等)组合设计值。

在计算正常使用极限状态的荷载效应组合值 S 时,首先需确定荷载效应的标准组合和准永久组合。荷载效应的标准组合和准永久组合应按下列规定计算。

(1) 标准组合

$$S = \sum_{i=1}^{n} S_{Gik} + S_{Q1k} + \sum_{j=2}^{m} \psi_{cj} S_{Qjk} \tag{3-16}$$

(2) 准永久组合

$$S = \sum_{i=1}^{n} S_{Gik} + \sum_{j=2}^{m} \psi_{qj} S_{Qjk} \tag{3-17}$$

式中　ψ_{cj}、ψ_{qj}——第 j 个可变荷载的组合值系数和准永久值系数。

必须指出,在荷载效应的准永久组合中,只包括在整个使用期内出现时间很长的荷载效应值,即荷载效应的准永久值 $\psi_{qi} S_{ik}$;而在荷载效应的标准组合中,既包括在整个使用期内出现时间很长的荷载效应值,也包括在整个使用期内出现时间不长的荷载效应值。

(3) 频遇组合

对于频遇组合,荷载效应组合的设计值 S 应按下式计算

$$S = \sum_{i=1}^{n} S_{Gik} + \psi_{f1} S_{Q1k} + \sum_{j=2}^{m} \psi_{qj} S_{Qjk} \tag{3-18}$$

式中　ψ_{f1}——可变荷载 Q_1 的频遇值系数。

应当注意,对于荷载和荷载效应为线性的情况,才可按式(3-16)~式(3-18)确定荷载组合的效应设计值。

2. 正常使用极限状态验算规定

(1) 对结构构件进行抗裂验算时,应按荷载效应标准组合式(3-15)进行计算,其计算值不应超过规范规定的限值。

（2）结构构件的裂缝宽度按荷载效应准永久组合式（3-17）并考虑长期作用影响进行计算，构件的最大裂缝宽度不应超过规范规定的限值。

（3）受弯构件的最大挠度应按荷载效应的准永久组合式（3-17），预应力构件按标准组合式（3-16），并均考虑长期作用影响进行计算，其计算值不应超过规定的限值。

（4）对有舒适度要求的大跨度混凝土楼盖结构，应进行竖向自振频率验算，其自振频率宜符合下列要求：住宅和公寓不宜低于5Hz；办公楼和旅馆不宜低于4Hz；大跨度公共建筑不宜低于3Hz。大跨度混凝土楼盖结构竖向自振频率的计算方法可参考相关设计手册。

3.5　既有结构和防连续倒塌的设计原则

3.5.1　既有结构设计原则

既有结构为已建成、使用的结构。

既有结构设计适用于下列几种情况：①达到设计年限后延长继续使用的年限；②为消除安全隐患而进行的设计校核；③结构改变用途和使用环境而进行的复核性设计；④既有结构的改建和扩建；⑤结构事故或灾后受损结构的修复、加固等。

当出现上述情况时，应根据不同的目的，选择不同的设计方案。

既有结构设计前，应根据《建筑结构检测技术标准》（GB/T 50344—2004）等进行检测，根据《工程结构可靠性设计统一标准》（GB 50153—2008）、《工业建筑可靠性鉴定标准》（GB 50144—2008）、《民用建筑可靠性鉴定标准》（GB 50292—2015）等的要求，对其安全性、适用性、耐久性及抗灾害能力进行评定，从而确定设计方案，并应符合下列规定：

（1）应根据评定结果、使用要求和后续使用年限确定既有结构的设计方案；

（2）既有结构改变用途或延长使用年限时，承载能力极限状态验算应符合《混凝土结构设计规范》（GB 50010—2010）的有关规定；

（3）对既有结构进行改建、扩建或加固改造而重新设计时，承载能力极限状态的计算应符合相关标准的规定；

（4）既有结构的正常使用极限状态验算及构造要求宜符合《混凝土结构设计规范（GB 50010—2010）》的规定；

（5）必要时可对使用功能作相应的调整，提出限制使用的要求。

3.5.2　防连续倒塌设计原则

房屋结构在遭受偶然作用时如发生连续倒塌，将造成人员伤亡和财产损失，有针对性地采取加强结构整体稳固性的措施，可以提高结构的抗灾能力，减少结构连续倒塌的可能性。

混凝土结构防连续倒塌是提高结构综合抗灾能力的重要内容。防连续倒塌设计的目标是在特定类型的偶然作用发生时或发生后，结构能够承受这种作用，或当结构体系发生局部垮塌时，剩余结构体系仍能继续承载，避免发生与作用不相匹配的大范围破坏或连续倒塌。由于防连续倒塌设计的难度和代价都很大，我国规范仅从概念设计的角度提出要求。

混凝土结构防连续倒塌设计宜符合下列要求：

（1）采取减小偶然作用效应的措施；

（2）采取使重要构件及关键传力部位避免直接遭受偶然作用的措施；

（3）在结构容易遭受偶然作用影响的区域增加冗余约束，布置备用的传力途径；

（4）增强疏散通道、避难空间等重要结构构件及关键传力部位的承载力和变形能力；

（5）配置贯通水平、竖向构件的钢筋，并与周边构件进行可靠的锚固；

（6）设置结构缝，控制可能发生连续倒塌的范围。

重要结构的防连续倒塌设计可以采用局部加强法、拉结构件法以及拆除构件法，具体见《混凝土结构设计规范》(GB 50010—2010)。

当进行偶然作用下结构防连续倒塌的验算时，宜考虑结构相应部位倒塌冲击引起的动力系数。在抗力函数的计算中，混凝土强度应取强度标准值，钢筋强度应取极限强度标准值。

3.6　公路桥涵工程混凝土结构设计的基本原则

《公路钢筋混凝土及预应力混凝土桥涵设计规范》(JTG D62—2012)与《混凝土结构设计规范》(GB 50010—2010)都是采用近似概率极限状态设计方法，按分项系数的设计表达式进行设计。因此，公路桥涵混凝土结构与建筑混凝土结构的设计原则及其规定基本相同，以下主要介绍两者的区别。

3.6.1　主要区别及造成两者区别的主要原因

一般桥涵结构的设计基准期为 100 年，而一般建筑结构的设计基准期为 50 年。设计基准期是确定可变作用代表值及与时间有关的材料性能等取值而选用的时间参数。设计基准期的取值不同是造成桥梁结构设计基本原则有所区别的主要原因，由此引起的主要区别如下。

（1）当荷载标准值采用相同的分位值时，对于同种荷载，桥梁工程的荷载标准值比建筑工程的取值大。

（2）对于相同强度等级的钢筋或混凝土，桥梁工程强度设计值的取值比建筑工程的小。例如，C30 混凝土的轴心抗压强度设计值，桥梁结构设计时取 13.8MPa，建筑结构设计时则取 14.3MPa；HRB400 钢筋的抗压强度设计值，桥梁结构设计时取 330MPa，建筑结构设计时则取 360MPa。

（3）对于安全等级相同的结构的目标可靠指标，桥梁结构比建筑结构取值大。桥梁结构的设计安全等级与目标可靠指标分别见表 3-7 和表 3-8。

表 3-7　桥涵结构的设计安全等级

安全等级	桥涵类型	安全等级	桥涵类型
一级	特大桥、重要大桥	三级	小桥、涵洞
二级	大桥、中桥、重要小桥		

表 3-8　桥梁结构的目标可靠指标[β]

破坏类型	安全等级		
	一级	二级	三级
延性破坏	4.7	4.2	3.7
脆性破坏	5.2	4.7	4.2

在三个安全等级下,桥梁结构的目标可靠指标均比建筑结构大 1.0。

3.6.2　极限状态设计表达式

1. 承载能力极限状态设计表达式

《公路钢筋混凝土及预应力混凝土桥涵设计规范》(JTG D62—2012)规定,桥梁构件的承载能力极限状态应采用下列表达式进行计算:

$$\gamma_0 S_d \leqslant R \tag{3-19a}$$

$$R = R(f_d, a_d) \tag{3-19b}$$

式中　γ_0——桥梁结构的重要性系数,按公路桥涵设计安全等级一级、二级、三级分别取 1.1、1.0、0.9;桥梁的抗震设计不考虑结构的重要系数;

　　　S_d——作用(或荷载)效应(其中汽车荷载应计入冲击系数)的组合设计值,当进行预应力混凝土连续梁等超静定结构的承载能力极限状态计算时,式(3-19a)中的 $\gamma_0 S_d$ 应该为 $\gamma_0 S_d + \gamma_p S_p$;

　　　R——构件承载力设计值;

　　　$R(f_d, a_d)$——构件承载力函数;

　　　f_d——材料强度设计值;

　　　a_d——几何参数设计值,当无可靠数据时,可采用几何参数标准值 a_k,即设计文件规定值。

《公路桥涵设计通用规范》(JTG D60—2015)规定,按承载能力极限状态设计时,应根据各自的情况选用基本组合和偶然组合的一种或两种作用效应进行组合。下面仅介绍载荷效应基本组合表达式。

基本组合是进行承载能力极限状态设计时,永久作用标准值效应和可变作用标准效应的组合,其基本表达式为

$$S_{ud} = \gamma_0 S\left(\sum_{i=1}^{m} \gamma_{Gi} G_{ik}, \gamma_{Q1} \gamma_L Q_{1k}, \psi_c \sum_{j=2}^{n} \gamma_{Lj} \gamma_{Qj} Q_{jk}\right) \tag{3-20a}$$

或

$$S_{ud} = \gamma_0 S\left(\sum_{i=1}^{m} G_{id}, Q_{1d}, \sum_{j=2}^{n} Q_{jd}\right) \tag{3-20b}$$

式中　S_{ud}——承载能力极限状态下作用基本组合的效应设计值;

　　　$S(\cdot)$——作用组合的效应函数;

　　　γ_{Gi}——第 i 个永久作用效应的分项系数;

　　　G_{ik}——第 i 个永久作用的标准值;

　　　G_{id}——第 i 个永久作用的设计值;

　　　γ_{Q1}——汽车荷载效应(含汽车冲击力、离心力)的分项系数,采用车道荷载计算时取 $\gamma_{Q1} = 1.4$,采用车辆荷载计算时取 $\gamma_{Q1} = 1.8$;

　　　Q_{1k}——汽车荷载效应(含汽车冲击力、离心力)的标准值;

　　　Q_{1d}——汽车荷载效应(含汽车冲击力、离心力)的设计值;

　　　γ_{Qj}——在作用效应组合中,除汽车荷载(含汽车冲击力、离心力)、风荷载外的第 j 个可变作用效应的分项系数,取 $\gamma_{Q1} = 1.4$,但风荷载的分项系数 $\gamma_{Q1} = 1.1$;

　　　Q_{jk}——在作用组合中,除汽车荷载(含汽车冲击力、离心力)外的第 j 个可变作用的

标准值;

Q_{jd}——在作用组合中,除汽车荷载(含汽车冲击力、离心力)外的第 j 个可变作用的设计值;

ψ_c——在作用效应组合中,除汽车荷载效应(含汽车冲击力、离心力)外的可变作用组合系数,取 $\psi_c = 0.75$;

γ_{Lj}——第 j 个可变作用效应的结构设计使用年限调整系数。

2. 正常使用极限状态表达式

《公路桥涵设计通用规范》(JTG D60—2015)规定,公路桥涵结构按正常使用极限状态设计时,应根据不同要求采用作用的频遇组合或准永久组合,下面仅介绍准永久组合表达式。

作用准永久组合的效应设计值表达式为

$$S_{qd} = S\left(\sum_{i=1}^{m} G_{ik}, \sum_{j=1}^{n} \psi_{qj} Q_{jk} \right) \tag{3-21}$$

式中 S_{qd}——作用准永久组合的效应设计值;

ψ_{qj}——汽车荷载(不计冲击力)准永久值系数,取 0.4。

当作用与作用效应可按线性关系考虑时,作用准永久组合的效应设计值 S_{qd} 可通过作用效应代数相加进行计算。

【例 3-1】(2010 年全国注册结构工程师考题)

按我国现行规范的规定,试判断下列说法中何项不妥?

A. 材料强度标准值的保证率为 95%   B. 永久荷载标准值的保证率一般为 95%

C. 活荷载准永久值的保证率为 50%   D. 活荷载频遇值的保证率为 95%

解:依据《建筑结构荷载规范》(GB 50009—2012)第 4.0.3 条及其条文说明,永久荷载一般以其分布的均值作为荷载标准值,故保证率为 50%,B 项有误。

【例 3-2】(2008 年全国注册结构工程师考题)

关于混凝土抗压强度设计值的确定,下列何项所述正确?

A. 混凝土立方体抗压强度标准值乘以混凝土材料分项系数

B. 混凝土立方体抗压强度标准值除以混凝土材料分项系数

C. 混凝土轴心抗压强度标准值乘以混凝土材料分项系数

D. 混凝土轴心抗压强度标准值除以混凝土材料分项系数

解:根据《混凝土结构设计规范》(GB 50010—2010)第 4.1.3~4.1.4 条文说明中的计算公式 $f_c = \dfrac{f_{ck}}{\gamma_c}$ 可知,混凝土强度设计值等于混凝土轴心抗压强度标准值除以混凝土材料分项系数。选项 A、B、C 错误,D 正确。

【例 3-3】(2012 年全国注册结构工程师考题)

关于防止连续倒塌设计和既有结构设计有以下说法:

Ⅰ. 设置竖直方向和水平方向通长的纵向钢筋并采取有效的连接锚固措施,是提供结构整体稳定的有效方法之一。

Ⅱ. 当进行偶然作用下结构防止连续倒塌验算时,混凝土强度取强度标准值,普通钢筋强度取极限强度标准值。

Ⅲ. 对既有结构进行改建、扩建而重新设计时,承载能力极限状态的计算应符合现行规范的要求,正常使用极限状态验算宜符合现行规范要求。

Ⅳ. 当进行既有结构改建、扩建时,若材料的性能符合原设计的要求,可按原设计的规定取值。同时,为保证计算参数的统一,结构后加部分的材料也按原设计规范的规定取值。

试问,以下何组判断为正确?

A. Ⅰ、Ⅱ、Ⅲ、Ⅳ 均正确　　　　　　B. Ⅰ、Ⅱ、Ⅲ正确,Ⅳ错误

C. Ⅱ、Ⅲ、Ⅳ正确,Ⅰ错误　　　　　D. Ⅰ、Ⅱ、Ⅲ、Ⅳ均错误

解：依据《混凝土结构设计规范》(GB 50010—2010)第 3.6.1 条第 5 款,说法Ⅰ正确;

依据《混凝土结构设计规范》(GB 50010—2010)第 3.6.3 条,说法Ⅱ正确;

依据《混凝土结构设计规范》(GB 50010—2010)第 3.7.2 条的第 3、4 款,说法Ⅲ正确;

依据《混凝土结构设计规范》(GB 50010—2010)第 3.7.2 条第 3 款,对既有结构改建、扩建或加固改造而重新设计时,应按现行规范执行,故说法Ⅳ错误。

正确答案：B

思考题

3-1　什么是结构上的作用? 荷载属于哪种作用? 作用效应与荷载效应有什么区别?

3-2　什么是结构抗力? 影响结构抗力的主要因素有哪些?

3-3　什么是材料强度标准值和材料强度设计值?

3-4　什么是失效概率? 什么是可靠指标? 二者有何联系?

3-5　说明承载能力极限状态设计表达式中各符号的意义,并分析该表达式如何保证结构的可靠度。

3-6　什么是结构的极限状态? 结构的极限状态分为几类? 其含义各是什么?

3-7　为什么要进行结构的抗倒塌设计?

3-8　什么是结构的可靠度,建筑结构应该满足哪些功能要求? 结构的设计工作寿命如何确定? 结构超过其设计工作寿命是否意味不能再使用? 为什么?

3-9　对正常使用极限状态验算时,为什么要区分荷载的标准组合和准永久组合? 如何考虑荷载的标准组合和准永久组合?

3-10　名词解释：安全等级,设计基准期,设计使用年限,目标可靠指标。

第 **4** 章

受弯构件的正截面受弯承载力

>>>

本章阐述了受弯构件正截面受弯的三个工作阶段,分析了适筋、少筋及超筋三种破坏形态,在此基础上,介绍了钢筋混凝土矩形及 T 形截面的正截面承载力计算的基本假定、计算简图、计算公式及公式的适用范围,以及典型受弯构件(梁板)的基本构造要求。

4.1 概述

受弯构件是指截面上通常有弯矩和剪力共同作用而轴力可忽略不计的构件。

梁和板是典型的受弯构件,是土木工程中数量最多、使用面最广的一类构件。图 4-1 所示为房屋建筑工程中常用的梁、板截面形式。较常见的是钢筋混凝土梁、板整体浇筑时,一起构成 T 形或倒 L 形截面共同承受荷载,如图 4-2 所示。

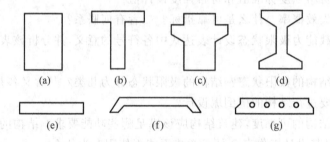

图 4-1　梁、板常见截面形式

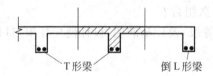

图 4-2　现浇梁板的截面形式

受弯构件在荷载等因素的作用下,截面中会产生剪力、弯矩等内力。因此,受弯构件可能沿弯矩最大的截面发生正截面破坏(正截面是与构件的纵向轴线相垂直的截面);也可能沿剪力最大或弯矩和剪力都较大的截面发生斜截面破坏(斜截面是与构件的纵向轴线斜交的截面)。在设计受弯构件时,既要进行正截面承载能力计算,以保证构件不发生正截面破坏;还要进行斜截面承载能力计算,以保证构件不发生斜截面破坏。本章只讨论受弯构件正截面承载能力的相关计算和构造等问题,斜截面承载能力的计算问题将在第 5 章介绍。

4.2　受弯构件正截面的受力性能

钢筋混凝土受弯构件正截面承载能力的计算通常只考虑荷载对截面抗弯能力的影响,某些因素如温度、混凝土的收缩、徐变等对截面承载能力的影响不容易计算,常通过构造要求来进行设计。构造要求是在长期工程实践经验和试验研究的基础上总结出的对结构计算的必要补充。因此,进行钢筋混凝土结构和构件设计时,除了要符合计算结果以外,还必须要满足有关的构造要求。

4.2.1　梁的一般构造

1.　截面尺寸

截面高度 h 可根据使用要求及高跨比来估计,如简支梁可取高跨比为 $1/16 \sim 1/10$。

截面宽度可根据高宽比来确定,矩形截面梁高宽比 h/b 为 $2.0 \sim 3.5$;T 形截面梁高宽比 h/b 为 $2.5 \sim 4.0$。为了便于施工,并且考虑模数要求,梁宽 b 通常取 120mm、150mm、180mm、200mm、250mm、300mm、350mm 等;梁高 h 一般以 50mm 为模数,当梁高大于 800mm 时,以 100mm 为模数。

2.　混凝土强度等级

现浇梁常用的混凝土强度等级为 C25~C40,预制梁可采用较高的强度等级。

3.　混凝土保护层厚度

混凝土保护层厚度是指最外侧钢筋外表面到近侧截面边缘的垂直距离,用 c 表示,如图 4-3 所示。为了保证钢筋与混凝土良好的粘结性能以及钢筋混凝土结构的耐久性、耐火性,同时考虑构件种类和环境类别等因素,《混凝土结构设计规范》(GB 50010—2010)给出了保护层的最小厚度(见附录表 C-4)。

4.　梁中钢筋设置

梁中一般配置有纵向受力钢筋、弯起钢筋、箍筋、架立钢筋和梁侧纵向构造钢筋(也称腰筋)等。

纵向受力钢筋应采用 HRB400、HRB500、HRBF400、HRBF500 级。当梁高小于 300mm 时,纵向受力钢筋的直径不宜小于 8mm;当梁高不小于 300mm 时,纵向受力钢筋的直径不应小于 10mm,常用直径为 12~28mm。

由于纵筋伸入支座及绑扎箍筋的要求,梁中纵向受力钢筋根数至少应为 2 根,一般采用 3~4 根。设计中若采用两种不同直径的钢筋,钢筋直径至少相差 2mm,以便在施工中能用肉眼识别。

为了便于浇筑混凝土,保证钢筋周围混凝土的密实性以及钢筋与混凝土具有良好的粘结性能,纵向受力钢筋的净间距应满足图 4-3 所示的构造要求。如纵向受力钢筋为双排布置,则上、下排钢筋应对齐。当梁下部钢筋配置多于两排时,梁中两排以上钢筋水平方向的中距应比下面两排的中距增大 1 倍。

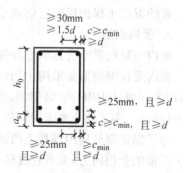

图 4-3　梁中钢筋构造

架立钢筋设置于梁截面的受压区,当梁受压区没有配置受压钢筋时,需设置 2 根架立钢筋,以便与箍筋和纵向受拉钢筋形成钢筋骨架。架立钢筋的直径 d 与梁的跨度有关,当梁的跨度小于 4m 时,d 不宜小于 8mm;当梁的跨度为 4～6m 时,d 不宜小于 10mm;当梁的跨度大于 6m 时,d 不宜小于 12mm。

梁侧纵向构造钢筋又称腰筋,设置在梁的两个侧面,其作用是承受梁侧面温度变化及混凝土收缩引起的应力,并抑制裂缝的开展。当梁的腹板高度大于 450mm 时,要求在梁两侧沿高度设置纵向构造钢筋,每侧纵向构造钢筋的截面面积不应小于梁腹板截面面积的 0.1%,间距不宜大于 200mm。

4.2.2　板的一般构造

1. 板的厚度

为了满足结构安全及舒适度的要求,钢筋混凝土板的跨厚比,单向板不大于 30,双向板不大于 40;当板的荷载、跨度较大时,应宜适当减小跨厚比。现浇钢筋混凝土板的厚度取 10mm 为模数,除应满足各项功能要求外,其厚度尚应符合表 4-1 的规定。

表 4-1　现浇钢筋混凝土板的最小厚度　　　　mm

板 的 类 别		厚度
单向板	屋面板	60
	民用建筑楼板	60
	工业建筑楼板	70
	行车道下的楼板	80
双向板		80
密肋楼盖	面板	50
	肋高	250
悬臂板(根部)	悬臂长度不大于 500	60
	悬臂长度 1200	100
无梁楼板		150
现浇空心楼盖		200

2. 混凝土强度等级及保护层厚度

普通钢筋混凝土板常用的混凝土强度等级为 C20～C40。

板的混凝土保护层厚度应满足附录表 C-4 的要求。

3. 板内钢筋

板内一般配置有受拉钢筋和分布钢筋。

板内受拉钢筋通常采用 HPB300 级、HRB335 级和 HRB400 级,也可采用 HRB500 级、HRBF400 级、HRBF500 级钢筋,直径通常采用 6～12mm,当板厚较大时,钢筋直径也可用 14～18mm。为了防止施工时钢筋被踩下,现浇板的板面钢筋直径不宜小于 8mm。

为了保证钢筋周围混凝土的密实性,板内受力钢筋间距不能太密,一般不小于 70mm;为了正常的分担内力,也不宜过稀,当板厚不大于 150mm,钢筋最大间距不宜大于 200mm;当板厚大于 150mm 时,钢筋最大间距不宜大于 250mm,且不宜大于板厚的 1.5 倍。

分布钢筋是一种构造钢筋,与受力钢筋的方向垂直,并布置于受力钢筋内侧。分布钢筋的作用是将荷载均匀地传递给受力钢筋，并便于在施工中固定受力钢筋的位置，同时也可抵抗温度和收缩等产生的应力。板内分布钢筋宜采用 HPB300 级和 HRB335 级钢筋，直径不宜小于 6mm，间距不宜大于 250mm。单位宽度上分布钢筋的截面面积不宜小于单位宽度上受力钢筋截面面积的 15%，且配筋率不宜小于 0.15%。当温度变化较大或集中荷载较大时，分布钢筋的截面面积应适当增加，其间距不宜大于 200mm。

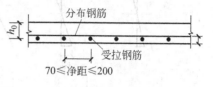

图 4-4　板中钢筋分布

板中钢筋的具体构造如图 4-4 所示。

4.2.3　适筋梁正截面受弯的三个受力阶段

1. 适筋梁正截面受弯承载力的实验

可通过简支梁的加载试验来研究钢筋混凝土受弯构件正截面的受力性能。采用两点对称加荷方式，试验梁的布置如图 4-5(a)所示，在两个对称集中荷载间的区段，基本可以排除剪力的影响(忽略梁自重)，形成纯弯段。在纯弯段内，应沿梁高两侧布置测点，以量测梁的纵向应变。另外，应在跨中和支座处分别安装位移计以量测跨中的挠度 f(有时还要安装倾角仪以量测梁的转角)。

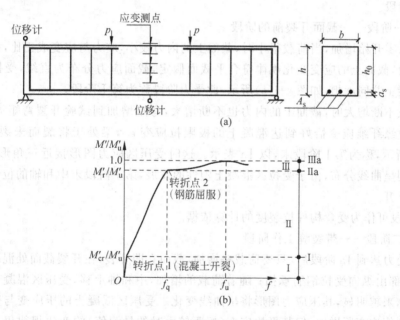

图 4-5　试验梁的测点布置及变形曲线

荷载从零开始逐级加载，直至梁破坏。在整个试验过程中，应注意观察梁上裂缝的出现、发展和分布情况，还应对各级荷载作用下所测得的仪表读数进行分析，最终得出梁在各个不同加载阶段的受力和变形情况。图 4-5(b)为由试验得到的弯矩与跨中挠度 f 之间的关系曲线，在关系曲线上有两个明显的转折点，把梁正截面的受力和变形过程划分为图 4-6 所示的三个阶段。

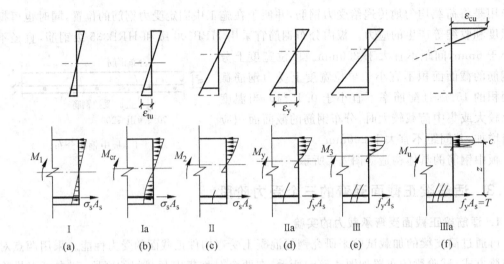

图 4-6   适筋梁工作全过程的应力-应变图

2. 适筋受弯构件正截面工作的三个阶段

试验表明,对于配筋适中的受弯构件,从开始加载到正截面完全破坏,截面的受力状态经历三个阶段。

1)第一阶段——截面开裂前的阶段

荷载从零开始增加,当荷载很小时,截面上的内力较小,应力与应变成正比,截面处于弹性工作阶段,截面上的应变变化规律符合平截面假定,截面应力分布为直线,受拉区拉力由钢筋和混凝土共同承担,如图 4-6(a)所示,此受力阶段称为第Ⅰ阶段。

当荷载不断增大时,截面上的内力也不断增大,弯矩增加到试验开裂弯矩 M_{cr} 时,受拉区混凝土边缘纤维应变恰好到达混凝土的极限拉应变 ε_{tu},梁处于将裂而未裂的状态,如图 4-6(b)所示,称为第Ⅰ阶段末,以 Ⅰa 表示。这时受压区应力图形接近三角形,但受拉区应力图形则呈曲线分布,由于受拉区混凝土塑性的发展,第Ⅰ阶段末中和轴的位置较该阶段初期略有上升。

Ⅰa 阶段可作为受弯构件抗裂度的计算依据。

2)第二阶段——带裂缝工作阶段

截面受力达到 Ⅰa 阶段后,只要荷载略增加,截面立即开裂,在开裂截面处混凝土退出工作,拉力全部由纵向受拉钢筋承担;随着荷载的增加,中和轴上移,受压区混凝土的塑性性质表现得越来越明显,其压应力图形将呈曲线变化。受压区混凝土的压应变与受拉钢筋的拉应变实测值均有所增加,但其平均应变(标距较大时的量测值)的变化规律仍符合平截面假定,如图 4-6(c)所示。这一阶段为第Ⅱ阶段,属于梁的正常使用阶段。

随着荷载的继续增加,裂缝的宽度不断增加并向上延伸,中和轴上移,受拉钢筋的拉应变和受压区混凝土的压应变不断增大,但其变化规律仍符合平截面假定。当弯矩增加到某一数值 M_y 时,受拉区纵向受力钢筋即将屈服,如图 4-6(d)所示,这种特定的受力状态称为 Ⅱa 阶段。第Ⅱ阶段可作为正常使用阶段的变形和裂缝宽度的验算依据。

3)第三阶段——破坏阶段

图 4-5(b)中 M^t/M_u-f 曲线的第二个明显转折点 Ⅱa 之后,受拉区纵向受力钢筋屈服,梁

进入第Ⅲ阶段工作。当荷载稍有增加时,则钢筋应变骤增,裂缝宽度随之扩展并沿梁高向上延伸,中和轴继续上移,受压区高度进一步减小。此时量测的受压区边缘纤维应变也将迅速增长,受压区混凝土的塑性特征将表现得更为充分,如图 4-6(e) 所示。

当弯矩增加至梁所能承受的极限弯矩 M_u 时,受压区边缘混凝土即达到极限压应变 ε_{cu},混凝土被压碎,则梁达到极限状态,宣告破坏,如图 4-6(f) 所示。这种特定的受力状态称为第Ⅲ阶段末,以Ⅲa 表示。此时,梁截面所承受的弯矩为极限弯矩 M_u,即梁的正截面受弯承载力。因此,第Ⅲa 阶段可作为梁承载力极限状态计算时的依据。

4.2.4 受弯构件沿正截面的破坏形态

实验表明,受弯构件中纵向受拉钢筋的相对数量对其正截面的破坏特性有很大影响。一般以配筋率 ρ 表示纵向受拉钢筋的相对数量,如图 4-7 所示,配筋率 ρ 可按式(4-1)计算:

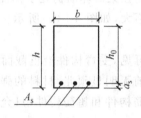

$$\rho = \frac{A_s}{bh_0} \tag{4-1}$$

图 4-7 钢筋混凝土矩形截面配筋

式中 A_s——纵向受拉钢筋截面面积;

bh_0——截面的有效面积,其中,b 为截面宽度;h_0 为截面的有效高度,指从受压边缘至纵向受拉钢筋截面重心的距离,即 $h_0 = h - a_s$。

梁正截面的破坏特征主要取决于配筋率,随着配筋率的改变,构件的破坏特征将发生质的变化。可用图 4-8 所示承受两个对称集中荷载的矩形截面简支梁试验来说明配筋率对构件破坏特征的影响。

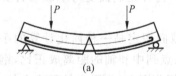
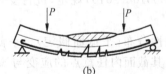
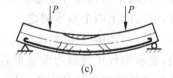

图 4-8 梁的破坏形态

根据试验,当梁的截面尺寸和材料强度一定时,若改变配筋率 ρ,受弯构件沿正截面主要有三种破坏形态。

1. 少筋破坏

当受弯构件的配筋率 ρ 低于某一定值时,只要构件一开裂,裂缝就急速开展,裂缝截面处的拉力全部由纵向受拉钢筋承担,受拉钢筋立即达到屈服强度,有时迅速进入强化阶段,构件发生破坏,这种破坏称为少筋破坏,如图 4-8(a) 所示。梁发生少筋破坏时只有一条裂缝,且一旦开裂,裂缝迅速延伸到梁顶部,构件破坏。可见,受弯构件发生少筋破坏时,是在没有明显预兆的情况下发生的突然破坏,习惯上常把这种破坏称为脆性破坏。

2. 适筋破坏

当构件的配筋率控制在一定范围时,构件的破坏首先是由于受拉区纵向受力钢筋屈服,在钢筋应力刚达到屈服强度时,受压区边缘纤维应变尚小于混凝土的极限压应变。在梁完全破坏以前,由于钢筋要经历较大的塑性伸长,随之引起裂缝的持续开展和梁挠度的增加,然后受压区混凝土被压碎,钢筋和混凝土的强度都得到充分利用,这种破坏称为适筋破坏。

适筋破坏在构件破坏前有明显的塑性变形和裂缝预兆,破坏不是突然发生的,呈塑性性质,它将有明显的破坏预兆,习惯上常把这种破坏称为延性破坏或塑性破坏,如图 4-8(b)所示。

3. 超筋破坏

当构件的配筋率超过某一定值时,构件的破坏特征又发生质的变化。其破坏是由于受压区的混凝土被压碎而引起,在受压区边缘纤维应变达到混凝土的极限压应变时,纵向受拉钢筋应力尚小于屈服强度,但此时梁已告破坏。这种破坏称为超筋破坏。试验表明,纵向受拉钢筋在梁破坏前仍处于弹性工作阶段,所以破坏时梁上裂缝开展不宽,延伸不高,梁的挠度亦不大,如图 4-8(c)所示。超筋破坏是由于受压区混凝土突然压碎而破坏,属于脆性破坏。

可见,受弯构件沿正截面的三种破坏形态中,少筋破坏和超筋破坏都具有脆性性质,破坏前无明显预兆,材料的强度得不到充分利用,因此在工程中应避免将受弯构件设计成少筋构件和超筋构件,只允许设计成适筋构件。下面对于受弯构件的研究均限于适筋构件。

4.3　受弯构件正截面承载力计算方法

4.3.1　基本假定

受弯构件正截面受弯承载力计算以适筋破坏第三阶段末的受力状态为依据,为简化计算,《混凝土结构设计规范》(GB 50010—2010)规定,进行受弯构件正截面受弯承载力计算时,引入以下四个基本假定。

(1) 平均应变沿截面高度线性分布(平截面假定)。平截面假定是一种简化计算的手段,表示构件正截面弯曲变形后,其截面内任意点的应变与该点到中和轴的距离成正比,钢筋与其外围混凝土的应变相同。严格来讲,在破坏截面的局部范围内,此假定是不成立的。但试验表明,由于构件的破坏总是发生在一定长度区段以内,实测破坏区段内的混凝土及钢筋的平均应变基本符合平截面假定。

(2) 忽略受拉区混凝土的抗拉强度。不考虑混凝土的抗拉强度,即认为拉力全部由受拉钢筋承担。

在裂缝截面处,受拉混凝土已大部分退出工作,虽然在中和轴附近尚有部分混凝土承担拉力,但由于混凝土的抗拉强度很小,并且其合力点离中和轴很近,内力臂很小,其承担的弯矩可以忽略。

(3) 混凝土受压时的应力-应变关系曲线由抛物线上升段和水平段两部分组成,按图 2-17所示模型采用。

(4) 钢筋的应力-应变关系为完全弹塑性的双直线型,按图 2-3(a)采用。在此假定下,钢筋应力等于钢筋应变与其弹性模量的乘积,但不大于其屈服强度设计值;受拉钢筋的极限拉应变为 0.01。

4.3.2 等效矩形应力图形

以单筋矩形截面为例,根据上述基本假定可得出截面在承载能力极限状态下,受压边缘达到混凝土的极限压应变 ε_{cu},假定这时截面受压区高度为 x_c,如图 4-9(b)所示。根据平截面假定,受压区任一高度 y 处混凝土的压应变 ε_c 和钢筋的拉应变 ε_s 满足下式:

$$\varepsilon_c = \frac{y}{x_c}\varepsilon_{cu} \tag{4-2}$$

$$\varepsilon_s = \frac{h_0 - x_c}{x_c}\varepsilon_{cu} \tag{4-3}$$

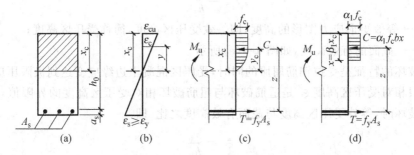

图 4-9 矩形应力图形等效示意

图 4-9(c)为极限状态下截面应力分布图形,设 C 为受压区混凝土压应力合力,y_c 为合力 C 的作用点到中和轴的距离,则

$$C = \int_0^{x_c}\sigma_c(\varepsilon)b\,dy \tag{4-4}$$

$$y_c = \frac{\int_0^{x_c}\sigma_c(\varepsilon)by\,dy}{C} \tag{4-5}$$

对于适筋构件,此时受拉钢筋应力可达到屈服强度 f_y,则钢筋的总拉力 T 及其到中和轴的距离 y_s 为

$$T = f_y A_s \tag{4-6}$$

$$y_s = h_0 - x_c \tag{4-7}$$

根据截面的平衡条件有

$$\sum X = 0,\quad C = T \tag{4-8}$$

$$\sum M = 0,\quad M_u = Cy_c = Ty_s \tag{4-9}$$

由此可见,在构件正截面受弯承载力 M_u 的计算中,仅需知道受压区混凝土压应力的合力 C 的大小及其作用位置 y_c 就可以了。因此,为了计算方便,采用一种简化的计算方法,以图 4-9(d)所示的等效矩形应力图形来代替图 4-9(c)所示的受压区混凝土的曲线应力图形。用等效矩形应力图形代替实际曲线应力分布图形时,必须满足以下两个条件:①保持受压区混凝土压应力合力 C 的作用点不变;②保持合力 C 的大小不变。

在等效矩形应力图中,取等效矩形应力图形高度 $x = \beta_1 x_c$,等效应力取为 $\alpha_1 f_c$,α_1 和 β_1 为等效矩形应力图的图形系数,其大小只与混凝土的应力-应变曲线有关。《混凝土结构设计规范》(GB 50010—2010)建议采用的应力图形系数 α_1 和 β_1 见表 4-2。

表 4-2　系数 α_1 和 β_1 的取值

混凝土强度等级	≤C50	C55	C60	C65	C70	C75	C80
α_1	1.00	0.99	0.98	0.97	0.96	0.95	0.94
β_1	0.80	0.79	0.78	0.77	0.76	0.75	0.74

4.3.3　适筋破坏和超筋破坏的界限条件

相对受压区高度 ξ 是指等效矩形应力图形的高度与截面有效高度的比值,即

$$\xi = \frac{x}{h_0} \tag{4-10}$$

式中　　x——等效矩形应力图形的高度,即等效受压区高度,简称受压区高度;

　　　　h_0——截面的有效高度,如图 4-9(a)所示。

界限破坏的特征是受拉钢筋屈服的同时,受压区混凝土边缘应变达到极限压应变,构件破坏。界限相对受压区高度 ξ_b 是适筋破坏与超筋破坏相对受压区高度的界限值,是指在梁发生界限破坏时,等效受压区高度与截面有效高度之比,即

$$\xi_b = \frac{x_b}{h_0} \tag{4-11}$$

式中　　x_b——发生界限破坏时等效矩形应力图形的高度,简称界限受压区高度。

界限相对受压区高度 ξ_b 需要根据平截面假定求出。

1. 有明显屈服点钢筋对应的界限相对受压区高度 ξ_b

受弯构件破坏时,受拉钢筋的应变等于钢筋的抗拉强度设计值 f_y 与钢筋弹性量 E_s 之比值,即 $\varepsilon_s = f_y/E_s$,由受压区边缘混凝土的应变为 ε_{cu} 与受拉钢筋应变 ε_s 的几何关系,可推得其界限相对受压区高度 ξ_b 的计算公式为

$$\xi_b = \frac{x_b}{h_0} = \frac{\beta_1 x_{cb}}{h_0} = \frac{\beta_1 \varepsilon_{cu}}{\varepsilon_{cu} + \varepsilon_s} = \frac{\beta_1}{1 + \dfrac{\varepsilon_s}{\varepsilon_{cu}}} = \frac{\beta_1}{1 + \dfrac{f_y}{\varepsilon_{cu} E_s}} \tag{4-12}$$

为了方便使用,对于常用的有明显屈服点的 HPB300、HRB335、HRB400、HRBF400 和 RRB400 以及 HRB500、HRBF500 级钢筋,将其抗拉强度设计值 f_y 和弹性模量 E_s 代入式(4-12)中,可算得它们的界限相对受压区高度 ξ_b 如表 4-3 所示,设计时可直接查用。

表 4-3　界限相对受压区高度 ξ_b

钢筋级别	混凝土强度等级						
	≤C50	C55	C60	C65	C70	C75	C80
HPB300	0.576	0.566	0.556	0.547	0.537	0.528	0.518
HRB335	0.550	0.541	0.531	0.522	0.512	0.503	0.493
HRB400 RRB400 HRBF400	0.518	0.508	0.499	0.490	0.481	0.472	0.463
HRB500 HRBF500	0.482	0.473	0.464	0.455	0.447	0.438	0.429

2. 无明显屈服点钢筋对应的界限相对受压区高度 ξ_b

对于碳素钢丝、钢绞线、热处理钢筋以及冷轧带肋钢筋等无明显屈服点的钢筋,取对应于残余应变为 0.2% 时的应力 $\sigma_{0.2}$ 作为条件屈服点,如图 2-2 所示,并以此作为这类钢筋的抗拉强度设计值。

对应于条件屈服点 $\sigma_{0.2}$ 时的钢筋应变为

$$\varepsilon_s = 0.002 + \varepsilon_y = 0.002 + \frac{f_y}{E_s} \tag{4-13}$$

式中　f_y——无明显屈服点钢筋的抗拉强度设计值;

E_s——无明显屈服点钢筋的弹性模量。

根据平截面假定,可得无明显屈服点钢筋受弯构件相对界限受压区高度 ξ_b 的计算公式为

$$\xi_b = \frac{x_b}{h_0} = \frac{\beta_1 x_{cb}}{h_0} = \frac{\beta_1 \varepsilon_{cu}}{\varepsilon_{cu} + \varepsilon_s} = \frac{\beta_1}{1 + \frac{\varepsilon_s}{\varepsilon_{cu}}} = \frac{\beta_1}{1 + \frac{0.002 + \frac{f_y}{E_s}}{\varepsilon_{cu}}} = \frac{\beta_1}{1 + \frac{0.002}{\varepsilon_{cu}} + \frac{f_y}{E_s \varepsilon_{cu}}}$$

$$\tag{4-14}$$

根据平截面假定,正截面破坏时,相对受压区高度 ξ 越大,钢筋拉应变越小。$\xi < \xi_b$ 时,属于适筋破坏;$\xi > \xi_b$ 时,属于超筋破坏。$\xi = \xi_b$ 时,属于界限破坏,对应的配筋率为特定配筋率,即适筋梁的最大配筋率 ρ_{max}。

界限破坏时 $x = x_b$,则

$$A_s = \rho_{max} b h_0 \tag{4-15}$$

由截面上力的平衡 $C = T$ 得

$$\alpha_1 f_c b x_b = f_y A_s = f_y \rho_{max} b h_0 \tag{4-16}$$

故

$$\rho_{max} = \frac{x_b}{h_0} \cdot \frac{\alpha_1 f_c}{f_y} = \xi_b \frac{\alpha_1 f_c}{f_y} \tag{4-17}$$

式(4-17)即为受弯构件最大配筋率的计算公式。则当 $\rho > \rho_{max}$ 时,发生超筋破坏。

4.3.4　适筋破坏与少筋破坏的界限条件

适筋破坏与少筋破坏的界限是一旦出现裂缝,受拉钢筋即达屈服应力,宣告梁破坏,此时的配筋率即为最小配筋率 ρ_{min}。可见,ρ_{min} 的确定是以钢筋混凝土梁按第三阶段末计算的正截面受弯承载力 M_u,与同条件下素混凝土梁按第一阶段末计算的开裂弯矩 M_{cr} 相等的原则来确定,同时还应考虑混凝土抗拉强度的离散性以及混凝土收缩等因素的影响。《混凝土结构设计规范》(GB 50010—2010)规定:构件一侧受拉钢筋的最小配筋率 ρ_{min} 取 0.2% 和 $0.45\frac{f_t}{f_y}$ 中的较大值,对于板类受拉构件(不包括悬臂板)的受拉钢筋,当采用强度等级为 400MPa、500MPa 的钢筋时,其最小配筋率 ρ_{min} 应允许采用 0.15% 和 $0.45\frac{f_t}{f_y}$ 中的较大值。

当 $\rho < \rho_{min}$ 时,发生少筋破坏。

由于素混凝土梁的开裂弯矩 M_{cr} 不仅与混凝土的抗拉强度有关,还与梁的全截面面积

有关,因此,对矩形、T形截面(受压区翼缘挑出部分面积对 M_{cr} 的影响很小,计算 ρ_{min} 时不考虑受压翼缘)梁,其纵向受拉钢筋的最小配筋率是对于全截面面积而言的,即

$$A_{s,min} = \rho_{min} bh \tag{4-18}$$

若受弯构件截面为I形或倒T形时,其纵向受拉钢筋的最小配筋率则要考虑受拉区翼缘挑出部分面积,即

$$A_{s,min} = \rho_{min} \left[bh + (b_f - b)h_f \right] \tag{4-19}$$

式中 b——腹板的宽度;

b_f、h_f——受拉翼缘的宽度和高度。

4.4 单筋矩形截面受弯构件正截面承载力计算

矩形截面通常分为单筋矩形截面和双筋矩形截面。

单筋矩形截面是指在截面的受拉区配有纵向受力钢筋的矩形截面,但为了形成钢筋骨架,单筋矩形截面的受压区通常也需要配置纵向钢筋,这种纵向钢筋称为架立钢筋。

4.4.1 基本计算公式及适用条件

1. 计算简图

单筋矩形截面受弯构件的正截面受弯承载力计算简图如图4-10所示。

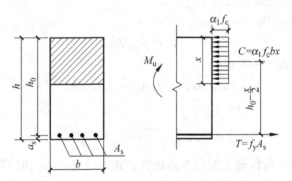

图4-10 单筋矩形截面受弯构件正截面承载力计算简图

2. 基本公式

根据第3章所述钢筋混凝土结构设计基本原则,作用在受弯构件正截面上的荷载效应 M 不应超过该截面的抗力 M_u,即

$$\gamma_0 M \leqslant M_u \tag{4-20}$$

根据正截面力的平衡条件和力矩平衡条件,由计算简图可导出单筋矩形截面受弯承载力的计算公式:

$$\sum X = 0, \quad \alpha_1 f_c bx = f_y A_s \tag{4-21}$$

$$\sum M = 0, \quad M \leqslant M_u = \alpha_1 f_c bx \left(h_0 - \frac{x}{2} \right) = f_y A_s \left(h_0 - \frac{x}{2} \right) \tag{4-22}$$

式中 M——荷载在该截面上产生的弯矩设计值;

h_0——截面的有效高度,按式 $h_0 = h - a_s$ 计算;

h——截面高度；

a_s——受拉区边缘到受拉钢筋合力作用点的距离。

一般情况下，梁的纵向受力钢筋按一排布置时，$h_0 = h - (40 - 45)$；

梁的纵向受力钢筋按两排布置时，$h_0 = h - (60 - 70)$；

板的截面有效高度 $h_0 = h - 20$。

3. 适用条件

式(4-21)和式(4-22)是根据适筋构件破坏时的受力情况推导出的。它们只适用于适筋构件的计算，不适用于少筋构件和超筋构件计算。在前面的讨论中已经指出，少筋构件和超筋构件的破坏都属于脆性破坏，设计时应予以避免，因此，上述计算公式必须满足下列适用条件。

（1）防止超筋破坏

$$x \leqslant \xi_b h_0 \tag{4-23}$$

或

$$\xi \leqslant \xi_b \tag{4-24}$$

或

$$\rho = \frac{A_s}{bh_0} \leqslant \rho_{\max} = \xi_b \frac{\alpha_1 f_c}{f_y} \tag{4-25}$$

（2）防止少筋破坏

$$A_s \geqslant \rho_{\min} bh \tag{4-26}$$

由适用条件(1)得单筋矩形截面能承担的最大弯矩为

$$M_{u,\max} = \alpha_1 f_c bh_0^2 \xi_b (1 - 0.5\xi_b) \tag{4-27}$$

由式(4-27)可见，梁所能承受的最大弯矩仅与混凝土强度等级、钢筋级别和截面尺寸有关，与钢筋用量无关。

4.4.2　受弯构件正截面承载力计算的两类问题

受弯构件正截面承载力计算包括截面设计和截面复核两类问题。截面设计问题是指已知构件的截面尺寸、混凝土的强度等级、钢筋的级别以及作用于构件上的荷载或截面上的内力等，或某种因素虽然暂时未知(比如截面尺寸)，但可根据实际情况、设计经验和构造要求等进行假定，要求计算受拉区所需纵向受力钢筋的面积，并且参照构造要求，选择钢筋的根数和直径；截面复核问题指构件的截面尺寸、混凝土强度等级、钢筋的级别、数量和配筋方式等都已确定，要求验算截面是否能够承受某一已知的荷载或内力设计值，也称为截面承载能力校核问题。

1. 截面设计

进行受弯构件正截面设计时，通常有以下两种情形。

情形 1：已知截面设计弯矩 M(或已知荷载作用情况)、截面尺寸 b 和 h、混凝土强度等级及钢筋级别，求受拉钢筋截面面积 A_s。

设计步骤如下：

（1）确定截面有效高度 h_0，$h_0 = h - a_s$。

（2）根据混凝土强度等级确定系数 α_1。

（3）由基本公式(4-21)、式(4-22)先求解 x 或 ξ，检验适用条件。

若 $x \leqslant \xi_b h_0$ 或 $\xi \leqslant \xi_b$，则由基本公式(4-21)求解 A_s，并验算最小配筋率要求，若 $A_s < \rho_{\min} bh$，则取 $A_s = \rho_{\min} bh$ 配筋；若 $A_s \geqslant \rho_{\min} bh$，说明满足要求，直接由 A_s 配筋；

若 $x > \xi_b h_0$ 或 $\xi > \xi_b$，则需加大截面尺寸或提高混凝土强度等级或采用双筋截面。

（4）根据 A_s 选择钢筋根数和直径，需符合构造要求。

情形 2：已知截面设计弯矩 M(或已知荷载作用情况)、混凝土强度等级和钢筋级别，求构件截面尺寸 b、h 和受拉钢筋截面面积 A_s。

设计步骤如下：由于基本公式(4-21)、式(4-22)中 b、h、A_s 和 x 均为未知，所以有多组解答，计算时需增加条件。通常先按构造要求假定截面尺寸 b 和 h，然后按照情形 1 的步骤进行设计计算。

另一种计算方法是先假定配筋率 ρ 和梁宽 b。

（1）配筋率 ρ 通常在经济配筋率范围内选取。根据我国的设计经验，板的经济配筋率为 $0.3\% \sim 0.8\%$，单筋矩形截面梁的经济配筋率为 $0.6\% \sim 1.5\%$。梁宽 b 按照构造要求确定。

（2）确定 $\xi = \rho \dfrac{f_y}{\alpha_1 f_c}$，并检验是否满足适用条件。

（3）计算 h_0，$h_0 = \sqrt{\dfrac{M}{\alpha_1 f_c b \xi (1 - 0.5\xi)}}$。

检查 $h = h_0 + a_s$ 并取整后，检验是否满足构造要求（h/b 是否合适）。如不合适，需进行调整，直至符合要求为止。

（4）求 A_s（$A_s = \rho b h_0$）。

2. 截面复核(亦称承载力校核)

已知截面设计弯矩 M、截面尺寸 b 和 h、受拉钢筋截面面积 A_s、混凝土强度等级及钢筋级别，求正截面承载力 M_u 是否满足要求。

复核步骤如下：

（1）由式(4-21)、式(4-22)求 ξ；

（2）检验适用条件 $\xi \leqslant \xi_b$，若 $\xi > \xi_b$，按 $\xi = \xi_b$ 计算；

（3）检验适用条件 $A_s \geqslant \rho_{\min} bh$，若不满足，则该梁为少筋梁，应修改设计或做加固处理；

（4）求 M_u，由式(4-22)得

$$M_u = \alpha_1 f_c b h_0^2 \xi \left(1 - \frac{\xi}{2}\right) \tag{4-28}$$

当 $M_u \geqslant M$ 时，则截面受弯承载力满足要求；反之，则认为不安全。若 M_u 大于 M 过多，则认为该截面设计不经济。

【例 4-1】 已知梁的截面尺寸为 $b \times h = 200\text{mm} \times 500\text{mm}$，混凝土强度等级为 C30，受力钢筋采用 HRB400 级，截面弯矩设计值 $M = 165\text{kN} \cdot \text{m}$，环境类别为一类，安全等级为二级。求所需纵向受拉钢筋。

解：由已知条件有 C30 混凝土，$f_c = 14.3\text{MPa}$，$f_t = 1.43\text{MPa}$；HRB400 级钢筋，$f_y = 360\text{MPa}$，$\rho_{\min} = \max\left(0.2\%, 0.45\dfrac{f_t}{f_y}\right) = 0.2\%$。

假定受拉钢筋按单排布置，则 $h_0 = h - a_s = 500\text{mm} - 45\text{mm} = 455\text{mm}$。

将已知数据代入式(4-21)、式(4-22),得

$$1.0 \times 14.3\text{MPa} \times 200\text{mm} \cdot x = 360\text{MPa} \cdot A_s$$

$$165 \times 10^6 \text{N} \cdot \text{mm} = 1.0 \times 14.3\text{MPa} \times 200\text{mm} \cdot x \cdot \left(455\text{mm} - \frac{x}{2}\right)$$

求得

$$x = 153\text{mm} < \xi_b h_0 = 0.518 \times 455\text{mm} = 236\text{mm}$$

$$A_s = 1216\text{mm}^2 > \rho_{\min} bh = 0.2\% \times 200\text{mm} \times 500\text{mm} = 200\text{mm}^2$$

选用 $2\,\underline{\Phi}\,25 + 1\,\underline{\Phi}\,20$, $A_s = 1296\text{mm}^2$。

【例 4-2】 已知一单跨简支板,计算跨度 $l = 2.34\text{m}$,承受均布活荷载标准值 $q_k = 3\text{kN/m}^2$,混凝土强度等级为 C30,钢筋级别采用 HPB300。

试确定板厚及所需受拉钢筋截面面积 A_s。

解:由已知条件有 C30 混凝土,$f_c = 14.3\text{MPa}$,$f_t = 1.43\text{MPa}$;HPB300 级钢筋,$f_y = 270\text{MPa}$,$\rho_{\min} = \max\left(0.2\%, 0.45\frac{f_t}{f_y}\right) = 0.24\%$。

(1) 确定板厚

取板宽 $b = 1000\text{mm}$ 的板带作为计算单元;

板厚 $t \geq \dfrac{l}{30} = \dfrac{2340}{30}\text{mm} = 78\text{mm}$,取 80mm,则板自重 $g_k = 25\text{kN/m}^3 \times 0.08\text{m} \times 1\text{m} = 2.0\text{kN/m}$。

(2) 求跨中处最大弯矩设计值

由可变荷载效应控制的组合

$$M_1 = \frac{1}{8}(\gamma_G g_k + \gamma_Q q_k)l^2 = \frac{1}{8} \times (1.2 \times 2\text{kN/m} + 1.4 \times 3\text{kN/m}) \times (2.34\text{m})^2$$
$$= 4.52\text{kN} \cdot \text{m}$$

由永久荷载效应控制的组合

$$M_2 = \frac{1}{8}(\gamma_G g_k + \psi_c \gamma_Q q_k)l^2 = \frac{1}{8} \times (1.35 \times 2\text{kN/m} + 0.7 \times 1.4 \times 3\text{kN/m}) \times (2.34\text{m})^2$$
$$= 3.86\text{kN} \cdot \text{m}$$

则跨中最大弯矩设计值 $M = M_1 = 4.52\text{kN} \cdot \text{m}$。

假定 $h_0 = h - 20\text{mm} = 80\text{mm} - 20\text{mm} = 60\text{mm}$,将已知数据代入式(4-21)、式(4-22),得

$$1.0 \times 14.3\text{MPa} \times 1000\text{mm} \cdot x = 270\text{MPa} \cdot A_s$$

$$4.52 \times 10^6 \text{N} \cdot \text{mm} = 1.0 \times 14.3\text{MPa} \times 1000\text{mm} \cdot x \cdot \left(60\text{mm} - \frac{x}{2}\right)$$

求得

$$x = 5.5\text{mm} < \xi_b h_0 = 0.576 \times 60\text{mm} = 34.6\text{mm}$$

$$A_s = 291\text{mm}^2 > \rho_{\min} bh = 0.24\% \times 1000\text{mm} \times 80\text{mm} = 192\text{mm}^2$$

选用 $\Phi 8@170$,$A_s = 296\text{mm}^2$,垂直于受力钢筋放置 $\Phi 6@250$ 的分布钢筋。

【例 4-3】 已知梁的截面尺寸为 $b \times h = 250\text{mm} \times 450\text{mm}$;配置 $4\,\underline{\Phi}\,16$ 的受拉钢筋,$f_y = 360\text{MPa}$,$A_s = 804\text{mm}^2$;混凝土强度等级为 C40,$f_t = 1.71\text{MPa}$,$f_c = 19.1\text{MPa}$;承受的弯矩设计值 $M = 89\text{kN} \cdot \text{m}$,环境类别为一类。试验算此梁截面是否安全。

解：(1) 截面有效高度计算

由已知条件知 $\xi_b = 0.518$，$\alpha_1 = 1.0$，$\rho_{min} = \max\left(0.2\%, 0.45\dfrac{f_t}{f_y}\right) = 0.21\%$，设 $a_s = 45\text{mm}$，则 $h_0 = 450\text{mm} - 45\text{mm} = 405\text{mm}$。

(2) 验算适用条件

$$\xi = \frac{x}{h_0} = \frac{f_y A_s}{\alpha_1 f_c b h_0} = \frac{360\text{MPa} \times 804\text{mm}^2}{1.0 \times 19.1\text{MPa} \times 250\text{mm} \times 405\text{mm}} = 0.150 < \xi_b = 0.518$$

$$A_s = 804\text{mm}^2 > \rho_{min}bh = 0.21\% \times 250\text{mm} \times 450\text{mm} = 239\text{mm}^2$$

满足适用条件。

(3) 求 M_u

$$M_u = \alpha_1 f_c b h_0^2 \xi(1 - 0.5\xi) = 1.0 \times 19.1\text{MPa} \times 250\text{mm} \times (405\text{mm})^2 \times 0.150 \times (1 - 0.5 \times 0.150)$$
$$= 108.67(\text{kN} \cdot \text{m}) > M = 89\text{kN} \cdot \text{m}$$

截面安全。

4.4.3　计算系数及其使用

利用基本公式进行计算时，需要解二次联立方程，计算过程比较复杂，为简化计算，可将基本公式制成表格，利用计算系数进行计算，下面介绍具体思路。

将基本公式(4-22)改写为

$$M \leqslant M_u = \alpha_1 f_c bx\left(h_0 - \frac{x}{2}\right) = \alpha_1 f_c b h_0^2 \xi(1 - 0.5\xi)$$

令

$$\alpha_s = \xi(1 - 0.5\xi) \tag{4-29}$$

则

$$M_u = \alpha_s \alpha_1 f_c b h_0^2 \tag{4-30}$$

令

$$\gamma_s = (1 - 0.5\xi) \tag{4-31}$$

则

$$M_u = f_y A_s\left(h_0 - \frac{x}{2}\right) = f_y A_s h_0(1 - 0.5\xi) = \gamma_s f_y A_s h_0 \tag{4-32}$$

式中　α_s——截面抵抗矩系数；

　　　γ_s——内力臂系数。

由式(4-29)和式(4-31)得

$$\xi = 1 - \sqrt{1 - 2\alpha_s} \tag{4-33}$$

$$\gamma_s = \frac{1 + \sqrt{1 - 2\alpha_s}}{2} \tag{4-34}$$

式(4-33)和式(4-34)表明，ξ 和 γ_s 与 α_s 之间存在一一对应的关系，给定一个 α_s 值，便有一个 ξ 值和一个 γ_s 值与之对应。因此，可以预先算出一系列 α_s 值，求出与其对应的 ξ 值和 γ_s 值，并且将它们列成表格，见附录表 A-11，设计时直接查用此表格，可使计算工作得到简化。具体计算时，若不便查表，直接以式(4-33)和式(4-34)计算也较简便。

由上述得，单筋矩形截面的最大受弯承载力为

$$M_{u,max} = \alpha_{s,max}\alpha_1 f_c b h_0^2 \tag{4-35}$$

$$\alpha_{s,max} = \xi_b(1 - 0.5\xi_b) \tag{4-36}$$

式中 $\alpha_{s,max}$——截面的最大抵抗矩系数。

下面通过一个例题来说明计算系数的使用方法。

【例4-4】 某简支梁,截面尺寸为 $b \times h = 250mm \times 500mm$,跨中最大弯矩设计值为 $M = 180kN \cdot m$,采用C30混凝土,受力钢筋为HRB400,求所需受拉钢筋。

解: 由已知条件有C30混凝土,$f_c = 14.3MPa$,$f_t = 1.43MPa$;HRB400级钢筋,$f_y = 360MPa$,$\rho_{min} = \max\left(0.2\%, 0.45\dfrac{f_t}{f_y}\%\right) = 0.2\%$。

假定受力钢筋按一排布置,则 $h_0 = h - a_s = 500mm - 45mm = 455mm$,由式(4-30)得

$$\alpha_s = \frac{M}{\alpha_1 f_c b h_0^2} = \frac{180 \times 10^6 N \cdot mm}{14.3MPa \times 250mm \times (455mm)^2} = 0.243$$

由式(4-33)求得相应的 ξ 值为

$$\xi = 1 - \sqrt{1 - 2\alpha_s} = 0.283 < \xi_b = 0.518$$

由式(4-21)求得所需纵向受拉钢筋面积为

$$A_s = \frac{\alpha_1 f_c b \xi h_0}{f_y} = \frac{14.3MPa \times 250mm \times 0.283 \times 455mm}{360MPa}$$

$$= 1278mm^2 > \rho_{min}bh = 0.2\% \times 250mm \times 500mm = 250mm^2$$

选用 $4 \oplus 20 (A_s = 1256mm^2)$。

4.5 双筋矩形截面受弯构件正截面承载力计算

4.5.1 概述

双筋矩形截面是指在截面的受拉区配置纵向受拉钢筋,且在截面的受压区配置纵向受压钢筋的矩形截面。

在钢筋混凝土受弯构件正截面承载力计算中,用钢筋协助混凝土抵抗压力是不经济的,工程中只有在下列情况下宜采用双筋截面。

(1) 当截面尺寸和材料强度受使用和施工条件限制而不能增加,而按单筋截面计算又不满足适筋截面适用条件时,可采用双筋截面,即在受压区配置钢筋以补充混凝土受压能力的不足。

(2) 由于荷载有多种组合情况,在某一组合情况下截面承受正弯矩,另一种组合情况下可能承受负弯矩,这时宜采用双筋截面。

(3) 由于受压钢筋可以提高截面的延性,因此,在抗震结构中要求框架梁必须配置一定比例的受压钢筋。

4.5.2 受压钢筋的应力

双筋截面受弯构件的受力特点和破坏特征基本上与单筋截面相似,只要满足 $\xi \leq \xi_b$ 时,双筋截面的破坏仍为受拉钢筋首先屈服,经历一定的塑性伸长后,最后受压区混凝土被压碎,具有适筋梁的塑性破坏特征。在建立双筋截面受弯构件正截面承载力的计算公式时,受压区混凝土仍可采用等效矩形应力图形,而受压钢筋的抗压强度设计值尚待确定。

双筋截面梁破坏时,受压钢筋的应力取决于其应变 ε'_s,如图 4-11 所示。

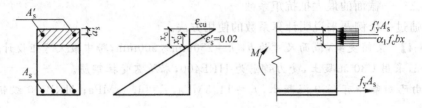

图 4-11　双筋矩形截面中受压钢筋的应变和应力

由平截面假定得

$$\varepsilon'_s = \frac{x_c - a'_s}{x_c}\varepsilon_{cu} = \left(1 - \frac{a'_s}{\dfrac{x}{\beta_1}}\right)\varepsilon_{cu} \tag{4-37}$$

对 C50 以下混凝土,$\beta_1 = 0.8$,则有

$$\varepsilon'_s = \left(1 - \frac{a'_s}{\dfrac{x}{0.8}}\right)\varepsilon_{cu} = \left(1 - \frac{0.8a'_s}{x}\right)\varepsilon_{cu} \tag{4-38}$$

令 $x = 2a'_s$,则对于 $\varepsilon'_s = 0.002$,相应的受压钢筋应力为

$$\sigma'_s = E'_s\varepsilon'_s = (2.0 \sim 2.1) \times 10^5 \times 0.002 = (400 \sim 420)(\text{MPa})$$

对于 HPB300、HRB335、HRB400 及 RRB400 级钢筋,应变为 0.002 时的应力均可达到屈服强度设计值 f'_y。《混凝土结构设计规范》(GB 50010—2010)规定,若在计算中考虑受压钢筋,并取 $\sigma'_s = f'_y$ 时,必须满足 $x \geqslant 2a'_s$ 的条件。

4.5.3　计算公式和适用条件

1. 计算简图

双筋矩形截面受弯构件的正截面受弯承载力计算简图如图 4-12 所示。

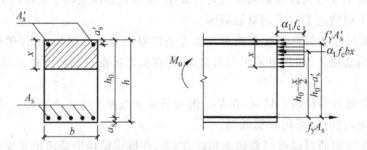

图 4-12　双筋矩形截面受弯构件正截面承载力计算简图

2. 基本公式

由力的平衡条件和力矩的平衡条件即可建立基本计算公式:

$$\sum X = 0, \quad \alpha_1 f_c bx + f'_y A'_s = f_y A_s \tag{4-39}$$

$$\sum M = 0, \quad M \leqslant M_u = \alpha_1 f_c bx\left(h_0 - \frac{x}{2}\right) + f'_y A'_s(h_0 - a'_s) \tag{4-40}$$

3. 计算公式分解

有时直接以基本公式(4-39)、式(4-40)求解,往往计算工作量较大,为简化计算,可采用分解公式,即双筋矩形截面所承担的弯矩设计值 M_u 可分成两部分来考虑:第一部分是由受压区混凝土和与其相应的一部分受拉钢筋 A_{s1} 所形成的承载力设计值 M_{u1},相当于单筋矩形截面的受弯承载力;第二部分是由受压钢筋和与其相应的另一部分受拉钢筋 A_{s2} 所形成的承载力设计值 M_{u2}。则有如下计算公式:

$$\alpha_1 f_c bx = f_y A_{s1} \tag{4-41}$$

$$M_{u1} = \alpha_1 f_c bx \left(h_0 - \frac{x}{2} \right) \tag{4-42}$$

$$f'_y A'_s = f_y A_{s2} \tag{4-43}$$

$$M_{u2} = f'_y A'_s (h_0 - a'_s) \tag{4-44}$$

叠加得

$$M_u = M_{u1} + M_{u2} \tag{4-45}$$

$$A_s = A_{s1} + A_{s2} \tag{4-46}$$

4. 适用条件

应用上述计算公式时,必须满足以下条件。

(1) 为防止超筋破坏,应满足下式:

$$\xi \leqslant \xi_b \quad 或 \quad x \leqslant \xi_b h_0 \tag{4-47}$$

(2) 为保证受压钢筋达到受压屈服强度,应满足下式:

$$x \geqslant 2a'_s \tag{4-48}$$

双筋截面中的受拉钢筋常常配置较多,一般均能满足最小配筋率的要求,故不必进行验算。

在设计中,若求得 $x < 2a'_s$,则表明受压钢筋不能达到其抗压屈服强度。《混凝土结构设计规范》(GB 50010—2010)规定:当 $x < 2a'_s$ 时,取 $x = 2a'_s$,即假设混凝土压应力合力点与受压钢筋合力点相重合,可直接对受压钢筋合力点取矩,此时,基本公式(4-40)可改为

$$M \leqslant M_u = f_y A_s (h_0 - a'_s) \tag{4-49}$$

4.5.4　基本公式的应用

1. 截面设计

情况 1:已知弯矩设计值 M、材料强度等级和截面尺寸,求纵向受力钢筋截面面积 A_s 和 A'_s。

在两个基本公式中有 x、A_s 及 A'_s 三个未知数,需增加一个条件才能求解,为使截面的总用钢量($A_s + A'_s$)最少,应考虑充分利用混凝土的强度(取 $x = \xi_b h_0$)。

求解步骤如下。

(1) 令 $x = \xi_b h_0$ 或 $\xi = \xi_b$(钢筋总用量最少且减少一个未知数);

(2) 由基本公式(4-40)求受压钢筋截面面积 A'_s:

$$A'_s = \frac{M - \alpha_1 f_c bx \left(h_0 - \dfrac{x}{2} \right)}{f'_y (h_0 - a'_s)} = \frac{M - \alpha_1 f_c b \xi_b h_0 \left(h_0 - \dfrac{\xi_b h_0}{2} \right)}{f'_y (h_0 - a'_s)}$$

（3）由基本公式(4-39)求受拉钢筋截面面积 A_s：

$$A_s = \frac{f_y'A_s' + \alpha_1 f_c bx}{f_y} = \frac{f_y'A_s' + \alpha_1 f_c b \xi_b h_0}{f_y}$$

情况 2：已知弯矩设计值 M、材料强度等级、截面尺寸和 A_s'，求纵向受拉钢筋截面面积 A_s。

求解步骤如下。

（1）由基本公式(4-40)求解 x 或 ξ；

（2）检验适用条件：

若 $2a_s' \leqslant x = \xi h_0 \leqslant \xi_b h_0$，则由式(4-39)求 A_s，$A_s = \dfrac{\alpha_1 f_c bx + f_y'A_s'}{f_y}$；

若 $x < 2a_s'$，则由式(4-49)得 $A_s = \dfrac{M}{f_y(h_0 - a_s')}$；

若 $x > \xi_b h_0$，说明 A_s' 配置太少，按 A_s' 未知，即情况 1 重新计算。

2. 截面复核

承载力校核时，截面的弯矩设计值 M、截面尺寸 b 和 h，钢筋级别、混凝土的强度等级、受拉钢筋截面面积 A_s 和受压钢筋截面面积 A_s' 都是已知的，验算正截面受弯承载力 M_u 是否满足要求。

求解步骤如下。

（1）由基本公式(4-39)求解 x；

（2）检验适用条件：

若 $2a_s' \leqslant x = \xi h_0 \leqslant \xi_b h_0$，直接由基本公式(4-40)求 M_u，则

$$M_u = f_y'A_s'(h_0 - a_s') + \alpha_1 f_c bx\left(h_0 - \frac{x}{2}\right)$$

若 $x < 2a_s'$，则 $M_u = f_y A_s(h_0 - a_s')$；

若 $x > \xi_b h_0$，说明截面超筋，破坏始自受压区，则取 $x = \xi_b h_0$，代入基本公式(4-40)求 M_u，即 $M_u = f_y'A_s'(h_0 - a_s') + \alpha_1 f_c b \xi_b h_0\left(h_0 - \dfrac{\xi_b h_0}{2}\right)$。

上述两类计算问题也可用式(4-41)～式(4-46)求解，可使计算过程简化。

【例 4-5】 已知梁的截面尺寸为 $b \times h = 200\text{mm} \times 500\text{mm}$，混凝土强度等级为 C40，$f_t = 1.71\text{MPa}$，$f_c = 19.1\text{MPa}$，钢筋采用 HRB400，$f_y = 360\text{MPa}$，截面所承受的最大弯矩设计值 $M = 350\text{kN} \cdot \text{m}$，环境类别为一类。

求所需纵向受力钢筋截面面积。

解：由已知条件得 $\alpha_1 = 1.0$，$\beta_1 = 0.8$，$\xi_b = 0.518$；

假定受拉钢筋放两排，则 $h_0 = h - a_s = 500\text{mm} - 60\text{mm} = 440\text{mm}$，故

$$\alpha_s = \frac{M}{\alpha_1 f_c bh_0^2} = \frac{350 \times 10^6 \text{N} \cdot \text{mm}}{1 \times 19.1\text{MPa} \times 200\text{mm} \times (440\text{mm})^2} = 0.473$$

$$\xi = 1 - \sqrt{1 - 2\alpha_s} = 0.77 > \xi_b = 0.518$$

可见，如果设计成单筋矩形截面，将会出现超筋情况，若不能加大截面尺寸，又不能提高混凝土强度等级，则应设计成双筋矩形截面（A_s 和 A_s' 均未知）。

取 $\xi = \xi_b$，则有

$$M_{u1} = \alpha_1 f_c bh_0^2 \xi_b (1 - 0.5\xi_b)$$
$$= 1.0 \times 19.1 \text{MPa} \times 200 \text{mm} \times (440 \text{mm})^2 \times 0.518 \times (1 - 0.5 \times 0.518)$$
$$= 283.9 \text{kN} \cdot \text{m}$$

$$A_s' = \frac{M_{u2}}{f_y'(h_0 - a_s')}$$
$$= \frac{350 \times 10^6 \text{N} \cdot \text{mm} - 283.9 \times 10^6 \text{N} \cdot \text{mm}}{360 \text{MPa} \times (440 \text{mm} - 45 \text{mm})}$$
$$= 464.8 \text{mm}^2$$

$$A_s = \xi_b \frac{\alpha_1 f_c bh_0}{f_y} + A_s' \frac{f_y'}{f_y}$$
$$= 0.518 \times \frac{1.0 \times 19.1 \text{MPa} \times 200 \text{mm} \times 440 \text{mm}}{360 \text{MPa}} + 464.8 \text{mm}^2 \times \frac{360 \text{MPa}}{360 \text{MPa}}$$
$$= 2883 \text{mm}^2$$

受拉钢筋选用 6⏀25mm，$A_s = 2945 \text{mm}^2$，受压钢筋选用 2⏀18mm 的钢筋，$A_s' = 509 \text{mm}^2$。

【例 4-6】 已知条件同上题，但在受压区已配置 3⏀20mm 的钢筋，即 $A_s' = 941 \text{mm}^2$。求受拉钢筋截面面积 A_s。

解： 由式(4-44)有

$$M_{u2} = f_y' A_s'(h_0 - a_s') = 360 \text{MPa} \times 941 \text{mm}^2 \times (440 \text{mm} - 45 \text{mm}) = 133.8 \text{kN} \cdot \text{m}$$

则

$$M_{u1} = M - M_{u2} = 350 \text{kN} \cdot \text{m} - 133.8 \text{kN} \cdot \text{m} = 216.2 \text{kN} \cdot \text{m}$$

可按单筋矩形截面求 A_{s1}。

设 $a_s = 60 \text{mm}$，$h_0 = 500 \text{mm} - 60 \text{mm} = 440 \text{mm}$，则有

$$\alpha_s = \frac{M_{u1}}{\alpha_1 f_c bh_0^2} = \frac{216.2 \times 10^6 \text{N} \cdot \text{mm}}{1.0 \times 19.1 \text{MPa} \times 200 \text{mm} \times (440 \text{mm})^2} = 0.292$$

$$\xi = 1 - \sqrt{1 - 2\alpha_s} = 1 - \sqrt{1 - 2 \times 0.292} = 0.36 < \xi_b = 0.518，满足适用条件。$$

$$\gamma_s = 0.5(1 + \sqrt{1 - 2\alpha_s}) = 0.5 \times (1 + \sqrt{1 - 2 \times 0.292}) = 0.822$$

$$A_{s1} = \frac{M_{u1}}{f_y \gamma_s h_0} = \frac{216.2 \times 10^6 \text{N} \cdot \text{mm}}{360 \text{MPa} \times 0.822 \times 440 \text{mm}} = 1660 \text{mm}^2$$

由式(4-43)有

$$A_{s2} = A_s' \frac{f_y'}{f_y} = 941 \text{mm}^2$$

最后得

$$A_s = A_{s1} + A_{s2} = 1660 \text{mm}^2 + 941 \text{mm}^2 = 2601 \text{mm}^2$$

受拉钢筋选用 4⏀25+2⏀22 的钢筋，$A_s = 2724 \text{mm}^2$。

【例 4-7】 已知梁截面尺寸为 200mm×400mm，混凝土强度等级为 C30，受拉钢筋为 3⏀25，受压钢筋为 2⏀16，环境类别为一类，所承受的弯矩设计值 $M = 90 \text{kN} \cdot \text{m}$。

试验算此截面是否安全。

解： 由已知条件有 C30 混凝土，$f_c = 14.3 \text{MPa}$，$f_t = 1.43 \text{MPa}$；HRB400 级钢筋，$f_y = 360 \text{MPa}$，$\rho_{min} = \max\left(0.2\%, 0.45\frac{f_t}{f_y}\right) = 0.2\%$，$A_s = 1473 \text{mm}^2$，$A_s' = 402 \text{mm}^2$，$h_0 = h - a_s = 400 \text{mm} - 45 \text{mm} = 355 \text{mm}$。

由式 $\alpha_1 f_c bx + f_y' A_s' = f_y A_s$，得

$$x = \frac{f_y A_s - f'_y A'_s}{\alpha_1 f_c b} = \frac{360\text{MPa} \times 1473\text{mm}^2 - 360\text{MPa} \times 402\text{mm}^2}{1.0 \times 14.3\text{MPa} \times 200\text{mm}}$$

$$= 134.8\text{mm} < \xi_b h_0 = 0.518 \times 355\text{mm} = 184\text{mm}$$

同时 $x = 134.8\text{mm} > 2a'_s = 2 \times 45\text{mm} = 90\text{mm}$，满足要求。

代入式(4-40)得

$$M_u = \alpha_1 f_c bx \left(h_0 - \frac{x}{2} \right) + f'_y A'_s (h_0 - a'_s)$$

$$= 1.0 \times 14.3\text{MPa} \times 200\text{mm} \times 134.8\text{mm} \times \left(355\text{mm} - \frac{134.8\text{mm}}{2} \right)$$

$$+ 360\text{MPa} \times 402\text{mm}^2 \times (355\text{mm} - 45\text{mm})$$

$$= 155.74\text{kN} \cdot \text{m} > 90\text{kN} \cdot \text{m}$$

截面安全。

4.6 T 形截面受弯构件正截面受弯承载力计算

4.6.1 概述

在矩形截面受弯构件的承载力计算中,没有考虑混凝土的抗拉强度,因为受弯构件在破坏时,受拉区混凝土早已开裂,在裂缝截面处,受拉区的混凝土已不再承担拉力,对截面的抗弯承载力不起作用。所以,对于尺寸较大的矩形截面构件,可将受拉区两侧混凝土挖去,形成如图 4-13 所示 T 形截面。将受拉钢筋集中布置在梁肋内,T 形截面和原来的矩形截面所能承受的弯矩相同,即去掉的受拉区混凝土不影响构件的正截面受弯承载力,而且可以节省混凝土,减轻结构自重,获得较好的经济效果。

T 形截面的伸出部分称为翼缘,其宽度为 b'_f,厚度为 h'_f;中间部分称为肋或腹板,肋宽为 b,截面总高为 h。有时为了需要,也采用翼缘在受拉区的倒 T 形截面或 I 形截面,由于不考虑受拉区翼缘的混凝土参与受力,I 形截面受弯构件按 T 形截面计算。

T 形截面受弯构件在实际工程中的应用极为广泛。对于预制构件有 T 形吊车梁、T 形檩条等;其他如 I 形吊车梁、槽形板、空心板等截面均可换算成 T 形截面计算。

现浇肋梁楼盖中楼板与梁整体浇筑在一起,形成整体式 T 形梁,如图 4-14 所示,其跨中截面承受正弯矩(2—2 截面),挑出的翼缘位于受压区,与肋的受压区混凝土共同受力,故按 T 形截面计算;其支座处承受负弯矩(1—1 截面),梁顶面受拉,翼缘位于受拉区,翼缘混凝土开裂后不参与受力,因此应按宽度为肋宽的矩形截面计算。

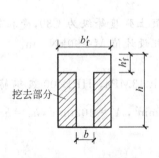

图 4-13 T 形截面

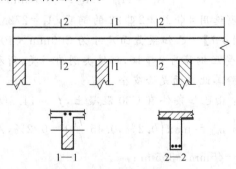

图 4-14 T 形截面应用示例

在理论上，T 形截面翼缘宽度 b_f' 越大，截面受力性能越好。因为在弯矩 M 作用下，随着 T 形截面翼缘宽度 b_f' 的增大，可使受压区高度减小，内力臂增大，因而可减小受拉钢筋截面面积。但试验研究与理论分析证明，T 形截面受弯构件翼缘的纵向压应力沿翼缘宽度方向分布不均匀，离肋部越远压应力越小，如图 4-15(a) 所示。因此，在设计中把与肋共同工作的翼缘宽度限制在一定范围内，称为翼缘的计算宽度 b_f'，并假定在宽度 b_f' 范围内翼缘压应力均匀分布，如图 4-15(b) 所示。

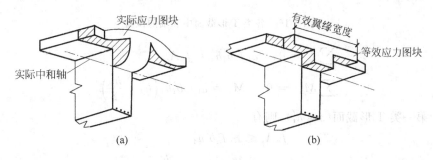

图 4-15 T 形截面翼缘受力状态

T 形截面翼缘计算宽度 b_f' 的取值，与翼缘厚度、梁跨度和受力情况等因素有关，《混凝土结构设计规范》(GB 50010—2010) 规定 b_f' 应按表 4-4 中有关规定的各项最小值取用。

表 4-4　T 形、I 形及倒 L 形截面受弯构件翼缘计算宽度 b_f'

	考虑情况	T 形、I 形截面		倒 L 形截面
		肋形梁(板)	独立梁	肋形梁(板)
一	按计算跨度 l_0 考虑	$l_0/3$	$l_0/3$	$l_0/6$
二	按梁(肋)净距 S_n 考虑	$b+S_n$	—	$b+\dfrac{S_n}{2}$
三	按翼缘高度 h_f' 考虑	$b+12h_f'$	b	$b+5h_f'$

注：(1) 表中 b 为梁的腹板宽度；
　　(2) 肋形梁在梁跨内设有间距小于纵肋间距的横肋时，则可不考虑表中第三种情况的规定；
　　(3) 加腋的 T 形、I 形和倒 L 形截面，当受压区加腋的高度 $h_h \geqslant h_f'$ 且加腋的宽度 $b_h \leqslant 3h_h$ 时，则其翼缘计算宽度可按表中第三种情况规定分别增加 $2b_h$(T 形截面和 I 形截面)和 b_h(倒 L 形截面)；
　　(4) 独立梁受压区的翼缘板在荷载作用下经验算沿纵肋方向可能产生裂缝时，其计算宽度应取用腹板宽度 b。

4.6.2　计算公式及适用条件

1. T 形截面类型的判别

在 T 形截面受弯构件正截面承载力计算中，首先需要判别该截面在给定的条件下属于哪一类 T 形截面，按照截面破坏时中和轴位置的不同，T 形截面可分为以下两类。

(1) 第一类 T 形截面：中和轴在翼缘内，即 $x \leqslant h_f'$，如图 4-16(a) 所示；

(2) 第二类 T 形截面：中和轴在梁肋内，即 $x > h_f'$，如图 4-16(b) 所示。

要判断中和轴是否在翼缘内，首先应对其界限位置进行分析，界限位置为中和轴在翼缘与梁肋交界处，即 $x = h_f'$，也称界限情况，如图 4-16(c) 所示。

当中和轴处于界限情况时，如图 4-16(d) 所示，根据力的平衡条件有

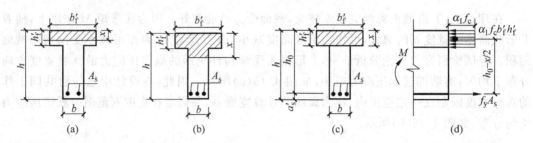

图 4-16   各类 T 形截面中和轴的位置

$$\sum X = 0, \quad \alpha_1 f_c b'_f h'_f = f_y A_s \tag{4-50}$$

$$\sum M_{A_s} = 0, \quad M_u = \alpha_1 f_c b'_f h'_f \left(h_0 - \frac{h'_f}{2} \right) \tag{4-51}$$

对于第一类 T 形截面($x \leqslant h'_f$),则有

$$f_y A_s \leqslant \alpha_1 f_c b'_f h'_f \tag{4-52}$$

$$M \leqslant \alpha_1 f_c b'_f h'_f \left(h_0 - \frac{h'_f}{2} \right) \tag{4-53}$$

对于第二类 T 形截面($x > h'_f$),则有

$$f_y A_s > \alpha_1 f_c b'_f h'_f \tag{4-54}$$

$$M > \alpha_1 f_c b'_f h'_f \left(h_0 - \frac{h'_f}{2} \right) \tag{4-55}$$

式(4-52)~式(4-55)即为 T 形截面类型的判别条件,在截面设计时,由于 A_s 未知,可采用式(4-53)和式(4-55)进行判别;在截面复核时,A_s 已知,可采用式(4-52)和式(4-54)进行判别。

2. 计算公式及适用条件

1) 第一类 T 形截面的基本公式及适用条件

由于不考虑受拉区混凝土的作用,计算第一类 T 形截面的正截面承载力时,可按 $b'_f \times h$ 的矩形截面计算公式进行计算(见图 4-17)。

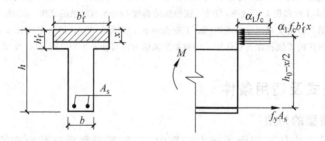

图 4-17   第一类 T 形截面的计算简图

(1) 基本公式

由图 4-17,根据力的平衡条件得基本公式如下:

$$\sum X = 0, \quad \alpha_1 f_c b'_f x = f_y A_s \tag{4-56}$$

$$\sum M = 0, \quad M \leqslant M_u = \alpha_1 f_c b'_f x \left(h_0 - \frac{x}{2} \right) \tag{4-57}$$

（2）适用条件

为防止超筋破坏，应满足 $\xi \leqslant \xi_b$ 或 $x \leqslant x_b$；

为防止少筋，应满足 $\rho \geqslant \rho_{\min}\left(\text{此处 }\rho\text{ 按梁肋部计算，即 }\rho=\dfrac{A_s}{bh_0}\right)$。

2）第二类 T 形截面的基本公式及适用条件

第二类 T 形截面，中和轴在梁肋内，受压区高度 $x>h'_f$，此时，受压区为 T 形，计算简图如图 4-18 所示。

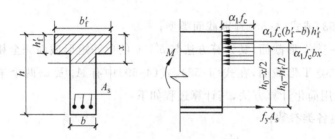

图 4-18　第二类 T 形截面的计算简图

（1）基本公式

由图 4-18，根据力的平衡条件得基本公式如下：

$$\sum X = 0, \quad \alpha_1 f_c bx + \alpha_1 f_c (b'_f - b) h'_f = f_y A_s \tag{4-58}$$

$$\sum M = 0, \quad M \leqslant M_u = \alpha_1 f_c bx \left(h_0 - \frac{x}{2}\right) + \alpha_1 f_c (b'_f - b) h'_f \left(h_0 - \frac{h'_f}{2}\right) \tag{4-59}$$

（2）计算公式分解

第二类 T 形截面梁承担的弯矩设计值 M_u 可分成两部分考虑（见图 4-19）：一是由肋部受压区混凝土和与其相应的一部分受拉钢筋所形成的受弯承载力设计值 M_{u1}，相当于单筋矩形截面的受弯承载力；二是由翼缘伸出部分的受压区混凝土和与其相应的另一部分受拉钢筋所形成的受弯承载力设计值 M_{u2}。

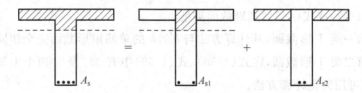

图 4-19　第二类 T 形截面的分解示意图

分解公式为

$$\alpha_1 f_c bx = f_y A_{s1} \tag{4-60}$$

$$M_{u1} = \alpha_1 f_c bx \left(h_0 - \frac{x}{2}\right) \tag{4-61}$$

$$\alpha_1 f_c (b'_f - b) h'_f = f_y A_{s2} \tag{4-62}$$

$$M_{u2} = \alpha_1 f_c (b'_f - b) h'_f \left(h_0 - \frac{h'_f}{2}\right) \tag{4-63}$$

叠加得 $M_u = M_{u1} + M_{u2}$，$A_s = A_{s1} + A_{s2}$。

（3）适用条件

为防止超筋破坏,应满足 $\xi \leqslant \xi_b$ 或 $x \leqslant x_b$;

为防止少筋破坏,应满足 $\rho \geqslant \rho_{min}$(第二类 T 形截面可不验算最小配筋率要求)。

3. 计算方法

1）截面设计

已知弯矩设计值 M、材料强度等级和截面尺寸,求纵向受力钢筋截面面积 A_s。求解步骤如下。

（1）由式(4-53)或式(4-55)判别截面类型;

（2）对于第一类 T 形截面,其计算方法与 $b_f' \times h$ 的单筋矩形截面完全相同;

（3）对于第二类 T 形截面,在式(4-58)、式(4-59)中有 A_s 及 x 两个未知数,可用方程组直接求解,也可用简化计算方法,其计算过程如下:

① 查表,确定各类参数;

② $M_{u2} = \alpha_1 f_c (b_f' - b) h_f' \left(h_0 - \dfrac{h_f'}{2} \right)$;

③ $M_{u1} = M_u - M_{u2}$;

④ $\alpha_s = \dfrac{M_{u1}}{\alpha_1 f_c b h_0^2}$;

⑤ $\xi = 1 - \sqrt{1 - 2\alpha_s}$;

⑥ 若求得 $x = \xi h_0 \leqslant \xi_b h_0$,则 $A_s = \dfrac{\alpha_1 f_c b x + \alpha_1 f_c (b_f' - b) h_f'}{f_y}$;

⑦ 若 $x > \xi_b h_0$,应加大截面尺寸,或提高混凝土强度等级,或采用双筋截面。

2）截面复核

已知截面尺寸、材料等级、环境类别和钢筋用量 A_s,求截面所能承担的弯矩 M_u。求解步骤如下:

（1）由式(4-52)或式(4-54)判别截面类型;

（2）对于第一类 T 形截面,其计算方法与 $b_f' \times h$ 的单筋矩形截面完全相同;

（3）对于第二类 T 形截面,在式(4-58)、式(4-59)中有 M_u 及 x 两个未知数,可用方程组直接求解,也可用简化计算方法。

4.7　公路桥涵工程受弯构件的正截面设计

公路桥涵工程受弯构件正截面承载力应按《公路钢筋混凝土及预应力混凝土桥涵设计规范》(JTG D62—2012)的规定计算,其方法与建筑工程受弯构件正截面承载力计算方法基本相同,只是在一些参数的处理上有些区别。

4.7.1　基本假定

正截面承载力计算的基本假定与《混凝土结构设计规范》(GB 50010—2010)一致。

4.7.2 相对界限受压区高度

根据平截面假定,与式(4-13)和式(4-14)相对应,此处相对界限受压区高度 ξ_b 按下列公式计算。

对热轧普通钢筋:

$$\xi_b = \frac{\beta}{1 + \dfrac{f_{sd}}{E_s \varepsilon_{cu}}} \tag{4-64}$$

对钢丝、钢绞线和精轧螺纹钢筋:

$$\xi_b = \frac{\beta}{1 + \dfrac{0.002}{\varepsilon_{cu}} + \dfrac{f_{pd}}{E_s \varepsilon_{cu}}} \tag{4-65}$$

式中　f_{sd}、f_{pd}——相应钢筋抗拉强度设计值;

　　　β——与式(4-14)中 β_1 的取值相同;

　　　ε_{cu}——受弯构件受压边缘混凝土的极限压应变,与《混凝土结构设计规范》(GB 50010—2010)取值相同。

当公路桥涵工程和建筑工程所取混凝土强度等级和钢筋级别相同时,由于材料强度取值的差异,公路桥涵工程受弯构件的界限受压区高度 ξ_b 略高于建筑工程中的 ξ_b。

4.7.3 双筋矩形截面的正截面抗弯承载力计算

下面以双筋截面为例进行介绍。

1. 基本计算公式

双筋矩形截面受弯构件正截面承载力的基本计算公式如下:

$$f_{sd}A_s = f_{cd}bx + f'_{sd}A'_s \tag{4-66}$$

$$\gamma_0 M_d \leqslant M_u = f_{cd}bx\left(h_0 - \frac{x}{2}\right) + f'_{sd}A'_s(h_0 - a'_s) \tag{4-67}$$

式中　f'_{sd}——纵向受压钢筋抗压强度设计值。

2. 公式的适用条件

上述公式的适用条件与建筑工程双筋矩形截面受弯构件正截面承载力的基本计算公式相同,旨在防止受弯构件发生超筋破坏,并保证构件破坏时受压钢筋可以达到抗压强度设计值 f'_{sd}。

双筋受弯构件的受拉钢筋配筋率一般都不小于最小配筋率 ρ_{min},可以不进行验算。

4.7.4 T 形与 I 形截面的正截面抗弯承载力计算

1. 受压翼缘的有效宽度

《公路钢筋混凝土及预应力混凝土桥涵设计规范》(JTG D62—2012)规定,T 形截面梁的翼缘有效宽度应按下列规定采用。

(1)内梁的翼缘有效宽度应取下列三者中的最小值。

① 对于简支梁,取计算跨径的 1/3。对于连续梁,在各中间跨正弯矩区段,取该跨计算

跨径的 0.2 倍;在边跨正弯矩区段,取该跨计算跨径的 0.27 倍;在各中间支点负弯矩区段,取该支点相邻两计算跨径之和的 0.07 倍。

② 取相邻两梁的平均间距。

③ 取 $b'_f = b + 2b_h + 12h'_f$;当 $h_h/b_h < 1/3$ 时,取 $b'_f = b + 6b_h + 12h'_f$。此处,b 为梁腹板宽度,b_h 为承托长度,h'_f 为受压区翼缘悬臂板的厚度,h_f 为承托根部厚度。

(2) 外梁翼缘有效宽度取相邻内梁翼缘有效宽度的 1/2,加上腹板宽度的 1/2,再加上外侧悬臂板平均厚度的 6 倍或外侧悬臂板实际宽度两者中的较小者。

2. 两类 T 形截面的判别条件

判别两类 T 形截面的原理与 4.6.2 节相同,具体应用时,应注意判别式中材料强度的符号不同。

3. 基本计算公式及其适用条件

在计算 T 形截面梁受弯承载力时,为简化计算,承托部分可略去不计。

1) 第一类 T 形截面(即 $x \leqslant h'_f$)

当中性轴位于受压翼缘以内时,承载力的基本计算公式如下:

$$f_{sd}A_s \leqslant f_{cd}b'_f x \tag{4-68}$$

$$\gamma_0 M_d \leqslant M_u = f_{cd}b'_f x\left(h_0 - \frac{x}{2}\right) \tag{4-69}$$

第一类 T 形截面基本计算公式应满足适用条件,以防止梁发生超筋破坏或少筋破坏,其原理与 4.6.2 节相同。由于第一类 T 形截面受弯构件的受压区高度 x 一般较小,而梁的截面高度 h 相对较大,所以通常情况下均可满足 $x \leqslant \xi_b h_0$,因此可以不验算超筋破坏条件。

2) 第二类 T 形截面(即 $x > h'_f$)

当中性轴位于受压翼缘以下时,承载力的基本计算公式如下:

$$f_{sd}A_s = f_{cd}bx + f_{cd}(b'_f - b)h'_f \tag{4-70}$$

$$\gamma_0 M_d \leqslant M_u = f_{cd}bx\left(h_0 - \frac{x}{2}\right) + f_{cd}(b'_f - b)h'_f\left(h_0 - \frac{h'_f}{2}\right) \tag{4-71}$$

上述基本公式的适用条件与第一类 T 形截面构件相同。由于第二类 T 形截面受弯构件的配筋率一般较大,因此可以不验算最小配筋率条件。

【例 4-8】 已知 T 形截面梁,截面尺寸为 $b'_f = 600\text{mm}$、$h'_f = 120\text{mm}$、$b = 300\text{mm}$、$h = 700\text{mm}$,混凝土采用 C30,纵向钢筋采用 HRB400,环境类别为一类,若承受的弯矩设计值为 $M = 700\text{kN·m}$,计算所需的受拉钢筋截面面积 A_s。

解:(1) 由已知条件有 C30 混凝土,$f_c = 14.3\text{MPa}$,$f_t = 1.43\text{MPa}$;HRB400 级钢筋,$f_y = 360\text{MPa}$,$\rho_{\min} = \max\left(0.2\%, 0.45\dfrac{f_t}{f_y}\right) = 0.2\%$。

假定受拉钢筋按双排布置,则 $h_0 = h - 60\text{mm} = 700\text{mm} - 60\text{mm} = 640\text{mm}$。

(2) 判别 T 形截面类型

$$a_1 f_c b'_f h'_f\left(h_0 - \frac{h'_f}{2}\right) = 1.0 \times 14.3\text{MPa} \times 600\text{mm} \times 120\text{mm} \times \left(640\text{mm} - \frac{120\text{mm}}{2}\right)$$

$$= 597.2\text{kN·m} < M = 700\text{kN·m}$$

故属于第二类 T 形截面。

（3）计算受拉钢筋面积 A_s

$$\alpha_s = \frac{M - \alpha_1 f_c (b'_f - b) h'_f \left(h_0 - \dfrac{h'_f}{2}\right)}{\alpha_1 f_c b h_0^2}$$

$$= \frac{700 \times 10^6 \mathrm{N} \cdot \mathrm{mm} - 1.0 \times 14.3 \mathrm{MPa} \times (600\mathrm{mm} - 300\mathrm{mm}) \times 120\mathrm{mm} \times \left(640\mathrm{mm} - \dfrac{120\mathrm{mm}}{2}\right)}{1.0 \times 14.3 \mathrm{MPa} \times 300\mathrm{mm} \times (640\mathrm{mm})^2}$$

$$= 0.228$$

$$\xi = 1 - \sqrt{1 - 2\alpha_s} = 1 - \sqrt{1 - 2 \times 0.228} = 0.262 < \xi_b = 0.518$$

$$A_s = \frac{\alpha_1 f_c b \xi h_0 + \alpha_1 f_c (b'_f - b) h'_f}{f_y}$$

$$= \frac{1.0 \times 14.3 \mathrm{MPa} \times 300\mathrm{mm} \times 0.262 \times 640\mathrm{mm} + 1.0 \times 14.3 \mathrm{MPa} \times (600\mathrm{mm} - 300\mathrm{mm}) \times 120\mathrm{mm}}{360\mathrm{MPa}}$$

$$= 3428\mathrm{mm}^2$$

选用 6 $\underline{\Phi}$ 28（$A_s = 3695\mathrm{mm}^2$）。

【例 4-9】　T 形截面梁，$b = 200\mathrm{mm}$，$b'_f = 400\mathrm{mm}$，$h = 600\mathrm{mm}$，$h'_f = 100\mathrm{mm}$，采用 C30 级混凝土，受拉钢筋为 3 $\underline{\Phi}$ 28（$A_s = 1847\mathrm{mm}^2$），承受弯矩设计值 $M = 252\mathrm{kN} \cdot \mathrm{m}$，试验算截面是否安全。

解：（1）确定基本数据

由已知条件有 C30 混凝土，$f_c = 14.3\mathrm{MPa}$，$f_t = 1.43\mathrm{MPa}$；HRB400 级钢筋，$f_y = 360\mathrm{MPa}$，$\rho_{min} = \max\left(0.2\%, 0.45 \dfrac{f_t}{f_y}\right) = 0.2\%$，$h_0 = h - a_s = 600\mathrm{mm} - 45\mathrm{mm} = 555\mathrm{mm}$。

（2）判别 T 形截面类型

$$\alpha_1 f_c b'_f h'_f = 1.0 \times 14.3\mathrm{MPa} \times 400\mathrm{mm} \times 100\mathrm{mm} = 572\mathrm{kN}$$

$$f_y A_s = 360\mathrm{MPa} \times 1847\mathrm{mm}^2 = 665\mathrm{kN} > 572\mathrm{kN}$$

故属于第二类 T 形截面。

（3）计算受弯承载力 M_u

$$x = \frac{f_y A_s - \alpha_1 f_c (b'_f - b) h'_f}{\alpha_1 f_c b} = 132\mathrm{mm}$$

$x < \xi_b h_0 = 0.518 \times 555\mathrm{mm} = 287.5\mathrm{mm}$，满足要求。

$$M_u = \alpha_1 f_c b x \left(h_0 - \frac{x}{2}\right) + \alpha_1 f_c (b'_f - b) h'_f = 329\mathrm{kN} \cdot \mathrm{m} > M = 252\mathrm{kN} \cdot \mathrm{m}$$

故截面安全。

【例 4-10】　（2010 年全国注册结构工程师考题）

某钢筋混凝土不上人屋面挑檐剖面如图 4-20 所示。屋面板混凝土强度等级采用 C30。屋面面层荷载相当于 100mm 厚水泥砂浆的重量，梁的转动忽略不计。假设挑檐板根部每米板宽的弯矩设计值 $M = 20\mathrm{kN} \cdot \mathrm{m}$，采用 HRB335 级钢筋，试问，每米板宽范围内按受弯承载力计算所需配置的钢筋面积 A_s（mm^2），与下列何项数值最为接近？（提示：$a_s = 25\mathrm{mm}$，受压区高度按实际计算值确定。）

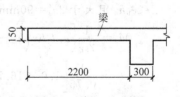

图 4-20　例 4-10 题图

A. 470　　　　　B. 560　　　　　C. 620　　　　　D. 670

解：由已知 HRB335 级钢筋、C30 混凝土得

$$f_c = 14.3\text{MPa}, \quad \xi_b = 0.550$$

利用式(4-22)，求解方程得受压区高度为

$$x = h_0 - \sqrt{h_0^2 - \frac{2M}{\alpha_1 f_c b}} = 125\text{mm} - \sqrt{(125\text{mm})^2 - \frac{2 \times 20 \times 10^6 \text{N} \cdot \text{mm}}{14.3\text{MPa} \times 1000\text{mm}}} = 11.7\text{mm}$$

$$< \xi_b h_0 = 0.550 \times 125\text{mm} = 68.75\text{mm}$$

单位宽度内所需纵筋截面积为

$$A_s = \frac{\alpha_1 f_c b x}{f_y} = \frac{14.3\text{MPa} \times 1000\text{mm} \times 11.7\text{mm}}{300\text{MPa}} = 558\text{mm}^2$$

正确答案：B

【例4-11】（2011年全国注册结构工程师考题）

某四层现浇钢筋混凝土框架结构，各层结构计算高度均为 6m，平面布置如图 4-21 所示，框架梁 KL1 的截面尺寸 $b \times h = 600\text{mm} \times 1200\text{mm}$，混凝土强度等级为 C35，纵向受力钢筋采用 HRB400 级，梁端底面实配纵向受力钢筋面积 $A_s' = 4418\text{mm}^2$，梁端顶面实配纵向受力钢筋面积 $A_s = 7592\text{mm}^2$，$h_0 = 1120\text{mm}$，$a_s' = 45\text{mm}$，$\xi_b = 0.55$。试问，考虑受压区受力钢筋作用，梁端承受负弯矩的正截面抗震受弯承载力设计值 $M(\text{kN} \cdot \text{m})$ 与下列何项数值最为接近？（提示：考虑抗震时，受弯承载力为截面抗力除以抗震调整系数 0.75。）

A. 2300　　　　B. 2700　　　　C. 3200　　　　D. 3900

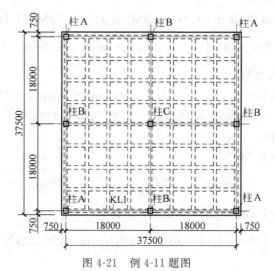

图 4-21　例 4-11 题图

解：混凝土受压区高度 $x = \dfrac{f_y A_s - f_y' A_s'}{\alpha_1 f_c b} = \dfrac{360\text{MPa} \times 7592\text{mm}^2 - 360\text{MPa} \times 4418\text{mm}^2}{1.0 \times 16.7\text{MPa} \times 600\text{mm}} = 114\text{mm}$

$x < \xi_b h_0$ 且大于 $2a_s' = 90\text{mm}$，故抗震受弯承载力为

$$M_u = \frac{1}{\gamma_{RE}} \left[\alpha_1 f_c b x \left(h_0 - \frac{x}{2} \right) + f_y' A_s' (h_0 - a_s') \right]$$

$$= \frac{1}{0.75} \left[1.0 \times 16.7\text{MPa} \times 600\text{mm} \times 114\text{mm} \times \left(1120\text{mm} - \frac{114\text{mm}}{2} \right) \right.$$

$$\left. + 360\text{MPa} \times 4418\text{mm}^2 \times (1120\text{mm} - 45\text{mm}) \right]$$

$$= 3899 \times 10^6 \text{N} \cdot \text{mm}$$

正确答案：D

【例 4-12】（2011 年全国注册结构工程师考题）

某多层现浇钢筋混凝土结构,设两层地下车库,如图 4-22 所示。已知:室内环境类别为一类,室外环境类别为二 b 类,混凝土强度等级均为 C30。假定 Q1 墙体的厚度 $h=250mm$,墙体竖向受力钢筋采用 HRB400 级钢筋,外侧为 $\Phi 16@100$,内侧为 $\Phi 12@100$,均放置于水平钢筋外侧。试问,当按受弯构件计算并不考虑受压钢筋作用时,该墙体下端截面每米宽的受弯承载力设计值 $M(kN\cdot m)$ 与下列何项数值最为接近?($\xi_b=0.518$)

提示:纵向受力钢筋的混凝土保护层厚度取最小值。

A. 115　　　　　　B. 135　　　　　　C. 165　　　　　　D. 190

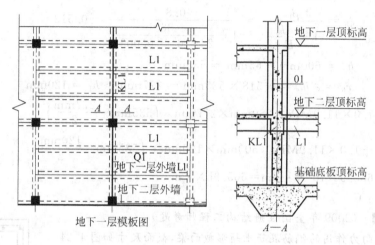

图 4-22　例 4-12 题图

解:依据《混凝土结构设计规范》(GB 50010—2010)表 8.2.1,二 b 类环境、墙混凝土保护层厚度为 25mm,则 $a_s=25mm+8mm=33mm$,$h_0=h-a_s=250mm-33mm=217mm$。

钢筋直径 16mm,间距 100mm,每米宽度钢筋截面积为 $2011mm^2$,混凝土受压区高度

$$x=\frac{f_y A_s}{\alpha_1 f_c b}=\frac{360MPa\times 2011mm^2}{1.0\times 14.3MPa\times 1000mm}=51mm$$

$x<\xi_b h_0=0.518\times 217mm=112.4mm$,故受弯承载力为

$$M_u=\alpha_1 f_c bx\left(h_0-\frac{x}{2}\right)=1.0\times 14.3MPa\times 1000mm\times 51mm\times\left(217mm-\frac{51mm}{2}\right)$$

$$=139.7\times 10^6 N\cdot mm$$

正确答案:B

【例 4-13】（2005 年全国注册结构工程师考题）

某钢筋混凝土 T 形截面简支梁,安全等级为二级,混凝土强度等级为 C25,荷载简图及截面尺寸如图 4-23 所示。梁上均布静荷载 g_k,均布活荷载 g_q,集中静荷载 G_k,集中活荷载 P_k;各荷载均为标准值。已知:$a_s=65mm$,$f_c=11.9MPa$,$f_y=360MPa$。梁纵向受拉钢筋采用 HRB400 级且不配置受压钢筋时,该梁承受的最大弯矩设计值(kN·m)与下列何项最为接近?

A. 450　　　　　　B. 523　　　　　　C. 666　　　　　　D. 688

解:当 $\xi=\xi_b$ 时,梁承受最大弯矩设计值计算如下:

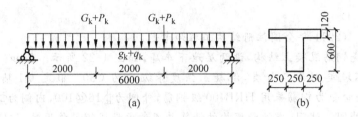

图 4-23 例 4-13 题图

(a) 荷载简图；(b) 梁截面尺寸

(1) 根据《混凝土结构设计规范》(GB 50010—2010)第 6.2.7 条,有

$$\xi_b = \frac{\beta_1}{1 + \frac{f_y}{E_s \varepsilon_{cu}}} = \frac{0.8}{1 + \frac{360}{2 \times 10^5 \times 0.0033}} = 0.518$$

$$h_0 = 600mm - 65mm = 535mm$$

$$x_b = \xi_b h_0 = 0.518 \times 535mm = 277mm > h_f = 120mm$$

(2) $M = 1.0 \times 11.9MPa \times 250mm \times 277mm \times \left(535mm - \frac{277mm}{2}\right)$

$$+ 1.0 \times 11.9MPa \times 500mm \times 120mm \times \left(535mm - \frac{120mm}{2}\right)$$

$$= 665.9 \times 10^6 N \cdot mm = 665.9kN \cdot m$$

正确答案：C

【例 4-14】 (2009 年全国注册结构工程师考题)

某承受竖向力作用的钢筋混凝土箱形截面梁,截面尺寸如图 4-24 所示；作用在梁上的荷载为均布荷载；混凝土强度等级为 C25($f_c = 11.9MPa$, $f_t = 1.27MPa$),纵向钢筋 HRB335 级,$a_s = a_s' = 35mm$,已知该梁下部纵向钢筋配置为 6Φ20。试问,该梁跨中正截面受弯承载力设计值 M(kN·m)与下列哪个值最为接近？

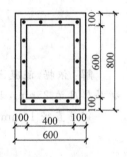

A. 365　　　　B. 410　　　　C. 425　　　　D. 480

解：(1) 6Φ20, $A_s = 1884mm^2$

$$f_y A_s = 300MPa \times 1884mm^2 = 565200N$$

图 4-24 例 4-14 题图

$a_1 f_c b_f' h_f' = 1.0 \times 11.9MPa \times 600mm \times 100mm = 714000N > f_y A_s$,属第一类 T 型截面。

(2) $x = \frac{f_y A_s}{\alpha_1 f_c b_f'} = \frac{565200N}{1.0 \times 11.9MPa \times 600mm} = 79.2mm$

(3) $M = \alpha_1 f_c b_f' x \left(h_0 - \frac{x}{2}\right) = 1.0 \times 11.9MPa \times 600mm \times 79.2mm \times \left(765mm - \frac{79.2mm}{2}\right)$

$$= 410kN \cdot m$$

正确答案：B

思考题

4-1　常用的梁、板一般有哪些构造要求？

4-2　什么是混凝土保护层？其作用是什么？梁、板的保护层厚度如何取值？

4-3 梁内配置的纵向钢筋有哪些? 各自有什么作用?

4-4 进行受弯构件正截面承载力设计计算时,为什么要验算 $\xi \leqslant \xi_b$ 及 $\rho \geqslant \rho_{\min}$ 这两个条件? 当出现 $\xi > \xi_b$ 或者 $\rho < \rho_{\min}$ 的情况时应如何计算?

4-5 钢筋混凝土梁的正截面破坏有几种类型? 各有什么特点?

4-6 什么是板的分布钢筋? 它与受力钢筋的相互位置如何? 分布钢筋有哪些作用?

4-7 受弯构件正截面承载力计算有哪些基本假定?

4-8 在什么情况下可采用双筋截面梁? 计算双筋截面梁正截面受弯承载力时的适用条件是什么? 为什么?

4-9 在钢筋混凝土构件中,为何要规定钢筋间的最小净距?

4-10 什么是受弯构件纵向钢筋配筋率? 什么叫最小配筋率? 它是如何确定的? 它在计算中的作用是什么?

4-11 双筋矩形截面受弯构件正截面承载力计算为什么要保证 $x \geqslant 2a_s'$? 当 $x < 2a_s'$ 应如何计算?

4-12 计算 T 形截面的最小配筋率时,为什么用梁肋宽度 b 而不用受压翼缘宽度 b_f'?

4-13 房屋建筑工程中单筋截面、双筋截面、T 形截面受弯构件正截面承载力计算的基本公式及适用条件各是什么?

4-14 受弯构件中采用 T 形截面的优点是什么? 两类 T 形截面是如何定义的? 在截面设计和截面复核时如何判别属于哪一类 T 形截面?

4-15 为什么要掌握钢筋混凝土受弯构件正截面受弯全过程中各阶段的应力状态? 它与建立正截面受弯承载力计算公式有什么关系?

4-16 在计算受弯构件正截面承载力时,确定等效矩形应力图的原则是什么?

4-17 若梁的正截面承载力不足,如何调整?

习题

4-1 某矩形截面钢筋混凝土简支梁,计算跨度 $l_0 = 6.0$m,梁承受的永久荷载标准值为 $g_k = 15.6$kN/m(包括梁自重)、活荷载标准值为 $q_k = 10.7$kN/m,梁的截面尺寸为 $b \times h = 200$mm×500mm,混凝土的强度等级为 C30,钢筋为 HRB400 钢筋。试求所需纵向受力钢筋面积。

4-2 某宿舍的内廊为现浇钢筋混凝土简支板,板厚 $h = 80$mm,计算跨度为 $l_0 = 2.34$m,板上作用的均布活荷载标准值为 $q_k = 2$kN/m²。水磨石地面及细石混凝土垫层共 30mm 厚(重力荷载标准值为 $g_k = 22$kN/m³),板底粉刷白灰砂浆 12mm 厚(重力荷载标准值为 $g_k = 17$kN/m³)。混凝土强度等级选用 C25,纵向受拉钢筋采用 HPB300 热轧钢筋。试确定所需受拉钢筋面积。

4-3 已知矩形截面梁 $b \times h = 250$mm × 600mm,荷载产生的弯矩设计值为 $M = 210$kN·m,混凝土强度等级为 C40,纵向受力钢筋采用 HRB400 级钢筋,环境类别为一类,求所需受拉钢筋面积 A_s。

4-4 已知一单跨简支板,计算跨度 $l = 3.1$m,承受均布活荷载 $q_k = 5.5$kN/m²,混凝土强度等级为 C30,钢筋级别采用 HPB300,环境类别为一类。试确定板厚及所需受拉钢筋截面面积。

4-5　已知梁的截面尺寸为 $b×h=250mm×450mm$；配置 4 Φ 18 的受拉钢筋,混凝土强度等级为 C30,承受的弯矩设计值 $M=110kN·m$,环境类别为一类。试验算此梁是否安全。

4-6　已知梁的截面尺寸为 $b×h=200mm×500mm$,受拉钢筋为 4 Φ 16($A_s=804mm^2$),混凝土等级为 C25,承受弯矩设计值为 100kN·m,试验算此梁是否安全。

4-7　矩形截面梁,承受的弯矩设计值 $M=190kN·m$,截面尺寸为 $b×h=250mm×600mm$,混凝土等级为 C30,钢筋为 HRB400,环境类别为一类,安全等级为二级,试求纵向受力钢筋截面面积,并作截面配筋示意图(包括构造钢筋)。

4-8　某矩形截面钢筋混凝土简支梁,截面尺寸为 $b×h=250mm×500mm$,跨中最大弯矩设计值为 $M=180kN·m$,采用强度等级 C30 的混凝土和 HRB400 级钢筋配筋,$\xi_b=0.518$,环境类别为一类,安全等级为二级。

(1) 判别该梁应设计为单筋截面还是双筋截面? 并求所需的纵向受力钢筋面积。

(2) 选配合适的钢筋,并画出配筋截面图(包括受力钢筋和构造钢筋)。

4-9　已知矩形截面梁 $b×h=250mm×450mm$,混凝土强度等级为 C30,纵向受拉钢筋采用 HRB400 级,截面承受的最大弯矩设计值 $M=200kN·m$,环境类别为一类。请配置纵向受力钢筋。

4-10　已知条件同 4-9 题,但在截面受压区已经配置受压钢筋 2 Φ 20,请配置受拉钢筋。

4-11　已知梁截面尺寸为 $b×h=250mm×600mm$,混凝土等级 C30,钢筋采用 HRB400,环境类别为二 b 类,受拉钢筋为 3 Φ 25 的钢筋,受压钢筋为 2 Φ 16 的钢筋,所承受的弯矩设计值 $M=160kN·m$。试验算此梁截面是否安全。

4-12　已知一 T 形截面梁,截面尺寸 $b_f'=500mm$、$h_f'=100mm$、$b=200mm$、$h=500mm$,混凝土强度等级 C30,采用 HRB400 级钢筋,梁所承受的弯矩设计值 $M=119kN·m$,环境类别为一类。试求所需受拉钢筋截面面积。

4-13　已知一 T 形截面梁,截面尺寸 $b_f'=500mm$、$h_f'=100mm$、$b=200mm$、$h=500mm$,混凝土强度等级 C30,采用 HRB400 级钢筋,环境类别为一类,已配置纵向受拉钢筋 6 Φ 20,求截面所能抵抗的极限弯矩设计值 M_u。

4-14　某钢筋混凝土 T 形截面梁,截面尺寸和配筋情况(架立筋和箍筋的配置情况略)如图 4-25 所示。混凝土强度等级为 C30,纵向钢筋为 HRB400 级钢筋,若截面承受的弯矩设计值 $M=550kN·m$,试问此梁截面承载力是否满足要求?

4-15　T 形截面外伸梁承受均布荷载设计值 60kN/m(含自重),截面尺寸和受力情况如图 4-26 所示,混凝土等级为 C30,钢筋级别为 HRB400,环境类别为一级,安全等级为二级。

求跨中最大弯矩处和 B 支座处所需纵向钢筋的截面面积,并作截面配筋示意图。

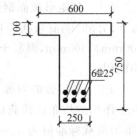

图 4-25　习题 4-14 图

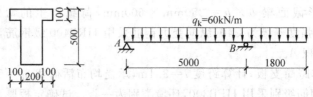

图 4-26　习题 4-15 图

第 **5** 章

受弯构件斜截面承载力计算

本章叙述了钢筋混凝土受弯构件斜截面的受力特点、破坏形态和影响斜截面受剪承载力的主要因素,介绍了钢筋混凝土无腹筋梁和有腹筋梁斜截面受剪承载力的计算公式及其适用条件,材料抵抗弯矩图的概念和作法,以及规范中对纵向受力钢筋、箍筋、弯起筋、腰筋等的构造要求。斜截面的抗剪承载力公式是采用半理论半经验的方法,综合大量试验结果而得出。

5.1 概述

由第 4 章的学习可知,钢筋混凝土受弯构件在主要承受弯矩的区段内会产生垂直裂缝,如果正截面受弯承载力不足,将沿着垂直裂缝发生正截面受弯破坏。而实际工程中,受弯构件的截面上通常同时作用有弯矩和剪力,在弯矩和剪力共同作用的区段内会产生斜裂缝,并可能沿着斜裂缝发生斜截面破坏。因此,在工程设计中,受弯构件除应保证正截面承载力外,还必须保证其斜截面承载力。

为了防止受弯构件发生斜截面破坏,应使构件有一个合理的截面尺寸,并配置必要的箍筋,箍筋的另一个作用是与梁底纵筋和架立钢筋绑扎或焊接在一起,形成如图 5-1 所示的钢筋骨架,使各种钢筋得以在施工时保持在正确的位置上。当构件承受较大的剪力时,还可设置弯起钢筋,弯起钢筋也称为斜钢筋,一般利用梁底的纵筋弯起而形成,箍筋和弯起钢筋统称为腹筋。

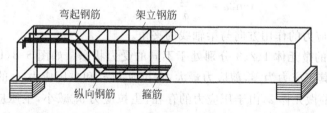

图 5-1 箍筋和弯起钢筋

从理论上讲,箍筋布置应与梁内主拉应力方向一致,可有效限制斜裂缝的开展;但从施工角度考虑,倾斜的箍筋不便绑扎,与纵向钢筋难以形成牢固的钢筋骨架,故通常采用竖直箍筋。弯起钢筋则可利用梁底纵筋弯起而成。弯起钢筋的方向与主拉应力方向一致,能较好地起到提高斜截面承载力的作用,但因其传力较为集中,容易引起钢筋弯起处混凝土的劈裂裂缝,所以在工程设计中,应首先选用竖直箍筋,再考虑采用弯起钢筋。选用的弯起钢筋不宜设在梁侧边缘,且直径不宜过大。

5.2　受弯构件斜截面受力特点与破坏机理

5.2.1　斜截面开裂前后受力分析

如图 5-2 所示,矩形截面简支梁在对称集中荷载作用下,当忽略梁的自重时,在纯弯区段 BC 段仅有弯矩作用,在支座附近的 AB 和 CD 区段内有弯矩和剪力共同作用,也称弯剪段。在跨中正截面抗弯承载力有保证的情况下,构件弯剪段有可能因剪力和弯矩的共同作用而发生斜截面破坏。

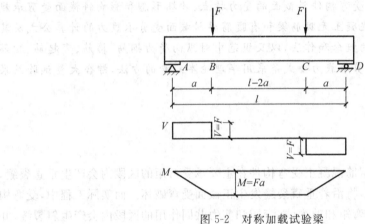

图 5-2　对称加载试验梁

在未裂阶段,可将钢筋混凝土梁视为均质弹性体,按材料力学的方法绘出该梁在图 5-2 所示荷载作用下的主应力迹线,如图 5-3(a)所示,由材料力学公式有

$$\text{主拉应力 } \sigma_{tp} = \frac{\sigma}{2} + \sqrt{\frac{\sigma^2}{4} + \tau^2} \tag{5-1}$$

$$\text{主压应力 } \sigma_{cp} = \frac{\sigma}{2} - \sqrt{\frac{\sigma^2}{4} + \tau^2} \tag{5-2}$$

$$\tan 2\alpha = -\frac{2\tau}{\sigma} \tag{5-3}$$

式中　α——主拉应力的作用方向与梁轴线的夹角。

截面 1—1 上的微元体 1、2、3 分别处于不同的受力状态。如图 5-3(b)所示,位于中和轴处的微元体 1,其正应力为零,剪应力最大,主拉应力 σ_{tp} 和主压应力 σ_{cp} 的方向与梁轴线成 45°;位于受压区的微元体 2,由于压应力的存在,主拉应力 σ_{tp} 减小,主压应力 σ_{cp} 增大,主拉应力与梁轴线夹角大于 45°;位于受拉区的微元体 3,由于拉应力的存在,主拉应力 σ_{tp} 增大,主压应力 σ_{cp} 减小,主拉应力与梁轴线夹角小于 45°。对于匀质弹性体的梁来说,当主拉应力或主压应力达到材料的抗拉或抗压强度时,将引起构件截面的开裂和破坏。

由主应力迹线可知,在纯弯区段 BC,主拉应力 σ_{tp} 的方向与梁纵轴线平行,最大主拉应力发生在截面下边缘。由于混凝土的抗拉强度很低,因此,随着荷载的增加,主拉应力 σ_{tp} 超过混凝土的抗拉强度 f_t 时,出现垂直裂缝,将发生正截面破坏。在弯剪区段 AB 和 CD 段,主拉应力 σ_{tp} 的作用方向是倾斜的,当 $\sigma_{tp} > f_t$ 时,将产生斜裂缝,但由于截面下边缘主拉应

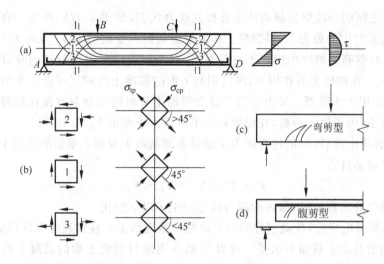

图 5-3　梁的应力状态和斜裂缝形态

力 σ_{tp} 仍为水平方向,因此,在弯剪区段,首先会出现一些较短的竖向裂缝,然后斜向延伸,向集中荷载作用点发展,形成弯剪斜裂缝,如图 5-3(c)所示;当梁的腹板很薄或集中荷载至支座距离很小时,斜裂缝可能首先在梁腹部出现(此处剪应力较大),然后向梁底和梁顶斜向发展,形成腹剪型斜裂缝,如图 5-3(d)所示。斜裂缝的出现和发展使梁内应力的分布和数值发生变化,最终导致在剪力较大的弯剪段内不同部位的混凝土被压碎或拉坏而丧失承载能力,即发生斜截面破坏。

5.2.2　无腹筋梁斜截面的受力特点和破坏形态

无腹筋梁是指不配箍筋和弯起钢筋的梁。实际工程中,无腹筋梁是不存在的,梁一般都要配置箍筋,有时还配有弯起钢筋。讨论无腹筋梁的受力及破坏,是因为影响无腹筋梁斜截面破坏的因素相对较少,研究起来较简单,从而为有腹筋梁的受力及破坏分析奠定基础。

1. 无腹筋梁斜截面受剪分析

图 5-4(a)所示为承受两个集中荷载作用的无腹筋简支梁,试验表明,当荷载较小、裂缝尚未出现时,可将钢筋混凝土梁视为匀质弹性材料的梁,其受力特点可用材料力学方法分析。

随着荷载增加,梁在剪跨段内出现斜裂缝,这些斜裂缝中有一条发展较快,形成主要斜裂缝(如 EF 斜裂缝),最后导致梁沿此斜裂缝发生斜截面破坏。这条主要斜裂缝称为临界斜裂缝。无腹筋梁出现斜裂缝后,梁的受力状态发生了质的变化,即发生了应力重分布,这时已不能再将梁视为匀质弹性体,截面上的应力也不能再用一般材料力学公式计算。

为了研究无腹筋梁斜裂缝出现后的应力状态,将出现斜裂缝的梁沿斜裂缝切开,取左支座

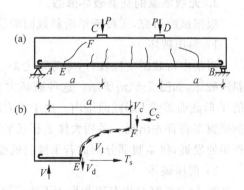

图 5-4　梁的斜裂缝及隔离体受力图

至 EF 斜裂缝之间的一段梁为隔离体来分析其应力状态,如图 5-4(b)所示。在这个隔离体上作用有由荷载产生的剪力 V、斜裂缝上端混凝土截面承受的剪力 V_c 及压力 C_c、纵向钢筋的拉力 T_s、纵向钢筋的销栓作用传递的剪力 V_d 以及斜裂缝交界面骨料的咬合与摩擦作用传递的剪力 V_1。在销栓力的作用下,纵向钢筋下面的混凝土保护层可能产生沿纵筋的劈裂裂缝,使销栓作用大大降低;又由于斜裂缝交界面上骨料的咬合与摩擦作用将随斜裂缝的开展而逐渐减小,为了便于分析,在极限状态下可以不予考虑 V_d 和 V_1。

因此,斜裂缝出现后,梁的抗剪能力主要是未裂截面上混凝土承担的剪力 V_c。

由力的平衡条件有

$$V = V_c + V_d + V_1 \approx V_c \tag{5-4}$$

这样在斜裂缝出现前后,梁内的应力状态发生了以下变化。

(1) 在斜裂缝出现前,荷载引起的剪力由梁全截面承受。在斜裂缝出现以后,剪力全部由斜裂缝上端的混凝土截面来承受。剪力 V 的作用使斜裂缝上端的混凝土截面既受剪又受压,称为剪压区。由于剪压区的面积远小于梁的全截面面积,因此与斜裂缝出现之前相比,剪压区的剪应力和压应力都将显著增大,成为薄弱区域。

(2) 在斜裂缝出现前,在 E 点处纵向钢筋的拉应力由该截面的弯矩 M_E 决定,但斜裂缝出现后,对剪压区形心取力矩得到(z 为纵向钢筋合力点至剪压区形心距离)

$$\sigma_s = \frac{Va}{A_s z} = \frac{M_C}{A_s z} \tag{5-5}$$

这表明 E 处纵筋应力 σ_s 由 C 处弯矩 M_C 决定,由于 $M_C > M_E$,故斜裂缝出现后 E 处纵筋的拉应力突然增加。因此在设计梁的纵筋时,也要使斜裂缝区段的纵筋满足这种钢筋应力重分布的要求,称为斜截面受弯承载力要求。

(3) 由于纵筋拉力突然增大,变形增加,使斜裂缝更向上开展,进而使受压区混凝土截面更加缩小。因此,受压区混凝土的压应力值也进一步增加。

(4) 由于纵筋拉力的突然增大,纵筋与周围混凝土之间的粘结有可能遭到破坏而出现粘结裂缝。再加上纵筋"销栓力"的作用,可能产生沿纵筋的撕裂裂缝,最后纵筋与混凝土的共同工作主要依靠纵筋在支座处的锚固。

如果构件能适应上述应力的变化,就能在斜裂缝出现后重新建立平衡,否则会因斜截面承载力不足而产生斜截面受剪破坏。

2. 无腹筋梁的受剪破坏形态

根据试验研究,无腹筋梁沿斜截面的受剪破坏主要有以下三种破坏形式。

1) 斜压破坏

当集中荷载距支座较近,即剪跨比 $\lambda < 1$(对均布荷载作用下为跨高比 $l/h < 3$)时,发生斜压破坏,如图 5-5(a)所示。这种破坏大多发生在剪力大而弯矩小的区段,以及腹板很薄的 T 形截面梁或 I 形截面梁内。由于剪力起主导作用,所以斜裂缝首先在梁腹部出现,破坏前梁腹部将首先出现一系列大体上相互平行的腹剪斜裂缝,腹剪斜裂缝向支座和集中荷载作用处发展,将梁腹部分割成若干倾斜的受压柱体,最后混凝土被斜向压酥,构件破坏。

2) 剪压破坏

当 $1 \leqslant \lambda \leqslant 3$(对均布荷载作用下为跨高比 $3 \leqslant l/h \leqslant 9$)时,发生剪压破坏,如图 5-5(b)所示。梁承受荷载后,先在剪跨段内出现弯剪斜裂缝,随着荷载的增加,在数条弯剪斜裂缝中

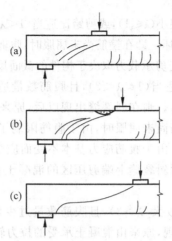

图 5-5 斜截面破坏的主要形态

（a）斜压破坏；（b）剪压破坏；（c）斜拉破坏

出现一条延伸较长、相对开展较宽的临界斜裂缝。临界斜裂缝不断向加载点延伸，使混凝土受压区高度不断减小，最后剪压区混凝土在剪应力和压应力的共同作用下达到复合应力状态下的极限强度而破坏。

3）斜拉破坏

当 $\lambda > 3$（对均布荷载作用下为跨高比 $l/h > 9$）时，发生斜拉破坏，如图 5-5（c）所示。其破坏特征为斜裂缝一出现便很快发展，形成临界斜裂缝，并迅速向加载点延伸，使混凝土截面裂通，梁被斜向拉断成为两部分而破坏。

上述三种主要破坏形态，就它们的斜截面承载力而言，斜拉破坏最低，剪压破坏较高，斜压破坏最高。但就其破坏性质而言，由于它们达到破坏荷载时的跨中挠度都不大，均属于脆性破坏，其中斜拉破坏的脆性更突出。

5.2.3 有腹筋梁斜截面的受力特点和破坏形态

1. 有腹筋梁斜截面的受力性能

在有腹筋梁中，配置腹筋是提高梁斜截面受剪承载力的有效措施。梁在斜裂缝发生之前，因钢筋混凝土变形协调影响，腹筋的应力很低，对阻止斜裂缝的出现几乎不起作用。但是当斜裂缝出现之后，与斜裂缝相交的腹筋，就能通过以下几个方面充分发挥其抗剪作用。

（1）与斜裂缝相交的腹筋本身能承担很大一部分剪力。

（2）腹筋能延缓斜裂缝向上延伸，保留了更大的剪压区高度，从而提高了该区域混凝土的受剪承载力 V_c。

（3）腹筋能有效地减小斜裂缝的开展宽度，提高斜截面上的骨料咬合力 V_1。

（4）箍筋可限制纵向钢筋的竖向位移，有效地阻止混凝土沿纵筋的撕裂，从而提高纵筋的"销栓作用"V_d。

2. 有腹筋梁的受剪破坏形态

腹筋虽然不能防止斜裂缝出现，却能限制斜裂缝的开展和延伸。因此，腹筋的数量对梁斜截面的破坏形态和受剪承载力有很大影响。有腹筋梁沿斜截面的破坏特征与无腹筋梁相似，也有三种破坏形态。

（1）斜压破坏。当剪跨比很小（$\lambda \leqslant 1$），或剪跨比适当（$1 < \lambda < 3$）但腹筋数量过多（箍筋直径较大、间距较小）时，发生斜压破坏。即在箍筋尚未屈服时，腹剪斜裂缝间的混凝土因主压应力过大而被斜向压碎。此时梁的受剪承载力取决于构件的截面尺寸和混凝土抗压强度。

（2）剪压破坏。当剪跨比适当（$1 < \lambda < 3$），且腹筋数量适中，或剪跨比较大（$\lambda > 3$）但腹筋数量不太少时，发生剪压破坏。则在斜裂缝出现以后，原来由混凝土承受的拉力转由与斜裂缝相交的腹筋来承受，在腹筋尚未屈服时，由于腹筋限制了斜裂缝的开展和延伸，荷载尚能有较大增长。当腹筋屈服后，由于腹筋应力基本不变而应变迅速增加，腹筋不再能有效地抑制斜裂缝的开展和延伸，最后斜裂缝上端剪压区的混凝土在剪压复合应力作用下达到极限强度，发生破坏。

（3）斜拉破坏。当剪跨比较大（$\lambda > 3$），且腹筋数量过少（箍筋直径较小、间距较大）时，产生斜拉破坏。则斜裂缝一出现，原来由混凝土承受的拉力转由腹筋承受，腹筋很快达到屈服强度，变形迅速增加，不能抑制斜裂缝的发展。此时，梁的受力性能和破坏形态与无腹筋梁相似。

对有腹筋梁来讲，只要截面尺寸合适，腹筋配置的数量适当，剪压破坏则是斜截面受剪破坏中最常见的一种破坏形态。

5.3　受弯构件斜截面受剪承载力计算

5.3.1　影响梁斜截面受剪承载力的主要因素

影响受弯构件斜截面受剪承载力的因素很多，主要有以下几方面。

1. 剪跨比

剪跨比是一个无量纲的计算参数，反映了截面承受的弯矩 M 和剪力 V 的相对大小，实质上也反映了正应力 σ 与剪应力 τ 的相对比值。由于 σ 与 τ 决定了主应力的大小和方向，从而剪跨比 λ 也就影响梁的斜截面破坏形态和受剪承载力，剪跨比 λ 按下式确定：

$$\lambda = \frac{M}{Vh_0} \qquad (5\text{-}6)$$

对于集中荷载作用下的独立梁，如果支座第一个集中力到支座间的距离为 a，截面的有效高度为 h_0，则集中力作用处计算截面的剪跨比可表示为

$$\lambda = \frac{a}{h_0} \qquad (5\text{-}7)$$

试验研究表明，对集中荷载作用下的无腹筋梁，剪跨比是影响破坏形态和受剪承载力最主要的因素之一。随着剪跨比的增大，破坏形态发生显著变化，梁的受剪承载力明显降低。剪跨比较小时，大多发生斜压破坏，受剪承载力很高；中等剪跨比时，大多发生剪压破坏，受剪承载力次之；剪跨比较大时，大多发生斜拉破坏，受剪承载力很低。当剪跨比 $\lambda > 3$ 以后，剪跨比对受剪承载力无显著的影响。对于有腹筋梁，在低配箍时剪跨比的影响较大，在中等配箍时剪跨比的影响次之，在高配箍时剪跨比的影响则较小。

2. 混凝土强度

梁的受剪承载力随混凝土强度等级的提高而提高，大致呈线性关系。但不同的破坏形态，混凝土强度影响的程度也不同。当 $\lambda \leqslant 1.0$，梁发生斜压破坏时，其受剪承载力取决于混

凝土的抗压强度,故混凝土强度对受剪承载力的影响最大;当 $\lambda > 3.0$,梁发生斜拉破坏时,受剪承载力取决于混凝土的抗拉强度,抗拉强度的增加较抗压强度缓慢,故混凝土强度的影响就略小;当 $1.0 < \lambda < 3.0$,梁发生剪压破坏时,混凝土强度对受剪承载力的影响介于上述两者之间。

3. 配箍率和箍筋强度

有腹筋梁出现斜裂缝以后,箍筋不仅可以直接承受部分剪力,还能抑制斜裂缝的开展和延伸,提高剪压区混凝土的抗剪能力和纵筋的销栓作用,间接提高梁的受剪承载力。试验研究表明,当配箍量适当时,梁的受剪承载力随配箍量的增大和箍筋强度的提高而有较大幅度的提高。配箍量一般用配箍率 ρ_{sv} 表示,即

$$\rho_{sv} = \frac{nA_{sv1}}{bs} \tag{5-8}$$

式中　n——同一截面内箍筋的肢数;

　　　A_{sv1}——单肢箍筋截面面积;

　　　s——沿梁轴线方向箍筋的间距;

　　　b——矩形截面的宽度,T 形或 I 形截面的腹板宽度。

4. 纵向钢筋的配筋率

纵向钢筋能抑制斜裂缝的扩展,使斜裂缝上端剪压区的面积增大,同时纵筋本身也能通过销栓作用承受一定的剪力。所以纵向钢筋的配筋率越大,梁的受剪承载力也越高,但目前《混凝土结构设计规范》(GB 50010—2010)中的抗剪承载力计算公式并未考虑这一影响,将其作为梁受剪承载力的安全储备。

5. 其他因素

1) 梁的连续性

试验表明,连续梁的抗剪强度低于具有相同广义剪跨比 $\left(\lambda = \dfrac{M}{Vh_0}\right)$ 简支梁的抗剪强度。连续梁的特点是在靠近中间支座剪跨段内作用有正负两个方向的弯矩,致使其受剪承载力有所降低,而边支座附近梁段的受剪承载力与简支梁相同。

2) 截面形状

T 形和 I 形截面存在受压区翼缘,使得剪压区面积增加,其斜拉破坏及剪压破坏的抗剪强度比梁腹宽度相同的矩形截面提高约 20%。但对于梁腹混凝土压坏的斜压破坏情况,翼缘的存在并不能提高其抗剪强度。另外,加大梁宽也可提高构件受剪承载力。

5.3.2　受弯构件斜截面受剪承载力计算公式

受弯构件沿斜截面的三种破坏形态均为脆性破坏,在工程设计中都应设法避免。对于斜压破坏,通常用控制截面的最小尺寸来防止;对于斜拉破坏,则用满足箍筋的最小配筋率要求来防止;对于剪压破坏,因其承载力变化幅度较大,必须通过计算使构件斜截面受剪承载力满足要求。《混凝土结构设计规范》(GB 50010—2010)中采用的受弯构件斜截面受剪承载力计算公式就是根据这种破坏形态的受力特征建立的。

1. 不配箍筋和弯起钢筋的一般板类受弯构件受剪承载力计算

板类构件通常承受的荷载不大,剪力较小,因此,一般不必进行斜截面承载力的计算,也

不配箍筋和弯起钢筋。但是,当板上承受的荷载较大或板的厚度较大时,需要对其斜截面承载力进行计算。

对于不配置箍筋和弯起钢筋的一般板类受弯构件,其斜截面的受剪承载力应按下列公式计算:

$$V_u = 0.7\beta_h f_t bh_0 \qquad (5\text{-}9)$$

$$\beta_h = \left(\frac{800}{h_0}\right)^{\frac{1}{4}} \qquad (5\text{-}10)$$

式中　β_h——截面高度影响系数。当 $h_0 < 800\text{mm}$ 时,取 $h_0 = 800\text{mm}$;当 $h_0 \geqslant 2000\text{mm}$ 时,取 $h_0 = 2000\text{mm}$。

　　　f_t——混凝土轴心抗拉强度设计值。

2. 有腹筋梁受剪承载力计算公式

1) 基本假定

有腹筋梁斜截面受剪承载力计算公式是在以剪压破坏为前提的基础上建立的,采用理论与试验相结合的方法,其基本假定如下:

(1) 与斜裂缝相交的箍筋和弯起钢筋能够达到屈服;

(2) 斜裂缝处的骨料咬合力和纵筋的销栓力作为安全储备,计算时忽略不计;

(3) 剪跨比的影响仅在受集中荷载作用为主的构件中加以考虑。

2) 建立计算公式的原则

有腹筋梁发生剪压破坏时,从图5-6理想化模型中临界斜裂缝左边的脱离体可以看出,斜截面所承受的剪力由三部分组成,即

$$V_u = V_c + V_{sv} + V_{sb} = V_{cs} + V_{sb} \qquad (5\text{-}11)$$

式中　V_c——斜裂缝上端混凝土截面承担的剪力;

　　　V_{sv}——穿过斜裂缝的箍筋承担的剪力;

　　　V_{sb}——穿过斜裂缝的弯起钢筋承担的剪力。

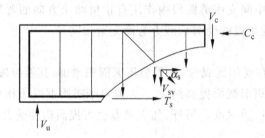

图5-6　脱离体受力分析

从表面上看,V_c 是按无腹筋梁的受剪承载力取值的,但实际上,对于有腹筋梁,由于箍筋的存在,抑制了斜裂缝的开展,使梁剪压区面积增大,导致 V_c 值的提高,其提高程度与配箍率及箍筋强度有关,因此 V_c 和 V_{sv} 两者紧密相关,不能分开表达,以 V_{cs} 表达混凝土和箍筋总的受剪承载力。

3) 计算公式

(1) 仅配置箍筋的梁

配箍率和箍筋强度对有腹筋梁的斜截面破坏形态和受剪承载力有很大影响。《混凝土

结构设计规范》(GB 50010—2010)规定,当仅配有箍筋时,对矩形、T 形和 I 形截面的一般受弯构件,其斜截面的受剪承载力应按下列公式计算:

$$V \leqslant V_{cs} \tag{5-12}$$

$$V_{cs} = \alpha_{cv} f_t b h_0 + f_{yv} \frac{A_{sv}}{s} h_0 \tag{5-13}$$

式中　V_{cs}——构件斜截面上混凝土和箍筋的受剪承载力设计值。

α_{cv}——截面混凝土受剪承载力系数,对于一般受弯构件取 0.7;对集中荷载作用下(包括作用有多种荷载,其中集中荷载对支座截面或节点边缘所产生的剪力值占总剪力的 75% 以上的情况)的独立梁,取 $\alpha_{cv} = \dfrac{1.75}{\lambda + 1}$,$\lambda$ 为计算截面的剪跨比,可取 $\lambda = a/h_0$,当 $\lambda < 1.5$ 时,取 1.5;当 $\lambda > 3$ 时,取 3,a 为集中荷载作用点至支座截面或节点边缘的距离。

f_t——混凝土轴心抗拉强度设计值。

b——矩形截面的宽度或 T 形、I 形截面的腹板宽度。

h_0——截面有效高度。

f_{yv}——箍筋抗拉强度设计值。

A_{sv}——配置在同一截面内箍筋各肢的全部截面面积,$A_{sv} = n A_{sv1}$,其中,n 为同一截面内箍筋的肢数,A_{sv1} 为单肢箍筋的截面面积。

s——沿构件长度方向的箍筋间距。

(2) 配置箍筋和弯起钢筋的梁

当梁配有箍筋和弯起钢筋时,弯起钢筋所能承担的剪力为弯起钢筋的总拉力在垂直于梁轴方向的分力,按下式确定:

$$V_{sb} = 0.8 f_y A_{sb} \sin\alpha_s \tag{5-14}$$

式中　A_{sb}——同一弯起平面内弯起钢筋的截面面积;

f_y——弯起钢筋的抗拉强度设计值,考虑到弯起钢筋在靠近斜裂缝顶部的剪压区时,可能达不到屈服强度,乘以 0.8 的降低系数;

α_s——斜截面上弯起钢筋与构件纵向轴线的夹角,一般可取 $\alpha_s = 45°$,当梁截面高度大于 800mm 时,可取 $\alpha_s = 60°$。

综上所述,对矩形、T 形和 I 形截面的受弯构件,当配有箍筋和弯起钢筋时,其斜截面的受剪承载力应按下列公式计算:

$$V \leqslant V_{cs} + V_{sb} = \alpha_{cv} f_t b h_0 + f_{yv} \frac{A_{sv}}{s} h_0 + 0.8 f_y A_{sb} \sin\alpha_s \tag{5-15}$$

(3) 公式的适用范围

通过满足梁的斜截面受剪承载力计算式(5-13)或式(5-15)可防止剪压破坏情况发生。对于斜压破坏和斜拉破坏,则通过满足下列条件来防止其发生。

① 上限值——最小截面尺寸

对于有腹筋梁,其斜截面的剪力由混凝土和腹筋共同承担。当梁截面尺寸过小而剪力较大时,易发生斜压破坏。当梁的截面尺寸确定之后,配箍率过大时,箍筋应力增长缓慢,在箍筋未达屈服时,梁腹混凝土即到达抗压强度,也会发生斜压破坏,此时其受剪承载力取决于混凝土强度及梁的截面尺寸,再增加腹筋数量对斜截面受剪承载力的提高已不起作用。

为了防止配箍率过高而发生斜压破坏,《混凝土结构设计规范》(GB 50010—2010)规定:矩形、T 形和 I 形截面的受弯构件,其受剪截面应符合下列条件:

当 $h_w/b \leqslant 4$ 时,

$$V \leqslant 0.25\beta_c f_c bh_0 \tag{5-16}$$

当 $h_w/b \geqslant 6$ 时,

$$V \leqslant 0.2\beta_c f_c bh_0 \tag{5-17}$$

当 $4 < h_w/b < 6$ 时,公式中系数按线性内插法取用,即

$$V \leqslant 0.025\left(14 - \frac{h_w}{b}\right)\beta_c f_c bh_0 \tag{5-18}$$

式中 V——构件斜截面上的最大剪力设计值;

   β_c——混凝土强度影响系数,当混凝土强度等级不超过 C50 时,取 $\beta_c = 1.0$;当混凝土强度等级为 C80 时,取 $\beta_c = 0.8$;其间按线性内插法取用或从表 5-1 查得;

   b——矩形截面的宽度,T 形截面或 I 形截面的腹板宽度;

   h_w——截面的腹板高度;矩形截面取有效高度 h_0,T 形截面取有效高度减去翼缘高度,I 形截面取腹板净高。

表 5-1   混凝土强度影响系数 β_c 取值

混凝土强度	$\leqslant$C50	C55	C60	C65	C70	C75	C80
β_c	1.0	0.97	0.93	0.90	0.87	0.83	0.80

在设计中,如果不满足式(5-16)、式(5-17)或式(5-18)的条件时,应加大构件截面尺寸或提高混凝土强度等级,直到满足为止。对于 T 形或 I 形截面的简支受弯构件,当有实践经验时,式(5-16)中的系数可改用 0.3。

② 下限值——最小配箍率和箍筋最大间距

试验表明,若箍筋的用量过少(配筋率过小或箍筋间距过大),在 λ 较大时,一旦出现斜裂缝,可能使箍筋迅速屈服甚至拉断,斜裂缝急剧开展,导致发生斜拉破坏。

为了防止斜拉破坏,《混凝土结构设计规范》(GB 50010—2010)规定,梁中箍筋间距宜符合表 5-2 规定;箍筋直径与梁的截面高度有关,截面高度大于 800mm 的梁,箍筋直径不宜小于 8mm,截面高度不大于 800mm 的梁,箍筋直径不宜小于 6mm。梁中配有计算需要的纵向受压钢筋时,箍筋直径尚不应小于 $d/4$(d 为纵向受压钢筋的最大直径)。

当 $V > \alpha_{cv} f_t bh_0$ 时,配箍率还应满足最小配箍率要求,即

$$\rho_{sv} = \frac{A_{sv}}{bs} \geqslant \rho_{sv,min} = 0.24\frac{f_t}{f_{yv}} \tag{5-19}$$

表 5-2   梁中箍筋最大间距 S_{max}   mm

梁高 h	$V > \alpha_{cv} f_t bh_0$	$V \leqslant \alpha_{cv} f_t bh_0$
$150 < h \leqslant 300$	150	200
$300 < h \leqslant 500$	200	300
$500 < h \leqslant 800$	250	350
$h > 800$	300	500

（4）计算截面位置

在计算斜截面的受剪承载力时,其剪力设计值的计算截面应按下列规定采用。

① 支座边缘处的截面(见图 5-7 中 1—1 截面)。该截面承受的剪力值最大,在用材料力学方法计算支座反力即支座剪力时,跨度一般是算至支座中心。但由于支座和构件连接在一起,可以共同承受剪力,因此受剪控制截面应是支座边缘截面。计算该截面剪力设计值时,跨度取净跨长 l_n(即算至支座内边缘处)。用支座边缘的剪力设计值确定第一排弯起钢筋和 1—1 截面的箍筋。

② 受拉区弯起钢筋弯起点处的截面(见图 5-7 中 2—2 截面和 3—3 截面)。

计算第一排(对支座而言)弯起钢筋时,取支座边缘处的剪力值;计算以后每一排弯起钢筋时,取前一排(对支座而言)弯起钢筋弯起点处的剪力值。

另外,为了保证可能出现的斜裂缝与弯起钢筋相交,第一排弯起钢筋弯终点距支座边缘的距离 S_1,以及第二排弯起钢筋弯终点距第一排弯起钢筋弯起点的距离 S_2,均不能超过表 5-2 的 S_{max}。

③ 箍筋截面面积或间距改变处的截面(见图 5-7 中 4—4 截面)。

④ 腹板宽度改变处的截面。

上述截面都是斜截面承载力比较薄弱的地方,计算时应取其相应区段内的最大剪力作为剪力设计值进行计算。

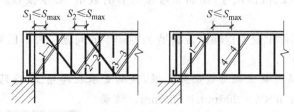

图 5-7　斜截面受剪承载力计算位置

5.4　受弯构件斜截面受剪承载力的设计计算

5.4.1　截面设计

已知剪力设计值 V(或荷载作用情况)、材料强度和截面尺寸,要求确定箍筋和弯起钢筋的数量。其计算步骤可归纳如下。

1）验算梁截面尺寸是否满足要求

梁的截面以及纵向钢筋通常已由正截面承载力计算初步选定,在进行受剪承载力计算时,首先应按式(5-16)、式(5-17)或式(5-18)复核梁截面尺寸,以避免发生斜压破坏,当不满足要求时,应加大截面尺寸或提高混凝土强度等级。

2）判别是否需要按计算配置腹筋

若梁承受的剪力设计值满足 $V \leqslant V_c = \alpha_{cv} f_t b h_0$ 时,则可不进行斜截面受剪承载力计算,而按构造规定选配箍筋;否则,应按计算配置箍筋。

3）计算箍筋

当剪力完全由混凝土和箍筋承担时,按下列公式计算箍筋:

对于矩形、T形和I形截面受弯构件,可得

$$\frac{nA_{sv1}}{s} \geqslant \frac{V - \alpha_{cv}f_t bh_0}{f_{yv}h_0} \qquad (5-20)$$

计算出 $\frac{nA_{sv1}}{s}$ 后,可先根据构造要求确定箍筋的肢数 n 和箍筋间距 s,然后便可求出箍筋的截面面积 A_{sv1},随之确定箍筋直径;也可先确定单肢箍筋的截面面积 A_{sv1} 和箍筋肢数 n,然后求出箍筋的间距 s(选用的箍筋直径和间距应满足构造规定)。

4)验算最小配筋率要求

检验所求的箍筋数量是否满足式(5-19),若不满足,则按 $\rho_{sv,min}$ 配箍筋。

5)计算弯起钢筋

当需要配置弯起钢筋与混凝土和箍筋共同承受剪力时,一般可先选定箍筋的直径和间距,并按式(5-13)计算 V_{cs},再按式(5-15)计算弯起钢筋的截面面积,即

$$A_{sb} \geqslant \frac{V - V_{cs}}{0.8 f_y \sin\alpha_s} \qquad (5-21)$$

也可先选定弯起钢筋的截面面积 A_{sb}(弯起纵筋而得),由式(5-15)求出 V_{cs},然后按只配箍筋的方法计算箍筋。

5.4.2 截面复核

已知材料强度等级、截面尺寸、箍筋和弯起钢筋的数量,要求校核斜截面所能承受的最大剪力 V。

对于此类问题,实际上是要检验是否满足 $\gamma_0 V \leqslant V_u$ 的问题。可将已知条件代入式(5-13)或式(5-15)中,求得 V_u。

【例 5-1】 某钢筋混凝土矩形截面简支梁,两端支承在砖墙上,净跨度 $l_n = 3660mm$,如图 5-8 所示,截面尺寸 $b \times h = 200mm \times 500mm$。该梁承受均布荷载,其中恒荷载标准值 $g_k = 25kN/m$(包括自重),荷载分项系数 $\gamma_G = 1.2$,活荷载标准值 $q_k = 38kN/m$,荷载分项系数 $\gamma_Q = 1.4$;混凝土强度等级为 C30($f_c = 14.3MPa$,$f_t = 1.43MPa$);箍筋为 HPB300 级钢筋($f_{yv} = 270MPa$),按正截面受弯承载力计算已选配 3Φ25 为纵向受力钢筋($f_y = 360MPa$)。试根据斜截面受剪承载力要求确定腹筋。

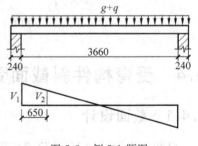

图 5-8 例 5-1 题图

解: 取 $a_s = 45mm$,$h_0 = h - a_s = 500mm - 45mm = 455mm$

(1)确定计算截面,并计算剪力设计值

支座边缘处剪力最大,故应选择该截面进行抗剪计算。

该截面的剪力设计值为

$$V_1 = \frac{1}{2}(\gamma_G g_k + \gamma_Q q_k)l_n = \frac{1}{2}(1.2 \times 25kN \cdot m + 1.4 \times 38kN \cdot m) \times 3.66m = 152.26kN$$

(2)复核梁截面尺寸

$$h_w = h_0 = 455mm$$

$$\frac{h_w}{b} = \frac{455mm}{200mm} = 2.3 < 4$$,属于一般梁。

$0.25\beta_c f_c bh_0 = 0.25 \times 14.3\text{MPa} \times 200\text{mm} \times 455\text{mm} = 325.3\text{kN} > 152.26\text{kN}$

截面尺寸满足要求。

（3）验算可否按构造配腹筋

$0.7f_t bh_0 = 0.7 \times 1.43\text{MPa} \times 200\text{mm} \times 455\text{mm} = 91.1\text{kN} < 152.26\text{kN}$

应按计算配置腹筋。

（4）腹筋计算

配置腹筋有两种办法：一种是只配箍筋，另一种是配置箍筋兼配弯起钢筋。一般优先选择只配箍筋，下面分述两种方法的计算。

（a）仅配箍筋时，由 $V \leqslant V_{cs} = 0.7f_t bh_0 + f_{yv}\dfrac{A_{sv}}{s}h_0$ 得

$$\frac{nA_{sv1}}{s} \geqslant \frac{152260\text{N} - 91100\text{N}}{270\text{MPa} \times 455\text{mm}} = 0.498\text{mm}^2/\text{mm}$$

选用双肢箍筋Φ8@150，则

$$\frac{nA_{sv1}}{s} = \frac{2 \times 50.3\text{mm}^2}{150\text{mm}} = 0.671\text{mm}^2/\text{mm}$$

满足计算要求及构造要求。

也可作如下计算：

选用双肢箍Φ8，则 $n=2$，$A_{sv1}=50.3\text{mm}^2$，可求得 $s \leqslant \dfrac{2\times50.3}{0.498}\text{mm}=202\text{mm}$

取 $s=150\text{mm}$，箍筋沿梁长均布置，如图 5-9（a）所示。

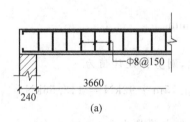
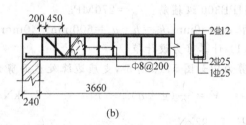

图 5-9　例 5-1 配筋图

（b）既配箍筋，又配弯起钢筋时，选用 $1\underline{\Phi}25$ 纵筋作弯起钢筋，$A_{sb}=491\text{mm}^2$，则由式（5-14）得

$$V_{sb} = 0.8 \times 360\text{MPa} \times 491\text{mm}^2 \times \sin 45° = 100\text{kN}$$

则

$$V_{cs} = V - V_{sb} = 152.26\text{kN} - 100\text{kN} = 52.26\text{kN} < 0.7f_t bh_0 = 91.1\text{kN}$$

所以，直接按构造要求配置箍筋即可，选用双肢箍Φ8@200。

核算是否需要第二排弯起钢筋：

取弯终点到支座边缘距离 $s_1=200\text{mm}$，弯起钢筋水平投影长度 $s_b = h-50\text{mm}=450\text{mm}$，则截面 2—2（弯起钢筋弯起点处的截面）的剪力可由相似三角形关系求得

$$V_2 = V_1\left(1 - \frac{200\text{mm} + 450\text{mm}}{0.5 \times 3660\text{mm}}\right) = 98.2\text{kN}$$

$$V_{cs} = 0.7f_t bh_0 + f_{yv}\frac{nA_{sv1}}{s}h_0 = 91.1\text{kN} + 270\text{MPa} \times \frac{2 \times 50.3\text{mm}^2}{200\text{mm}} \times 455\text{mm} = 152.9\text{kN}$$

得

$$V_2 < V_{cs}$$

故不需要第二排弯起钢筋。其配筋如图 5-9(b)所示。

【例 5-2】　某钢筋混凝土矩形截面简支梁,承受荷载设计值如图 5-10 所示。其中集中荷载设计值 $F=92\text{kN}$,均布荷载设计值 $g+q=7.5\text{kN/m}$(包括自重)。梁截面尺寸 $b \times h = 250\text{mm} \times 600\text{mm}$,配有纵筋 4⽥25,混凝土强度等级为 C30,箍筋为 HPB300 级钢筋,试求所需箍筋数量。

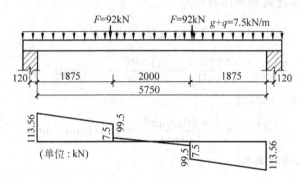

图 5-10　例 5-2 题图

解：已知条件如下：

C30 混凝土：$f_c = 14.3\text{MPa}, f_t = 1.43\text{MPa}$

HPB300 级箍筋：$f_{yv} = 270\text{MPa}$

取 $a_s = 40\text{mm}, h_0 = h - a_s = 600\text{mm} - 40\text{mm} = 560\text{mm}$

(1) 计算剪力设计值

剪力图如图 5-10 所示,支座边缘处截面剪力最大,则剪力设计值为

$$V = \frac{1}{2}(g+q)l_n + F = \frac{1}{2} \times 7.5\text{kN/m} \times 5.75\text{m} + 92\text{kN} = 113.56\text{kN}$$

$\dfrac{F}{V} = \dfrac{92\text{kN}}{113.56\text{kN}} = 81\% > 75\%$,则该梁所受荷载以集中荷载为主。

(2) 复核截面尺寸

$h_w = h_0 = 560\text{mm}, \dfrac{h_w}{b} = 560\text{mm}/250\text{mm} = 2.24 < 4$,属于一般梁。

$$0.25f_c bh_0 = 0.25 \times 14.3\text{MPa} \times 250\text{mm} \times 560\text{mm} = 500.5\text{kN} > 113.26\text{kN}$$

截面尺寸符合要求。

(3) 验算是否需要按计算配箍

$\lambda = \dfrac{a}{h_0} = \dfrac{1875\text{mm}}{560\text{mm}} = 3.35 > 3.0$,取 $\lambda = 3.0$

$$\frac{1.75}{\lambda+1}f_t bh_0 = \frac{1.75}{3+1} \times 1.43\text{MPa} \times 250\text{mm} \times 560\text{mm} = 87.6\text{kN} < V = 113.56\text{kN}$$

应按计算配置箍筋。

(4) 箍筋数量计算(只配箍筋,不配弯起钢筋)

$$\frac{nA_{sv1}}{s} \geqslant \frac{(113.56 - 87.6) \times 10^3\text{N}}{270\text{MPa} \times 560\text{mm}} = 0.172\text{mm}^2/\text{mm}$$

双肢箍$\phi 6$,则 $s \leqslant \dfrac{2 \times 28.3}{0.172}mm=329$mm,取 $s=150$mm

（5）验算最小配箍率

$$\frac{nA_{sv1}}{bs} = \frac{2 \times 28.3\text{mm}^2}{250\text{mm} \times 150\text{mm}} = 0.151\% > 0.24\frac{f_t}{f_{yv}} = 0.24 \times \frac{1.43\text{MPa}}{270\text{MPa}} = 0.127\%$$

满足要求,箍筋沿梁全长均匀配置。

【例 5-3】　一钢筋混凝土简支梁,截面尺寸及配筋情况如图 5-11 所示,混凝土强度等级为 C25（$f_t=1.27$MPa、$f_c=11.9$MPa）,纵筋为 HRB400 级钢筋（$f_y=360$MPa）,箍筋为 HPB300 级钢筋（$f_{yv}=270$MPa）,环境类别为一类。如果忽略梁自重及架立钢筋的作用,试求此梁所能承受的最大荷载设计值 P。

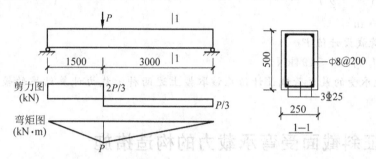

图 5-11　例 5-3 题图

解：（1）确定基本参数

查表得 $\alpha_1=1.0$,$\xi_b=0.518$,$\beta_c=1.0$。

$A_s=1473$mm^2,$A_{sv1}=50.3$mm^2；取 $a_s=45$mm； $h_0=500$mm-45mm$=455$mm

（2）作剪力图和弯矩图,见图 5-11。

（3）按斜截面受剪承载力进行计算。

① 计算受剪承载力

$$\lambda = \frac{a}{h_0} = \frac{1500\text{mm}}{455\text{mm}} = 3.3 > 3, \quad 取 \lambda = 3$$

$$V_u = \frac{1.75}{\lambda+1}f_t bh_0 + f_{yv}\frac{A_{sv}}{s}h_0$$

$$= \frac{1.75}{3+1} \times 1.27\text{MPa} \times 250\text{mm} \times 455\text{mm} + 270\text{MPa} \times \frac{50.3\text{mm}^2 \times 2}{200\text{mm}} \times 455\text{mm}$$

$$= 125\text{kN}$$

② 验算截面尺寸条件及最小配箍率要求

$$\frac{h_w}{b} = \frac{h_0}{b} = \frac{455\text{mm}}{250\text{mm}} = 1.82 < 4 \text{ 时},$$

$$V_u = 125\text{kN} < 0.25\beta_c f_c bh_0 = 0.25 \times 1 \times 11.9\text{MPa} \times 250\text{mm} \times 455\text{mm} = 338.4\text{kN}$$

截面尺寸满足要求。

$$\rho_{sv} = \frac{nA_{sv1}}{bs} = \frac{2 \times 50.3\text{mm}^2}{250\text{mm} \times 200\text{mm}} = 0.0020 > \rho_{sv,min} = 0.24\frac{f_t}{f_{yv}}$$

$$= 0.24 \times \frac{1.27\text{MPa}}{270\text{MPa}} = 0.0011$$

配箍率满足要求。

③ 计算荷载设计值 P_1

由 $V \leqslant V_u$ 得, $\frac{2}{3}P_1 \leqslant V_u = 125\text{kN}$, 则 $P_1 \leqslant 187.5\text{kN}$。

（4）按正截面受弯承载力进行计算。

① 计算受弯承载力 M_u

$$x = \frac{f_y A_s}{a_1 f_c b} = \frac{360\text{MPa} \times 1473\text{mm}^2}{1.0 \times 11.9\text{MPa} \times 250\text{mm}} = 178.2\text{mm} < \xi_b h_0 = 0.518 \times 455\text{mm} = 235.7\text{mm}$$

满足要求。

$$M_u = a_1 f_c bx \left(h_0 - \frac{x}{2}\right) = 1.0 \times 11.9\text{MPa} \times 250\text{mm} \times 178.2\text{mm} \times \left(455\text{mm} - \frac{178.2\text{mm}}{2}\right)$$

$$= 194\text{kN} \cdot \text{m}$$

② 计算荷载设计值 P_2

由 $M \leqslant M_u$ 得, $P_2 \leqslant 194\text{kN}$。

该梁所能承受的最大荷载设计值应该取按上述两种承载力计算结果的较小值, 故 $P = 187.5\text{kN}$。

5.5 保证斜截面受弯承载力的构造措施

钢筋混凝土受弯构件, 在剪力和弯矩的共同作用下产生的斜裂缝, 除了会引起斜截面的受剪破坏, 还会导致与其相交的纵向钢筋拉力增加, 引起沿斜截面受弯承载力不足及锚固不足的破坏, 因此在设计中除应保证梁的正截面受弯承载力和斜截面受剪承载力之外, 还应保证梁的斜截面受弯承载力。

通过前面的学习, 可知受弯构件的正截面受弯承载力应通过计算来保证; 其斜截面受剪承载力则要通过计算和构造要求来共同保证。而斜截面受弯承载力一般不必计算, 主要通过满足纵向钢筋的弯起、截断及锚固等构造措施共同保证。本节对此加以具体讨论。

5.5.1 材料抵抗弯矩图

抵抗弯矩图也称材料图, 是指按实际纵向受力钢筋布置情况画出的各截面能抵抗的弯矩值, 即受弯承载力 M_u 沿构件轴线方向的分布图形, 简称为 M_u 图。抵抗弯矩图中的竖标表示正截面受弯承载力设计值 M_u, 是构件截面的抗力。

由荷载对梁的各个截面产生的弯矩设计值 M 所绘制的图形, 称为弯矩图, 即 M 图。

为满足 $M_u \geqslant M$ 的要求, M_u 图必须包在 M 图外侧, 才能保证梁的各个正截面受弯承载力满足要求。

按梁正截面承载力计算的纵向受拉钢筋是以同符号弯矩区段的最大弯矩为依据求得的, 该最大弯矩处的截面称为控制截面。

以单筋矩形截面为例, 若在控制截面处实际选配的纵筋截面面积为 A_s, 则

$$M_u = f_y A_s \left(h_0 - \frac{x}{2}\right) = f_y A_s \left(h_0 - \frac{0.5 f_y A_s}{a_1 f_c b}\right) \tag{5-22}$$

因此, 在控制截面, 各钢筋可近似地按其面积占总钢筋面积的比例分担抵抗弯矩 M_u:

$$M_{ui} = \frac{A_{si}}{A_s} M_u \tag{5-23}$$

下面具体说明材料图的作法。

1）纵向受拉钢筋全部伸入支座

显然，各截面 M_u 相同，此时的材料图为一矩形。

如图 5-12 所示，承受均布荷载作用下的简支梁（设计弯矩图为抛物线 oeo'），假定根据跨中截面（控制截面）的弯矩设计值配置纵筋 $3\,\phi\,25$，且全部伸入支座，则每根钢筋承担的弯矩值可近似取 $M_{ui}=M_u/3$，M_u 图为图 5-12 中矩形 $oaebo'$。

2）部分纵向受拉钢筋弯起

由图 5-12 可见，在跨中截面处，M_u 接近 M，钢筋被充分利用，而临近支座处，M_u 比 M 大很多，即正截面受弯承载力富余，可将富余的钢筋弯起另作用途（受剪、受拉或受压），以达到经济的效果。钢筋弯起后，其内力臂逐渐减小，因而其抵抗弯矩变小直至等于零，如图 5-13 所示。假定该钢筋弯起后与梁轴线（取 1/2 梁高位置）的交点 D 处弯矩为零，过 D 点后不再考虑该钢筋承受的弯矩，则 CD 段的材料图为斜直线 cd，斜线 cd 反映了弯起钢筋抵抗弯矩值的变化。

绘制材料图时，将准备弯起的钢筋画在图的外侧。

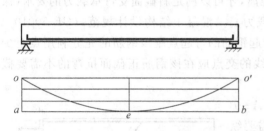

图 5-12　全部纵筋伸入支座的材料图

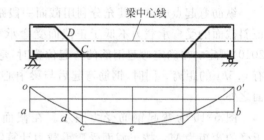

图 5-13　钢筋弯起的材料图

3）部分纵向受拉钢筋截断

在图 5-14 中，假定纵筋①抵抗控制截面 A—A 的部分弯矩（见图中纵坐标 ef），则截面 A—A 为钢筋①的强度充分利用截面，e 点为钢筋①的强度充分利用点；截面 B—B 和截面 C—C 为按计算不需要钢筋①的截面，也称为钢筋①的不需要截面，b、c 点称为钢筋①的"理论截断点"或"不需要点"，同时是钢筋②的充分利用点。为了保证钢筋的可靠锚固，钢筋应在理论截断点延伸一定长度后再截断。详细见 5.5.3 节纵筋的截断。另外，承受正弯矩的梁下部受力钢筋不得在跨内截断。

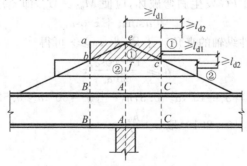

图 5-14　纵筋截断的材料图

由上述可知,通过作材料图可以反映材料(钢筋)在各截面的利用情况,同时可以确定钢筋的弯起位置、截断位置及其数量。

5.5.2 纵筋的弯起

纵筋弯起点的位置要考虑以下三方面的因素。

1. 保证正截面的受弯承载力

纵筋弯起后,剩余纵筋数量减少,正截面的受弯承载力降低,为保证正截面的受弯承载力满足要求,必须使剩余纵筋的抵抗弯矩图包在设计弯矩图的外面。

2. 保证斜截面的受剪承载力

可利用弯起的纵筋抵抗斜截面的剪力,此时弯起钢筋的弯终点到支座边或到前一排弯起钢筋弯起点之间的距离都不应大于箍筋的最大间距,如图 5-7 所示。钢筋间距见表 5-2 内 $V > \alpha_{cv} f_t b h_0$ 一栏的规定。这一要求可使每根弯起钢筋都能与斜裂缝相交,以保证斜截面的受剪承载力。

3. 保证斜截面的受弯承载力

纵筋弯起点应离开其充分利用截面一段距离,才可以满足斜截面受弯承载力的要求(保证斜截面的受弯承载力不低于正截面受弯承载力)。《混凝土结构设计规范》(GB 50010—2010)规定:在确定弯起钢筋的弯起位置时,弯起钢筋的弯起点距该钢筋的充分利用点至少有 $0.5h_0$ 的距离。同时,钢筋弯起后与梁中心线的交点应在该钢筋正截面抗弯的不需要截面之外。

图 5-15 为弯起钢筋受力图示。在截面 $A—B$ 承受的弯矩为 M_A,按正截面受弯承载力计算需要纵筋的截面面积为 A_s,B 处为钢筋 A_s 的充分利用截面。在 D 处弯起一根(或一排)纵筋,其截面面积为 A_{sb},则剩下的纵筋截面面积为 $A_s - A_{sb}$,截面 $A—B$ 的受弯承载力为

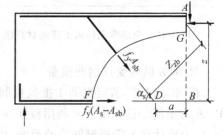

$$M_A = f_y A_s z \qquad (5-24)$$

图 5-15 弯起钢筋受力图

如果出现斜裂缝 FG,设斜截面所能承受的弯矩为 M_{uA},则

$$M_{uA} = f_y (A_s - A_{sb})z + f_y A_{sb} z_{zb} \qquad (5-25)$$

为保证不致沿斜截面 FG 发生斜弯破坏,应使 $M_{uA} \geqslant M_A$,即 $z_{zb} \geqslant z$。由图 5-15 可得

$$z_{zb} = a\sin\alpha_s + z\cos\alpha_s \qquad (5-26)$$

式中 α_s 为弯起钢筋与构件纵轴的夹角。于是,由 $z_{zb} \geqslant z$ 可得

$$a \geqslant \frac{1 - \cos\alpha_s}{\sin\alpha_s} z \qquad (5-27)$$

近似取内力臂 $z \approx 0.9h_0$,当 $\alpha_s = 45°$,$a \geqslant 0.37h_0$;当 $\alpha_s = 60°$,$a \geqslant 0.52h_0$。为计算方便,《混凝土结构设计规范》(GB 50010—2010)取 $a \geqslant \dfrac{h_0}{2}$。

5.5.3 纵筋的截断

纵向受拉钢筋不宜在受拉区截断。对于梁底部承受正弯矩的纵向受拉钢筋,通常将计

算上不需要的钢筋弯起作为抗剪钢筋或作为支座截面承受负弯矩的钢筋,而不采用截断的配筋方式。但是对于连续梁(板)、框架梁等构件,为了合理配筋,通常需将支座处承受负弯矩的纵向受拉钢筋按弯矩图形的变化,将计算上不需要的钢筋分批截断。当在受拉区截断纵向受拉钢筋时,应满足以下构造措施。

1. 保证截断钢筋强度的充分利用

为了保证能充分利用截断钢筋的强度,就必须将钢筋从其强度充分利用截面向外延伸一定的长度 l_{d1}(见图 5-14),依靠这段长度与混凝土的粘结锚固作用维持钢筋足够的拉力。

l_{d1} 与受拉钢筋的锚固长度 l_a 有关:

当 $V < \alpha_{cv} f_t b h_0$ 时,$l_{d1} \geqslant 1.2 l_a$;

当 $V \geqslant \alpha_{cv} f_t b h_0$ 时,$l_{d1} \geqslant 1.2 l_a + h_0$。

2. 保证斜截面受弯承载力

为了满足斜截面受弯承载力的要求,只有把纵筋伸过理论截断点(不需要点)一段长度 l_{d2}(见图 5-14)后才能截断,此截断点为实际截断点。

l_{d2} 的值与所截断钢筋的直径 d 有关:

当 $V < \alpha_{cv} f_t b h_0$ 时,$l_{d2} \geqslant 20d$;

当 $V \geqslant \alpha_{cv} f_t b h_0$ 时,$l_{d2} \geqslant h_0$,且 $l_{d2} \geqslant 20d$。

在结构设计中,应从上述两个条件中选用较长的外伸长度作为纵向受力钢筋的实际延伸长度 l_d,以确定其真正的切断点。

若按上述规定确定的截断点仍位于支座最大负弯矩对应的受拉区内,则应取 $l_{d1} \geqslant 1.2 l_a + 1.7 h_0$,$l_{d2} \geqslant 1.3 h_0$。

在悬臂梁中,宜将支座或嵌固端承担负弯矩的梁上部纵向钢筋全部伸至悬臂梁外端,并向下弯折不小于 $12d$ 后切断。如需要分批截断钢筋,除最后一批钢筋(不少于两根)仍应伸至悬臂梁外端并向下弯折小于 $12d$ 后截断外,其余各批钢筋的延伸长度仍应满足 l_d 的要求。

5.5.4　纵筋的锚固

支座附近的剪力较大,在出现斜裂缝后,由于与斜裂缝相交的纵筋应力会突然增大,若纵筋伸入支座的锚固长度不够,将使纵筋滑移,甚至被从混凝土中拔出而引起锚固破坏。

为了防止这种破坏,纵向钢筋伸入支座的长度和数量应该满足下列要求。

1) 伸入梁支座范围内的纵向受力钢筋数量

伸入支座的纵筋不应少于 2 根。

2) 简支端的锚固

钢筋混凝土简支梁和连续梁简支端的下部纵向受力钢筋,从支座边缘算起伸入支座内的锚固长度应符合下列规定:

(1) 符合表 5-3 的规定;

表 5-3　梁简支端纵筋锚固长度 l_{as}

$V < a_{cv} f_t b h_0$	$\geqslant 5d$
$V \geqslant a_{cv} f_t b h_0$	$\geqslant 12d$(带肋钢筋)
	$\geqslant 15d$(光面钢筋)

注：d 为钢筋的最大直径。

（2）当纵筋伸入支座的锚固长度不符合表 5-3 的规定时,可采取弯钩或机械锚固措施。

3）连续梁及框架梁的锚固

在连续梁、框架梁的中间支座或中间节点处,纵筋伸入支座的长度应满足下列要求(见图 5-16)。

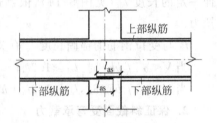

图 5-16　梁纵筋在中间支座锚固

（1）上部纵向钢筋应贯穿中间支座或中间节点范围。

（2）下部纵向钢筋根据其受力情况,分别采用不同锚固长度：①当计算中不利用其强度时,对光面钢筋取 $l_{as} \geqslant 15d$,对月牙纹钢筋取 $l_{as} \geqslant 12d$,并在满足上述条件的前提下,一般均伸至支座中心线；②当计算中充分利用钢筋的抗拉强度时(支座受正弯矩作用),其伸入支座的锚固长度不应小于 l_a(l_a 为受拉钢筋的基本锚固长度)；③当计算中充分利用钢筋的抗压强度时(支座受负弯矩,按双筋截面梁计算配筋时),其伸入支座的锚固长度不应小于 $0.7l_a$。

4）弯起钢筋的锚固

弯起钢筋的弯终点外应留有锚固长度,其长度在受拉区不应小于 $20d$,在受压区不应小于 $10d$；对光面钢筋,末端尚应设置弯钩(见图 5-17)。

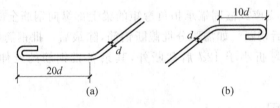

图 5-17　弯起钢筋端部构造
(a) 受拉区；(b) 受压区

弯起钢筋不得采用浮筋(见图 5-18(a))；当支座处剪力很大而又不能利用纵筋弯起抗剪时,可设置仅用于抗剪的鸭筋(见图 5-18(b)),其端部的锚固与弯起钢筋相同。

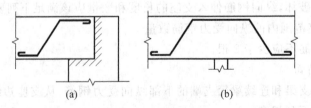

图 5-18　浮筋与鸭筋
（a）浮筋；(b) 鸭筋

5.5.5　箍筋的构造要求

梁中的箍筋对抑制斜裂缝的开展、联系受拉区与受压区、传递剪力等有重要作用,因此,箍筋的构造要求应得到重视。

1. 形式与肢数

箍筋一般采用 135°弯钩的封闭式箍筋(见图 5-19(a))。当 T 形截面梁翼缘顶面另有横向受拉钢筋时,也可采用开口式箍筋(见图 5-19(b))。

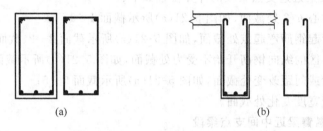

图 5-19　箍筋形式

(a) 封闭式箍筋;(b) 开口式箍筋

梁内一般采用双肢箍筋($n=2$)(见图 5-20(a)、(b))。当梁的宽度大于 400mm 或梁的宽度小于 400mm 且一层内的纵向受压钢筋多于 4 根时,应设置如图 5-20(c)所示的复合箍筋(如四肢箍)。

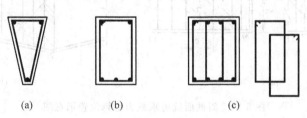

(a)　　　　(b)　　　　(c)

图 5-20　箍筋肢数

2. 直径与间距

箍筋的最小直径有如下规定:

当梁高大于 800mm 时,直径不宜小于 8mm;

当梁高不大于 800mm 时,直径不宜小于 6mm;

当梁中配有计算需要的纵向受压钢筋时,箍筋直径尚不应小于 $d/4$(d 为纵向受压钢筋的最大直径),且箍筋形式应为封闭式,其间距应符合表 5-2 的要求。

3. 箍筋的布置

按计算不需要配置箍筋的梁,当截面高度大于 300mm 时,应沿梁全长设置箍筋;当截面高度为 150~300mm 时,可仅在构件端部各 1/4 跨度范围内设置箍筋;但是,当在构件中部 1/2 跨度范围内有集中荷载作用时,则应沿梁全长设置箍筋。当截面高度小于 150mm 时,可不设置箍筋。

5.6   公路桥涵工程受弯构件的斜截面设计

公路桥涵工程受弯构件的斜截面设计同样有斜截面抗剪和斜截面抗弯两个方面。

5.6.1   斜截面抗剪承载力的计算位置

1. 简支梁和连续梁近边支点梁段

简支梁和连续梁近边支点梁段的计算位置如下:

(1) 距支座中心 $h/2$ 处截面,如图 5-21(a)所示截面 1—1;

(2) 受拉区弯起钢筋弯起点处截面,如图 5-21(a)所示截面 2—2、截面 3—3;

(3) 锚于受拉区的纵向钢筋开始不受力处截面,如图 5-21(a)所示截面 4—4;

(4) 箍筋数量或间距改变处截面,如图 5-21(a)所示截面 5—5;

(5) 构件腹板宽度变化处截面。

2. 连续梁和悬臂梁近中间支点梁段

连续梁和悬臂梁近中间支点梁段的计算位置如下:

(1) 支点横隔梁边缘处截面,如图 5-21(b)所示截面 6—6;

(2) 变高度梁高度突变处截面,如图 5-21(b)所示截面 7—7;

(3) 参照简支梁的要求,需要进行验算的截面。

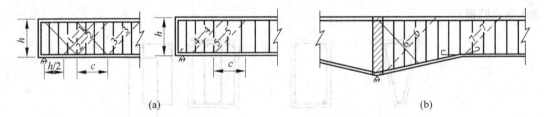

图 5-21   斜截面抗剪承载力验算位置示意图

(a) 简支梁和连续梁近边支点梁段;(b) 连续梁和悬臂梁近边中间支点梁段

5.6.2   斜截面抗剪承载力的计算公式及其适用条件

1. 计算公式

如图 5-22 所示,根据计算简图建立的竖向力平衡方程即为受弯构件的斜截面抗剪承载力计算公式。首先通过试验研究得到混凝土项和箍筋项的抗剪承载力表达式,然后将混凝土项和箍筋项的抗剪承载力相加后对剪跨比求极值,以推导受弯构件的斜截面抗剪承载力计算公式。因此,《公路钢筋混凝土及预应力混凝土桥涵设计规范》(JTG D62—2012)规定:对于配置箍筋和弯起钢筋的矩形,T 形和 I 形截面受弯构件的斜截面抗剪承载力计算应符合式(5-28)~式(5-30)的规定:

$$\gamma_0 V_d \leqslant V_{cs} + V_{sb} \tag{5-28}$$

$$V_{cs} = 0.45 \times 10^{-3} \alpha_1 \alpha_2 \alpha_3 b h_0 \sqrt{(2 + 0.6P)} \sqrt{f_{cu,k} \rho_{sv} f_{sv}} \tag{5-29}$$

$$V_{sb} = 0.75 \times 10^{-3} f_{sd} \sum A_{sb} \sin\theta_s \tag{5-30}$$

式中 V_d——斜截面受压端由作用(或荷载)效应产生的最大剪力组合设计值,kN;

　　V_{cs}——斜截面内混凝土和箍筋共同的抗剪承载力设计值,kN;

　　V_{sb}——与斜截面相交的普通弯起钢筋抗剪承载力设计值,kN;

　　α_1——异号弯矩影响系数,计算简支梁和连续梁近边支点梁段的抗剪承载力时,$\alpha_1=$ 1.0;计算连续梁和悬臂梁近中间支点梁段的抗剪承载力时,$\alpha_1=0.9$;

　　α_2——预应力提高系数,对钢筋混凝土受弯构件,$\alpha_2=1.0$;对预应力混凝土受弯构件,$\alpha_2=1.25$;当由钢筋合力引起的截面弯矩与外弯矩的方向相同时,或对于允许出现裂缝的预应力混凝土受弯构件,$\alpha_2=1.0$;

　　α_3——受压翼缘的影响系数,取 $\alpha_3=1.1$;

　　b——斜截面受压端正截面处矩形截面宽度,或 T 形和 I 形截面腹板宽度,mm;

　　h_0——斜截面受压端正截面的有效高度,mm;

　　P——斜截面内纵向受拉钢筋的配筋百分率,$P=100\rho$,$\rho=A_s/(bh_0)$,$P>2.5$ 时,取 $P=2.5$;

　　$f_{cu,k}$——边长为 150mm 的混凝土立方体抗压强度标准值,MPa;

　　ρ_{sv}——斜截面箍筋配筋率,$\rho_{sv}=A_{sv}/(s_vb)$;

　　A_{sv}——斜截面内配置在同一截面的各肢箍筋总截面面积,mm²;

　　s_v——斜截面内箍筋的间距,mm;

　　f_{sv}——箍筋抗拉强度设计值,MPa;

　　f_{sd}——弯起钢筋抗拉强度设计值;

　　A_{sb}——斜截面内在同一弯起平面的普通弯起钢筋的截面面积,mm²;

　　θ_s——普通弯起钢筋(在斜截面受压端正截面处)的切线与水平线的夹角,(°)。

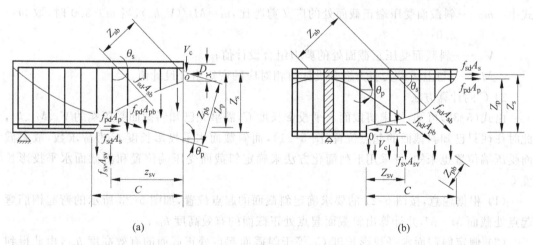

图 5-22　斜截面抗剪承载力验算

2. 计算公式的适用条件

1) 公式的上限——截面限制条件

为防止斜压破坏和限制梁在使用阶段的斜裂缝宽度,《公路钢筋混凝土及预应力混凝土桥涵设计规范》(JTG D62—2012)规定,对于矩形、T 形和 I 形截面的受弯构件,其抗剪截面应符合下列要求:

$$\gamma_0 V_d \leqslant 0.51 \times 10^{-3} \sqrt{f_{cu,k}} bh_0 \qquad (5\text{-}31)$$

式中　V_d——验算截面处由作用(或荷载)产生的剪力组合设计值,kN;

　　　　b——相应于剪力组合设计值处的矩形截面宽度,或 T 形和 I 形截面的腹板宽度,mm;

　　　　h_0——相应于剪力组合设计值处的截面有效高度,mm。

若不满足式(5-31)的要求,则应加大截面尺寸,或提高混凝土强度等级。

2) 公式的下限——构造配箍条件

为防止斜拉破坏,《公路钢筋混凝土及预应力混凝土桥涵设计规范》(JTG D62—2012)规定,对于矩形、T 形和 I 形截面的受弯构件,当符合式(5-32)的条件时,可不进行斜截面抗剪承载力验算,仅需按构造要求配置箍筋。

$$\gamma_0 V_d \leqslant 0.50 \times 10^{-3} \alpha_2 f_{td} bh_0 \qquad (5\text{-}32)$$

式中　f_{td}——混凝土抗拉强度设计值,MPa。

对于板式受弯构件,式(5-32)右侧的计算值可乘以提高系数 1.25。

3. 斜截面水平投影长度 C

1) C 的计算公式

图 5-21 给出了斜截面抗剪承载力计算时斜截面的起点位置,而斜截面的倾角未知。因此,图 5-22 中的斜截面水平投影长度 C 也就未知,而利用式(5-28)~式(5-30)计算斜截面的抗剪承载力时,式中的 V_d、b、h_0 均指斜截面受压端的值,而且箍筋与弯起钢筋所提供的抗剪承载力与斜截面水平投影长度 C 有关。为此,《公路钢筋混凝土及预应力混凝土桥涵设计规范》(JTG D62—2012)给出了斜截面水平投影长度 C 的计算公式如下:

$$C = 0.6mh_0 \qquad (5\text{-}33)$$

式中　m——斜截面受压端正截面处的广义剪跨比,$m = M_d/(V_d h_0)$,当 $m > 3.0$ 时,取 $m = 3.0$;

　　　　V_d——斜截面受压正截面处的剪力组合设计值;

　　　　M_d——与上述最大剪力组合设计值相对应的弯矩组合设计值。

2) C 的计算方法

由式(5-33)可知,欲求斜截面水平投影长度 C,需事先已知斜截面受压端的 V_d、M_d、h_0,此时往往只已知斜截面的起点位置(图 5-21),而斜截面水平投影长度 C 为待求数,故斜截面受压端位置也未知,可采用下列简化方法来确定斜截面受压端位置和斜截面水平投影长度 C。

(1) 根据题意,按图 5-21 的要求确定斜截面的起点位置,如图 5-23 所示的弯起钢筋弯起点处截面 M—M,并计算出斜截面起点处正截面的有效高度 h_{01};

(2) 假定斜截面水平投影长度 C_1 等于斜截面起点处正截面的有效高度 h_{01},由此得到斜截面受压端的假定位置,如图 5-23 所示的截面 N—N,并计算出斜截面受压端假定位置的 V_d、M_d、h_0;

(3) 利用第(2)步计算出的斜截面受压端假定位置的 V_d、M_d、h_0 和式(5-33)计算斜截面水平投影长度 C;

(4) 利用第(3)步计算得到的斜截面水平投影长度 C 及其所对应的斜截面受压端位置,如图 5-23 所示的截面 L—L,来计算斜截面抗剪承载力计算所需的 V_d、M_d、h_0 等。

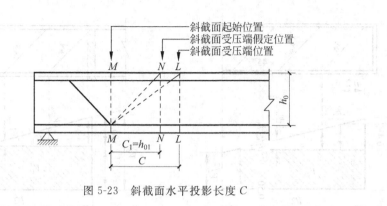

图 5-23　斜截面水平投影长度 C

5.6.3　斜截面抗剪承载力的配筋设计方法

对于钢筋混凝土矩形、T 形和 I 形截面受弯构件,应按下列步骤配置抗剪所需的箍筋和弯起钢筋。

(1) 绘出剪力设计值包络图,确定用作抗剪配筋设计的最大剪力组合设计值 V_d。

(2) 验算截面限制条件,直到满足式(5-31)的要求为止。

(3) 验算构造配箍条件。若满足式(5-32),则仅需按构造要求配置箍筋;若不满足,则需按计算结果配置箍筋,或配置箍筋和弯起钢筋。

(4) 配置箍筋。通常首先规定箍筋的级别、直径和肢数,则 f_{sv}、A_{sv} 为已知数,然后按下式计算箍筋的间距:

$$s_v = \frac{\alpha_1^2 \alpha_3^2 0.2 \times 10^{-6}(2+0.6P)\sqrt{f_{cu,k}} A_{sv} f_{sv} b h_0^2}{(\xi \gamma_0 V_d)^2} \tag{5-34}$$

式中　V_d——用于抗剪配筋设计的最大剪力设计值(kN),对于简支梁和连续梁近边支点梁段,取离支点 $h/2$ 处的剪力设计值 $V_d' = V_d$,如图 5-24(a)所示;对于等高度连续梁和悬臂梁近中间支点梁段,取支点上横隔梁边缘处的剪力设计值 $V_d' = V_d$,如图 5-24(b)所示;对于变高度(承托)连续梁和悬臂梁近中间支点梁段,取变高度梁段与等高度梁段交接处的剪力设计值 $V_d^0 = V_d$,如图 5-24(c)所示。

ξ——用于抗剪配筋设计的最大剪力设计值分配于混凝土和箍筋共同承担的分配系数,取 $\xi \geqslant 0.6$。

h_0——用于抗剪配筋设计的最大剪力截面的有效高度,mm。

b——用于抗剪配筋设计的最大剪力截面的梁腹宽度,mm。

A_{sv}——配置在同一截面内箍筋的总截面面积,mm^2。

(5) 配置弯起钢筋。

① 计算第一排弯起钢筋截面面积 A_{sb1} 时,对于简支梁和连续梁近边支点梁段,取用距支点中心 $h/2$ 处由弯起钢筋承担的那部分剪力 V_{sb1},如图 5-24(a)所示;对于等高度连续梁和悬臂梁近中间支点梁段,取用支点上横隔梁边缘处由弯起钢筋承担的那部分剪力 V_{sb1},如图 5-24(b)所示;对于变高度(承托)连续梁和悬臂梁近中间支点的变高度梁段,取用第一排弯起钢筋下面弯点处由弯起钢筋承担的那部分剪力 V_{sb1},如图 5-24(c)所示。

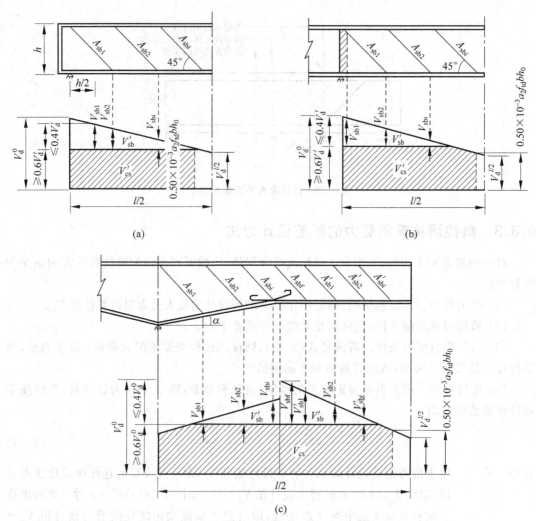

图 5-24　斜截面承载力配筋设计计算简图

(a) 简支梁和连续梁近边支点梁段；(b) 等高度连续梁和悬臂梁近中间支点梁段；

(c) 变高度连续梁和悬臂梁近中间支点梁段

　　② 计算第一排弯起钢筋以后的每一排弯起钢筋截面面积 A_{sb2}、$\cdots$、A_{sbi} 时,对于简支梁和连续梁近边支点梁段,以及等高度连续梁和悬臂梁近中间支点梁段,取用前一排弯起钢筋下面弯点处由弯起钢筋承担的那部分剪力 V_{sb2}、$\cdots$、V_{sbi},如图 5-24(a)、(b)所示；对于变高度(承托)连续梁和悬臂梁近中间支点的变高度梁段,取用各排弯起钢筋下面弯点处由弯起钢筋承担的那部分剪力 V_{sb2}、$\cdots$、V_{sbi},如图 5-24(c)所示。

　　③ 计算变高度(承托)连续梁和悬臂梁跨越变高度与等高段交接处的弯起钢筋截面面积 A_{sbf} 时,取用交接截面剪力峰值由弯起钢筋承担的那部分剪力 V_{sbf},如图 5-24(c)所示；计算等高度梁段各排弯起钢筋截面面积 A'_{sb1}、A'_{sb2}、$\cdots$、A'_{sbi} 时,取用各排弯起钢筋上面弯点处由弯起钢筋承担的那部分剪力 V'_{sb1}、V'_{sb2}、$\cdots$、V'_{sbi},如图 5-24(c)所示。

　　④ 每排弯起钢筋的截面面积按下列公式计算:

$$A_{sb} = \frac{\gamma_0 V_{sb}}{0.75 \times 10^{-3} f_{sd} \sin\theta_s} \tag{5-35}$$

式中　A_{sb}——每排弯起钢筋的总截面面积（mm^2），即图 5-24 中的 A_{sb1}、A_{sb2}、$\cdots$、A_{sbi} 或
　　　　　A'_{sb1}、A'_{sb2}、$\cdots$、A'_{sbi} 或 A_{sbf}；

　　　　V_{sb}——由每排弯起钢筋承担的剪力设计值（kN），即图 5-24 中的 V_{sb1}、V_{sb2}、$\cdots$、V_{sbi}
　　　　　或 V'_{sb1}、V'_{sb2}、$\cdots$、V'_{sbi} 或 V_{sbf}。

5.6.4　斜截面抗弯承载力

前面介绍了受弯构件斜截面抗剪承载力的计算，当纵筋弯起或截断不当时，还会发生斜截面受弯破坏。图 5-25 为受弯构件斜截面抗弯承载力的计算简图。

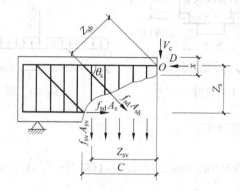

图 5-25　斜截面抗弯承载力的计算简图

对图 5-25 所示剪压区取得合力作用点 O 建立力矩平衡方程，可得到以下斜截面抗弯承载力的计算公式：

$$\gamma_0 M_d \leqslant f_{sd}A_s Z_s + \sum f_{sd}A_{sb}Z_{sb} + \sum f_{sv}A_{sv}Z_{sv} \tag{5-36}$$

式中　M_d——斜截面受压端正截面的最大弯矩组合设计值；

　　　　Z_s——剪压区合力作用点 O 至纵向钢筋合力作用线的距离；

　　　　Z_{sb}——剪压区合力作用点 O 至弯起钢筋合力作用线的距离；

　　　　Z_{sv}——剪压区合力作用点 O 至箍筋合力作用线的距离，如图 5-25 所示。

需要说明的是，一般不需要按式（5-36）进行斜截面抗弯承载力的计算。与图 5-15 阐述的理由相同，纵筋弯起时，只要满足"其弯起点与按正截面抗弯承载力计算充分利用该钢筋强度的截面之间的距离不小于 $h_0/2$"的构造规定，其斜截面抗弯承载力就得到保证。

【例 5-4】（2012 年全国注册结构工程师考题）

某钢筋混凝土框架结构多层办公楼，局部平面布置如图 5-26 所示（均为办公室），梁、板、柱混凝土强度等级均为 C30，梁、柱纵向钢筋为 HRB400 钢筋，楼板纵向钢筋及梁、柱箍筋均为 HRB335 钢筋。框架梁 KL3 的截面尺寸为 400mm×700mm，计算简图近似如图 5-27 所示，作用在 KL3 上的均布静荷载、均布活荷载标准值分别为 $q_D=20kN/m$、$q_L=7.5kN/m$；作用在 KL3 上的集中静荷载、集中活荷载标准值分别为 $P_D=180kN$、$P_L=60kN$。试问，支座截面处梁的箍筋配置下列何项较为合适？

　A. $\underline{\Phi}8@200$ 四肢箍　　　　　　　B. $\underline{\Phi}8@100$ 四肢箍

　C. $\underline{\Phi}10@200$ 四肢箍　　　　　　 D. $\underline{\Phi}10@200$ 四肢箍

提示：$h_0=660mm$。

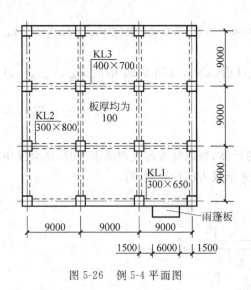

图 5-26   例 5-4 平面图

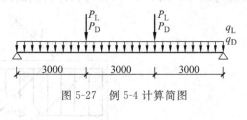

图 5-27   例 5-4 计算简图

解：支座处剪力设计值如下：

$\gamma_G = 1.2$ 的组合：

$V = 1.2 \times (180\text{kN} + 20\text{kN/m} \times 9\text{m}/2) + 1.4 \times (60\text{kN} + 7.5\text{kN/m} \times 9\text{m}/2) = 455.3\text{kN}$

$\gamma_G = 1.35$ 的组合：

$V = 1.35 \times (180\text{kN} + 20\text{kN/m} \times 9\text{m}/2) + 1.4 \times 0.7 \times (60\text{kN} + 7.5\text{kN/m} \times 9\text{m}/2)$
$= 456.4\text{kN}$

取剪力设计值为 456.4N 进行设计。其中，集中荷载引起的剪力为

$$1.35 \times 180\text{kN} + 1.4 \times 0.7 \times 60\text{kN} = 301.8\text{kN}$$

占总剪力的比例为 $\dfrac{301.8\text{kN}}{456.4\text{kN}} = 66\%$，故按照均布荷载考虑受剪承载力。

依据《混凝土结构设计规范》(GB 50010—2010) 第 6.3.4 条，得

$$\frac{A_{sv}}{s} = \frac{456.4 \times 10^3\text{N} - 0.7 \times 1.43\text{MPa} \times 400\text{mm} \times 660\text{mm}}{300\text{MPa} \times 660\text{mm}} = 0.97\text{mm}^2/\text{mm}$$

按照最小配箍率计算为

$$\frac{A_{sv}}{s} = \frac{0.24 f_t b}{f_{yv}} = \frac{0.24 \times 1.43\text{MPa} \times 400\text{mm}}{300\text{MPa}} = 0.46\text{mm}^2/\text{mm}$$

可见，应按 $\dfrac{A_{sv}}{s} = 0.97\text{mm}^2/\text{mm}$ 选择箍筋。A、B、C、D 选项的 $\dfrac{A_{sv}}{s}$ 分别为 1.00、2.01、1.57、3.14，单位为 mm^2/mm。

正确答案：A

【例 5-5】(2010 年全国注册结构工程师考题)

某板柱结构顶层，钢筋混凝土屋面板板面均布荷载设计值为 13.5kN/m²(含板自重)，混凝土强度等级为 C40，板有效计算高度 $h_0 = 140$mm，中柱截面 700mm×700mm，板柱节点忽略不平衡弯矩的影响，$\alpha = 30°$，如图 5-28 所示。当不考虑弯起钢筋作用时，板与柱冲切控制的柱轴向压力设计值(kN)与下列何

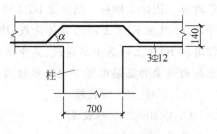

图 5-28   例 5-5 题图

项数值最为接近？

　　A. 280　　　　　　B. 390　　　　　　C. 450　　　　　　D. 530

　　解：不考虑弯起钢筋时，依据《混凝土结构设计规范》(GB 50010—2010)第 6.5.1 条，冲切截面应满足下式：

$$F_l \leqslant 0.7\beta_h f_t \eta u_m h_0$$

$$\eta_1 = 0.4 + \frac{1.2}{\beta_s} = 0.4 + \frac{1.2}{2} = 1.0$$

$$\eta_2 = 0.5 + \frac{a_s h_0}{4u_m} = 0.5 + \frac{40 \times 140\text{mm}}{4 \times 4 \times (700\text{mm} + 140\text{mm})} = 0.92$$

η 取以上二者的较小者，为 0.92。从而

$$F_l \leqslant 0.7\beta_h f_t \eta u_m h_0 = 0.7 \times 1.0 \times 1.71\text{MPa} \times 0.92 \times 4 \times (700\text{mm} + 140\text{mm}) \times 140\text{mm}$$
$$= 518\text{kN}$$

破坏锥体范围内板承受的荷载设计值为

$$(0.7\text{m} + 2 \times 0.14\text{m}) \times (0.7\text{m} + 2 \times 0.14\text{m}) \times 13.5\text{kN/m}^2 = 13\text{kN}$$

可承受的柱压力设计值最大为 518kN＋13kN＝531kN。

　　正确答案：D

　　【例 5-6】（2010 年全国注册结构工程师考题）

　　题目基本情况同上，当考虑弯起钢筋作用时，板受柱的冲切承载力设计值(kN)与下列何项数值最为接近？

　　A. 420　　　　　　B. 303　　　　　　C. 323　　　　　　D. 533

　　解：依据《混凝土结构设计规范》(GB 50010—2010)第 6.5.3 条第 2 款计算。

$$0.5 f_t \eta u_m h_0 + 0.8 f_y A_{sbu} \sin\alpha = 0.5 \times 1.71\text{MPa} \times 0.92 \times 4 \times (700\text{mm} + 140\text{mm}) \times 140\text{mm}$$
$$+ 0.8 \times 300\text{MPa} \times 339\text{mm}^2 \times 4 \times 0.5$$
$$= 532.7 \times 10^3 \text{N} = 532.7\text{kN}$$

上式中，339 为 3⫫12 的截面积，乘以 4 是因为冲切破坏锥体 4 个面与弯起钢筋相交，每个面与 3⫫12 相交。

　　正确答案：D

　　【例 5-7】（2003 年全国注册结构工程师考题）

　　有一非抗震结构的简支独立主梁，如图 5-29 所示。截面尺寸 $b \times h = 200\text{mm} \times 500\text{mm}$，混凝土强度等级 C30 箍筋采用 HPB235。已知 $R_A = 140.25\text{kN}, P = 108\text{kN}, q = 10.75\text{kN/m}$（包括梁自重），$R_A, P, q$ 均为设计值。试问，该梁梁端箍筋的正确配置与下列何项数据最为接近？（注：在《混凝土结构设计规范》(GB 50010—2010)中，已经取消 HPB235 级别钢筋。）

　　A. ⫫6@120(双肢)　　　　　　　　B. ⫫8@200(双肢)

　　C. ⫫8@120　　　　　　　　　　　　D. ⫫8@150(双肢)

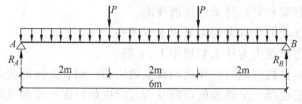

图 5-29　例 5-7 题图

解：已知：C30 混凝土，$f_c = 14.3\text{MPa}$，$f_t = 1.43\text{MPa}$，HPB235 钢筋，$f_y = 210\text{MPa}$，$V_A = 140.25\text{kN} < 0.25\beta_c f_c bh_0 = 332.5\text{kN}$，截面满足要求。

由于 $\dfrac{P}{V_A} = 108\text{N}/140.25\text{N} = 77\% > 75\%$，故按以集中荷载为主的情况计算。

$$V \leqslant \frac{1.75}{\lambda+1} f_t bh_0 + f_{yv} \frac{A_{sv}}{s} h_0$$

$$\lambda = \frac{2}{0.465} = 4.3, \quad 取 \lambda = 3$$

利用计算公式，得 $A_{sv}/s \geqslant 0.84$，双肢时，$A_{sv1}/s \geqslant 0.42$

$\phi 6@120$ 双肢，$A_{sv1}/s = 28.3/120 = 0.24$；$\phi 8@200$ 双肢，$\dfrac{A_{sv1}}{s} = \dfrac{50.3\text{mm}^2}{200\text{mm}^2} = 0.25$；

$\phi 8@120$，$A_{sv1}/s = 50.3/120 = 0.42$；$\phi 8@150$ 双肢，$\dfrac{A_{sv1}}{s} = \dfrac{50.3\text{mm}^2}{150\text{mm}^2} = 0.34$。

正确答案：C

【例 5-8】（2003 年全国注册结构工程师考题）

本题目基本条件同例 5-7，已知 $q = 10.75\text{kN/m}$（包括梁自重），$V_{AP}/R_A > 0.75$，V_{AP} 为集中荷载产生的梁端剪力，R_A，V_{AP}，q 均为设计值。梁端已配置 $\phi 8@150$（双肢）箍筋。试问，该梁所能承受的最大集中荷载设计值 P 最接近下列何项数据？

A. $P = 123.47\text{kN}$ 　　　　　B. $P = 144.88\text{kN}$

C. $P = 100.53\text{kN}$ 　　　　　D. $P = 93.60\text{kN}$

解：$V \leqslant \dfrac{1.75}{\lambda+1} f_t bh_0 + f_{yv} \dfrac{A_{sv}}{s} h_0$

$$= \left(\frac{1.75}{4} \times 1.43\text{MPa} \times 200\text{mm} \times 465\text{mm} + 210\text{MPa} \times \frac{2 \times 50.3\text{mm}^2}{150\text{mm}} \times 465\text{mm} \right)$$

$$= 123.67 \times 10^3 \text{N}$$

$$V_A = 0.5ql + P$$

所以 $P = 123.67\text{kN} - \dfrac{1}{2} \times 10.75\text{kN/m} \times 6\text{m} = 91.42\text{kN}$。

正确答案：D

思考题

5-1　斜截面破坏形态有几类？分别采用什么方法加以控制？

5-2　试分析斜截面的受力和破坏特点。

5-3　简述无腹筋梁和有腹筋梁斜截面的破坏形态。

5-4　分析无腹筋梁和有腹筋梁的抗剪性能。

5-5　影响斜截面受剪承载力的主要因素有哪些？

5-6　斜截面抗剪承载力为什么要规定上、下限？

5-7　什么是材料抵抗弯矩图？什么叫荷载效应图？两者之间的关系如何？

5-8　在确定钢筋混凝土梁纵筋的切断及弯起时应如何保证梁的抗弯强度？

5-9　如何理解《混凝土结构设计规范》(GB 50010—2010)规定弯起点与钢筋充分利用

点之间的关系？

　　5-10　钢筋截断时有什么构造要求？

　　5-11　钢筋在支座的锚固有何要求？

　　5-12　什么是鸭筋和浮筋？浮筋为什么不能作为受剪钢筋？

　　5-13　斜截面受剪承载力计算时，应考虑哪些截面位置？

　　5-14　为什么会发生斜截面受弯破坏？应采取哪些措施来保证不发生这些破坏？

　　5-15　纵向受拉钢筋一般不宜在受拉区截断，如必须截断时，应从理论切断点外延伸一段长度，试阐述其理由。

习题

　　5-1　一钢筋混凝土矩形截面简支梁，截面尺寸 250mm×500mm，混凝土强度等级为 C25，箍筋为 HPB300 级钢筋，受拉纵筋为 3ϕ25，支座处截面的剪力最大值为 180kN。求箍筋和弯起钢筋的数量。

　　5-2　钢筋混凝土矩形截面简支梁，如图 5-30 所示，截面尺寸 250mm×500mm，混凝土强度等级为 C25，箍筋为 HPB300 级钢筋，受拉纵筋为 2ϕ25 和 2ϕ22。

　　求：(1)只配箍筋时箍筋数量；(2)配弯起钢筋又配箍筋时，弯起钢筋和箍筋数量。

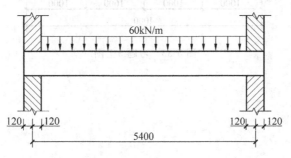

图 5-30　习题 5-2 图

　　5-3　上题中，既配弯起钢筋又配箍筋时，若箍筋为 HRB335 级钢筋，荷载改为 100kN/m，其他条件不变，求箍筋和弯起钢筋的数量。

　　5-4　钢筋混凝土矩形截面简支梁，如图 5-31 所示，集中荷载设计值 P＝100kN，均布荷载设计值(包括自重)q＝10kN/m，截面尺寸 250mm×600mm，混凝土强度等级为 C25，箍筋为 HPB300 级钢筋，纵筋为 4ϕ25。求箍筋数量(无弯起钢筋)。

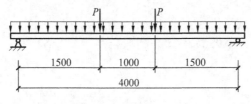

图 5-31　习题 5-4 图

　　5-5　钢筋混凝土矩形截面简支梁，如图 5-32 所示，截面尺寸 250mm×500mm，混凝土强度等级为 C25，箍筋为双肢箍ϕ8@200，纵筋为 4ϕ22，无弯起钢筋，求集中荷载设计值 P。

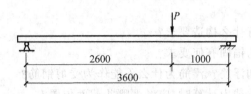

图 5-32 习题 5-5 图

5-6 一钢筋混凝土矩形截面简支梁,跨度为 4m,截面尺寸 $b \times h = 200mm \times 600mm$,承受均布荷载设计值 60kN/m(包括自重),采用 C25 混凝土,纵筋采用 HRB400 级钢筋,箍筋采用 HPB300 级钢筋。

(1) 确定纵向受力钢筋面积 A_s;

(2) 若只配箍筋不配弯起钢筋,确定箍筋的直径和间距。

5-7 一钢筋混凝土矩形截面简支梁,跨度为 4m,截面尺寸 $b \times h = 200mm \times 600mm$,承受荷载设计值如图 5-33 所示,采用 C30 混凝土,箍筋采用 HPB300 级钢筋,试确定箍筋的数量。

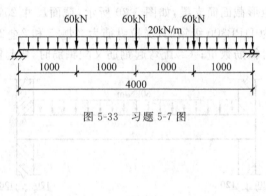

图 5-33 习题 5-7 图

第6章

受压构件截面承载力计算

本章叙述了钢筋混凝土受压构件的破坏类型及特点,重点讲述偏压构件的配筋计算方法,包括正截面与斜截面承载力计算方法,阐述了规范对受压构件的一些构造规定和要求,还介绍了偏压构件的 N-M 相关曲线的基本含义。

6.1 概述

钢筋混凝土受压构件在荷载作用下其截面上一般作用有轴力、弯矩和剪力。在计算受压构件时,常将作用在截面上的弯矩转化为等效的、偏离截面重心的轴向力考虑。

当轴向力作用线与构件截面重心轴重合时,称为轴心受压构件。当弯矩和轴力共同作用于构件上,或当轴向力作用线与构件截面重心轴不重合时,称为偏心受压构件。

当轴向力作用线与截面的重心轴平行且沿某一主轴偏离重心时,称为单向偏心受压构件。当轴向力作用线与截面的重心轴平行且偏离两个主轴时,称为双向偏心受压构件。

6.2 受压构件的一般构造要求

受压构件除应满足承载力计算要求外,还应满足相应的构造要求。以下仅介绍与受压构件有关的基本构造要求。

6.2.1 材料强度等级

混凝土强度等级对受压构件正截面承载力的影响较大。为了减小构件截面尺寸及节约钢材,宜选用较高强度等级的混凝土,一般采用 C30~C50。在高层建筑和重要结构中,尚应选择强度等级更高的混凝土。

6.2.2 截面形式和尺寸

钢筋混凝土受压构件的截面形式要考虑到受力合理和模板制作方便。轴心受压构件的截面形式可采用方形,有特殊要求的情况下,亦可采用圆形或多边形。偏心受压构件的截面形式一般多采用矩形截面。为了节省混凝土及减轻结构自重,装配式受压构件也常采用 I 形截面等形式。

钢筋混凝土受压构件截面尺寸一般不宜小于 $250\text{mm} \times 250\text{mm}$,为了避免受压构件长细比过大,承载力降低过多,常取 $l_0/b \leqslant 30$,$l_0/h \leqslant 25$,$l_0/d \leqslant 25$。此处 l_0 为柱的计算长度,b、

$h、d$ 分别为柱的短边、长边尺寸和圆形柱的截面直径。为了施工制作方便,当柱的截面边长在 800mm 以内时,宜取 50mm 为模数;当柱的截面边长在 800mm 以上时,可取 100mm 为模数。

6.2.3　纵向钢筋

钢筋混凝土受压构件中纵向受力钢筋的作用是与混凝土共同承担由外荷载引起的内力,防止构件脆性破坏,减小混凝土不匀质性引起的影响;同时,纵向钢筋还可以承担构件失稳破坏时,凸出面出现的拉力以及由于荷载的初始偏心、混凝土收缩徐变、构件的温度变形等因素所引起的拉力等。

在受压构件中,为了增加钢筋骨架的刚度,减小钢筋在施工时的纵向弯曲及减少箍筋用量,宜采用较粗直径的钢筋,以便形成刚性较好的骨架。因此,纵向受力钢筋直径不宜小于 12mm。

矩形截面受压构件中纵向受力钢筋根数不得少于 4 根,以便与箍筋形成钢筋骨架。轴心受压构件中的纵向钢筋应沿构件截面周边均匀布置,偏心受压构件中的纵向钢筋应按计算要求布置在与偏心压力作用平面垂直的两侧。圆形截面受压构件中纵向钢筋不宜少于 8 根,不应少于 6 根,且宜沿周边均匀布置。

当矩形截面偏心受压构件的截面高度不小于 600mm 时,应在侧面设置直径不小于 10mm 的纵向构造钢筋,并相应设置复合箍筋或拉筋。

柱中纵向钢筋的净间距不应小于 50mm,且不宜大于 300mm;对水平浇筑的预制柱,纵向钢筋的最小净间距可按梁的有关规定取用。

在偏心受压柱中,垂直于弯矩作用平面的侧面上的纵向受力钢筋以及轴心受压柱各边的纵向受力钢筋,其中距不宜大于 300mm。

6.2.4　箍筋

钢筋混凝土受压构件中箍筋的作用是防止纵向钢筋受压时屈曲,同时保证纵向钢筋的正确位置并与纵向钢筋组成整体骨架。柱中箍筋应符合下列规定。

当采用热轧钢筋时,箍筋直径不应小于 $d/4$ 且不小于 6mm,d 为纵向钢筋的最大直径。

柱及其他受压构件中的周边箍筋应做成封闭式;对圆柱中的箍筋,末端应做成 135°弯钩,弯钩末端平直段长度不应小于 $5d$,d 为箍筋的直径,箍筋应在相邻两纵筋间搭接且钩住相邻两根纵筋。

当柱截面短边尺寸大于 400mm 且各边纵向钢筋多于 3 根时,或当柱截面短边尺寸不大于 400mm 但各边纵向钢筋多于 4 根时,应设置复合箍筋,如图 6-1 所示。

当柱中全部纵向受力钢筋的配筋率大于 3% 时,箍筋直径不应小于 8mm,间距不应大于 $10d$ 且不应大于 200mm,d 为纵向受力钢筋的最小直径;箍筋末端应做成 135°弯钩,且弯钩末端平直段长度不应小于 $5d$,d 为箍筋直径。设置柱内箍筋时,宜使纵筋每隔一根位于箍筋的转折点处。对于截面形状复杂的柱,不可采用具有内折角的箍筋,避免产生向外的拉力,致使折角处的混凝土破损,而应采用分离式箍筋,如图 6-2 所示。

在配置连续螺旋式箍筋、焊接环式箍筋或连续复合螺旋式箍筋的柱中,如计算中考虑间接钢筋的作用,则间接钢筋的间距不应大于 80mm 及 $d_{cor}/5$,且不宜小于 40mm,d_{cor} 为按间

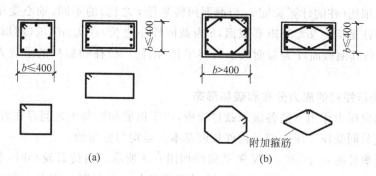

图 6-1　方形、矩形截面箍筋形式

接钢筋内表面确定的核心截面直径。

Ⅰ形截面的翼缘厚度不宜小于 120mm,腹板厚度不宜小于 100mm。当腹板开孔时,宜在孔洞周边每边设置 2～3 根直径不小于 8mm 的加强钢筋,每个方向加强钢筋的截面面积不宜小于该方向被截断钢筋的截面面积。

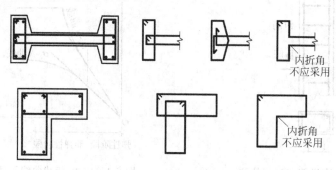

图 6-2　Ⅰ形、L 形截面箍筋形式

6.3　轴心受压构件正截面承载力计算

在实际工程结构中,理想的轴心受压构件是不存在的。这主要是施工时不可避免的尺寸偏差、混凝土材料的不均匀性、钢筋位置的可能偏差以及荷载作用位置不准确等原因会使纵向压力产生初始偏心距。但是对于某些构件,如以承受恒载为主的框架中柱、桁架的受压腹杆,构件截面上的弯矩很小,以承受轴向压力为主,可以近似按轴心受压构件计算。

钢筋混凝土柱按照箍筋的作用及配置方式的不同分为两种:配有纵筋和普通箍筋的柱,简称普通箍筋柱;配有纵筋和螺旋式或焊接环式箍筋的柱,统称螺旋箍筋柱。

6.3.1　轴心受压普通箍筋柱的正截面承载力计算

最常见的轴心受压柱是普通箍筋柱,如图 6-3 所示。纵筋能协助混凝土共同受压,以减小构件的截面尺寸;防止构件突然的脆性破坏及增强构件的延性;减小混凝土的收缩与徐变变形;抵抗因偶然偏心在构件受拉边产生的拉应力。箍筋与纵筋形成钢筋骨架,防止纵筋受力后外凸,为纵筋提供侧向支撑,当采用密排箍筋时还能约束核心混凝土,改善混凝土的变形性能。

根据柱长细比(柱的计算长度 l_0 与截面回转半径 i 之比)的不同,轴心受压柱可分为短柱和长柱。短柱是指 $l_0/b \leqslant 8$(矩形截面,b 为截面较小边长)或 $l_0/d \leqslant 7$(圆形截面,d 为直径)或 $l_0/i \leqslant 28$(其他截面,i 为截面最小回转半径)的柱。长柱和短柱的承载力和破坏形态不同。

1. 轴心受压短柱的应力分布和破坏形态

构件在轴向压力作用下的各级加载过程中,由于钢筋和混凝土之间存在着粘结力,纵向钢筋与混凝土共同受压。压应变沿构件长度基本上是均匀分布的。

轴心受压短柱的 σ_c-N 和 σ_s-N 关系曲线如图 6-4 所示。当荷载较小时,混凝土和钢筋都处于弹性阶段,基本上没有塑性变形。此时钢筋应力 σ_s 与混凝土应力 σ_c 的增加与荷载的增加成正比。随着荷载的增加,混凝土的塑性变形有所发展,进入弹塑性阶段,这时在相同的荷载增量下,钢筋的压应力 σ_s 比混凝土的压应力 σ_c 增加得快。当钢筋应力达到屈服强度后,钢筋的应力不随荷载增加而增加。

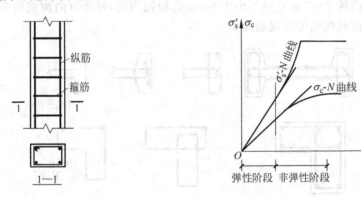

图 6-3　配有纵筋和箍筋的柱　　　　图 6-4　应力-荷载曲线示意图

在轴心受压短柱中,不论受压钢筋在构件破坏时是否达到屈服,构件的承载力最终都是由混凝土压碎来控制的。当达到极限荷载时,在构件最薄弱区段的混凝土内将出现由微裂缝发展而成的肉眼可见的纵向裂缝,随着压应变的增长,这些裂缝将相互贯通,在外层混凝土剥落之后,核芯部分的混凝土将在纵向裂缝之间被完全压碎。在这个过程中,混凝土的侧向膨胀将向外推挤钢筋,使纵向受压钢筋在箍筋之间呈灯笼状向外受压屈服。一般来说,破坏时,中等强度的钢筋均能达到其抗压屈服强度,混凝土能达到轴心抗压强度,钢筋和混凝土都得到充分的利用。

试验表明,轴心受压素混凝土棱柱体构件达到最大压应力值时的压应变值一般为 $0.0015 \sim 0.002$,而钢筋混凝土轴心受压短柱达到峰值应力时的压应变一般为 $0.0025 \sim 0.0035$,其主要原因可以认为是构件中配置了纵向钢筋,起到了调整混凝土应力的作用,能比较好地发挥混凝土的塑性性能,使构件到达峰值应力时的应变值增加,改善了轴心受压构件破坏的脆性性质。

2. 轴心受压长柱的受力特点和破坏形态

对于长细比较大的长柱,试验表明,由于各种偶然因素造成的初始偏心距的影响是不可忽略的。加载后,初始偏心距将产生附加弯矩和相应的侧向挠度,随着荷载的增加,附加弯矩和侧向挠度将不断增大,最后长柱在弯矩和轴力共同作用下发生破坏。破坏时,受压一侧往往产生较长的纵向裂缝,钢筋在箍筋之间向外压屈,构件高度中部的混凝土被压碎;而另一侧混凝土则被拉裂,在构件高度中部产生若干条以一定间距分布的水平裂缝,这实际上是偏心受压构件破坏的典型特征。

试验表明,长柱的破坏荷载低于其他条件相同的短柱破坏荷载,长细比越大,承载能力降低越多。其原因在于,长细比越大,由于各种偶然因素造成的初始偏心距越大,破坏时构件截面的附加弯矩和相应的侧向挠度也越大,构件所能承担的轴向压力就越小。对于长细比很大的细长柱,还可能发生失稳破坏现象。亦即当构件的侧向挠曲随着轴向压力增大到一定程度时,构件将不再能保持稳定平衡。这时构件截面虽未产生材料破坏,但已达到所能承担的最大轴向压力。《混凝土结构设计规范》(GB 50010—2010)采用稳定系数 φ 表示长柱承载能力的降低程度。

构件的稳定系数 φ 主要与构件的长细比 l_0/b 有关,根据国内外试验的实测结果,《混凝土结构设计规范》(GB 50010—2010)中对 φ 值制定了计算表(见表 6-1),可直接查用。

表 6-1　钢筋混凝土构件的稳定系数

l_0/b	≤8	10	12	14	16	18	20	22	24	26	28
l_0/d	≤7	8.5	10.5	12	14	15.5	17	19	21	22.5	24
l_0/i	≤28	35	42	48	55	62	69	76	83	90	97
φ	1.00	0.98	0.95	0.92	0.87	0.81	0.75	0.70	0.65	0.60	0.56
l_0/b	30	32	34	36	38	40	42	44	46	48	50
l_0/d	26	28	29.5	31	33	34.5	36.5	38	40	41.5	43
l_0/i	104	111	118	125	132	139	146	153	160	167	174
φ	0.52	0.48	0.44	0.40	0.36	0.32	0.29	0.26	0.23	0.21	0.19

注:表中 l_0 为构件的计算长度;b 为矩形截面的短边尺寸;d 为圆形截面的直径;i 为截面最小回转半径。

构件计算长度 l_0 与构件两端支撑情况有关,当两端铰支时,取 $l_0 = l$(l 是构件实际长度);当两端固定时,取 $l_0 = 0.5l$;当一端固定,一端铰支时,取 $l_0 = 0.7l$;当一端固定,一端自由时,取 $l_0 = 2l$。

在实际结构中,构件的支撑情况比上述理想的不动铰支撑或固定端复杂得多,应结合具体情况进行分析。为此,《混凝土结构设计规范》(GB 50010—2010)对单层厂房排架柱、框架柱等计算长度作了具体规定。

3. 受压承载力计算公式

《混凝土结构设计规范》(GB 50010—2010)给出的轴心受压构件正截面承载力设计表达式如下:

$$N \leqslant N_u = 0.9\varphi(f_c A + f'_y A'_s) \tag{6-1}$$

式中　N_u——轴向压力承载力设计值;

0.9——可靠度调整系数,为保证与偏压构件正截面承载力有相近的可靠度;

φ——钢筋混凝土构件的稳定系数,按表 6-1 采用;

f_c——混凝土的轴心抗压强度设计值,按附录表 A-1 采用;

A——构件截面面积;

f'_y——纵向钢筋的抗压强度设计值,按附录表 A-6 采用;对抗压强度高于 400MPa 的钢筋,应取 400MPa;

A'_s——全部纵向钢筋的截面面积。

当纵向钢筋配筋率大于 3% 时,式中 A 应改用 $(A-A_s')$。

4. 设计步骤

实际工程中关于轴心受压构件的设计问题可以分为截面设计和截面复核两大类。

1) 截面设计

在设计截面时,可以先选定材料强度等级,并根据轴向压力的大小以及房屋总体刚度和建筑设计的要求确定构件截面的形状和尺寸,然后利用表 6-1 确定稳定系数 φ,再由式(6-1)求出所需的纵向钢筋数量。如果计算所得纵筋的配筋率偏高,可考虑增大截面尺寸后重新计算,反之则考虑能否减小柱的截面尺寸。

2) 截面复核

轴心受压构件的截面复核问题比较简单,先由 l_0/b 查出 φ 值,再将其他已知条件代入式(6-1)即可求出构件截面能够承担的轴心压力设计值 N_u。

【例 6-1】 已知:某多层四跨现浇框架结构的第二层内柱轴心压力设计值为 $N=1400\text{kN}$,柱计算长度 l_0 为 6m,混凝土强度等级为 C25,钢筋采用 HRB400 级,柱截面尺寸为 $350\text{mm}\times350\text{mm}$,求所需钢筋的面积。

解: 由附录表 A-1 查得 $f_c=11.9\text{MPa}$,由附录表 A-6 查得 $f_y=360\text{MPa}$;

由 $\dfrac{l_0}{b}=\dfrac{6000}{350}=17.14$,查表得 $\varphi=0.836$。

由公式 $N_u=0.9\varphi(f_cA+f_y'A_s')$,求 A_s':

$$A_s'=\frac{1}{f_y'}\left(\frac{N}{0.9\varphi}-f_cA\right)=\frac{1}{360\text{MPa}}\left(\frac{1400000\text{N}}{0.9\times0.836}-11.9\text{MPa}\times350\text{mm}\times350\text{mm}\right)=1119\text{mm}^2$$

$$\rho'=\frac{A_s'}{A}=\frac{1119\text{mm}^2}{350\text{mm}\times350\text{mm}}=0.0091<0.03,同时大于最小配筋率 0.55\%,选取 4\ \Phi22,$$

$A_s'=1520\text{mm}^2$。

6.3.2　轴心受压螺旋箍筋柱的正截面承载力计算

当轴心受压构件承受的轴向荷载设计值较大,同时其截面尺寸由于建筑上及使用上的要求而受到限制,若按配有纵筋和普通箍筋的柱来计算,即使提高混凝土强度等级和增加纵筋用量仍不能承受该荷载时,可考虑采用配有螺旋式(或焊接环式)箍筋柱以提高构件的承载能力。柱的截面形状一般为圆形或多边形。图 6-5 表示螺旋式和焊接环式箍筋柱的构造形式。

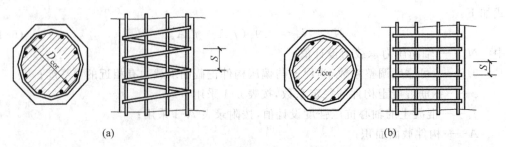

(a)　　　　　　　　　　　　(b)

图 6-5　螺旋式箍筋柱和焊接环式箍筋柱

(a) 螺旋式箍筋柱;(b) 焊接环式箍筋柱

1. 箍筋的横向约束作用

混凝土的纵向受压破坏可以认为是由于横向变形而发生拉坏的现象,如能约束其横向变形就能间接提高其纵向抗压强度。对配置螺旋式或焊接环式箍筋的柱,箍筋所包围的核心混凝土,相当于受到一个套箍作用,有效地限制了核心混凝土的横向变形,使核心混凝土在三向压应力作用下工作,从而提高了核心混凝土的抗压强度和变形能力。

试验表明,在螺旋式(或焊接环式)箍筋约束混凝土横向变形从而提高混凝土强度和变形能力的同时,螺旋(或焊接环)箍筋中产生了拉应力。当外力逐渐加大,它的应力达到抗拉屈服强度时,就不再能有效约束混凝土的横向变形,混凝土的抗压强度就不能再提高,这时构件达到破坏。螺旋(或焊接环)箍筋外的混凝土保护层在其受到较大拉应力时就开裂,故在计算时不考虑此部分混凝土。

2. 正截面受压承载力计算公式

由于螺旋式(或焊接环式)箍筋的套箍作用使核心混凝土的抗压强度由 f_c 提高到 f_{c1},可采用混凝土圆柱体侧向均匀压应力的三轴受压试验所得的近似公式计算,即

$$f_{c1} \approx f_c + 4\sigma_r \tag{6-2}$$

式中　f_{c1}——被约束后的混凝土轴心抗压强度;

σ_r——螺旋式(或焊接环式)箍筋屈服时,核心混凝土受到的径向压应力值。

由图 6-6 可知,当螺旋式(或焊接环式)箍筋屈服时,根据力的平衡条件可得

$$2f_y A_{ss1} = \sigma_r d_{cor} s \tag{6-3}$$

$$\sigma_r = \frac{2f_y A_{ss1}}{s d_{cor}} = \frac{2f_y A_{ss1} d_{cor} \pi}{4 \frac{\pi d_{cor}^2}{4} s} = \frac{f_y A_{ss0}}{2 A_{cor}} \tag{6-4}$$

$$A_{ss0} = \frac{\pi d_{cor} A_{ss1}}{s} \tag{6-5}$$

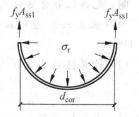

图 6-6　混凝土径向受压示意图

式中　A_{ss1}——螺旋式或焊接环式单根间接钢筋的截面面积;

f_y——间接钢筋的抗拉强度设计值;

s——间接钢筋沿构件轴线方向的间距;

d_{cor}——构件的核心直径,即间接钢筋内表面之间的距离;

A_{ss0}——螺旋式或焊接环式间接钢筋的换算截面面积;

A_{cor}——构件的核心截面面积,即间接钢筋内表面范围内的混凝土面积。

如上所述,螺旋式(或焊接环式)箍筋柱破坏时,受压纵筋应力达到抗压屈服强度,螺旋式(或焊接环式)箍筋所约束的核心混凝土达到抗压强度 f_{c1},箍筋外面的混凝土保护层剥落。根据纵向内外力平衡条件,同时考虑可靠度调整系数 0.9 后,得到螺旋式(或焊接环式)箍筋柱的受压承载力计算公式,即

$$N \leqslant N_u = 0.9(f_{c1} A_{cor} + f_y' A_s') = 0.9\left(f_c A_{cor} + 4\frac{f_y A_{ss0}}{2A_{cor}} \cdot A_{cor} + f_y' A_s'\right)$$

经整理后可得

$$N \leqslant N_u = 0.9(f_c A_{cor} + f_y' A_s' + 2f_y A_{ss0}) \tag{6-6}$$

设计时,考虑到间接钢筋对不同强度等级混凝土约束效应的影响差异,按下列公式近似计算:

$$N \leqslant N_u = 0.9(f_c A_{cor} + f'_y A'_s + 2\alpha f_y A_{ss0}) \tag{6-7}$$

式中 α——间接钢筋对混凝土约束的折减系数。当混凝土强度等级不超过 C50 时,取 1.0;当混凝土强度等级为 C80 时,取 0.85;其间按线性内插法确定。

为了保证在使用荷载作用下,箍筋外围混凝土不致过早剥落,按式(6-7)算得的构件受压承载力设计值不应大于按式(6-1)算得的构件受压承载力设计值的 1.5 倍。

当遇到下列任意一种情况时,不应计入间接钢筋的影响,应按式(6-1)计算构件的承载力:

(1) 当 $l_0/d > 12$ 时,因构件长细比较大,有可能因纵向弯曲使得螺旋式(或焊接环式)箍筋不能发挥其作用;

(2) 按式(6-7)算得的受压承载力小于按式(6-1)算得的受压承载力;

(3) 当间接钢筋的换算截面面积小于纵向钢筋全部截面面积的 25% 时,可以认为间接钢筋配置得太少,不能起到套箍的约束作用。

【例 6-2】 某商住楼底层门厅采用现浇钢筋混凝土柱,承受轴向压力设计值 $N=4700\text{kN}$,计算长度 $l_0=5.2\text{m}$。混凝土强度等级为 C30,由于建筑要求柱截面为圆形,直径为 $d=450\text{mm}$,柱中纵筋采用 HRB400 级钢筋,箍筋采用 HPB300 级钢筋。求柱中配筋。

解:先按配有普通纵筋和箍筋柱计算。

由附录表 A-6 查得纵筋 $f'_y=360\text{MPa}$,箍筋 $f_y=270\text{MPa}$,由附录表 A-1 查得 $f_c=14.3\text{MPa}$。

(1) 计算稳定系数 φ

$$\frac{l_0}{d} = \frac{5200\text{mm}}{450\text{mm}} = 11.6, \quad \text{查表 6-1 得 } \varphi = 0.928$$

(2) 求纵筋 A'_s

已知圆形混凝土截面面积为

$$A = \frac{\pi d^2}{4} = 3.14 \times \frac{(450\text{mm})^2}{4} = 15.9 \times 10^4\text{mm}^2$$

由式(6-1)可得

$$A'_s = \frac{1}{f'_y}\left(\frac{N}{0.9\varphi} - f_c A\right) = \frac{1}{360\text{MPa}}\left(\frac{4700 \times 10^3\text{N}}{0.9 \times 0.928} - 14.3\text{MPa} \times 15.9 \times 10^4\text{mm}^2\right) = 9315.8\text{mm}^2$$

(3) 求配筋率

$$\rho' = \frac{A'_s}{A} = \frac{9315.8\text{mm}^2}{15.9 \times 10^4\text{mm}^2} = 5.9\% > 5\%, \text{说明不宜采用普通箍筋柱。}$$

下面按螺旋箍筋柱计算。

(4) 假定选用纵筋 14 Φ 25,$A'_s=6872.6\text{mm}^2$,$\rho'=\dfrac{A'_s}{A}=\dfrac{6872.6\text{mm}^2}{15.9 \times 10^4\text{mm}^2}=4.3\%$。

若混凝土保护层厚度为 25mm,则得

$$d_{cor} = d - (25\text{mm} + 10\text{mm}) \times 2 = 450\text{mm} - 70\text{mm} = 380\text{mm}$$

$$A_{cor} = \frac{\pi d_{cor}^2}{4} = \frac{3.14 \times (380\text{mm})^2}{4} = 11.34 \times 10^4\text{mm}^2$$

(5) 混凝土强度等级不大于 C50,$\alpha=1.0$,按式(6-7)求螺旋箍筋的换算截面面积 A_{ss0}:

$$A_{ss0} = \frac{N/0.9 - (f_c A_{cor} + f'_y A'_s)}{2\alpha f_y}$$

$$= \frac{470 \times 10^4 \mathrm{N}/0.9 - (14.3\mathrm{MPa} \times 11.34\mathrm{mm}^2 \times 10^4 + 360\mathrm{MPa} \times 6872.6\mathrm{mm}^2)}{2 \times 1.0 \times 270\mathrm{MPa}}$$

$$= 2086.1\mathrm{mm}^2 > 0.25 A'_s = 0.25 \times 6872.6\mathrm{mm}^2 = 1718\mathrm{mm}^2，满足要求。$$

（6）选取螺旋箍筋直径 $d = 10\mathrm{mm}$，则单肢螺旋筋面积 $A_{ss1} = 78.5\mathrm{mm}^2$。螺旋筋的间距 s 可通过式(6-5)计算：$s = \dfrac{\pi d_{cor} A_{ss1}}{A_{ss0}} = \dfrac{3.14 \times 380\mathrm{mm} \times 78.5\mathrm{mm}^2}{2086.1\mathrm{mm}^2} = 44.90\mathrm{mm}$

取 $s = 40\mathrm{mm}$，符合 $40\mathrm{mm} \leqslant s \leqslant 80\mathrm{mm}$ 及 $s \leqslant 0.2 d_{cor} = 0.2 \times 380\mathrm{mm} = 76\mathrm{mm}$ 的规定。

（7）根据所配置的螺旋筋 $d = 10\mathrm{mm}$，$s = 40\mathrm{mm}$，重新用式(6-5)及式(6-7)求得螺旋箍筋柱的轴向压力设计值 N 如下：

$$A_{ss0} = \frac{\pi d_{cor} A_{ss1}}{s} = \frac{3.14 \times 380\mathrm{mm} \times 78.5\mathrm{mm}^2}{40\mathrm{mm}} = 2341.7\mathrm{mm}^2$$

$$N_u = 0.9(f_c A_{cor} + 2\alpha f_y A_{sso} + f'_y A'_s)$$

$$= 0.9(14.3\mathrm{MPa} \times 11.34 \times 10^4 \mathrm{mm}^2 + 2 \times 1 \times 270\mathrm{MPa} \times 2341.7\mathrm{mm}^2$$

$$+ 360\mathrm{MPa} \times 6872.6\mathrm{mm}^2)$$

$$= 5360.3\mathrm{kN}$$

按照普通箍筋柱计算受压承载力，则

$$N_u = 0.9\varphi[f_c(A - A'_s) + f'_y A'_s]$$

$$= 0.9 \times 0.928[14.3\mathrm{MPa} \times (15.9 \times 10^4 \mathrm{mm}^2 - 6872.6\mathrm{mm}^2) + 360\mathrm{MPa} \times 6872.6\mathrm{mm}^2]$$

$$= 3883.3\mathrm{kN}$$

因 $N_u = 5360.3\mathrm{kN} < 1.5 \times 3883.3\mathrm{kN} = 5824.95\mathrm{kN}$，说明该柱能承受的轴心受压承载力设计值 $N_u = 5360.3\mathrm{kN}$，满足要求。

6.4　偏心受压构件正截面承载力计算原理

偏心受压构件在工程中应用非常广泛，例如常用的多层框架柱、单层刚架柱、单层排架柱，大量的实体剪力墙以及联肢剪力墙中的相当一部分墙肢，屋架和托架的上弦杆和某些受压腹杆，以及水塔、烟囱的筒壁等都属于偏心受压构件。

工程中的偏心受压构件大部分都是按单向偏心受压来进行截面设计。在这类构件中，纵向钢筋通常布置在截面偏心方向两侧，离偏心压力较近一侧的纵向钢筋为受压钢筋，其截面面积用 A'_s 表示；离偏心压力较远一侧的纵向钢筋可能受拉也可能受压，不论是受拉还是受压，其截面面积都用 A_s 表示。随着纵向压力 N 的偏心距 e_0 和纵向钢筋配筋率的变化，偏心受压构件主要发生受拉破坏或受压破坏。

6.4.1　偏心受压短柱的破坏形态

1. 大偏心受压破坏（受拉破坏）

当构件截面中纵向压力的偏心距 e_0 较大，且受拉钢筋 A_s 配置的不过多时，将发生受拉破坏。此时，远离纵向偏心力一侧的截面受拉，另一侧受压。随着荷载的增加，受拉边缘混凝土达到其极限拉应变，从而出现垂直于构件轴线的裂缝。这些裂缝将随着荷载的增大而不断加宽并向受压一侧发展，裂缝截面中的拉力全部转由受拉钢筋承担。荷载继续增加，受拉钢筋首先达到屈服强度。随着钢筋屈服后的塑性伸长,裂缝将明显加宽并进一步向受压一侧延伸,从而使受压区高度进一步减小,最后当受压边缘混凝土达到其极限压应变时,受压区混凝土被压碎而导致构件的最终破坏。破坏时只要受压钢筋强度不是太高,受压区高度不是过小,受压钢筋一般都能达到屈服强度。

总之,大偏心受压破坏(受拉破坏)的特征是,受拉钢筋首先达到屈服,然后受压钢筋也能达到屈服,最后由于受压区混凝土被压碎而导致构件破坏,这种破坏形态在破坏前有明显的预兆,属于延性破坏类型。构件破坏时,其正截面上的应力状态如图 6-7 所示。

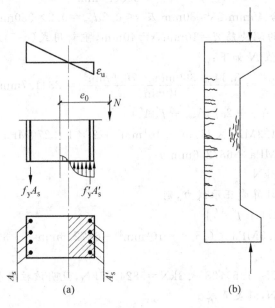

图 6-7　受拉破坏时截面应力和受拉破坏形态
(a) 截面应力;(b) 受拉破坏形态

2. 小偏心受压破坏(受压破坏)

当构件截面中轴向压力的偏心距 e_0 较小或很小,或虽然偏心距较大,但配置过多的受拉钢筋时,构件将发生受压破坏。

当轴向力 N 的偏心距 e_0 较小,或偏心距 e_0 虽然较大,但受拉钢筋 A_s 配置较多时,构件截面处于大部分受压而少部分受拉状态。随着荷载的增加,受拉边缘混凝土将达到其极限拉应变,从而沿构件受拉边一定间隔将出现垂直于构件轴线的裂缝。在构件破坏时,中和轴距受拉钢筋较近,钢筋中的拉应力较小,受拉钢筋达不到屈服强度,因此不可能形成明显的主拉裂缝。构件的破坏是由受压区混凝土的压碎所引起的,同时只要受压一侧的纵向钢筋强度不是过高,受压钢筋压应力一般都能达到屈服强度。构件破坏时,其正截面上的应力状态如图 6-8 所示。由于受拉钢筋的应力没有达到屈服强度,因此在截面应力分布图形中其拉应力只能用 σ_s 来表示。

当轴向压力 N 的偏心距很小时,构件截面将全部受压,只不过一侧压应力较大,另一侧压应力较小。这类构件压应力较小一侧在整个受力过程中不会出现与构件轴线垂直的裂缝。构件的破坏是由压应力较大一侧的混凝土被压碎所引起的。在混凝土被压碎时,只要接近纵向偏心力一侧的纵向钢筋强度不是过高,一般均能达到屈服强度。由于受压较小一

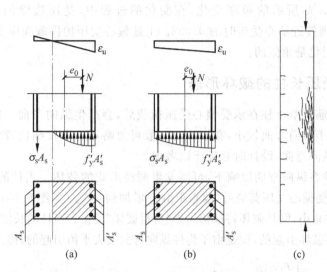

图 6-8　受压破坏时的截面应力和受压破坏形态

(a)、(b) 截面应力；(c) 受压破坏形态

侧钢筋的压应力通常达不到屈服强度,故在应力分布图形中它的应力只能用 σ_s 表示。

另外,当轴向力的偏心距很小,而远离轴向力一侧的钢筋配置过少,接近轴向力一侧的钢筋配置较多时,截面的实际重心和构件的几何中心不重合,会出现远离轴向力一侧的混凝土先被压坏的现象,这称为反向破坏。

总之,小偏心受压破坏(受压破坏)的特征是,构件的破坏是由受压区混凝土的压碎所引起的。破坏时,压应力较大一侧受压钢筋的压应力一般都能达到屈服强度,而另一侧的钢筋不论受拉还是受压,其应力一般都达不到屈服强度。这种破坏形态在破坏前没有明显预兆,属于脆性破坏类型。

3. 界限破坏

在受拉破坏和受压破坏之间存在一种界限状态,称为界限破坏。它不仅有横向主裂缝,而且比较明显。其主要特征是在受拉钢筋应力达到屈服的同时,受压区混凝土被压碎。

图 6-9 为偏心受压构件在各种情况下的截面应变分布图形。图中 ab、ac 表示在大偏心受压状态下的截面应变状态；随着纵向压力偏心距的减小或受拉钢筋配筋量的增加,在破坏时形成斜线 ad 所示的应变分布状态,即当受拉钢筋达到屈服应变时,受压边缘混凝土也达到极限应变值 $\varepsilon_{cu} = 0.0033$,这就是界限状态；随着纵向压力偏心距的进一步减小或受拉钢筋配筋量的进一步增加,则截面破坏时将形成斜线 ae 所示的应变分布状态,即当受压区混凝土压碎时,受拉钢筋仍达不到屈服,这就是小偏心受压状态。当进入全截面受压状态后,混凝土受压较大一侧的边缘极限压应变将随着纵向压力偏心距的减小而逐步下降,其截面应变分布如斜线

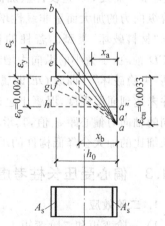

图 6-9　偏心受压构件的截面应变分布

af、$a'g$ 和水平线 $a''h$ 所示的顺序变化,在变化的过程中,受压边缘的极限压应变将由 0.0033 逐步下降到接近轴心受压时的 0.002。上述偏心受压构件截面应变变化规律与受弯构件截面应变的变化是相似的。

6.4.2　偏心受压长柱的破坏形态

试验表明,钢筋混凝土柱在承受偏心受压荷载后,会产生纵向弯曲。但长细比小的柱,即所谓"短柱",由于纵向弯曲较小,在设计时一般可忽略不计。长细比较大的长柱则不同,会产生比较大的纵向弯曲,设计时必须予以考虑。

偏心受压长柱在纵向弯曲影响下,可能发生两种形式的破坏。当柱的长细比在一定范围内时,虽然在承受偏心受压荷载后,偏心距由 e_i 增加到 e_i+f(见图 6-10),使柱的承载能力比同样截面的短柱减小,但其破坏特征仍属于"材料破坏"类型。当柱的长细比很大时,构件的破坏不是由于材料破坏引起的,而是由于构件纵向弯曲失去平衡引起的,称为失稳破坏。

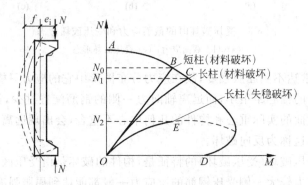

图 6-10　不同长细比柱从加荷到破坏的 $N\text{-}M$ 关系

图 6-10 反映了 3 根截面尺寸、配筋和材料强度等完全相同,仅长细比不相同的柱从加载到破坏的示意图。图中 $ABCD$ 是构件截面在破坏时的承载能力 M 和 N 的相关曲线。直线 OB 是长细比小的短柱从加荷到破坏点 B 时 N 和 M 的关系线,由于短柱的纵向弯曲很小,可以假定偏心距自始至终不变,即 M/N 为常数,所以其变化轨迹是直线,属于"材料破坏"类型。曲线 OC 是长柱从加荷到破坏点 C 时 N 和 M 的关系曲线。在长柱中偏心距是随着纵向力的加大而呈非线性增加的,即 M/N 是变量,所以其变化轨迹呈曲线形状,但也属于"材料破坏"类型。若柱的长细比很大时,则在没有达到 $N\text{-}M$ 的材料破坏关系曲线 $ABCD$ 前,由于微小的纵向力增量 ΔN 可引起不收敛的弯矩 M 的增加而导致构件破坏,即所谓"失稳破坏"。曲线 OE 即属于这种类型,在 E 点承载力达到最大,但此时截面内钢筋应力并未达到屈服强度,混凝土也未达到极限压应变值。从图中还能看出,这 3 根柱虽然具有相同的轴向力偏心距 e_i 值,其承受纵向力 N 值的能力是不同的,且 $N_0>N_1>N_2$,这表明构件长细比的加大会降低构件的承载力。

6.4.3　偏心受压长柱考虑二阶效应的设计弯矩计算

1. 二阶效应

1)一阶弯矩和二阶弯矩

如图 6-11(a)所示,钢筋混凝土长柱在荷载作用下会产生不可忽略的侧向挠曲,横向挠

度为 δ,柱的横向总侧移量为 $e_0+\delta$,如图 6-11(b)所示。故构件实际承担的弯矩 $M=N(e_0+\delta)$,如图 6-11(c)所示,其值明显大于初始弯矩 $M_0=Ne_0$,这种由加载后构件的变形而引起的内力增加的情况称为二阶效应。初始弯矩称为一阶弯矩,附加弯矩称为二阶弯矩。

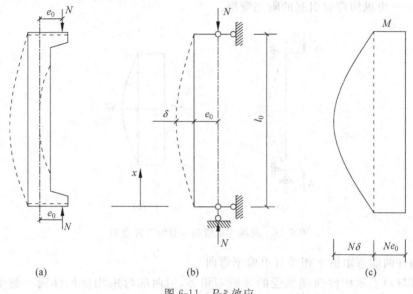

图 6-11 $P\text{-}\delta$ 效应

当框架上作用水平荷载,或无水平荷载,但结构或荷载不对称时,结构会产生侧移 Δ,如图 6-12 所示。这时,竖向荷载也会在产生了侧移 Δ 的框架中引起附加内力,这类附加内力称为二阶弯矩。

综上所述,结构工程中的二阶弯矩泛指在产生了挠曲变形或层间位移的结构构件中,由轴向压力引起的附加内力。如对无侧移框架结构,二阶效应是指轴向压力在产生了挠曲变形 δ 的柱段中引起的附加内力,通常称为 $P\text{-}\delta$ 效应(图 6-11)。对于有侧移的框架结构,二阶效应主要是指竖向荷载在产生了侧移 Δ 的框架中引起的附加内力,通常称为 $P\text{-}\Delta$ 效应(图 6-12)。

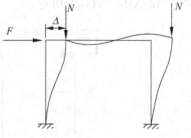

图 6-12 $P\text{-}\Delta$ 效应

在实际工程中,对于反弯点不在杆件高度范围内(即沿构件长度均为同号弯矩)的较细长且轴压比偏大的偏压杆件,经 $P\text{-}\delta$ 效应增大后的杆件中部弯矩有可能超过柱端控制截面的弯矩,此时杆件中间区段截面会成为设计的控制截面。对于结构中常见的反弯点位于柱高中部的偏压构件,这种二阶效应虽能增大构件除两端区域外各截面的弯矩和曲率,但增大后的弯矩通常不可能超过柱两端控制截面的弯矩。在这种情况下,$P\text{-}\delta$ 效应不会对杆件截面的偏心受压承载力产生影响。

2) 结构无侧移时偏心受压构件的二阶弯矩

结构无侧移时,根据偏心受压构件两端弯矩值的不同,纵向弯曲引起的二阶弯矩可能出现以下三种情况。

(1) 构件两端弯矩值相等且单曲率弯曲。

图 6-13(a)表示构件两端作用有偏心距为 e_i 的轴向压力 N,故构件两端弯矩均为 Ne_i。

在 Ne_i 作用下,构件产生如图 6-13(a)虚线所示的弯曲变形,其中 δ 表示在最大弯矩点由弯曲引起的侧移;这时柱高中点的总弯矩 $M_{\max}$(图 6-13(b))为

$$M_{\max} = Ne_i + N\delta \tag{6-8}$$

式中　$N\delta$——由纵向弯曲引起的附加弯矩。

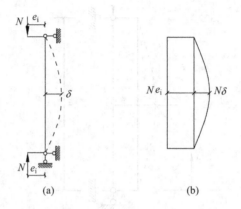

图 6-13　两端弯矩值相等时的二阶弯矩

（2）构件两端弯矩值不相等且单曲率弯曲

图 6-14(a)表示构件两端承受的弯矩不相等,但两端弯矩均使构件同一侧受拉(单曲率弯曲)时,其最大侧移出现在离端部某一距离处。其中,$M_2 = Ne_{i2}$、$M_1 = Ne_{i1}$,$M_2 > M_1$(图 6-14(b))。$N\delta$ 为纵向弯曲引起的附加弯矩,如图 6-14(c)所示。最大弯矩 $M_{\max} = M_d + N\delta$,如图 6-14(d)所示。

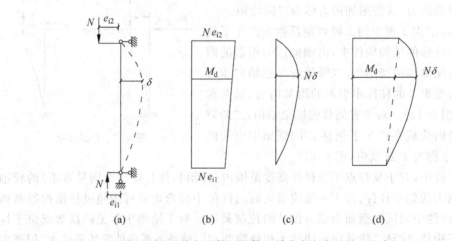

图 6-14　两端弯矩值不相等且单曲率弯曲时的二阶弯矩

（3）构件两端弯矩值不相等且双曲率弯曲

图 6-15(a)表示构件两端弯矩值不相等且双曲率弯曲的情况。由两端不相等弯矩 $M_2 = Ne_{i2}$、$M_1 = Ne_{i1}$ 引起的构件弯矩分布如图 6-15(b)所示;纵向弯曲引起的二阶弯矩 $N\delta$ 如图 6-15(c)所示;总弯矩 $M = M_d + N\delta$ 有两种可能的分布,如图 6-15(d)、(e)所示。图 6-15(d)中,二阶弯矩未引起最大弯矩的增加,即构件的最大弯矩在柱端,并等于 Ne_{i2}。图 6-15(e)中,最大弯矩在距柱端某一距离处,其值 $M_{\max} = M_d + N\delta$。

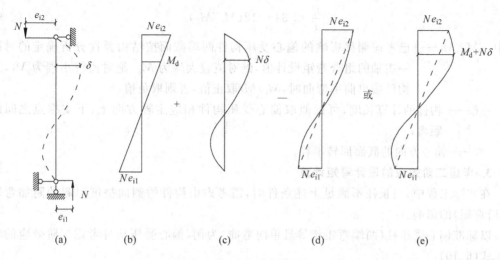

图 6-15　两端弯矩值不相等且双曲率弯曲时的二阶弯矩

3) 结构有侧移时偏心受压构件的二阶弯矩

如图 6-16 所示的简单门架,承受水平荷载 F 和竖向力 N 的作用。仅由水平力引起的变形在图中用虚线表示,弯矩 M_F 如图 6-16(b)所示。当 N 作用时,产生了附加弯矩和附加变形,附加变形用实线表示,附加弯矩如图 6-16(c)所示,此时二阶弯矩为结构侧移和杆件变形所产生的附加弯矩的总和。由图 6-16(b)、(c)可知,一阶弯矩最大值和二阶弯矩最大值均出现在杆端且同号,临界截面上的弯矩为一阶弯矩与二阶弯矩之和,如图 6-16(d)、(e)所示。

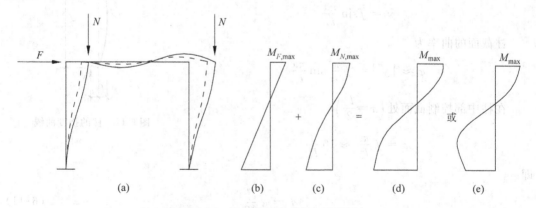

图 6-16　结构侧移引起的二阶弯矩

(a) 计算简图；(b) F 引起的弯矩；(c) N 引起的弯矩；(d)、(e) $F+N$ 引起的弯矩

2. 不考虑二阶弯矩的范围

《混凝土结构设计规范》(GB 50010—2010)给出了可不考虑 P-δ 效应的条件。该规范规定,弯矩作用平面内截面对称的偏心受压构件,当同一主轴方向的杆端弯矩比 M_1/M_2 不大于 0.9,且轴压比不大于 0.9 时,若构件的长细比满足式(6-9)的要求,可不考虑轴向压力在该方向挠曲杆件中产生的附加弯矩影响；否则应按截面的两个主轴方向分别考虑轴向压力在挠曲杆件中产生的附加弯矩的影响。

$$\frac{l_c}{i} \leqslant 34 - 12(M_1/M_2) \tag{6-9}$$

式中　M_1、M_2——已考虑侧移影响的偏心受压构件两端截面按结构弹性分析确定的对同
　　　　　　　　一主轴的组合弯矩设计值,绝对值较大端为 M_2,绝对值较小端为 M_1,当
　　　　　　　　构件按单曲率弯曲时,M_1/M_2 取正值,否则取负值。

　　　　l_c——构件的计算长度,可近似取偏心受压构件相应主轴方向上、下支撑点之间的
　　　　　　　距离;

　　　　i——偏心方向的截面回转半径。

3. 考虑二阶效应的设计弯矩计算

　　在实际工程中,当长柱不满足上述条件时,需考虑由构件的侧向挠度引起的附加弯矩
(二阶弯矩)的影响。

　　以标准偏心受压柱(两端弯矩相等且单向弯曲)为例,偏心受压构件考虑二阶效应的弯
矩见式(6-10):

$$M = M_2 + Nf = N(e_i + f) = Ne_i\left(1 + \frac{f}{e_i}\right) = M_2\left(1 + \frac{f}{e_i}\right)$$

$$\eta_{ns} = 1 + \frac{f}{e_i} \tag{6-10}$$

式中　η_{ns}——弯矩增大系数,其推导过程如下。

　　试验结果表明,偏心受压柱达到或接近极限承载力时,挠
曲线与正弦曲线十分吻合,因此可取图 6-17 所示的正弦曲
线,即

$$y = f\sin\frac{\pi x}{l_c}$$

柱截面的曲率为

$$\varphi \approx |y''| = f\frac{\pi^2}{l_c^2}\sin\frac{\pi x}{l_c}$$

在柱中部控制截面处 $\left(x = \frac{l_c}{2}\right)$

$$\varphi = f\frac{\pi^2}{l_c^2} \approx 10\frac{f}{l_c^2}$$

即

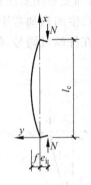

图 6-17　柱的挠度曲线

$$f = \varphi\frac{l_c^2}{10} \tag{6-11}$$

式中　f——柱中截面的侧向挠度;

　　　　l_c——柱的计算长度。

　　根据平截面假定,可求得

$$\varphi = \frac{\varepsilon_{cu} + \varepsilon_s}{h_0} \tag{6-12}$$

　　对于界限破坏情况,受压边缘混凝土的应变 $\varepsilon_{cu} = 0.0033 \times 1.25$。式中,1.25 是考虑柱
在长期荷载作用下,混凝土徐变引起的应变增大系数,该系数值是参照国外规范确定的经验

系数。钢筋应变值 $\varepsilon_s = \varepsilon_y = \dfrac{f_y}{E_s} = 0.002$，$E_s$ 为弹性模量。代入式(6-12)可得

$$\varphi_b = \frac{0.0033 \times 1.25 + 0.002}{h_0} = \frac{1}{163.27}\Big(\frac{1}{h_0}\Big) \tag{6-13}$$

对于偏心受压构件，受力情况不同则受拉钢筋 A_s 的应变不同，受压边缘混凝土的压应变也有差别。大偏心受压时受拉钢筋应力能够达到屈服强度，A_s 的应变大于或等于 ε_y，受压区边缘混凝土应变为极限压应变 ε_{cu}，截面破坏时的曲率大于或等于界限破坏曲率 φ_b。对于小偏压构件，离纵向力较远一侧钢筋 A_s 可能受拉不屈服或受压，且受压区边缘混凝土的应变值一般也小于 0.0033，截面破坏时的曲率小于界限破坏曲率 φ_b。为反映不同受力情况对截面极限曲率的影响，引入偏心受压构件截面曲率修正系数 ζ_c，《混凝土结构设计规范》(GB 50010—2010)采用下式计算 ζ_c 值。

$$\zeta_c = \frac{0.5 f_c A}{N} \tag{6-14}$$

且当 $\zeta_c > 1$ 时，取 $\zeta_c = 1$。

式中 A——构件截面面积，对 T 形、I 形截面均取 $A = bh + 2(b_f' - b)h_f'$；

      N——轴向力设计值。

破坏时，最大曲率在柱中点，可求得柱中点的最大侧向挠度值

$$f = \varphi \frac{l_c^2}{10} = \frac{1}{1632.7} \frac{l_c^2}{h_0} \zeta_c \tag{6-15}$$

将式(6-15)代入式(6-10)可得

$$\eta_{ns} = 1 + \frac{f}{e_i} = 1 + \frac{1}{1632.7 e_i} \frac{l_c^2}{h_0} \zeta_c = 1 + \frac{1}{1632.7 e_i/h_0} \times \Big(\frac{h}{h_0}\Big)^2 \Big(\frac{l_c}{h}\Big)^2 \zeta_c$$

近似取 $h = 1.1 h_0$，代入式(6-15)后得

$$\eta_{ns} = 1 + \frac{1}{1340 \frac{e_i}{h_0}} \Big(\frac{l_c}{h}\Big)^2 \zeta_c \approx 1 + \frac{1}{1300 \times \big(M_2 + e_a\big)/h_0} \Big(\frac{l_c}{h}\Big)^2 \zeta_c \tag{6-16}$$

《混凝土结构设计规范》(GB 50010—2010)规定，除排架结构柱外，其他偏心受压构件应考虑轴向压力在挠曲杆件中产生的二阶效应后控制截面的弯矩设计值，按下列公式计算：

$$M = C_m \eta_{ns} M_2 \tag{6-17}$$

$$C_m = 0.7 + 0.3 \frac{M_1}{M_2} \tag{6-18}$$

当 $C_m \eta_{ns}$ 小于 1.0 时取 1.0；对剪力墙及核心筒墙，可取 $C_m \eta_{ns}$ 等于 1.0。

式中 C_m——构件端截面偏心距调节系数，考虑了构件两端截面弯矩差异的影响，当小于 0.7 时取 0.7；

      η_{ns}——弯矩增大系数；

      N——与弯矩设计值 M_2 相应的轴向压力设计值；

      ζ_c——截面曲率修正系数，当计算值大于 1.0 时取 1.0。

另外，《混凝土结构设计规范》(GB 50010—2010)规定，排架结构柱考虑二阶效应的弯矩设计值可按照下列公式计算：

$$M = \eta_s M_0 \tag{6-19}$$

$$\eta_s = 1 + \frac{1}{1500\left(\frac{M_0}{N} + e_a\right)\big/ h_0}\left(\frac{l_0}{h}\right)^2 \zeta_c \qquad (6\text{-}20)$$

式中　M_0——一阶弹性分析柱端弯矩设计值;

　　　l_0——排架柱的计算长度。

6.4.4　偏心受压构件正截面承载力计算的基本假定

偏心受压构件和受弯构件在破坏形态和受力方面有近似之处,因此,偏心受压构件计算的基本假定大部分与受弯构件相同。截面变形后的平截面假定仍然适用,也不考虑混凝土的抗拉强度,受压区混凝土的应力图形仍用一个等效的矩形应力图形来代替。但是,由于受力情况和截面应力分布情况的多样性和复杂性,偏心受压构件和受弯构件相比较也有不同之处。受压混凝土的极限压应变在偏心受压构件中随偏心程度的大小而有所变化,不像在受弯构件中那样基本不变。为了保持正截面计算的统一性和便于应用,规范对偏心受压正截面计算仍采用了与受弯构件正截面计算一样的基本假定,包括取统一的 $\varepsilon_{cu} = 0.0033$,以及采用与受弯构件一样的混凝土应力-应变曲线。由此带来的计算误差由采用适当的附加偏心距等方法加以补偿,所得的计算结果与实验结果的一致性能满足工程计算的要求。

6.4.5　附加偏心距

由于工程中实际存在荷载作用位置的不定性、混凝土质量的不均匀性及施工的偏差等因素,都可能产生附加偏心距。《混凝土结构设计规范》(GB 50010—2010)规定,在偏心受压构件的正截面承载力计算中应计入轴向压力在偏心方向存在的附加偏心距 e_a,其值应取20mm 和偏心方向截面尺寸的 1/30 两者中的较大值。正截面计算中所取的偏心距 e_i 由 e_0 和 e_a 两者相加而成,即

$$e_0 = \frac{M}{N} \qquad (6\text{-}21)$$

$$e_a = h/30 \geqslant 20\text{mm} \qquad (6\text{-}22)$$

$$e_i = e_0 + e_a \qquad (6\text{-}23)$$

式中　e_0——由截面上 M、N 计算所得的原始偏心距;

　　　e_a——附加偏心距;

　　　e_i——初始偏心距。

《混凝土结构设计规范》(GB 50010—2010)在决定附加偏心距取值时考虑了对偏心受压构件正截面计算结果的修正作用,以补偿基本假定和实际情况不完全相符带来的计算误差。

6.4.6　小偏心受压构件中远离纵向偏心力一侧的钢筋应力

试验分析表明,小偏心受压构件破坏时的应力分布图形可能是截面部分受压部分受拉或全截面受压。一般情况下,接近纵向力 N 作用一侧的混凝土被压碎,并且这一侧的纵向受压钢筋 A_s' 的应力达到屈服,而远离纵向偏心力一侧的钢筋 A_s 可能受拉或受压,但应力往往达不到屈服强度,用 σ_s 表示。

理论上,根据截面应变符合平面的假定,可得出 σ_s 与相对受压区高度 ξ 之间的关系式,即

$$\sigma_s = E_s \varepsilon_{cu} \left(\frac{\beta_1}{\xi} - 1 \right) \tag{6-24}$$

如果采用式(6-24)确定 σ_s,则应用小偏心受压构件计算公式时需要解 x 的三次方程,手算不方便。

我国大量的试验资料和计算分析表明,小偏心受压构件实测的受拉边或受压较小边的钢筋应力 σ_s 与 ξ 接近直线关系。《混凝土结构设计规范》(GB 50010—2010)取 σ_s 与 ξ 之间为直线关系。当 $\xi = \xi_b$ 时(即发生界限状态),$\sigma_s = f_y$;当 $\xi = \beta_1$ 时,由式(6-24)可知,$\sigma_s = 0$,通过以上两点即可找出 σ_s-ξ 的近似线性关系为

$$\sigma_s = \frac{f_y}{\xi_b - \beta_1} \left(\frac{x}{h_0} - \beta_1 \right) = \frac{f_y}{\xi_b - \beta_1} (\xi - \beta_1) \tag{6-25}$$

式中　ξ——相对受压区计算高度;

　　　ξ_b——界限相对受压区计算高度。

按式(6-25)计算的 σ_s 应符合 $-f_y' \leqslant \sigma_s \leqslant f_y$。

6.5　矩形截面不对称配筋偏心受压构件正截面承载力计算

6.5.1　区分大、小偏心受压破坏形态的界限

从大小偏心受压破坏特征可以看出,两者之间的根本区别在于破坏时受拉钢筋能否达到屈服。这和受弯构件的适筋与超筋破坏两种情况完全一致。因此,两种偏心受压破坏形态的界限与受弯构件适筋与超筋破坏的界限也必然相同,即纵向钢筋应力达到屈服强度的同时,受压区混凝土也达到极限压应变 ε_{cu} 值,此时的相对受压区高度称为界限受压区高度 ξ_b。

当 $\xi \leqslant \xi_b$ 时,属于大偏心受压破坏;

当 $\xi > \xi_b$ 时,属于小偏心受压破坏。

6.5.2　矩形截面大偏心受压构件正截面承载力计算

按受弯构件的处理方法,受压区混凝土压应力曲线图形用等效矩形应力图形来代替,其应力值为 $\alpha_1 f_c$,受压区高度为 x,则大偏心受压破坏的截面计算图形如图6-18所示。

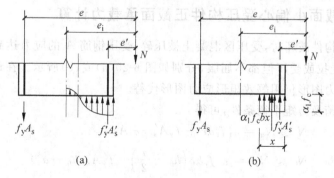

图6-18　大偏心受压构件的截面计算

(a) 应力分布图;(b) 计算简图

1. 计算公式

由纵向力的平衡及各力对受拉钢筋合力点取矩,可得下面两个基本计算公式:

$$N \leqslant N_u = \alpha_1 f_c bx + f'_y A'_s - f_y A_s \tag{6-26}$$

$$Ne \leqslant N_u e = \alpha_1 f_c bx \left(h_0 - \frac{x}{2}\right) + f'_y A'_s (h_0 - a'_s) \tag{6-27}$$

式中　N——轴向压力设计值;

x——混凝土受压区高度;

e——轴向压力作用点至纵向受拉钢筋合力点的距离;

$$e = e_i + \frac{h}{2} - a_s \tag{6-28}$$

e_i——初始偏心距;

e_0——轴向压力对截面重心的偏心距,$e_0 = M/N$;

e_a——附加偏心距,其值取偏心方向截面尺寸的 1/30 和 20mm 中的较大值。

2. 适用条件

(1) 为了保证构件在破坏时,受拉钢筋应力能达到抗拉强度设计值 f_y,必须满足适用条件

$$x \leqslant x_b (\xi \leqslant \xi_b)$$

(2) 为了保证构件在破坏时,受压钢筋应力能达到抗压强度设计值 f'_y,必须满足适用条件

$$x \geqslant 2a'_s$$

当 $x < 2a'_s$ 时,表明受压钢筋的位置离中和轴太近,其应力可能达不到 f'_y,与双筋受弯构件类似,可取 $x = 2a'_s$。其应力图形如图 6-19 所示,近似认为受压区混凝土压应力合力点与受压钢筋合力点相重合。根据平衡条件可写出

$$Ne' = f_y A_s (h_0 - a'_s) \tag{6-29}$$

$$A_s = \frac{Ne'}{f_y (h_0 - a'_s)} \tag{6-30}$$

式中　e'——轴向压力作用点至纵向受压钢筋合力点的距离。

$$e' = e_i - \frac{h}{2} + a'_s \tag{6-31}$$

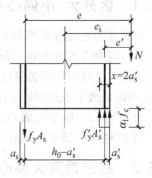

图 6-19　$x < 2a'_s$ 时大偏心受压构件的截面计算

6.5.3　矩形截面小偏心受压构件正截面承载力计算

小偏心受压构件破坏时,受压区混凝土被压碎,受压钢筋 A'_s 的应力达到屈服强度,而远侧钢筋 A_s 可能受拉或受压但都不屈服,分别如图 6-20(a)或(b)所示。在计算时,受压区混凝土的曲线压应力图形仍用等效矩形应力图形代替。

根据力的平衡及力矩平衡条件,可得

$$N \leqslant N_u = \alpha_1 f_c bx + f'_y A'_s - \sigma_s A_s \tag{6-32}$$

$$Ne \leqslant N_u e = \alpha_1 f_c bx \left(h_0 - \frac{x}{2}\right) + f'_y A'_s (h_0 - a'_s) \tag{6-33}$$

或

$$Ne' \leqslant N_u e' = \alpha_1 f_c bx \left(\frac{x}{2} - a'_s\right) - \sigma_s A_s (h_0 - a'_s) \tag{6-34}$$

式中　x——混凝土受压区计算高度,当 $x > h$ 时取 $x = h$;

　　　σ_s——钢筋 A_s 的应力值,根据截面应变保持平面的假定,按式(6-25)计算;

　　　$e、e'$——轴向力作用点至受拉钢筋合力点 A_s 和受压钢筋 A'_s 合力点之间的距离。

$$e = e_i + \frac{h}{2} - a_s$$

$$e' = \frac{h}{2} - e_i - a'_s \tag{6-35}$$

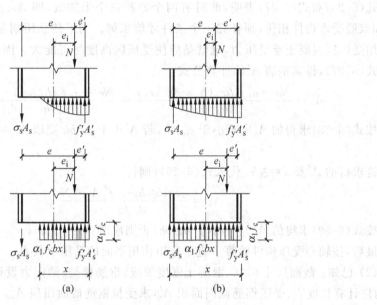

图 6-20　小偏心受压构件的截面计算

(a) A_s 受拉不屈服;(b) A_s 受压不屈服

对于轴向力的偏心距很小且轴向力又比较大的全截面受压情况,如果接近轴向力一侧的纵向钢筋 A'_s 配置较多,而远离轴向力一侧的钢筋 A_s 配置相对较少时,可能出现特殊情况,此时远离轴向力一侧的钢筋应力有可能达到受压屈服强度,该侧的混凝土也有可能先被压坏。为了避免这种反向破坏的发生,《混凝土结构设计规范》(GB 50010—2010)规定,当 $N > f_c A$ 时,小偏心受压构件除按上述(6-32)和式(6-33)或式(6-34)计算外,还应满足下列条件:

$$Ne' \leqslant \alpha_1 f_c bh \left(h'_0 - \frac{h}{2} \right) + f'_y A_s (h'_0 - a_s) \tag{6-36}$$

$$e' = \frac{h}{2} - a'_s - (e_0 - e_a) \tag{6-37}$$

式中　h'_0——纵向受压钢筋合力点至截面远边的距离。

6.5.4　截面设计

当截面尺寸、材料强度及外荷载产生的内力设计值 N 和 M 均为已知,要求计算需配置的纵向钢筋 A_s 及 A'_s 时,需首先判断是哪一类偏心受压情况,才能采用相应的公式进行计算。

1. 两种偏心受压情况的判别

如前所述,判别两种偏心受压情况的基本条件如下:$\xi \leqslant \xi_b$ 为大偏心受压;$\xi > \xi_b$ 为小偏心受压。但在开始截面配筋计算时，A_s 及 A_s' 均未知，将无从计算相对受压区高度 ξ，因此不能利用 ξ 来判别。此时，可近似按下列方法进行判别：

当 $e_i > 0.3h_0$ 时，可先按大偏心受压构件设计；当 $e_i \leqslant 0.3h_0$ 时，按小偏心受压构件设计。

2. 大偏心受压构件的配筋计算

（1）已知：截面尺寸 $b \times h$、混凝土强度等级、钢筋种类、轴向力设计值 N 及弯矩设计值 M、构件计算长度 l_0，求钢筋截面面积 A_s 及 A_s'。

式（6-26）和式（6-27）表明，此时有两个方程三个未知数，即 A_s、A_s'、x。不能求得唯一解，和双筋受弯构件相仿，须补充一个条件才能求解。为了使总用钢量（$A_s + A_s'$）最少，应充分利用受压区混凝土承受压力，也就是应使受压区高度尽可能大。因此应取 $x = x_b = \xi_b h_0$，代入式（6-27），得到钢筋 A_s' 的计算公式：

$$A_s' = \frac{Ne - \alpha_1 f_c b x_b (h_0 - 0.5 x_b)}{f_y'(h_0 - a_s')} = \frac{Ne - \alpha_1 f_c b h_0^2 \xi_b (1 - 0.5\xi_b)}{f_y'(h_0 - a_s')} \tag{6-38}$$

按式（6-38）求得的 A_s' 应不小于 $\rho_{\min} bh$，若 A_s' 小于 $\rho_{\min} bh$ 则取 $A_s' = \rho_{\min} bh$，按 A_s' 已知重新求解。

将求得的 A_s' 及 $x = \xi_b h_0$ 代入式（6-26），则得

$$A_s = \frac{\alpha_1 f_c b \xi_b h_0 + f_y' A_s' - N}{f_y} \tag{6-39}$$

按式（6-39）求得的 A_s 应不小于 $\rho_{\min} bh$，否则应取 $A_s = \rho_{\min} bh$。

最后，按轴心受压构件验算垂直于弯矩作用平面的受压承载力。

（2）已知：截面尺寸 $b \times h$、混凝土强度等级、钢筋种类、轴向力设计值 N 及弯矩设计值 M、构件计算长度 l_0、受压钢筋截面面积 A_s'，求受拉钢筋截面面积 A_s。

式（6-26）和式（6-27）表明此时有两个方程两个未知数，即 A_s 和 x。可代入公式直接求解。求得 x 后可能有几种情况：

当 $2a_s' \leqslant x \leqslant \xi_b h_0$ 时，直接求 A_s 值，且使 $A_s \geqslant \rho_{\min} bh$，否则应取 $A_s = \rho_{\min} bh$；

当 $x > \xi_b h_0$ 时，应加大截面尺寸或按 A_s' 未知的情形，按照情况（1）重新求解；

当 $x < 2a_s'$ 时，按式（6-30）计算 A_s。

3. 小偏心受压构件的配筋计算

小偏心受压构件截面设计时，共有 A_s、A_s'、x 三个未知数，但也只有式（6-32）和式（6-33）或式（6-34）两个独立方程，因此同样需要补充一个使总用钢量（$A_s + A_s'$）为最小的条件来确定 x；但对于小偏心受压构件而言，要找到与经济配筋相对应的 x 值需用试算逼近法求得，其计算非常复杂。实际可采用如下方法：

小偏心受压应满足 $\xi > \xi_b$ 及 $-f_y' \leqslant \sigma_s \leqslant f_y$ 的条件，当纵筋 A_s 的应力 σ_s 达到抗压屈服强度（$-f_y'$），且 $-f_y' = f_y$ 时，根据式（6-25）可计算出相对受压区高度为 $\xi_{cy} = 2\beta_1 - \xi_b$。

（1）当 $\xi_b < \xi < \xi_{cy}$ 时，不论纵筋配置的数量多少，一般总达不到屈服强度，为了使总用钢量最少，计算时可先假定 $A_s = \rho_{\min} bh$，由式（6-32）和式（6-33）求得 ξ 和 A_s'。

（2）若 $h/h_0 > \xi > \xi_{cy}$，此时 σ_s 达到 $-f_y'$，计算时可取 $\sigma_s = -f_y'$，仍取 $A_s = \rho_{\min} bh$，由式（6-32）和式（6-33）求得 ξ 和 A_s' 值。

（3）若 $\xi > h/h_0$，则取 $\sigma_s = -f_y'$，$\xi = h/h_0$，由式（6-33）和式（6-34）求得 A_s 和 A_s' 值。

对于（2）和（3）两种情况，均应再复核反向破坏的承载力，即满足式（6-36）的要求。

6.5.5 截面承载力复核

进行承载力复核时,一般已知 b、h、A_s、A'_s、混凝土强度等级及钢材品种,构件长细比 l_0/h,轴向力设计值 N 和偏心距 e_0,验算截面是否能够承受该 N 值,或已知 N 值时,求能承受的弯矩设计值 M。

1. 弯矩作用平面的承载力复核

1) 已知轴向力设计值 N,求弯矩设计值 M

先将已知配筋和 ξ_b 代入式(6-26)计算界限情况下的受压承载力设计值 N_{ub}。如果 $N \leqslant N_{ub}$,则为大偏心受压,可按式(6-26)求 x,判别后将 x 代入式(6-27)求 e,进而求出 e_0,再由式(6-16)、式(6-17)和式(6-18)联立求出弯矩设计值。如 $N > N_{ub}$,为小偏心受压,应按式(6-25)和式(6-32)求 x,再将 x 代入式(6-33)求 e_0,进而联立求出弯矩设计值。

另一种方法是,先假定 $\xi \leqslant \xi_b$,由式(6-26)求出 x,如果 $\xi = x/h_0 \leqslant \xi_b$,说明假定是对的,再由式(6-27)、式(6-28)求 e_0;如果 $\xi = x/h_0 > \xi_b$,说明假定有误,则应按式(6-25)、式(6-32)求出 x,再由式(6-33)求出 e_0 及弯矩设计值。

2) 已知偏心距 e_0,求轴向力设计值 N

因截面配筋已知,因此可按图 6-18 对 N 作用点取矩求 x。当 $x \leqslant x_b$ 时,为大偏心受压,将 x 及已知数据代入式(6-26)可求解出轴向力设计值 N。当 $x > x_b$ 时,为小偏心受压,将已知数据代入式(6-25)和式(6-32)即可联立求解得轴向力设计值 N。

综上所述,在进行弯矩作用平面的承载力复核时,必须求出 x 才能解决问题。

2. 垂直于弯矩作用平面的承载力复核

无论是截面设计或截面复核,是大偏心受压还是小偏心受压,都要验算垂直于弯矩作用平面的轴心受压承载力。此时,应考虑 φ 值,并取 b 作为截面高度。

【例 6-3】 钢筋混凝土偏心受压柱截面尺寸 $b = 300\text{mm}$,$h = 400\text{mm}$,柱承受轴向压力设计值 $N = 300\text{kN}$,柱顶截面弯矩设计值 $M_1 = 170\text{kN} \cdot \text{m}$,柱底截面弯矩设计值 $M_2 = 185\text{kN} \cdot \text{m}$,$a_s = a'_s = 45\text{mm}$。混凝土强度等级为 C30,钢筋采用 HRB400 级,构件的计算长度为 $l_0 = 4\text{m}$。求钢筋截面面积 A_s 及 A'_s。

解: 由附录表 A-1 查得 $f_c = 14.3\text{MPa}$,由附录表 A-6 查得 $f_y = f'_y = 360\text{MPa}$。

(1) 由于 $\dfrac{M_1}{M_2} = \dfrac{170\text{kN} \cdot \text{m}}{185\text{kN} \cdot \text{m}} = 0.92 > 0.9$,所以应考虑杆件自身挠曲变形的影响。

(2) 计算弯矩设计值

$$h_0 = h - a_s = 400\text{mm} - 45\text{mm} = 355\text{mm}$$

$$\frac{h}{30} = \frac{400\text{mm}}{30} = 13.3\text{mm} < 20\text{mm},取 \ e_a = 20\text{mm}$$

$$\zeta_c = \frac{0.5 f_c A}{N} = \frac{0.5 \times 14.3\text{MPa} \times 300\text{mm} \times 400\text{mm}}{300 \times 10^3 \text{N}} = 2.86 > 1, \quad 取 \ \zeta_c = 1$$

$$C_m = 0.7 + 0.3 \frac{M_1}{M_2} = 0.7 + 0.3 \times \frac{170\text{kN} \cdot \text{m}}{185\text{kN} \cdot \text{m}} = 0.976$$

$$\eta_{ns} = 1 + \frac{1}{1300 \left(\dfrac{M_2}{N} + e_a \right) \big/ h_0} \left(\frac{l_0}{h} \right)^2 \zeta_c$$

$$= 1 + \cfrac{1}{1300 \times \left(\cfrac{185 \times 10^6 \text{N} \cdot \text{mm}}{300 \times 10^3 \text{N}} + 20\text{mm}\right)\Big/355\text{mm}} \times \left(\frac{4000\text{mm}}{400\text{mm}}\right)^2 \times 1 = 1.043$$

$$M = C_m \eta_{ns} M_2 = 0.976 \times 1.043 \times 185\text{kN} \cdot \text{m} = 188.3\text{kN} \cdot \text{m}$$

（3）判别偏压类型

$$e_0 = \frac{M}{N} = \frac{188.3 \times 10^6 \text{N} \cdot \text{mm}}{300 \times 10^3 \text{N}} = 628\text{mm}$$

$$e_i = e_0 + e_a = 628\text{mm} + 20\text{mm} = 648\text{mm} > 0.3h_0 = 0.3 \times 355\text{mm} = 106.5\text{mm}$$

故按大偏心受压情况计算。

$$e = e_i + h/2 - a_s = 648\text{mm} + 400\text{mm}/2 - 45\text{mm} = 803\text{mm}$$

（4）计算 A_s 和 A_s'

令 $x = \xi_b h_0 = 0.518 \times 355\text{mm} = 183.9\text{mm}$，代入式(6-27)可得

$$A_s' = \frac{Ne - \alpha_1 f_c b x (h_0 - x/2)}{f_y'(h_0 - a_s')}$$

$$= \frac{300 \times 10^3 \text{N} \times 803\text{mm} - 1.0 \times 14.3\text{MPa} \times 300\text{mm} \times 183.9\text{mm} \times (355\text{mm} - 183.9\text{mm}/2)}{360\text{MPa} \times (355\text{mm} - 45\text{mm})}$$

$$= 299\text{mm}^2$$

$$A_s > \rho_{min}' bh = 0.002 \times 300\text{mm} \times 400\text{mm} = 240\text{mm}^2$$

$$A_s = \frac{\alpha_1 f_c b x + f_y' A_s' - N}{f_y}$$

$$= \frac{1.0 \times 14.3\text{MPa} \times 300\text{mm} \times 183.9\text{mm} + 360\text{MPa} \times 299\text{mm}^2 - 300 \times 10^3 \text{N}}{360\text{MPa}} = 1657\text{mm}^2$$

受拉钢筋 A_s 选用 2⌀22+2⌀25($A_s = 1742\text{mm}^2$)，受压钢筋 A_s' 选用 2⌀20($A_s' = 628\text{mm}^2$)。

再以轴心受压验算垂直于弯矩作用平面的承载力：

$$\frac{l_0}{b} = \frac{4000\text{mm}}{300\text{mm}} = 13.3，查表 6-1 得 \varphi = 0.931$$

$$N_u = 0.9\varphi[f_c A + f_y'(A_s' + A_s)]$$

$$= 0.9 \times 0.931 \times [14.3\text{MPa} \times 300\text{mm} \times 400\text{mm} + 360\text{MPa} \times (628\text{mm}^2 + 1742\text{mm}^2)]$$

$$= 2152.7\text{kN} > 300\text{kN}，满足要求。$$

【例 6-4】 已知条件同例 6-3，并已知截面受压区已配有 2⌀18($A_s' = 509\text{mm}^2$)的钢筋，求受拉钢筋截面面积 A_s。

解：由式(6-27)可得

$$\alpha_s = \frac{Ne - f_y' A_s'(h_0 - a_s')}{\alpha_1 f_c b h_0^2} = \frac{300 \times 10^3 \text{N} \times 803\text{mm} - 360\text{MPa} \times 509\text{mm}^2 \times (355\text{mm} - 45\text{mm})}{14.3\text{MPa} \times 300\text{mm} \times (355\text{mm})^2}$$

$$= 0.341$$

$$\xi = 1 - \sqrt{1 - 2\alpha_s} = 1 - \sqrt{1 - 2 \times 0.341} = 0.436$$

$$x = \xi h_0 = 0.436 \times 355\text{mm} = 154.8\text{mm} < \xi_b h_0 = 0.518 \times 355\text{mm} = 183.9\text{mm}$$

$$x > 2a_s' = 2 \times 45\text{mm} = 90\text{mm}$$

由式(6-26)得

$$A_s = \frac{\alpha_1 f_c b x + f_y' A_s' - N}{f_y}$$

$$= \frac{14.3\text{MPa} \times 300\text{mm} \times 154.8\text{mm} + 360\text{MPa} \times 509\text{mm}^2 - 300 \times 10^3\text{N}}{360\text{MPa}} = 1520\text{mm}^2$$

$$> \rho'_{\min}bh = 0.002 \times 300\text{mm} \times 400\text{mm} = 240\text{mm}^2$$

受拉钢筋选用 4 Φ 22 ($A_s = 1520\text{mm}^2$)。

从例 6-3 和例 6-4 比较可看出,当取 $x = \xi_b h_0$ 时,总的用钢量计算值为 $299 + 1657 = 1956(\text{mm}^2)$,比例 6-4 求得的总用钢量 $509 + 1520 = 2029(\text{mm}^2)$ 少。

【例 6-5】 钢筋混凝土偏心受压柱截面尺寸 $b = 300\text{mm}$,$h = 600\text{mm}$,柱承受的轴向压力设计值 $N = 300\text{kN}$,柱顶截面弯矩设计值 $M_1 = 200\text{kN} \cdot \text{m}$,柱底截面弯矩设计值 $M_2 = 213\text{kN} \cdot \text{m}$,$a_s = a'_s = 45\text{mm}$。受压钢筋选用 2 Φ 25,$A'_s = 982\text{mm}^2$(HRB400 级钢筋),混凝土强度等级为 C30,构件的计算长度为 $l_0 = 6.9\text{m}$。

求受拉钢筋截面面积 A_s。

解:由附录表 A-1 查得 $f_c = 14.3\text{MPa}$,由附录表 A-6 查得 $f_y = 360\text{MPa}$。

(1) 由于 $\dfrac{M_1}{M_2} = \dfrac{200}{213} = 0.939 > 0.9$,应考虑杆件自身挠曲变形的影响。

(2) 计算弯矩设计值

$$h_0 = h - a_s = 600\text{mm} - 45\text{mm} = 555\text{mm}$$

$$\frac{h}{30} = \frac{600\text{mm}}{30} = 20\text{mm},\ \text{取}\ e_a = 20\text{mm}$$

$$\zeta_c = \frac{0.5f_c A}{N} = \frac{0.5 \times 14.3\text{MPa} \times 300\text{mm} \times 600\text{mm}}{300 \times 10^3\text{N}} = 4.29 > 1,\quad \text{取}\ \zeta_c = 1$$

$$C_m = 0.7 + 0.3\frac{M_1}{M_2} = 0.7 + 0.3 \times \frac{200\text{kN} \cdot \text{m}}{213\text{kN} \cdot \text{m}} = 0.982$$

$$\eta_{ns} = 1 + \frac{1}{1300\left(\dfrac{M_2}{N} + e_a\right)/h_0}\left(\frac{l_0}{h}\right)^2 \zeta_c$$

$$= 1 + \frac{1}{1300 \times \left(\dfrac{213 \times 10^6\text{N} \cdot \text{mm}}{300 \times 10^3\text{N}} + 20\text{mm}\right)/555\text{mm}} \times \left(\frac{6900\text{mm}}{600\text{mm}}\right)^2 \times 1 = 1.077$$

$$M = C_m \eta_{ns} M_2 = 0.982 \times 1.077 \times 213\text{kN} \cdot \text{m} = 225.3\text{kN} \cdot \text{m}$$

(3) 判别偏压类型

$$e_0 = \frac{M}{N} = \frac{225.3 \times 10^6\text{N} \cdot \text{mm}}{300 \times 10^3\text{N}} = 751\text{mm}$$

$$e_i = e_0 + e_a = 751\text{mm} + 20\text{mm} = 771\text{mm} > 0.3h_0 = 0.3 \times 555\text{mm} = 166.5\text{mm}$$

故按大偏心受压情况计算。

$$e = e_i + \frac{h}{2} - a_s = 771\text{mm} + \frac{600\text{mm}}{2} - 45\text{mm} = 1026\text{mm}$$

由式(6-27)可得

$$\alpha_s = \frac{Ne - f'_y A'_s(h_0 - a'_s)}{\alpha_1 f_c b h_0^2} = \frac{300 \times 10^3\text{N} \times 1026\text{mm} - 360\text{MPa} \times 982\text{mm}^2 \times (555\text{mm} - 45\text{mm})}{14.3\text{MPa} \times 300\text{mm} \times (555\text{mm})^2}$$

$$= 0.096$$

$$\xi = 1 - \sqrt{1 - 2\alpha_s} = 1 - \sqrt{1 - 2 \times 0.096} = 0.101$$

$$x = \xi h_0 = 0.101 \times 555\text{mm} = 56.1\text{mm} < \xi_b h_0 = 0.518 \times 555\text{mm} = 287.5\text{mm}$$

$$x < 2a'_s = 2 \times 45\text{mm} = 90\text{mm}$$

按式(6-30)计算 A_s 值

$$A_s = \frac{N\left(e_i - \dfrac{h}{2} + a_s'\right)}{f_y(h_0 - a_s')} = \frac{300 \times 10^3 \text{N} \times (771\text{mm} - 600\text{mm}/2 + 45\text{mm})}{360\text{MPa} \times (555\text{mm} - 45\text{mm})} = 843.1\text{mm}^2$$

$$> \rho_{\min} bh = 0.002 \times 300\text{mm} \times 600\text{mm} = 360\text{mm}^2$$

选用 3 $\oplus$ 20($A_s = 941\text{mm}^2$)。截面总配筋率 $\rho = \dfrac{A_s + A_s'}{bh} = \dfrac{982\text{mm}^2 + 941\text{mm}^2}{300\text{mm} \times 600\text{mm}} = 0.0107 >$

0.005,满足要求。

【例 6-6】 钢筋混凝土偏心受压柱,截面尺寸 $b = 400\text{mm}$,$h = 600\text{mm}$,承受的轴向压力 $N = 317\text{kN}$,柱顶截面弯矩设计值 $M_1 = 76.7\text{kN} \cdot \text{m}$,柱底截面弯矩设计值 $M_2 = 83.6\text{kN} \cdot \text{m}$,$a_s = a_s' = 45\text{mm}$;混凝土强度等级为 C35,采用 HRB400 级钢筋;计算长度 $l_0 = 6\text{m}$。

求钢筋截面面积 A_s 及 A_s'。

解:由附录表 A-1 查得 $f_c = 16.7\text{MPa}$,由附录表 A-6 查得 $f_y = 360\text{MPa}$。

(1)由于 $\dfrac{M_1}{M_2} = \dfrac{76.7\text{kN} \cdot \text{m}}{83.6\text{kN} \cdot \text{m}} = 0.917 > 0.9$,所以应考虑杆件自身挠曲变形的影响。

(2)计算弯矩设计值

$$h_0 = h - a_s = 600\text{mm} - 45\text{mm} = 555\text{mm}$$

$$\frac{h}{30} = \frac{600\text{mm}}{30} = 20\text{mm}, \quad 取 e_a = 20\text{mm}$$

$$\zeta_c = \frac{0.5 f_c A}{N} = \frac{0.5 \times 16.7\text{MPa} \times 300\text{mm} \times 600\text{mm}}{317 \times 10^3\text{N}} = 6.32 > 1, \quad 取 \zeta_c = 1$$

$$C_m = 0.7 + 0.3\frac{M_1}{M_2} = 0.7 + 0.3 \times 0.917 = 0.975$$

$$\eta_{ns} = 1 + \frac{1}{1300\left(\dfrac{M_2}{N} + e_a\right)\Big/h_0}\left(\frac{l_0}{h}\right)^2 \zeta_c$$

$$= 1 + \frac{1}{1300 \times \left(\dfrac{83.6 \times 10^6\text{N} \cdot \text{mm}}{317 \times 10^3\text{N}} + 20\text{mm}\right)\Big/555\text{mm}} \times \left(\frac{6000\text{mm}}{600\text{mm}}\right)^2 \times 1 = 1.15$$

$$M = C_m \eta_{ns} M_2 = 0.975 \times 1.15 \times 83.6\text{kN} \cdot \text{m} = 93.8\text{kN} \cdot \text{m}$$

(3)判别偏压类型

$$e_0 = \frac{M}{N} = \frac{93.8 \times 10^6\text{N} \cdot \text{mm}}{317 \times 10^3\text{N}} = 295.8\text{mm}$$

$$e_i = e_0 + e_a = 295.8\text{mm} + 20\text{mm} = 315.8\text{mm} > 0.3h_0 = 0.3 \times 555\text{mm} = 166.5\text{mm}$$

故按大偏心受压情况计算。

$$e = e_i + h/2 - a_s = 315.8\text{mm} + 600\text{mm}/2 - 45\text{mm} = 570.8\text{mm}$$

(4)计算 A_s 和 A_s'

令 $\xi = \xi_b = 0.518$,代入式(6-27)得

$$A_s' = \frac{Ne - \alpha_1 f_c bh_0^2 \xi_b(1 - 0.5\xi_b)}{f_y'(h_0 - a_s')}$$

$$= \frac{317 \times 10^3\text{N} \times 570.8\text{mm} - 1.0 \times 16.7\text{MPa} \times 400\text{mm} \times (555\text{mm})^2 \times 0.518 \times (1 - 0.5 \times 0.518)}{360\text{MPa} \times (555\text{mm} - 45\text{mm})}$$

$$< 0$$

取 $A'_s = \rho'_{min}bh = 0.002 \times 400mm \times 600mm = 480mm^2$，选用 $3 \oplus 16 (A'_s = 603mm^2)$，则该题就变成已知受压钢筋 $A'_s = 603mm^2$，求受拉钢筋 A_s 的问题，下面的计算从略。

【例 6-7】 已知一偏心受压柱 $b = 400mm$，$h = 600mm$，作用在柱上的轴向压力设计值 $N = 1150kN$，柱上、下端弯矩相同，$a_s = a'_s = 40mm$，混凝土强度等级 C35，钢筋 HRB400 级，A_s 选用 $4 \oplus 25 (A_s = 1964mm^2)$，$A'_s$ 选用 $4 \oplus 22 (A'_s = 1520mm^2)$。构件计算长度 $l_0 = 5m$。

求该截面在 h 方向能承受的弯矩设计值。

解：由附录表 A-1 查得 $f_c = 16.7MPa$，由附录表 A-6 查得 $f_y = 360MPa$。

(1) 判别大小偏心受压

由式(6-26)得

$$x = \frac{N - f'_y A'_s + f_y A_s}{\alpha_1 f_c b}$$

$$= \frac{1150 \times 10^3 N - 360MPa \times 1520mm^2 + 360MPa \times 1964mm^2}{1.0 \times 16.7MPa \times 400mm}$$

$$= 196.1mm < \xi_b h_0 = 0.518 \times 560mm = 290.1mm$$

$$x > 2a'_s = 2 \times 40mm = 80mm$$

说明属于大偏心受压情况，且受压钢筋能达到屈服强度。

(2) 求 e_0

由式(6-27)得

$$e = \frac{\alpha_1 f_c bx(h_0 - x/2) + f'_y A'_s(h_0 - a'_s)}{N}$$

$$= \frac{1.0 \times 16.7MPa \times 400mm \times 196.1mm \times (560mm - 196.1mm/2) + 360MPa \times 1520mm^2 \times (560mm - 40mm)}{1150 \times 10^3 N}$$

$$= 773.6mm$$

$$\frac{h}{30} = \frac{600mm}{30} = 20mm, \quad 取 \ e_a = 20mm$$

由式 $e = e_i + \frac{h}{2} - a_s, e_i = e_0 + e_a$ 可得

$$e_0 = e - h/2 + a_s - e_a = 773.6mm - 600mm/2 + 40mm - 20mm = 493.6mm$$

(3) 求 M_2

$$M = Ne_0 = 1150 \times 10^3 N \times 493.6mm = 567.6kN \cdot m$$

设柱上、下端弯矩相同，$C_m = 0.7 + 0.3\frac{M_1}{M_2} = 0.7 + 0.3 \times 1 = 1$

$$\zeta_c = \frac{0.5f_c A}{N} = \frac{0.5 \times 16.7MPa \times 400mm \times 600mm}{1150 \times 10^3 N} = 1.74 > 1, \quad 取 \ \zeta_c = 1$$

将已知数据代入式(6-16)和式(6-17)可得

$$M = 1.0 \times \left[1 + \frac{1}{1300\left(\frac{M_2}{N} + e_a\right)/560mm} \times \left(\frac{5000mm}{600mm}\right)^2 \times 1.0 \right] M_2$$

该截面在 h 方向能承受的弯矩设计值 $M_1 = M_2 = 534.4kN \cdot m$。

【例 6-8】 已知柱截面尺寸 $b = 400mm$，$h = 600mm$，$a_s = a'_s = 40mm$，混凝土强度等级为 C30，采用 HRB400 级钢筋；A_s 选用 $6 \oplus 20 (A_s = 1884mm^2)$，$A'_s$ 选用 $4 \oplus 20 (A'_s = 1256mm^2)$。构件计算长度 $l_0 = 10m$，轴向力的偏心距 $e_0 = 400mm$。

求该截面能承受的轴向力设计值 N。

解：由附录表 A-1 查得 $f_c = 14.3MPa$，由附录表 A-6 查得 $f_y = 360MPa$。

对 N 点取矩,得

$$\alpha_1 f_c bx(e_i - h/2 + x/2) = f_y A_s(e_i + h/2 - a_s) - f_y' A_s'(e_i - h/2 + a_s')$$

代入数据,则

$$1.0 \times 14.3\text{MPa} \times 400\text{mm} \cdot x \cdot \left(420\text{mm} - \frac{600\text{mm}}{2} + \frac{x}{2}\right)$$

$$= 360\text{MPa} \times 2281\text{mm}^2 \times \left(420\text{mm} + \frac{600\text{mm}}{2} - 40\text{mm}\right) - 360\text{MPa} \times 1520\text{mm}^2$$

$$\times \left(420\text{mm} - \frac{600\text{mm}}{2} + 40\text{mm}\right)$$

移项求解: $\qquad\qquad x^2 + 240x - 135964 = 0$

求得 $\qquad\qquad x = 267.8\text{mm} > 2a_s' = 2 \times 40\text{mm} = 80\text{mm}$

$$x < x_b = \xi_b h_0 = 0.518 \times 560\text{mm} = 290.1\text{mm}$$

由式(6-26)得

$$N_u = \alpha_1 f_c bx - f_y A_s + f_y' A_s'$$

$$= 1.0 \times 14.3\text{MPa} \times 400\text{mm} \times 267.8\text{mm} - 360\text{MPa} \times 1884\text{mm}^2 + 360\text{MPa} \times 1256\text{mm}^2$$

$$= 1305.7\text{kN}$$

该截面能承受的轴向力设计值为 $N_u = 1305.7\text{kN}$

【例 6-9】 已知一矩形截面钢筋混凝土偏心受压柱,轴向压力设计值 $N = 3000\text{kN}$,柱顶截面弯矩设计值 $M_1 = 338\text{kN} \cdot \text{m}$,柱底截面弯矩设计值 $M_2 = 350\text{kN} \cdot \text{m}$,截面尺寸 $b = 400\text{mm}$,$h = 700\text{mm}$,计算长度 $l_0 = 7.0\text{m}$,$a_s = a_s' = 45\text{mm}$,混凝土的强度等级 C30,纵向钢筋采用 HRB400 级钢筋,求所需钢筋截面面积 A_s 和 A_s'。

解: 由附录表 A-1 查得 $f_c = 14.3\text{MPa}$,由附录表 A-6 查得 $f_y = 360\text{MPa}$。

(1) 由于 $\dfrac{M_1}{M_2} = \dfrac{338\text{kN} \cdot \text{m}}{350\text{kN} \cdot \text{m}} = 0.965 > 0.9$,所以应考虑杆件自身挠曲变形的影响。

(2) 计算弯矩设计值

$$h_0 = h - a_s' = 700\text{mm} - 45\text{mm} = 655\text{mm}$$

$$\frac{h}{30} = \frac{700\text{mm}}{30} = 23\text{mm},\text{取 } e_a = 23\text{mm}$$

$$\zeta_c = \frac{0.5 f_c A}{N} = \frac{0.5 \times 14.3\text{MPa} \times 400\text{mm} \times 700\text{mm}}{3000 \times 10^3\text{N}} = 0.67$$

$$C_m = 0.7 + 0.3 \frac{M_1}{M_2} = 0.7 + 0.3 \times 0.965 = 0.989$$

$$\eta_{ns} = 1 + \frac{1}{1300\left(\dfrac{M_2}{N} + e_a\right)/h_0}\left(\frac{l_0}{h}\right)^2 \zeta_c$$

$$= 1 + \frac{1}{1300 \times \left(\dfrac{350 \times 10^6\text{N} \cdot \text{mm}}{3000 \times 10^3\text{N}} + 23\text{mm}\right)/655\text{mm}} \times \left(\frac{7000\text{mm}}{700\text{mm}}\right)^2 \times 0.67 = 1.242$$

$$M = C_m \eta_{ns} M_2 = 0.989 \times 1.242 \times 350\text{kN} \cdot \text{m} = 430\text{kN} \cdot \text{m}$$

(3) 判别偏压类型

$$e_0 = \frac{M}{N} = \frac{430 \times 10^6\text{N} \cdot \text{mm}}{3000 \times 10^3\text{N}} = 143.3\text{mm}$$

$$e_i = e_0 + e_a = 143.3\text{mm} + 23\text{mm} = 166.3\text{mm} < 0.3h_0 = 0.3 \times 655\text{mm} = 196.5\text{mm}$$

故按小偏心受压情况计算。

$$e = e_i + \frac{h}{2} - a_s = 166.3\text{mm} + \frac{700\text{mm}}{2} - 45\text{mm} = 471.3\text{mm}$$

$$e' = \frac{h}{2} - e_i - a_s' = \frac{700\text{mm}}{2} - 166.3\text{mm} - 45\text{mm} = 138.7\text{mm}$$

取 $\beta_1 = 0.8$ 和 $A_s = \rho_{\min} bh = 0.002 \times 400\text{mm} \times 700\text{mm} = 560\text{mm}^2$

$$f_c bh = 14.3\text{MPa} \times 400\text{mm} \times 700\text{mm} = 4007\text{kN} > 3000\text{kN}$$

可不进行反向受压破坏验算，取 $A_s = 560\text{mm}^2$，选 $3 \oplus 16 (A_s = 603\text{mm}^2)$。

再将式(6-25)代入式(6-34)，可得

$$Ne' \leqslant \alpha_1 f_c bx \left(\frac{x}{2} - a_s'\right) - \frac{\xi - 0.8}{\xi_b - 0.8} f_y A_s (h_0 - a_s')$$

$$3000 \times 10^3\text{N} \times 138.7\text{mm} = 14.3\text{MPa} \times 400\text{mm} \cdot x \cdot \left(\frac{x}{2} - 45\text{mm}\right) + \frac{\frac{x}{655\text{mm}} - 0.8}{0.518 - 0.8}$$
$$\times 360\text{MPa} \times 603\text{mm}^2 \times (655\text{mm} - 45\text{mm})$$

$$x^2 - 70.1x - 155979 = 0$$

$$x = 431.5\text{mm} > \xi_b h_0 = 0.518 \times 655\text{mm} = 339.3\text{mm}$$

$$x < \xi_{cy} h_0 = (2\beta_1 - \xi_b)h_0 = (2 \times 0.8 - 0.518) \times 655\text{mm} = 708.7\text{mm}$$

代入式(6-33)求 A_s'：

$$Ne \leqslant \alpha_1 f_c bx \left(h_0 - \frac{x}{2}\right) + f_y' A_s' (h_0 - a_s')$$

$$A_s' = \frac{3000 \times 10^3\text{N} \times 471.3\text{mm} - 14.3\text{MPa} \times 400\text{mm} \times 431.5\text{mm} \times (655\text{mm} - 431.5\text{mm}/2)}{360\text{MPa} \times (655\text{mm} - 45\text{mm})}$$

$$= 1502\text{mm}^2 > A_{s,\min}' = 560\text{mm}^2$$

受拉钢筋 A_s 选用 $3 \oplus 16 (A_s = 603\text{mm}^2)$，受压钢筋 A_s' 选用 $4 \oplus 22 (A_s' = 1520\text{mm}^2)$。再以轴心受压验算垂直于弯矩作用方向的承载力：

由 $\frac{l_0}{b} = 7000\text{mm}/400\text{mm} = 17.5$，查表 6-1 得

$$\varphi = 0.825$$

则

$$N_u = 0.9\varphi[f_c bh + f_y'(A_s' + A_s)]$$
$$= 0.9 \times 0.825 \times [14.3\text{MPa} \times 400\text{mm} \times 700\text{mm} + 360\text{MPa} \times (603\text{mm}^2 + 1520\text{mm}^2)]$$
$$= 3540\text{kN} > 3000\text{kN}$$

满足安全要求。

6.6　矩形截面对称配筋偏心受压构件正截面承载力计算

在实际工程中，偏心受压构件在不同的内力组合下，可能有相反方向的弯矩。当其数值相差不大时，或即使相反方向的弯矩值相差较大，但按对称配筋设计求得的纵向钢筋总量比按不对称配筋设计求得的纵向钢筋总量增加不多时，均宜采用对称配筋。再者对预制构件，为保证吊装时不出现差错，一般也采用对称配筋。所谓对称配筋是指 $A_s = A_s'$，$f_y = f_y'$。

6.6.1 基本公式及适用条件

1. 大偏心受压构件

将 $A_s = A'_s$, $f_y = f'_y$ 代入大偏心受压构件基本公式(6-26)、式(6-27)中,就得到对称配筋大偏心受压基本计算公式:

$$N \leqslant N_u = \alpha_1 f_c bx \tag{6-40}$$

$$Ne \leqslant N_u e = \alpha_1 f_c bx \left(h_0 - \frac{x}{2}\right) + f'_y A'_s (h_0 - a'_s) \tag{6-41}$$

式(6-40)、式(6-41)的适用条件仍然是

$$x \leqslant \xi_b h_0 \quad (\text{或 } \xi \leqslant \xi_b)$$

$$x \geqslant 2a'_s$$

2. 小偏心受压构件

将 $A_s = A'_s$, $f_y = f'_y$ 及 σ_s(式(6-25))代入小偏心受压构件基本公式(6-32)、式(6-33)中,就得到对称配筋小偏心受压基本计算公式:

$$N \leqslant N_u = \alpha_1 f_c bx + f'_y A'_s - f_y A_s \frac{\xi - \beta_1}{\xi_b - \beta_1} \tag{6-42}$$

$$Ne \leqslant N_u e = \alpha_1 f_c bx \left(h_0 - \frac{x}{2}\right) + f'_y A'_s (h_0 - a'_s) \tag{6-43}$$

由此两式可解得一个关于 ξ 的三次方程,但 ξ 值很难求解。分析表明,在小偏心受压构件中,对于常用的材料强度,可采用以下近似计算公式:

$$\xi = \frac{N - \xi_b \alpha_1 f_c b h_0}{\dfrac{Ne - 0.43\alpha_1 f_c b h_0^2}{(\beta_1 - \xi_b)(h_0 - a'_s)} + \alpha_1 f_c b h_0} + \xi_b \tag{6-44}$$

6.6.2 截面设计

1. 大偏心受压构件

由式(6-40)可得

$$x = \frac{N}{\alpha_1 f_c b} \tag{6-45}$$

代入式(6-41),可以求得

$$A_s = A'_s = \frac{Ne - \alpha_1 f_c bx(h_0 - 0.5x)}{f'_y(h_0 - a'_s)} \tag{6-46}$$

当 $x < 2a'_s$ 时,仍由式(6-30)计算 A_s,然后取 $A_s = A'_s$。

2. 小偏心受压构件

若由式(6-45)计算的 $x > x_b$,属于"受压破坏"情况,因此不能用大偏心受压的计算公式进行配筋计算,此时可用小偏心受压公式进行计算。

将已知条件代入式(6-44)计算 ξ,然后代入式(6-43)求得

$$A_s = A'_s = \frac{Ne - \alpha_1 f_c b h_0^2 \xi(1 - 0.5\xi)}{f'_y(h_0 - a'_s)} \tag{6-47}$$

6.6.3　截面复核

可按不对称配筋的截面复核方法进行验算,但取 $A_s = A_s'$,$f_y = f_y'$。

【例 6-10】 一钢筋混凝土偏心受压柱,承受的轴向压力设计值 $N = 400$kN,其他已知条件同例 6-3,采用对称配筋。求钢筋截面面积 A_s 及 A_s'。

解: 由例 6-3 的已知条件,可求得 $e_i = 648$mm$> 0.3h_0 = 0.3 \times 355 = 106.5$(mm),属于大偏心受压情况。由式(6-45)及式(6-46)得

$$x = \frac{N}{\alpha_1 f_c b} = \frac{400 \times 10^3 \text{N}}{14.3 \text{MPa} \times 300} = 93.2 \text{mm} < \xi_b h_0 = 0.518 \times 355 \text{mm} = 183.9 \text{mm}$$

$$x > 2a_s' = 2 \times 45 \text{mm} = 90 \text{mm}$$

$$A_s = A_s' = \frac{Ne - \alpha_1 f_c bx(h_0 - 0.5x)}{f_y'(h_0 - a_s')}$$

$$= \frac{400 \times 10^3 \text{N} \times 803 \text{mm} - 14.3 \text{MPa} \times 300 \text{mm} \times 93.2 \text{mm} \times (355 \text{mm} - 0.5 \times 93.2 \text{mm})}{360 \text{MPa} \times (355 \text{mm} - 45 \text{mm})}$$

$$= 1773.2 \text{mm}^2$$

选 4 $\oplus$ 25($A_s = A_s' = 1964 \text{mm}^2$)。

【例 6-11】 已知条件同例 6-9,但采用对称配筋,求 A_s 及 A_s'。

解: 由式(6-45)判别大小偏心受压:

$$x = \frac{N}{\alpha_1 f_c b} = \frac{3000 \times 10^3 \text{N}}{14.3 \text{MPa} \times 400 \text{mm}} = 524.5 \text{mm} > \xi_b h_0 = 0.518 \times 655 \text{mm} = 339.3 \text{mm}$$

为小偏心受压。

由例 6-9 的已知条件,求得 $e = 471.3$mm。

由式(6-44)求 ξ:

$$\xi = \frac{N - \xi_b \alpha_1 f_c b h_0}{\dfrac{Ne - 0.43 \alpha_1 f_c b h_0^2}{(\beta_1 - \xi_b)(h_0 - a_s')} + \alpha_1 f_c b h_0} + \xi_b$$

$$= \frac{3000 \times 10^3 \text{N} - 0.518 \times 14.3 \text{MPa} \times 400 \text{mm} \times 655 \text{mm}}{\dfrac{3000 \times 10^3 \text{N} \times 471.3 \text{mm} - 0.43 \times 14.3 \text{MPa} \times 400 \text{mm} \times (655 \text{mm})^2}{(0.8 - 0.518) \times (655 \text{mm} - 45 \text{mm})} + 14.3 \text{MPa} \times 400 \text{mm} \times 655 \text{mm}}$$

$$+ 0.518$$

$$= 0.7$$

由式(6-47)求 A_s 及 A_s':

$$A_s = A_s' = \frac{Ne - \alpha_1 f_c b h_0^2 \xi(1 - 0.5\xi)}{f_y'(h_0 - a_s')}$$

$$= \frac{3000 \times 10^3 \text{N} \times 471.3 \text{mm} - 14.3 \text{MPa} \times 400 \text{mm} \times (655 \text{mm})^2 \times 0.7 \times (1 - 0.5 \times 0.7)}{360 \text{MPa} \times (655 \text{mm} - 45 \text{mm})}$$

$$= 1354 \text{mm}^2 > \rho_{min} bh = 0.002 \times 400 \text{mm} \times 700 \text{mm} = 560 \text{mm}^2$$

选 4 $\oplus$ 22($A_s = A_s' = 1520 \text{mm}^2$)。

6.7　I 形截面对称配筋偏心受压构件正截面承载力计算

在单层工业厂房中,为了节省混凝土和减轻构件自重,对于截面尺寸大于 600mm 的柱,可采用 I 形截面。I 形截面柱一般采用对称配筋。I 形截面偏心受压构件的受力性能、

破坏形态及计算原理与矩形截面偏心受压构件相同,仅由于截面形状不同而使基本公式稍有差别。

6.7.1 基本公式及适用条件

1. 大偏心受压构件

(1) 中和轴在翼缘内$(x\leqslant h'_f)$,受压区为宽度b'_f的矩形截面,如图 6-21(a)所示,由平衡条件可得

$$N\leqslant N_u=\alpha_1 f_c b'_f x \tag{6-48}$$

$$Ne\leqslant N_u e=\alpha_1 f_c b'_f x\left(h_0-\frac{x}{2}\right)+f'_y A'_s(h_0-a'_s) \tag{6-49}$$

式中 b'_f——I形截面受压翼缘宽度;

h'_f——I形截面受压翼缘高度。

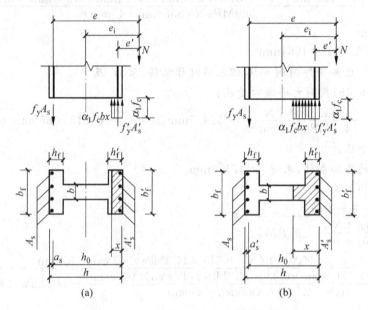

图 6-21 I形截面大偏心受压计算图形

(2) 中和轴在腹板内$(x>h'_f)$,受压区为 T 形截面,如图 6-21(b)所示,由平衡条件可得

$$N\leqslant N_u=\alpha_1 f_c[bx+(b'_f-b)h'_f] \tag{6-50}$$

$$Ne\leqslant N_u e=\alpha_1 f_c\left[bx\left(h_0-\frac{x}{2}\right)+(b'_f-b)h'_f\left(h_0-\frac{h'_f}{2}\right)\right]+f'_y A'_s(h_0-a'_s) \tag{6-51}$$

式(6-48)~式(6-51)的适用条件仍然是

$$x\leqslant x_b \quad 及 \quad x\geqslant 2a'_s$$

式中 x_b——界限破坏时受压区计算高度。

2. 小偏心受压构件

对于小偏心受压 I形截面,一般不会发生$x\leqslant h'_f$的情况,这里仅列出$x>h'_f$的计算公式。

(1) 中和轴在腹板内$(x\leqslant h-h_f)$,如图 6-22(a)所示。由平衡条件可得

$$N\leqslant N_u=\alpha_1 f_c[bx+(b'_f-b)h'_f]+f'_y A'_s-\sigma_s A_s \tag{6-52}$$

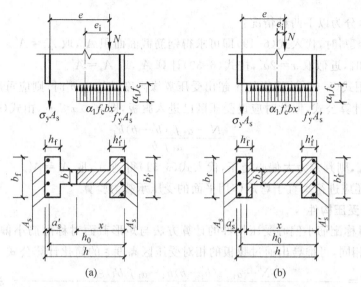

图 6-22 I 形截面小偏心受压计算图形

$$Ne \leqslant N_u e = \alpha_1 f_c \left[bx \left(h_0 - \frac{x}{2} \right) + (b_f' - b) h_f' \left(h_0 - \frac{h_f'}{2} \right) \right] + f_y' A_s' (h_0 - a_s') \tag{6-53}$$

（2）中和轴在距离 N 较远一侧的翼缘内（$h - h_f \leqslant x \leqslant h$），如图 6-22(b)所示。由平衡条件可得

$$N_u = \alpha_1 f_c \left[bx + (b_f' - b) h_f' + (b_f - b)(h_f + x - h) \right] + f_y' A_s' - \sigma_s A_s \tag{6-54}$$

$$Ne \leqslant N_u e = \alpha_1 f_c \left[bx \left(h_0 - \frac{x}{2} \right) + (b_f' - b) h_f' \left(h_0 - \frac{h_f'}{2} \right) \right.$$
$$\left. + (b_f - b)(h_f + x - h) \times \left(h_f - \frac{h_f + x - h}{2} - a_s' \right) \right] + f_y' A_s' (h_0 - a_s')$$
$$\tag{6-55}$$

式中 x 大于 h 时，取 $x = h$ 计算。σ_s 仍可近似用式(6-21)计算。对于小偏心受压构件，尚应满足下列条件：

$$N_u \left[\frac{h}{2} - a_s' - (e_0 - e_a) \right] \leqslant \alpha_1 f_c \left[bh \left(h_0' - \frac{h}{2} \right) + (b_f - b) h_f \left(h_0' - \frac{h_f}{2} \right) \right.$$
$$\left. + (b_f' - b) h_f' (h_f'/2 - a_s') \right] + f_y' A_s' (h_0' - a_s) \tag{6-56}$$

式中 h_0'——钢筋 A_s' 合力点至离纵向力 N 较远一侧边缘的距离，即 $h_0' = h - a_s'$。

上述公式的适用条件为 $x > x_b$。

6.7.2 截面设计

1. 大偏心受压构件

I 形截面对称配筋大偏心受压构件可按如下步骤计算，构件偏心类型的判别包含在计算过程中。

（1）设混凝土受压区在受压翼缘内，即 $x \leqslant h_f'$，由式(6-48)得

$$x = \frac{N}{\alpha_1 f_c b_f'} \tag{6-57}$$

按 x 值的不同,分为以下两种情况:

当 $2a'_s \leqslant x \leqslant h'_f$ 时,代入式(6-49)即可求得钢筋截面面积 A'_s,取 $A_s = A'_s$。

当 $x < 2a'_s$ 时,近似取 $x = 2a'_s$,按式(6-30)计算 A_s,取 $A_s = A'_s$。

(2)如果用式(6-57)计算出的 x 超出受压翼缘高度,即 $x > h'_f$ 时,则应重新计算,仍采用大偏心受压的计算公式,但此时应设受压区已进入腹板,即 $h'_f < x \leqslant x_b$,由式(6-50)得

$$x = \frac{N - \alpha_1 f_c (b'_f - b) h'_f}{\alpha_1 f_c b} \tag{6-58}$$

如果 $h'_f < x \leqslant x_b$,则判定为大偏心受压,代入式(6-51)得到 A'_s,取 $A_s = A'_s$。

(3)最后还应进行垂直于弯矩作用平面的受压承载力验算。

2. 小偏心受压构件

I 形截面对称配筋小偏心受压构件的计算方法与矩形截面对称配筋小偏心受压构件的计算方法基本相同,可推导出通过腹板的相对受压区高度 ξ 的简化计算公式

$$\xi = \frac{N - \alpha_1 f_c (b'_f - b) h'_f - \alpha_1 f_c b h_0 \xi_b}{\dfrac{Ne - \alpha_1 f_c (b'_f - b) h'_f \left(h_0 - \dfrac{h'_f}{2}\right) - 0.43 \alpha_1 f_c b h_0^2}{(\beta_1 - \xi_b)(h_0 - a'_s)} + \alpha_1 f_c b h_0} + \xi_b \tag{6-59}$$

进而求得钢筋截面面积。

I 形截面对称配筋小偏心受压构件除进行弯矩作用平面内的计算外,还应进行垂直于弯矩作用平面的受压承载力验算。

【例 6-12】 已知:某单层工业厂房的 I 形截面柱,计算长度 $l_0 = 5.7\text{m}$,柱承受的轴力 $N = 870\text{kN}$,柱顶和柱底截面弯矩设计值分别为 $M_1 = 400\text{kN} \cdot \text{m}$,$M_2 = 420\text{kN} \cdot \text{m}$;柱截面尺寸 $b = 80\text{mm}$,$h = 700\text{mm}$,$b_f = b'_f = 350\text{mm}$,$h_f = h'_f = 112\text{mm}$,$a_s = a'_s = 45\text{mm}$;混凝土强度等级为 C35,采用 HRB400 级钢筋;对称配筋。求钢筋截面面积。

解: 由表 A-1 查得 $f_c = 16.7\text{MPa}$,由附录表 A-6 查得 $f_y = 360\text{MPa}$。

(1)考虑二阶效应

对排架结构柱,采用式(6-20)计算弯矩增大系数。

$$h_0 = h - a_s = 700\text{mm} - 45\text{mm} = 655\text{mm}$$

$$\frac{h}{30} = \frac{700\text{mm}}{30} = 23.3\text{mm},\text{取}\ e_a = 23.3\text{mm}$$

$$A = 350\text{mm} \times 112\text{mm} \times 2 + (700\text{mm} - 2 \times 112\text{mm}) \times 80\text{mm} = 116480\text{mm}^2$$

$$\zeta_c = \frac{0.5 f_c A}{N} = \frac{0.5 \times 16.7\text{MPa} \times 116480\text{mm}^2}{870 \times 10^3 \text{N}} = 1.11 > 1,\text{取}\ \zeta_c = 1$$

$$\eta_s = 1 + \frac{1}{1500 \left(\dfrac{M_2}{N} + e_a\right) \big/ h_0} \left(\frac{l_0}{h}\right)^2 \zeta_c$$

$$= 1 + \frac{1}{1500 \times \left(\dfrac{420 \times 10^6 \text{N} \cdot \text{mm}}{870 \times 10^3 \text{N}} + 23.3\text{mm}\right) \big/ 655\text{mm}} \times \left(\frac{5700\text{mm}}{700\text{mm}}\right)^2 \times 1 = 1.057$$

$$M = \eta_s M_2 = 1.057 \times 420\text{kN} \cdot \text{m} = 444\text{kN} \cdot \text{m}$$

$$e_0 = \frac{M}{N} = \frac{444 \times 10^6 \text{N} \cdot \text{mm}}{870 \times 10^3 \text{N}} = 510.3\text{mm}$$

$$e_i = e_0 + e_a = 510.3mm + 23.3mm = 533.6mm$$

$$e = e_i + h/2 - a_s = 533.6mm + 700mm/2 - 45mm = 838.6mm$$

（2）判别偏压类型，计算 A_s 和 A_s'

$$x = \frac{N}{\alpha_1 f_c b_f'} = \frac{870 \times 10^3 N}{16.7MPa \times 350mm} = 148.8mm > h_f' = 112mm$$

此时中和轴在腹板内，应由式（6-58）重新计算 x 值。

$$x = \frac{N - \alpha_1 f_c h_f'(b_f' - b)}{\alpha_1 f_c b}$$

$$= \frac{870 \times 10^3 N - 1.0 \times 16.7MPa \times 112mm \times (350mm - 80mm)}{1.0 \times 16.7MPa \times 80mm}$$

$$= 273.2mm < x_b = 0.518 \times 655mm = 339.3mm，判定为大偏心受压。$$

由式（6-51）可得

$$A_s = A_s' = \frac{Ne - \alpha_1 f_c [bx(h_0 - x/2) + (b_f' - b)h_f'(h_0 - h_f'/2)]}{f_y'(h_0 - a_s')}$$

$$= [870 \times 10^3 N \times 838.6mm - 1.0 \times 16.7MPa \times 80mm \times 273.2mm \times (655mm - 273.2mm/2)$$

$$- 16.7MPa \times (350mm - 80mm) \times 112mm$$

$$\times (655mm - 112mm/2)]/[360MPa \times (655mm - 45mm)]$$

$$= 1083.2mm^2 > \rho_{min}A = 0.002 \times 116480mm^2 = 232.9mm^2$$

选 4 $\oplus$ 20（$A_s = A_s' = 1256mm^2$）。

（3）验算垂直于弯矩作用平面的受压承载力

$$I_x = 2 \times \frac{1}{12}h_f b_f^3 + \frac{1}{12}(h - 2h_f)b^3$$

$$= 2 \times \frac{1}{12} \times 112mm \times (350mm)^3 + \frac{1}{12} \times (700mm - 2 \times 112mm) \times (80mm)^3$$

$$= 8.21 \times 10^8 mm^4$$

$$i_x = \sqrt{\frac{I_x}{A}} = \sqrt{\frac{8.21 \times 10^8 mm^4}{116480mm^2}} = 83.9mm$$

$$\frac{l_0}{i_x} = \frac{5700}{83.9} = 67.9$$

查表 6-1，得 $\varphi = 0.76$。

$N_u = 0.9 \times 0.76 \times (16.7MPa \times 116480mm^2 + 360MPa \times 1256mm^2 \times 2) = 1949kN > 870kN$，满足要求。

【例 6-13】 已知条件同例 6-12，柱的控制截面内力设计值 $N = 1200kN$，$M_1 = 250kN \cdot m$，$M_2 = 268kN \cdot m$。采用对称配筋，求所需钢筋截面面积 A_s 及 A_s'。

解：（1）考虑二阶效应

$$\zeta_c = \frac{0.5 f_c A}{N} = \frac{0.5 \times 16.7MPa \times 116480mm^2}{1200 \times 10^3 N} = 0.811$$

$$\eta_s = 1 + \frac{1}{1500 \left(\frac{M_2}{N} + e_a\right)/h_0}\left(\frac{l_0}{h}\right)^2 \zeta_c$$

$$= 1 + \frac{1}{1500 \times \left(\frac{268 \times 10^6 N \cdot mm}{1200 \times 10^3 N} + 23.3mm\right)/655mm} \times \left(\frac{5700mm}{700mm}\right)^2 \times 0.811 = 1.095$$

$$M = \eta_s M_2 = 1.095 \times 268 \mathrm{kN \cdot m} = 293.5 \mathrm{kN \cdot m}$$

$$e_i = e_0 + e_a = \frac{293.5 \times 10^6 \mathrm{N \cdot mm}}{1200 \times 10^3 \mathrm{N}} + 23.3 \mathrm{mm} = 267.9 \mathrm{mm}$$

$$e = e_i + h/2 - a_s = 267.9 \mathrm{mm} + 700 \mathrm{mm}/2 - 45 \mathrm{mm} = 572.9 \mathrm{mm}$$

(2) 判别偏压类型

先按大偏心受压考虑:

$$x = \frac{N}{\alpha_1 f_c b_f'} = \frac{1200 \times 10^3 \mathrm{N}}{1.0 \times 16.7 \mathrm{MPa} \times 350 \mathrm{mm}} = 205.3 \mathrm{mm} > h_f' = 112 \mathrm{mm}$$

此时中和轴在腹板内,应由式(6-58)重新计算 x 值,得

$$x = \frac{N - \alpha_1 f_c (b_f' - b) h_f'}{\alpha_1 f_c b}$$

$$= \frac{1200 \times 10^3 \mathrm{N} - 1.0 \times 16.7 \mathrm{MPa} \times (350 \mathrm{mm} - 80 \mathrm{mm}) \times 112 \mathrm{mm}}{1.0 \times 16.7 \mathrm{MPa} \times 80 \mathrm{mm}}$$

$$= 520 \mathrm{mm} > x_b = 0.518 \times 655 \mathrm{mm} = 339.3 \mathrm{mm}$$

判定为小偏心受压构件,应按小偏心受压重新计算受压区高度。

(3) 计算 ξ

用 I 形截面对称配筋小偏心受压构件近似公式(6-59)计算 ξ:

$$\xi = \frac{N - \alpha_1 f_c (b_f' - b) h_f' - \alpha_1 f_c b h_0 \xi_b}{\dfrac{Ne - \alpha_1 f_c (b_f' - b) h_f' \left(h_0 - \dfrac{h_f'}{2}\right) - 0.43 \alpha_1 f_c b h_0^2}{(\beta_1 - \xi_b)(h_0 - a_s')} + \alpha_1 f_c b h_0} + \xi_b$$

把相关数据代入,求得 $\xi = 0.818$。

(4) 计算 A_s 和 A_s'

由于 $x = \xi h_0 = 0.818 \times 655 \mathrm{mm} = 535 \mathrm{mm} < h - h_f = 700 \mathrm{mm} - 112 \mathrm{mm} = 588 \mathrm{mm}$,所以中和轴在腹板内。

由式(6-53)可得

$$A_s = A_s' = \frac{Ne - \alpha_1 f_c (b_f' - b) h_f' (h_0 - h_f'/2) - \xi(1 - 0.5\xi) \alpha_1 f_c b h_0^2}{f_y'(h_0 - a_s')}$$

$$= [1200 \times 10^3 \mathrm{N} \times 572.9 \mathrm{mm} - 1.0 \times 16.7 \mathrm{MPa} \times (350 \mathrm{mm} - 80 \mathrm{mm})$$

$$\times 112 \mathrm{mm} \times (655 \mathrm{mm} - 112 \mathrm{mm}/2) - 16.7 \mathrm{MPa} \times 80 \mathrm{mm} \times (655 \mathrm{mm})^2$$

$$\times 0.818 \times (1 - 0.5 \times 0.818)]/[360 \mathrm{MPa} \times (655 \mathrm{mm} - 45 \mathrm{mm})]$$

$$= 491 \mathrm{mm}^2$$

选用 3 Φ 18($A_s = A_s' = 763 \mathrm{mm}^2$)。

$$\rho = \frac{A_s + A_s'}{A} = \frac{763 \mathrm{mm}^2 \times 2}{116480 \mathrm{mm}^2} = 0.0131 > 0.005,满足要求。$$

垂直于弯矩作用平面的承载力校核(略)。

6.8　偏心受压构件 N-M 相关曲线

偏心受压构件达到承载能力极限状态时,截面承受的轴向力 N 与弯矩 M 并不是独立的,而是相关的。亦即给定轴力 N 时,有唯一对应的弯矩 M;或者说构件可以在不同的 N 和 M 组合下达到极限强度。因此以轴向力 N 为竖轴,弯矩 M 为横轴,可以在平面上绘出极

限承载力 N 与 M 的相关曲线,由大小偏心受压构件正截面承载力计算公式可分别推导出截面中 M 与 N 之间的关系式均为二次函数,如图 6-23 所示。

对于给定的偏心受压正截面,是否会发生强度破坏是由两个变量 N 和 M 共同决定的,这一点和受弯正截面(是否破坏只由 M 决定)和轴心受压正截面(是否破坏只由 N 决定)不同。当材料或构件是否会破坏取决于两个变量的大小时,常用强度包络图作为理论分析和实验结果表述的工具。偏心受压构件的 N-M 相关曲线也正是这样一种强度包络图。

N-M 相关曲线是偏心受压构件承载力计算的依据。平面内任一点 (N, M),若处于此曲线之内,则表明该截面不会破坏;若处于此曲线之外,则表明该截面破坏;若该点恰好在曲线上,则处于极限状态。凡 ab 曲线上任意一点所对应的 (N, M) 组合,都将引起小偏心受压破坏;而 bc 曲线上任意一点所对应的组合都将引起大偏心受压破坏。

由曲线走向可以看出:在大偏心受压破坏情况下,随着轴向压力 N 的增大,截面所能承受的弯矩 M 也相应提高;b 点为钢筋与混凝土同时达到强度设计值的界限状态;在小偏心受压情况下,随着轴向压力 N 的增大,截面所能承担的弯矩 M 反而降低。

图 6-24 中给出了在极限状态下的一个截面中与不同的中和轴位置相对应的一系列应变分布图形。当 $x < h$ 时,截面边缘纤维压应变为 0.0033。而当 $x > h$ 时,中和轴已位于截面以外,推导出的 M 与 N 之间的二次函数关系全然不能应用,应力图形发生了变化,极限的情况是 x 趋于无穷,这时偏心距为零,轴向荷载为 N_0。由于与 N_0 相应的截面应变分布是均匀的,应变值为 0.002,因此 M 与 N 之间的二次函数关系不能应用的那一段相关曲线(虚线)是能画出来的,可由 N_0 值把这根曲线的终点固定下来。

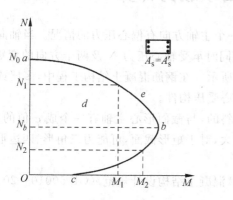

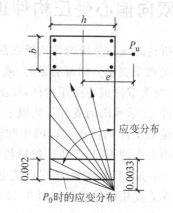

图 6-23　对称配筋偏心受压构件　　　　图 6-24　钢筋混凝土柱在偏心受压
$\quad\quad$ N-M 关系曲线　　　　　　　　　　极限荷载下的应变曲线

N-M 关系的意义在于以下两点。

(1) 该曲线展示了在截面(尺寸,配筋和材料)一定时,从正截面轴向受压,偏心受压至受弯之间连续过渡的全过程中截面承载力的变化规律。图中 a 点为轴心受压情况,c 点为受弯情况。

(2) 曲线上任意一点的坐标 (N, M) 代表一组截面承载力。如果作用于截面上的内力 (N, M) 坐标点位于图中曲线内侧(如点 d),说明截面在该点对应的内力作用下未达到承载能力极限状态,是安全的;若位于曲线外侧(如点 e),则表明截面在该点对应的内力作用下承载力不足。

N-M 关系曲线分为大偏心受压和小偏心受压两种情况的曲线段,其特点如下:

(1) $M=0$ 时,N 最大;$N=0$ 时,M 不是最大,界限状态时,M 最大。

(2) 小偏心受压情况时,N 随 M 的增大而减小,即在相同的 M 值下,N 值越大越不安全;大偏心受压情况时,N 随 M 的增大而增大,亦即在某一 M 值下,N 值越大越安全。

(3) 无论小偏心受压还是大偏心受压,在相同的 N 值下 M 越大越不安全。

(4) 对称配筋方式界限状态时所对应的 $N_b = \alpha_1 f_c b \xi h_0$,只与材料和截面有关,与配筋无关。

作用在结构上的荷载往往有多种,但它们不一定都会同时出现或同时达到最大值,在结构设计时要进行荷载组合。因此,在受压构件同一截面上可能会产生多组(N,M)内力,它们当中存在某一组内力对该截面起控制作用,即它对截面承载力最为不利,而这一组内力不容易凭直观从多组(N,M)中挑选出来。但利用 N-M 关系曲线的规律,可比较容易地找到最不利内力组合,这样就不必再对不起控制作用的若干组内力进行截面承载力计算,从而可大大减少计算工作量。例如:对称配筋方式的偏心受压构件,取(N,M)的绝对值,寻找 $N_{\max}$ 及与之相应较大的 M,它有可能对小偏心受压情况起控制作用;寻找 $M_{\max}$ 及与之相应较小的 N,它有可能对大偏心受压情况起控制作用。

对于各种截面情况,可以画出一系列 N-M 关系曲线,制成设计图表。截面设计或复核时,可以由这些曲线直接查得所需要的钢筋截面面积,或者 N 和 M 值。

6.9　双向偏心受压构件正截面承载力计算

前面所述的偏心受压构件是指在截面的一个主轴方向有偏心压力的情况。当轴向压力 N 在截面的两个主轴方向都有偏心,或者构件同时承受轴心压力 N 及两个方向的弯矩(M_x 及 M_y)时,则为双向偏心受压构件,如图 6-25 所示。在钢筋混凝土结构工程中,多层或高层框架的角柱、支承水塔的支柱等均属于双向偏心受压构件。

双向偏心受压构件正截面的中和轴是倾斜的,与截面形心主轴有一个成 φ 值的夹角。根据偏心距大小的不同,受压区的形状变化较大,对于矩形截面,可能为三角形、四边形或五边形;对于 L 形、T 形截面,情况可能更复杂。

双向偏心受压构件截面如图 6-26 所示。《混凝土结构设计规范》(GB 50010—2010)对

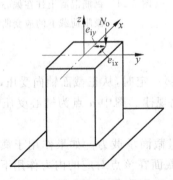

图 6-25　双向偏心受压示意图

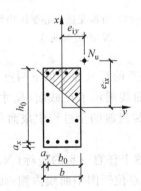

图 6-26　双向偏心受压构件截面

截面具有两个相互垂直对称轴的双向偏心受压构件的正截面承载力,列出两种算法,其中,近似计算方法见式(6-60)。

$$N_u = \cfrac{1}{\cfrac{1}{N_{ux}} + \cfrac{1}{N_{uy}} + \cfrac{1}{N_{u0}}} \tag{6-60}$$

式中　N_{u0}——构件的截面轴心受压承载力设计值。N_{u0}可按式(6-1)计算,但不考虑稳定系数 φ 及可靠性调整系数 0.9;

　　　N_{ux}——轴向压力作用于 x 轴并考虑相应的计算偏心距 e_{ix} 后,按全部纵向钢筋计算的构件偏心受压承载力设计值;

　　　N_{uy}——轴向压力作用于 y 轴并考虑相应的计算偏心距 e_{iy} 后,按全部纵向钢筋计算的构件偏心受压承载力设计值。

　　式(6-60)是基于弹性阶段应力叠加的计算方法。其实当构件处于承载能力极限状态时,截面应力分布已不符合弹性规律,理论上不能采用叠加原理。因此,式(6-60)只是一种近似计算方法。

　　截面复核时,将已知条件代入式(6-60),直接计算出 N_u。而当截面设计时,必须先拟定截面尺寸、钢筋数量及布置方案,经过若干次试算才能获得满意结果。

6.10　偏心受压构件斜截面受剪承载力计算

　　一般情况下偏心受压构件的剪力值相对较小,可不进行斜截面受剪承载力的计算;但对于有较大水平力作用下的框架柱,有横向力作用下的桁架上弦压杆,剪力影响相对较大,必须予以考虑。

　　试验研究表明,轴向压力对构件的受剪承载力起有利作用,主要是因为轴向压力能阻滞斜裂缝的出现和开展,增加混凝土剪压区高度,从而提高混凝土承担的剪力。

　　轴向压力对构件受剪承载力的有利作用是有限度的,当 $N/f_c bh$ 较小时,构件的受剪承载力随着轴压比的增加而提高,当轴压比 $N/f_c bh = 0.3 \sim 0.5$ 时,受剪承载力达到最大值;若再增加轴向压力,将导致受剪承载力的降低,并转变为带有斜裂缝的正截面小偏心受压正截面破坏,因此应对轴向压力对截面受剪承载力的提高幅度予以限制。

　　通过试验资料分析和可靠度计算,矩形、T形和I形截面的钢筋混凝土偏心受压构件,其斜截面受剪承载力 V 应符合下列规定:

$$V \leqslant \frac{1.75}{\lambda + 1.0} f_t bh_0 + f_{yv}\frac{A_{sv}}{s}h_0 + 0.07N \tag{6-61}$$

式中　λ——偏心受压构件计算截面的剪跨比,取为 $\dfrac{M}{Vh_0}$;

　　　N——与剪力设计值 V 相应的轴向压力设计值,当 $N > 0.3 f_c A$ 时,取 $N = 0.3 f_c A$,此处 A 为构件的截面面积。

　　计算截面的剪跨比 λ 应按下列规定取用。

　　(1)对框架结构中的框架柱,当其反弯点在层高范围内时,可取 $\lambda = H_n/(2h_0)$。当 $\lambda < 1$ 时,取 $\lambda = 1$;当 $\lambda > 3$ 时,取 $\lambda = 3$,此处,M 为计算截面上与剪力设计值 V 相应的弯矩设计值,H_n 为柱净高。

(2) 对其他偏心受压构件,当承受均布荷载时,取 $\lambda=1.5$;当承受集中荷载时(包括作用有多种荷载,且集中荷载对支座截面或节点边缘产生的剪力值占总剪力的 75% 以上的情况),取 $\lambda=a/h_0$,当 $\lambda<1.5$ 时取 $\lambda=1.5$,当 $\lambda>3$ 时取 $\lambda=3$,此处,a 为集中荷载作用点至支座截面或节点边缘的距离。

当符合下列要求时,可不进行斜截面受剪承载力计算,而仅需根据构造要求配置箍筋。

$$V \leqslant \frac{1.75}{\lambda+1}f_t bh_0 + 0.07N \tag{6-62}$$

偏心受压构件的受剪截面尺寸尚应符合《混凝土结构设计规范》(GB 50010—2010)有关规定。

6.11　公路桥涵工程受压构件的设计

6.11.1　轴心受压构件

根据《公路钢筋混凝土及预应力混凝土桥涵设计规范》(JTG D62—2012),对于配置纵向钢筋和普通钢筋的轴心受压构件,其正截面抗压承载力计算应符合下列规定:

$$\gamma_0 N_d \leqslant 0.9\varphi(f_{cd}A + f'_{sd}A'_s) \tag{6-63}$$

式中　φ——轴心受压构件稳定系数,按表 6-1 采用;

　　　A——构件毛截面面积,当纵向钢筋配筋率大于 3% 时,式中 A 改用 $(A-A'_s)$;

　　　A'_s——全部纵向钢筋的截面面积。

钢筋混凝土轴心受压构件,当配置螺旋式或焊接式间接钢筋,且间接钢筋的换算截面面积 A_{so} 不小于全部纵向钢筋截面面积的 25%,间距不大于 80mm 或 $d_{cor}/5$,构件长细比 $l_0/i \leqslant 48$(i 为截面最小回转半径)时,其正截面抗压承载力计算应符合下列规定:

$$\gamma_0 N_d \leqslant 0.9(f_{cd}A_{cor} + f'_{sd}A'_s + kf_{sd}A_{so}) \tag{6-64}$$

$$A_{so} = \frac{\pi d_{cor}A_{so1}}{S} \tag{6-65}$$

式中　A_{cor}——构件核心截面面积;

　　　A_{so}——螺旋式或焊接环式间接钢筋的换算截面面积;

　　　d_{cor}——构件截面的核心直径;

　　　k——间接钢筋影响系数,混凝土强度等级 C50 及以下,取 2.0;C50~C80 取 1.70~2.0,中间值可按直线插值法取用;

　　　A_{so1}——单根间接钢筋的截面面积;

　　　S——沿构件轴线方向间接钢筋的间距。

当间接钢筋的换算截面面积、间距及构件长细比不符合上述要求,按式(6-64)算得的抗压承载力小于式(6-63)算得的抗压承载力时,不应考虑间接钢筋的套箍作用,正截面抗压承载力应按式(6-63)计算。

按式(6-64)计算的抗压承载力设计值不应大于按式(6-63)计算的抗压承载力设计值的 1.5 倍。

6.11.2　矩形截面偏心受压构件

《公路钢筋混凝土及预应力混凝土桥涵设计规范》(JTG D62—2012)中偏心受压构件的受力特征、基本假定和计算图形与《混凝土结构设计规范》(GB 50010—2010)基本相同。其截面设计和截面复核的方法与步骤也基本相似。

1. 偏心受压的构件分类

偏心受压构件应以相对界限受压区高度 ξ_b 作为判别大、小偏心受压的条件,大、小偏心的判别条件以及二阶效应的计算方法与建筑工程偏压构件相同。

2. 非对称配筋偏心受压构件

1) 大偏心受压构件

矩形截面大偏心受压构件正截面抗压承载力计算公式如下:

$$\gamma_0 N_d \leqslant f_{cd} bx + f'_{sd} A'_s - f_{sd} A_s \tag{6-66}$$

$$\gamma_0 N_d e \leqslant f_{cd} bx \left(h_0 - \frac{x}{2} \right) + f'_{sd} A'_s (h_0 - a'_s) \tag{6-67}$$

$$e = e_i + \frac{h}{2} - a_s \tag{6-68}$$

式中　e——轴向力作用点至钢筋 A_s 合力点的距离。

公式的使用条件为 $\xi \leqslant \xi_b$ 或 $x \leqslant x_b$;$x \geqslant 2a'_s$。

当 $x < 2a'_s$ 时,可近似取 $x = 2a'_s$,并对纵向受压钢筋 A'_s 的合力点取矩,建立以下计算公式:

$$\gamma_0 N_d e \leqslant f_{sd} A_s (h'_0 - a_s) \tag{6-69}$$

2) 小偏心受压构件

小偏心受压构件位于截面受拉边或受压较小边的纵向钢筋 A_s,其应力 σ_s 按下列公式计算:

$$\sigma_{si} = \varepsilon_{cu} E_s \left(\frac{\beta h_{0i}}{x} - 1 \right) \tag{6-70}$$

$$- f'_{sd} \leqslant \sigma_{si} \leqslant f_{sd} \tag{6-71}$$

式中　ε_{cu} 与 β 的取值同受弯构件。

矩形截面小偏心受压构件正截面抗压承载力计算公式如下:

$$\gamma_0 N_d \leqslant f_{cd} bx + f'_{sd} A'_s - \sigma_s A_s \tag{6-72}$$

$$\gamma_0 N_d e \leqslant f_{cd} bx \left(h_0 - \frac{x}{2} \right) + f'_{sd} A'_s (h_0 - a'_s) \tag{6-73}$$

对于小偏心受压构件,在偏心距很小、构件全截面受压时,若靠近偏心压力一侧的钢筋 A'_s 配置较多,而远离偏心压力一侧的钢筋 A_s 配置较少时,钢筋 A_s 的应力可能达到受压屈服强度。因此,《公路钢筋混凝土及预应力混凝土桥涵设计规范》(JTG D62—2012)规定,对于小偏心受压构件,当轴向力作用在 A'_s 和 A_s 合力点之间时,尚应按下式进行验算:

$$\gamma_0 N_d e \leqslant f_{cd} bh \left(h'_0 - \frac{h}{2} \right) + f'_{sd} A_s (h'_0 - a_s) \tag{6-74}$$

$$e' = \frac{h}{2} - e_0 - a'_s \tag{6-75}$$

式中　e'——轴向力作用点至截面受压较大边纵向钢筋 A'_s 合力点的距离。

计算时偏心距 e_0 时,可不考虑增大系数 η。

3. 对称配筋偏心受压构件

1) 大偏心受压构件

将 $A_s = A'_s$,$f_{sd} = f'_{sd}$ 代入式(6-66)、式(6-67),可得对称配筋大偏心受压构件计算公式:

$$\gamma_0 N_d \leqslant f_{cd} bx \tag{6-76}$$

$$\gamma_0 N_d e \leqslant f_{cd} bx \left(h_0 - \frac{x}{2}\right) + f'_{sd} A'_s (h_0 - a'_s) \tag{6-77}$$

当由式(6-76)计算的 $x > \xi_b h_0$ 时,应按小偏心受压构件设计,此时应重新计算 x。

2) 小偏心受压构件

为简化计算,《公路钢筋混凝土及预应力混凝土桥涵设计规范》(JTG D62—2012)建议矩形截面对称配筋的小偏心受压构件相对受压区高度 ξ 按下式计算:

$$\xi = \frac{\gamma_0 N_d - \xi_b f_{cd} b h_0}{\dfrac{\gamma_0 N_d e - 0.43 f_{cd} b h_0^2}{(\beta - \xi_b)(h_0 - a'_s)} + f_{cd} b h_0} + \xi_b \tag{6-78}$$

当求得 $\xi > h/h_0$ 时,计算构件承载力时取 $\xi = h/h_0$,但计算钢筋应力 σ_s 时仍用计算所得的 ξ。然后将求得的 ξ 值代入式(6-73),即可求得所需的钢筋面积。

矩形、T 形和 I 形截面偏心受压构件除应计算弯矩作用平面的抗压承载力外,尚应按轴心受压构件验算垂直于弯矩作用平面的抗压承载力。

6.11.3　T 形和 I 形截面偏心受压构件

翼缘位于截面受压较大边的 T 形截面或 I 形截面偏心受压构件,其正截面抗压承载力应按下列规定计算。

(1) 当受压区高度 $x \leqslant h'_f$ 时,应按宽度为 b'_f、有效高度为 h_0 的矩形截面计算。

(2) 当受压区高度 $h'_f < x \leqslant h - h_f$ 时,即中性轴在肋板范围内,则应按下列公式计算:

$$\gamma_0 N_d \leqslant f_{cd}[bx + (b'_f - b)h'_f] + f'_{sd} A'_s - \sigma_s A_s \tag{6-79}$$

$$\gamma_0 N_d e \leqslant f_{cd}\left[bx\left(h_0 - \frac{x}{2}\right) + (b'_f - b)h'_f\left(h_0 - \frac{h'_f}{2}\right)\right] + f'_{sd} A'_s (h_0 - a'_s) \tag{6-80}$$

当由以上两式求得的 x 满足 $h'_f < x \leqslant \xi_b h_0$ 时,取 $\sigma_s = f_{sd}$;当 $x > \xi_b h_0$ 时,仍按式(6-70)计算 σ_s。

(3) 当受压区高度 $h - h_f < x \leqslant h$ 时,受压区进入受拉翼缘或受压较小的翼缘内,则应按下列公式计算:

$$\gamma_0 N_d \leqslant f_{cd}[bx + (b'_f - b)h'_f + (b_f - b)(x - h + h_f)] + f'_{sd} A'_s - \sigma_s A_s \tag{6-81}$$

$$
\begin{aligned}
\gamma_0 N_d e \leqslant & f_{cd}\left[bx\left(h_0 - \frac{x}{2}\right) + (b'_f - b)h'_f\left(h_0 - \frac{h'_f}{2}\right) + (b_f - b)(x - h + h_f)\left(h_f - a_s - \frac{x - h + h_f}{2}\right)\right] \\
& + f'_{sd} A'_s (h_0 - a'_s)
\end{aligned}
\tag{6-82}
$$

(4) 当受压区高度 $x > h$ 时,则全截面受压,取 $x = h$ 后,按下列公式计算:

$$\gamma_0 N_d \leqslant f_{cd}[bh + (b'_f - b)h'_f + (b_f - b)h_f] + f'_{sd} A'_s - \sigma_s A_s \tag{6-83}$$

$$
\begin{aligned}
\gamma_0 N_d e \leqslant & f_{cd}\left[bh\left(h_0 - \frac{h}{2}\right) + (b'_f - b)h'_f\left(h_0 - \frac{h'_f}{2}\right) + (b_f - b)h_f\left(\frac{h_f}{2} - a_s - \frac{x - h + h_f}{2}\right)\right] \\
& + f'_{sd} A'_s (h_0 - a'_s)
\end{aligned}
\tag{6-84}
$$

对于轴向力作用在 A'_s 和 A_s 合力点之间的小偏心受压构件,为防止远离偏心力作用点一侧截面边缘混凝土先压溃,尚应满足以下条件:

$$\gamma_0 N_d e \leqslant f_{cd}\left[bh\left(h'_0-\frac{h}{2}\right)+(b'_f-b)h'_f\left(\frac{h'_f}{2}-a'_s\right)+(b_f-b)h_f\left(h'_0-\frac{h_f}{2}\right)\right]$$
$$+f'_{sd}A'_s(h'_0-a_s) \tag{6-85}$$

【例 6-14】　(2010 年全国注册结构工程师考题)

如图 6-27 所示,某钢筋混凝土多层框架结构二层中柱按照单向偏心受压构件进行受弯承载力计算,剪跨比 $\lambda>2$,截面尺寸为 400mm×400mm,柱底轴向压力设计值 $N=225$kN,柱底轴向压力作用点至受压区纵向钢筋合力点的距离 $e'_s=420$mm,试问,计入二阶效应后该柱下端受弯承载力设计值 M(kN·m)与下列何项数值最为接近?

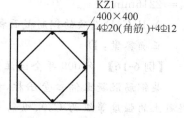

图 6-27　例 6-14 题图

A. 95　　　　　　B. 108　　　　　C. 113　　　　　D. 126

解:根据几何关系,有 $e'_s=e_i-0.5h+a'_s$,即

$$420\text{mm}=e_i-0.5\times400\text{mm}+40\text{mm}$$

可以解出 $e_i=580$mm。

由于 $e_a=\max(400\text{mm}/30,20\text{mm})=20$mm,从而 $e_0=580\text{mm}-20\text{mm}=560$mm。

受弯承载力为

$$Ne_0=225\text{kN}\times560\text{mm}=126\times10^3\text{kN}\cdot\text{mm}=126\text{kN}\cdot\text{m}$$

正确答案:D

【例 6-15】　(2012 年全国注册结构工程师考题)

五层现浇混凝土框架—剪力墙结构,柱网 9m×9m,各层高均为 4.5m,各层重力荷载代表值均为 18000kN。边柱截面为 700mm×700mm,采用 C30 混凝土,纵筋采用 HRB400,$a_s=a'_s=45$mm,地震作用组合下,轴压力设计值 $N=3100$kN,弯矩设计值 $M=1250$kN·m。试问,当采用对称配筋时,柱单侧所需钢筋数量与下列何项数值最为接近?

提示:大偏心受压,不考虑重力二阶效应。

A. 4 Φ 22　　　　　B. 5 Φ 22　　　　　C. 4 Φ 25　　　　　D. 5 Φ 25

解:

$$e_0=\frac{M}{N}=\frac{1250\times10^6\text{N}\cdot\text{mm}}{3100\times10^3\text{N}}=403\text{mm}$$

$$e_a=\max(h/30,20\text{mm})=23\text{mm}$$

$$e_i=e_0+e_a=403\text{mm}+23\text{mm}=426\text{mm}$$

$$e=e_i+\frac{h}{2}-a_s=426\text{mm}+\frac{700\text{mm}}{2}-40\text{mm}=736\text{mm}$$

轴压比

$$\frac{N}{f_cA}=\frac{3100\times10^3\text{N}}{14.3\text{MPa}\times700\text{mm}\times700\text{mm}}=0.44>0.15$$

依据《混凝土结构设计规范》(GB 50010—2010)表 11.1.6,取 $\gamma_{RE}=0.8$。

$$x=\frac{\gamma_{RE}N}{\alpha_1 f_c b}=\frac{0.8\times3100\times10^3\text{N}}{1.0\times14.3\text{MPa}\times700\text{mm}}=248\text{mm}$$

满足 $x \leqslant \xi_b h_0$ 且 $x \geqslant 2a'_s$ 的条件,故

$$A_s = A'_s = \frac{\gamma_{RE} Ne - \alpha_1 f_c bx (h_0 - x/2)}{f'_y (h_0 - a'_s)}$$

$$= \frac{0.8 \times 3100 \times 10^3 N \times 736mm - 1 \times 14.3MPa \times 700mm \times 248mm \times (660mm - 248mm/2)}{360MPa \times (660mm - 40mm)}$$

$$= 2216 mm^2$$

A、B、C、D 选项的钢筋截面积分别为 $1520mm^2$、$1900mm^2$、$1964mm^2$、$2454mm^2$。

正确答案:D

【例 6-16】 (2009 年全国注册结构工程师考题)

某钢筋混凝土偏心受压柱,截面尺寸及配筋如图 6-28 所示,混凝土的强度等级为 C30,纵筋采用 HRB335 级钢筋。已知轴向压力设计值为 $N = 300kN$,偏心距增大系数 $\eta = 1.16$,$a_s = a'_s = 40mm$。当按单向偏心受压验算承载力时,试问,轴向压力作用点至受压区纵向普通钢筋合力点的距离 e'_s(mm)最大值应与下列何项数值最为接近?

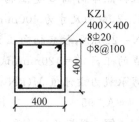

图 6-28　例 6-16 题图

KZ1
400×400
8Φ20
Φ8@100

A. 280　　　　B. 290　　　　C. 300　　　　D. 310

解:(1)单边纵筋面积 3Φ20,$A_s = A'_s = 924mm^2$。

$$\xi_b = \frac{\beta_1}{1 + \frac{f_y}{E_s \varepsilon_{cu}}} = \frac{0.8}{1 + \frac{300MPa}{2 \times 10^5 MPa \times 0.0033}} = 0.55$$

(2)对于对称配筋

$$x = \frac{N}{\alpha_1 f_c b} = \frac{300 \times 1000N}{1.0 \times 14.3MPa \times 400mm} = 52.4mm < \xi_b h_0 = 0.55 \times 360mm = 198mm$$

应按大偏心受压计算。

(3)$x = 52.4mm < 2a'_s = 80mm$

根据《混凝土结构设计规范》(GB 50010—2010)第 6.2.17 条第 2 款,按规范式(6.2.14)计算(本教材式(6-30)),并以 Ne'_s 代替 M:

$$Ne'_s = f_y A_s (h - a_s - a'_s) = 300MPa \times 942mm^2 \times (400mm - 80mm) \times 10^{-6}$$

$$e'_s = \frac{90.43 \times 10^6 N \cdot mm}{300 \times 10^3 N} = 301.4mm$$

正确答案:C

【例 6-17】 (2009 年全国注册结构工程师考题)

本题目基本条件同例 6-16,假定 $e'_s = 305mm$,试问,按单向偏心受压计算时,该柱受弯承载力设计值 $M(kN \cdot m)$ 与下列何项数值最为接近?

A. 114　　　　B. 120　　　　C. 130　　　　D. 140

解:(1)$\eta e_i = e'_s + \frac{h}{2} - a'_s = 305mm + \frac{400mm}{2} - 40mm = 465mm$

$$e_i = \frac{465mm}{1.16} = 401mm$$

(2)$e_a = \max\left(20mm, \frac{400mm}{30}\right) = 20mm$

$$e_0 = e_i - e_a = 401mm - 20mm = 381mm$$

(3) $M = e_0 N = 381\text{mm} \times 300 \times 10^3\text{N} \times 10^{-6} = 114.3\text{kN} \cdot \text{m}$

正确答案：A

思考题

6-1　轴心受压构件和偏心受压构件各应满足哪些构造要求？

6-2　轴心受压普通箍筋短柱和长柱的破坏形态有何不同？轴心受压长柱的稳定系数是如何确定的？

6-3　轴心受压普通箍筋柱和螺旋箍筋柱正截面受压承载力的计算有何不同？

6-4　在什么情况下不能考虑螺旋箍筋对承载力提高的影响？为什么？

6-5　偏心受压构件如何分类？各自典型的破坏特征有何区别？

6-6　弯矩增大系数 η_{ns} 是如何推导的？

6-7　为什么要引入附加偏心距 e_{a}？如何计算附加偏心距？

6-8　矩形截面非对称配筋大偏心受压构件如何利用基本公式进行配筋计算？

6-9　矩形截面非对称配筋小偏心受压构件如何利用基本公式进行配筋计算？

6-10　矩形截面对称配筋偏心受压构件正截面承载力如何设计计算？

6-11　什么是偏心受压构件正截面承载力的 $N\text{-}M$ 相关曲线？

6-12　怎样计算偏心受压构件的斜截面受剪承载力？

习题

6-1　某混合结构多层房屋,门厅为现浇内框架结构(按无侧移考虑),其底层柱截面为方形,按轴心受压构件计算。轴向力设计值 $N = 2450\text{kN}$,层高 $H = 6.4\text{m}$,混凝土为 C30 级,纵筋采用 HRB400 级钢筋,箍筋为 HPB300 级钢筋,截面尺寸为 $400\text{mm} \times 400\text{mm}$,试配置纵筋和箍筋。

6-2　某多层现浇钢筋混凝土框架结构(无侧移框架),底层门厅柱为圆形截面,直径 $d = 500\text{mm}$,按轴心受压柱设计。轴力设计值 $N = 3900\text{kN}$,柱高 $H = 6\text{m}$,混凝土等级为 C30,纵筋采用 HRB400,配置螺旋箍筋 HPB300,安全等级二级,环境类别一类,试配置柱的纵筋和箍筋。

6-3　已知矩形截面柱：$N = 320\text{kN}$,$M = 300\text{kN} \cdot \text{m}$,$b = 400\text{mm}$,$h = 450\text{mm}$,$a_{\text{s}} = a_{\text{s}}' = 40\text{mm}$。混凝土强度等级为 C30,钢筋采用 HRB400 级,本题中的柱为短柱,不考虑长细比的影响。求钢筋截面面积 A_{s} 及 A_{s}'。

6-4　已知矩形截面偏心受压柱,截面尺寸 $b \times h = 300\text{mm} \times 500\text{mm}$,$a_{\text{s}} = a_{\text{s}}' = 40\text{mm}$。柱的计算长度 $l_0 = 6\text{m}$。截面承受轴向压力设计值 $N = 130\text{kN}$,柱顶截面弯矩设计值 $M_1 = 190\text{kN} \cdot \text{m}$,柱底截面弯矩设计值 $M_2 = 210\text{kN} \cdot \text{m}$。柱挠曲变形为单曲率。混凝土强度等级为 C25,纵筋采用 HRB400 级,并已选用受压钢筋为 $4 \Phi 22 (A_{\text{s}}' = 1520\text{mm}^2)$。求纵向受拉钢筋截面面积 A_{s}。

6-5　矩形截面偏心受压柱,$b \times h = 400\text{mm} \times 450\text{mm}$,$a_{\text{s}} = a_{\text{s}}' = 40\text{mm}$,承受轴向压力设计值 $N = 500\text{kN}$,柱顶截面弯矩设计值 $M_1 = 380\text{kN} \cdot \text{m}$,柱底截面弯矩设计值 $M_2 = 355\text{kN} \cdot \text{m}$,柱

的挠曲变形为单曲率。混凝土强度等级为 C30,钢筋采用 HRB400 级,柱的计算长度 $l_0=5\text{m}$。采用对称配筋,求所需纵向钢筋 A_s 和 A_s'。

6-6　已知数据同习题 6-3,采用对称配筋,求所需纵向钢筋 A_s 和 A_s'。

6-7　已知矩形截面柱 $b=400\text{mm}$,$h=600\text{mm}$,$a_s=a_s'=40\text{mm}$,纵筋为对称配筋 $(4\,\underline{\Phi}\,16)A_s=A_s'=804\text{mm}^2$。柱的计算长度 $l_0=4.8\text{m}$。混凝土强度等级为 C60,钢筋采用 HRB400 级,设轴向力的偏心距 $e_0=280\text{mm}$,求柱的承载力 N。

6-8　已知一偏心受压柱,截面尺寸为 $400\text{mm}\times500\text{mm}$,柱的计算长度为 4m,选用 C30 混凝土和 HRB400 级钢筋,承受轴力设计值 $N=750\text{kN}$,$A_s=1570\text{mm}^2$,$A_s'=1016\text{mm}^2$,处于一类环境,求该柱能承受的弯矩设计值 M。

6-9　某单层工业厂房 I 形截面排架柱,$b=100\text{mm}$,$h=900\text{mm}$,$b_f=b_f'=400\text{mm}$,$h_f=h_f'=150\text{mm}$,已知柱的计算长度 $l_0=5.5\text{m}$,截面承受的轴向压力设计值 $N=877\text{kN}$,考虑二阶效应的弯矩设计值为 $M_1=914\text{kN}\cdot\text{m}$,采用 C35 混凝土,HRB400 级钢筋,按对称配筋求柱所需配置的纵向钢筋 $A_s=A_s'$。

6-10　某单层工业厂房 I 形截面排架柱,$b=80\text{mm}$,$h=500\text{mm}$,$b_f=b_f'=400\text{mm}$,$h_f=h_f'=100\text{mm}$,已知柱的计算长度 $l_0=13.5\text{m}$,截面承受的轴向压力设计值 $N=2000\text{kN}$,下柱柱顶和柱底截面弯矩设计值分别为 $M_1=450\text{kN}\cdot\text{m}$、$M_2=560\text{kN}\cdot\text{m}$,采用 C30 混凝土,HRB400 级钢筋,按对称配筋求柱所需配置的纵向钢筋 $A_s=A_s'$,按另一组内力设计值 $N=1250\text{kN}$,$M_1=450\text{kN}\cdot\text{m}$、$M_2=560\text{kN}\cdot\text{m}$,求柱的纵向钢筋 $A_s=A_s'$。

第7章

受拉构件的正截面承载力计算

本章叙述偏心受拉构件正截面的破坏形态及正截面受拉承载力的计算方法,介绍偏心受拉构件斜截面承载力的计算方法。

当构件受到纵向拉力时,称为受拉构件。当纵向拉力作用线与构件截面形心轴重合时,为轴心受拉构件;当纵向拉力作用线与构件截面形心轴不重合或构件截面上同时作用有纵向拉力和弯矩时,称为偏心受拉构件。

7.1 轴心受拉构件的截面承载力计算

在工程实际中,理想的轴心受拉构件实际上是不存在的。但是,有些构件如桁架式屋架或托架的受拉弦杆和腹杆以及拱的拉杆,当自重和节点约束引起的弯矩很小时,可近似地按轴心受拉构件计算。此外,圆形水池的池壁,在净水压力的作用下,池壁的垂直截面在水平方向处于环向受拉状态,也可按轴心受拉构件计算。

由于混凝土的抗拉强度很低,所以钢筋混凝土轴心受拉构件在较小的拉力作用下就会开裂,而且随着拉力的增加,构件的裂缝宽度不断加大。因此,用普通钢筋混凝土构件承受拉力是不合理的。对承受拉力的构件一般采用预应力混凝土结构或钢结构。在实际工程中,钢筋混凝土屋架或托架结构的受拉弦杆以及拱的拉杆仍采用钢筋混凝土,这样做可以免去施工的不便,并且使构件的刚度增大。但在设计时应采取措施控制构件的裂缝开展宽度。

轴心受拉构件的受力特点与适筋梁相似,轴心受拉构件从开始加载到破坏,其受力过程也可分为三个阶段。第Ⅰ阶段为从加载到混凝土受拉开裂前;第Ⅱ阶段为混凝土开裂到受拉钢筋即将屈服;第Ⅲ阶段为受拉钢筋开始屈服到全部受拉钢筋屈服;此时,混凝土裂缝开展很大,可认为构件达到破坏状态,即达到极限荷载。

轴心受拉构件破坏时,混凝土早已被拉裂,全部拉力由钢筋承受,直到钢筋受拉屈服。故轴心受拉构件正截面受拉承载力计算公式如下:

$$N \leqslant N_u = f_y A_s \tag{7-1}$$

式中 N——轴心拉力设计值;

N_u——轴心受拉承载力设计值;

f_y——钢筋抗拉强度设计值,按附录表 A-6 取用;

A_s——受拉钢筋的全部截面面积。

【例 7-1】 某钢筋混凝土屋架下弦,截面尺寸 $b \times h = 200\text{mm} \times 150\text{mm}$,其所受的轴心拉力设计值为 360kN,混凝土强度等级 C30,纵向钢筋采用 HRB400 级,求钢筋截面面积并配筋。

解: 由附录表 A-6 查得 $f_y = 360\text{MPa}$,代入式(7-1),得

$$A_s = \frac{N}{f_y} = \frac{360 \times 1000\text{N}}{360\text{MPa}} = 1000\text{mm}^2$$

选用 $4 \oplus 18$,$A_s = 1017\text{mm}^2$。

7.2　矩形截面偏心受拉构件正截面受拉承载力计算

7.2.1　偏心受拉构件正截面的破坏形态

偏心受拉构件是一种介于轴心受拉构件与受弯构件之间的受力构件。承受节间荷载的屋架下弦杆、矩形水池的池壁、浅仓的墙壁以及工业厂房中双肢柱的受拉腹杆都属于偏心受拉构件。偏心受拉构件纵向钢筋的布置方式与偏心受压构件相同,离纵向拉力较近一侧的钢筋称为受拉钢筋,其截面面积用 A_s 表示;离纵向拉力较远一侧的钢筋称为受压钢筋,其截面面积用 A'_s 表示。根据偏心距大小的不同,构件的破坏可分为大偏心受拉破坏和小偏心受拉破坏两种情况。

1. 大偏心受拉破坏

如图 7-1 所示,当纵向拉力 N 作用在钢筋 A_s 合力点及 A'_s 合力点范围以外 $\left(e_0 > \dfrac{h}{2} - a_s\right)$ 时,发生大偏心受拉破坏。

加载开始后,随着纵向拉力的增加,靠近偏心拉力一侧的混凝土开裂,裂缝虽能展开,但不会贯通全截面,离纵向力较远一侧仍有受压区,否则拉力 N 得不到平衡。

2. 小偏心受拉破坏

如图 7-2 所示,当纵向拉力 N 作用在钢筋 A_s 合力点及 A'_s 合力点以内 $\left(e_0 \leqslant \dfrac{h}{2} - a_s\right)$ 时,发生小偏心受拉破坏。在小偏心拉力作用下,临破坏前,一般情况是截面全部裂通,拉力完全由钢筋承担。

受拉构件计算时无须考虑二次弯矩的影响,也无须考虑初始偏心距,直接按偏心距 e_0 计算。

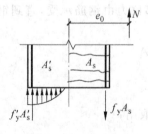

图 7-1　大偏心受拉破坏

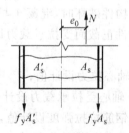

图 7-2　小偏心受拉破坏

7.2.2 矩形截面大偏心受拉构件正截面的承载力计算

图 7-3 表示矩形截面大偏心受拉构件的受力情况。构件破坏时,受拉钢筋及受压钢筋的应力达到屈服强度,受压区混凝土压应力分布仍用换算的矩形应力图形,其应力值为 $\alpha_1 f_c$。

基本公式如下:

$$N \leqslant N_u = f_y A_s - f'_y A'_s - \alpha_1 f_c b x \tag{7-2}$$

$$Ne \leqslant N_u e = \alpha_1 f_c b x \left(h_0 - \frac{x}{2}\right) + f'_y A'_s (h_0 - a'_s) \tag{7-3}$$

$$e = e_0 - \frac{h}{2} + a_s \tag{7-4}$$

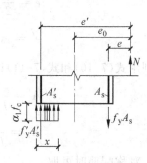

图 7-3 大偏心受拉构件截面
应力计算图形

上述基本公式的适用条件是

$$x \leqslant \xi_b h_0 \quad 及 \quad x \geqslant 2a'_s$$

要求满足 $x \leqslant \xi_b h_0$ 是为了防止超筋破坏;$x \geqslant 2a'_s$ 是为了保证构件在破坏时,受压钢筋应力能达到屈服强度。

截面设计时,为了使总用钢量($A_s + A'_s$)最少,同偏心受压构件一样,取 $x = x_b$,代入式(7-2)及式(7-3),可得

$$A'_s = \frac{Ne - \alpha_1 f_c b x_b (h_0 - 0.5 x_b)}{f'_y (h_0 - a'_s)} \tag{7-5}$$

$$A_s = \frac{\alpha_1 f_c b x_b + N + f'_y A'_s}{f_y} \tag{7-6}$$

式中 x_b——界限破坏时受压区高度。

对称配筋时,由于 $A_s = A'_s$ 和 $f_y = f'_y$,将其代入式(7-2)后,必然求得 x 为负值,即属于 $x < 2a'_s$ 的情况,则和大偏心受压构件截面设计时相同,近似地取 $x = 2a'_s$,并对受压钢筋合力点取矩,得

$$Ne' \leqslant N_u e' = f_y A_s (h_0 - a'_s) \tag{7-7}$$

$$A_s = A'_s = \frac{Ne'}{f_y (h_0 - a'_s)} \tag{7-8}$$

$$e' = e_0 + \frac{h}{2} - a'_s \tag{7-9}$$

式中 e'——纵向拉力作用点至受压区纵向钢筋合力点的距离。

其他情况的设计题和复核题的计算与大偏心受压构件相似,所不同的是轴向力为拉力。

7.2.3 矩形截面小偏心受拉构件正截面的承载力计算

图 7-4 表示矩形截面小偏心受拉构件的受力情况。在这种情况下,不考虑混凝土的受拉工作。设计时,可假定构件破坏时受拉钢筋及受压钢筋的应力都达到屈服强度。根据内外力分别对受拉钢筋及受压钢筋的合力点取矩的平衡条件,可得

$$Ne \leqslant N_u e = f_y A'_s (h_0 - a'_s) \tag{7-10}$$

$$Ne' \leqslant N_u e' = f_y A_s (h'_0 - a_s) \tag{7-11}$$

式中

$$e = \frac{h}{2} - e_0 - a_s \qquad (7\text{-}12)$$

$$e' = e_0 + \frac{h}{2} - a_s' \qquad (7\text{-}13)$$

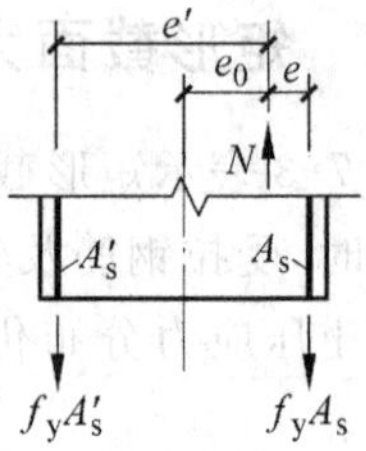

分别用式(7-10)和式(7-11)计算 A_s' 和 A_s，即

$$A_s' = \frac{Ne}{f_y(h_0 - a_s')} \qquad (7\text{-}14)$$

$$A_s = \frac{Ne'}{f_y(h_0' - a_s)} \qquad (7\text{-}15)$$

图 7-4　小偏心受拉构件截面
应力计算图形

对称配筋时可取

$$A_s = A_s' = \frac{Ne'}{f_y(h_0' - a_s)} \qquad (7\text{-}16)$$

【例 7-2】　钢筋混凝土偏心受拉构件，截面尺寸 $b \times h = 300\text{mm} \times 500\text{mm}$，$a_s = a_s' = 40\text{mm}$，截面承受轴向拉力设计值 $N = 199\text{kN}$，弯矩设计值 $M = 19\text{kN} \cdot \text{m}$，混凝土强度等级 C40，纵向钢筋采用 HRB400 级钢筋。求钢筋面积 A_s 和 A_s'。

解：由附录表 A-6 查得 $f_y = f_y' = 360\text{MPa}$；由附录表 A-1 查得 $f_t = 1.71\text{MPa}$。

$$e_0 = \frac{M}{N} = \frac{19 \times 10^6 \text{N} \cdot \text{mm}}{199 \times 10^3 \text{N}} = 95.5\text{mm} < \frac{h}{2} - a_s = \frac{500\text{mm}}{2} - 40\text{mm} = 210\text{mm}$$

故属于小偏心受拉构件。

$$e = \frac{h}{2} - e_0 - a_s = \frac{500\text{mm}}{2} - 40\text{mm} - 95.5\text{mm} = 114.5\text{mm}$$

$$e' = e_0 + \frac{h}{2} - a_s' = 95.5\text{mm} + \frac{500\text{mm}}{2} - 40\text{mm} = 305.5\text{mm}$$

$$0.45\frac{f_t}{f_y} = 0.45 \times \frac{1.71\text{MPa}}{360\text{MPa}} = 0.0021 > \rho_{min} = 0.002$$

$$A_s' = \frac{Ne}{f_y(h_0 - a_s')} = \frac{199 \times 10^3 \text{N} \times 114.5\text{mm}}{360\text{MPa} \times (460\text{mm} - 40\text{mm})} = 150.7\text{mm}^2 < A_{min}'$$

取 $A_s' = A_{min}' = \rho_{min}bh = 0.002 \times 300\text{mm} \times 500\text{mm} = 300\text{mm}^2$

$$A_s = \frac{Ne'}{f_y(h_0' - a_s)} = \frac{199 \times 10^3 \text{N} \times 305.5\text{mm}}{360\text{MPa} \times (460\text{mm} - 40\text{mm})} = 402.1\text{mm}^2 > A_{min} = 300\text{mm}^2$$

钢筋 A_s' 选用 3 $\underline{\Phi}$ 12($A_s' = 339\text{mm}^2$)，钢筋 A_s 选用 3 $\underline{\Phi}$ 16($A_s = 603\text{mm}^2$)。

【例 7-3】　钢筋混凝土偏心受拉构件，截面尺寸 $b \times h = 300\text{mm} \times 450\text{mm}$，$a_s = a_s' = 40\text{mm}$，截面承受轴向拉力设计值 $N = 380\text{kN}$，弯矩设计值 $M = 200\text{kN} \cdot \text{m}$，混凝土强度等级 C30，纵向钢筋采用 HRB400 级钢筋。求钢筋面积 A_s 和 A_s'。

解：由附录表 A-6 查得 $f_y = f_y' = 360\text{MPa}$；由附录表 A-1 查得 $f_c = 14.3\text{MPa}$，$f_t = 1.43\text{MPa}$。

$$e_0 = \frac{M}{N} = \frac{200 \times 10^6 \text{N} \cdot \text{mm}}{380 \times 10^3 \text{N}} = 526\text{mm} > \frac{h}{2} + a_s = \frac{450\text{mm}}{2} - 40\text{mm} = 185\text{mm}$$

故属于大偏心受拉构件。

$$e = e_0 - \frac{h}{2} + a_s = 526\text{mm} - \frac{450\text{mm}}{2} + 40\text{mm} = 341\text{mm}$$

令 $x = x_b = \xi_b h_0 = 0.518 \times 410\text{mm} = 212.4\text{mm}$

由式(7-5)可得

$$A_s' = \frac{Ne - \alpha_1 f_c b x_b (h_0 - 0.5 x_b)}{f_y'(h_0 - a_s')}$$

$$= \frac{380 \times 10^3 \text{N} \times 341\text{mm} - 14.3\text{MPa} \times 300\text{mm} \times 212.4\text{mm} \times (410\text{mm} - 212.4\text{mm}/2)}{360\text{MPa} \times (410\text{mm} - 40\text{mm})} < 0$$

$$0.45 \frac{f_t}{f_y} = 0.45 \times \frac{1.43\text{MPa}}{360\text{MPa}} = 0.0018 < 0.002, \quad 取 \rho_{min}' = \rho_{min} = 0.002$$

$$A_{min}' = \rho_{min} bh = 0.002 \times 450\text{mm} \times 300\text{mm} = 270\text{mm}^2$$

受压钢筋选用 2$\underline{\Phi}$14($A_s' = 308\text{mm}^2$)。按已知 A_s' 求解 A_s。

$$\alpha_s = \frac{Ne - f_y' A_s'(h_0 - a_s')}{\alpha_1 f_c b h_0^2} = \frac{380 \times 10^3 \text{N} \times 341\text{mm} - 360\text{MPa} \times 308\text{mm}^2 \times (410\text{mm} - 40\text{mm})}{14.3\text{MPa} \times 300\text{mm} \times (410\text{mm})^2}$$

$$= 0.121$$

$$\xi = 1 - \sqrt{1 - 2\alpha_s} = 1 - \sqrt{1 - 2 \times 0.121} = 0.129$$

$$x = \xi h_0 = 0.129 \times 410\text{mm} = 53.1\text{mm} < 2a_s' = 80\text{mm}$$

取 $x = 2a_s'$ 进行计算，$e' = e_0 + \dfrac{h}{2} - a_s' = 526\text{mm} + \dfrac{450\text{mm}}{2} - 40\text{mm} = 711\text{mm}$

$$A_s = \frac{Ne'}{f_y(h_0 - a_s')} = \frac{380 \times 10^3 \text{N} \times 711\text{mm}}{360\text{MPa} \times (410\text{mm} - 40\text{mm})} = 2028\text{mm}^2 > A_{s,min} = 270\text{mm}^2$$

受拉钢筋选用 6$\underline{\Phi}$22($A_s = 2281\text{mm}^2$)。

7.3　偏心受拉构件斜截面受剪承载力计算

　　一般偏心受拉构件,在承受拉力和弯矩的同时,也承受剪力。当剪力较大时,不能忽视斜截面承载力的计算。

　　试验表明,拉力 N 的存在有时会使斜裂缝贯穿全截面,使斜裂缝末端没有剪压区,构件的斜截面承载力比无轴向拉力时要降低一些,降低的程度与轴向拉力的数值有关。

　　通过对试验资料分析,矩形、T 形和 I 形截面的钢筋混凝土偏心受拉构件,其斜截面受剪承载力应符合下列规定:

$$V \leqslant \frac{1.75}{\lambda + 1} f_t b h_0 + f_{yv} \frac{A_{sv}}{s} h_0 - 0.2N \tag{7-17}$$

式中　λ——计算截面的剪跨比;

　　　　N——与剪力设计值 V 相应的轴向拉力设计值。

　　当式(7-17)右边的计算值小于 $f_{yv} \dfrac{A_{sv}}{s} h_0$ 时,应取等于 $f_{yv} \dfrac{A_{sv}}{s} h_0$,且 $f_{yv} \dfrac{A_{sv}}{s} h_0$ 值不应小于 $0.36 f_t b h_0$。

　　与偏心受压构件相同,受剪截面尺寸尚应符合《混凝土结构设计规范》(GB 50010—2010)的有关要求。

7.4 公路桥涵工程受拉构件的设计

7.4.1 轴心受拉构件正截面承载力计算

在公路桥涵工程中,轴心受拉构件的正截面抗拉承载力计算公式为

$$\gamma_0 N_d \leqslant f_{sd} A_s \qquad (7\text{-}18)$$

式中　N_d——轴向拉力设计值;

　　　f_{sd}——钢筋抗拉强度设计值;

　　　A_s——受拉钢筋截面面积。

求得的 A_s 应满足最小配筋率要求。

7.4.2 偏心受拉构件正截面承载力计算

与《混凝土结构设计规范》(GB 50010—2010)的规定相同,偏心受拉构件可根据轴向拉力 N_d 的作用位置的不同分为大偏心受拉和小偏心受拉两种,判别方法见上述规范。

1. 基本计算公式

1) 小偏心受拉

小偏心受拉构件正截面承载力的基本计算公式为

$$\gamma_0 N_d e \leqslant f_{sd} A'_s (h_0 - a'_s) \qquad (7\text{-}19)$$

$$\gamma_0 N_d e' \leqslant f_{sd} A_s (h'_0 - a_s) \qquad (7\text{-}20)$$

式中　e——轴向拉力 N_d 至钢筋 A_s 合力点的距离,

$$e = h/2 - a_s - e_0 \qquad (7\text{-}21)$$

　　　e'——轴向拉力 N_d 至钢筋 A'_s 合力点的距离,

$$e' = h/2 - a'_s - e_0 \qquad (7\text{-}22)$$

求得的钢筋面积 A_s 和 A'_s 应满足最小配筋率的要求。

2) 大偏心受拉

大偏心受拉构件正截面承载力的基本计算公式为

$$\gamma_0 N_d \leqslant f_{sd} A_s - f'_{sd} A'_s - f_{cd} bx \qquad (7\text{-}23)$$

$$\gamma_0 N_d e \leqslant f_{cd} bx \left(h_0 - \frac{x}{2} \right) + f'_{sd} A'_s (h_0 - a'_s) \qquad (7\text{-}24)$$

式中　e——轴向拉力 N_d 至钢筋 A_s 合力点的距离,

$$e = e_0 - h/2 + a_s \qquad (7\text{-}25)$$

公式的适用条件与《混凝土结构设计规范》(GB 50010—2010)的规定相同。

当 $x < 2a'_s$ 时,取 $x = 2a'_s$,对 A'_s 合力点取矩得

$$\gamma_0 N_d e' \leqslant f_{sd} A_s (h' - a_s) \qquad (7\text{-}26)$$

式中　e'——轴向拉力 N_d 至钢筋 A'_s 合力点的距离,$e' = e_0 + h/2 - a'$。

2. 截面设计与截面复核

计算方法与建筑工程钢筋混凝土偏心受拉构件相同。

【例 7-4】(2011 年全国注册结构工程师考题)

某框架梁及跨中配筋如图 7-5 所示。纵筋采用 HRB400 级钢筋,$a_s = a'_s = 70$mm,跨中

截面弯矩设计值 $M=880$kN·m,对应的轴向拉力设计值 $N=2200$kN。试问,非抗震设计时,该梁跨中截面按矩形截面偏心受拉构件计算所需的下部纵向受力钢筋面积 A_s(mm²)与下列何项数值最为接近?

提示:该梁配筋计算时不考虑梁侧腰筋的作用。

A. 2900　　　　B. 3500　　　　C. 5900　　　　D. 7100

解:由于 $e_0=\dfrac{M}{N}=\dfrac{880\times10^3\text{kN}\cdot\text{m}}{2200\text{kN}}=400\text{mm}<h/2-a_s=1000\text{mm}/2-70\text{mm}=$

430mm,按照小偏心受拉计算。依据《混凝土结构设计规范》(GB 50010—2010)第 6.2.23 条计算 A_s:

$$A_s=\frac{N(e_0+h/2-a_s')}{f_y(h_0-a_s')}=\frac{2200\times10^3\text{N}\times(400\text{mm}+1000\text{mm}/2-70\text{mm})}{360\text{MPa}\times(1000\text{mm}-70\text{mm}-70\text{mm})}=5898\text{ mm}^2$$

正确答案:C

【例 7-5】　(2007 年全国注册结构工程师考题)

某钢筋混凝土单跨梁,截面及配筋如图 7-6 所示,混凝土强度等级为 C40,纵向受力钢筋 HRB400 级,箍筋及两侧纵向构造钢筋 HRB335 级。已知跨中弯矩设计值 $M=1400$kN·m;纵向拉力设计值 $N=3500$kN;$a_s=a_s'=70$mm。假定该梁支座截面设计值 $V=5760$kN,与该值相应的轴拉力设计值为 $N=3800$kN,计算剪跨比 $\lambda=1.5$,该梁支座截面箍筋配置与哪个选项最接近?

A. 6ϕ10@100　　B. 6ϕ12@150　　C. 6ϕ12@100　　D. 6ϕ14@100

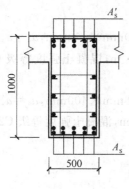

图 7-5　例 7-4 题图

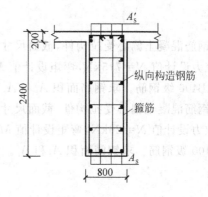

图 7-6　例 7-5 题图

解:对于 C40 混凝土,HRB335 级箍筋:$f_t=1.71$MPa,$f_{yv}=300$MPa。

$h_0=2400\text{mm}-70\text{mm}=2330\text{mm}$

应用《混凝土结构设计规范》(GB 50010—2010)式(6.3.14)得

$$f_{yv}\frac{A_{sv}}{s}h_0=V-\left(\frac{1.75}{\lambda+1}\times f_tbh_0-0.2N\right)$$

$$=5760\times10^3\text{N}-\left(\frac{1.75}{1.5+1}\times1.71\text{MPa}\times800\text{mm}\times2330\text{mm}-0.2\times3800\times10^3\text{N}\right)$$

$$=4288.8\text{kN}>0.36f_tbh_0=0.36\times1.71\text{MPa}\times800\text{mm}\times2330\text{mm}$$

$$=1247.5\text{kN}$$

$$\frac{A_{sv}}{s} = \frac{4288792\text{N}}{f_{yv}h_0} = \frac{4288792\text{N}}{300\text{MPa} \times 2330\text{mm}} = 6.14\text{mm}^2/\text{mm}$$

A. $\dfrac{A_{sv}}{s} = \dfrac{6 \times 78.5\text{mm}^2}{100\text{mm}} = 4.71\text{mm}^2/\text{mm}$

B. $\dfrac{A_{sv}}{s} = \dfrac{6 \times 113.1\text{mm}^2}{150\text{mm}} = 4.52\text{mm}^2/\text{mm}$

C. $\dfrac{A_{sv}}{s} = \dfrac{6 \times 113.1\text{mm}^2}{100\text{mm}} = 6.78\text{mm}^2/\text{mm}$

D. $\dfrac{A_{sv}}{s} = \dfrac{6 \times 153.9\text{mm}^2}{100\text{mm}} = 9.23\text{mm}^2/\text{mm}$

正确答案：C

思考题

7-1　当轴心受拉构件的受拉钢筋强度不同时,怎样计算其正截面承载力?

7-2　大、小偏心受拉破坏的判断条件是什么? 各自的破坏特点如何?

7-3　钢筋混凝土大偏心受拉构件非对称配筋时,如果计算中出现 $x < 2a'_s$,应如何计算? 出现这种现象的原因是什么?

7-4　偏心受拉和偏心受压构件斜截面承载力计算公式有何不同? 为什么?

习题

7-1　钢筋混凝土偏心受拉构件,截面尺寸 $b \times h = 250\text{mm} \times 400\text{mm}$,$a_s = a'_s = 40\text{mm}$,柱承受轴向拉力设计值 $N = 715\text{kN}$,弯矩设计值 $M = 86\text{kN} \cdot \text{m}$,混凝土强度等级 C30,纵向钢筋采用 HRB400 级钢筋。求钢筋面积 A_s 和 A'_s。

7-2　钢筋混凝土偏心受拉构件,截面尺寸 $b \times h = 250\text{mm} \times 400\text{mm}$,$a_s = a'_s = 40\text{mm}$,柱承受轴向拉力设计值 $N = 26\text{kN}$,弯矩设计值 $M = 45\text{kN} \cdot \text{m}$,混凝土强度等级 C25,纵向钢筋采用 HRB400 级钢筋。求钢筋面积 A_s 和 A'_s。

受扭构件的扭曲截面承载力

本章介绍受扭构件的破坏特征和受扭构件的计算模型。阐述开裂扭矩的计算原理，矩形、T 形和 I 形截面受扭塑性抵抗矩的计算方法，重点讲述受扭构件的配筋构造、弯剪扭构件按规范的设计计算方法及受扭构件的基本构造要求。

8.1 概述

结构构件除受弯、受剪、受压和受拉外，受扭也是一种基本受力形式。房屋结构中，处于纯扭的情况是很少的，往往是处于弯、剪、压、扭等一种或数种效应的联合作用。例如图 8-1 所示的吊车梁、现浇框架的边梁，以及雨篷梁、曲梁等，都属于弯、剪、扭复合受力构件。

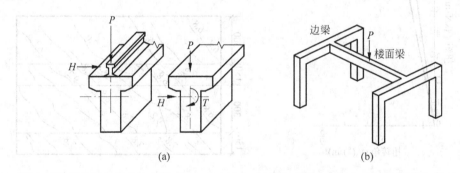

图 8-1　平衡扭转与协调扭转图例

(a) 吊车梁；(b) 边梁

若构件中的扭矩可以直接由荷载静力平衡条件求出，而与构件的扭转刚度无关，称为平衡扭转。例如图 8-1(a)所示的吊车梁，吊车横向水平制动力和轮压的偏心对吊车梁截面产生的扭矩 T 就属于平衡扭转。对于超静定受扭构件，作用在构件上的扭矩除了利用静力平衡条件以外，还必须由相邻构件的变形协调条件才能确定，这种扭转称为约束扭转或协调扭转。例如图 8-1(b)所示的现浇框架边梁，边梁承受的扭矩 T 就是由楼面梁的支座负弯矩以及楼面梁支承点处的转角与该处边梁扭转角的变形协调条件所决定。本章主要介绍平衡扭转的计算方法。

8.2 受扭构件的破坏特征

钢筋混凝土受扭构件的受力性能及破坏形态与多种因素有关,例如是否配筋、配筋量、混凝土强度等级、钢筋级别、弯矩、剪力与扭矩之间的比例等,都会影响受扭构件的受力性能与破坏形态。

非圆形截面的受扭构件,破坏面为一翘曲面,其变形不符合平截面假定。在裂缝出现前,钢筋混凝土纯扭构件的受力性能大体上符合圣维南弹性扭转理论。在扭矩较小时,其扭矩与扭转角为直线关系,当扭矩增加并接近开裂扭矩 T_{cr} 时,扭矩与扭转角偏离了原直线关系,如图 8-2 所示。

矩形截面钢筋混凝土受扭构件的初始裂缝一般发生在剪应力最大处,即截面长边的中点附近,且与构件轴线约呈 45°。此后,这条初始裂缝逐渐向两边缘延伸并相继出现许多新的螺旋形裂缝,如图 8-3 所示。此后,在扭矩作用下,混凝土和钢筋应力不断增长,直至构件破坏。

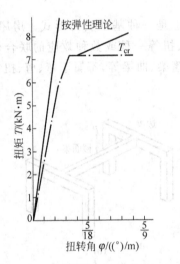

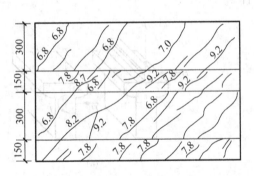

图 8-2 开裂前受扭构件扭矩-扭转角关系示意　　图 8-3 钢筋混凝土受扭试件的破坏展开图

根据配筋率的大小,受扭构件的破坏形态大致可分为适筋破坏、部分超筋破坏、超筋破坏和少筋破坏四类。

(1) 对于正常配筋条件下的钢筋混凝土构件,在扭矩作用下,纵筋和箍筋先达到屈服强度,然后混凝土被压碎而破坏。这种破坏与受弯构件适筋破坏类似,具有一定的延性。此类受扭构件称为适筋受扭构件。

(2) 若纵筋和箍筋两者配筋比率相差较大,例如纵筋的配筋率比箍筋的配筋率小得多,则破坏时仅纵筋屈服,而箍筋不屈服;反之,则箍筋屈服,纵筋不屈服,此类构件称为部分超筋受扭构件。部分超筋受扭构件破坏时,亦具有一定的延性,但较适筋受扭构件破坏时的截面延性小,且材料强度未被充分利用。

(3) 当纵筋和箍筋配筋率都过高,致使纵筋和箍筋都没有达到屈服强度,而混凝土先行压坏,这种破坏与受弯构件超筋破坏类似,属于脆性破坏类型。这种受扭构件称为超筋受扭构件。

（4）当纵筋和箍筋配置均过少，一旦出现裂缝，构件会立即发生破坏。此时，纵筋和箍筋不仅达到屈服强度，而且可能进入强化阶段，其破坏特性类似于受弯构件中的少筋破坏，称为少筋受扭构件。这种破坏以及上述超筋受扭构件的破坏，均属于脆性破坏，应在设计中予以避免。

根据所配纵筋和箍筋的强弱，可将钢筋混凝土受扭构件分成 7 种破坏状态，具体见表 8-1。

表 8-1　钢筋混凝土受扭构件类型

序号	构件类型	破坏状态	
		纵筋	箍筋
1	适筋	屈服	屈服
2	箍筋超筋	屈服	未屈服
3	纵筋超筋	未屈服	屈服
4	完全超筋	未屈服	未屈服
5	箍筋少筋	未屈服	屈服强化
6	纵筋少筋	屈服强化	未屈服
7	完全少筋	屈服强化	屈服强化

处于弯矩、剪力和扭矩共同作用下的钢筋混凝土构件，其受力状态是十分复杂的，构件的破坏特征及其承载力与荷载条件及构件的内在因素有关。对于荷载条件，通常以扭弯比 $\psi(=T/M)$ 和扭剪比 $\chi(=T/(Vb))$ 表示。构件的内在因素是指构件的截面尺寸、配筋及材料强度。

试验表明，在配筋适当的条件下，若弯矩作用显著即扭弯比 ψ 较小时，裂缝首先在弯曲受拉底面出现，然后发展到两侧面。三个面上的螺旋形裂缝形成一个扭曲破坏面，而弯曲受压顶面无裂缝。构件破坏时与螺旋形裂缝相交的纵筋及箍筋均受拉并达到屈服强度，构件顶部受压，形成如图 8-4(a) 所示的弯型破坏。若扭矩作用显著即扭弯比 ψ 及扭剪比 χ 均较大、而构件顶部纵筋少于底部纵筋时，可能形成如图 8-4(b) 所示受压区在构件底部的扭型破坏。这种现象出现的原因是，虽然由于弯矩作用使顶部纵筋受压，但由于弯矩较小，从而其压应力亦较小。又由于顶部纵筋少于底部纵筋，故扭矩产生的拉应力就有可能抵消弯矩产生的压应力并使顶部纵筋先期达到屈服强度，最后促使构件底部受压而破坏。若剪力和扭矩起控制作用，则裂缝首先在侧面出现（在这个侧面上，剪力和扭矩产生的主应力方向是相同的），然后向顶面和底面扩展，这三个面上的螺旋形裂缝构成扭曲破坏面，破坏时与螺旋形裂缝相交的纵筋和箍筋受拉并达到屈服强度，而受压区则靠近另一侧面（在这个侧面上，剪力和扭矩产生的主应力方向是相

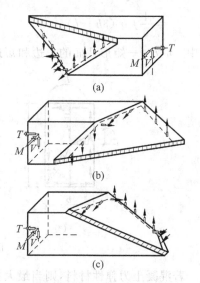

图 8-4　弯剪扭构件的破坏类型
(a) 弯形破坏；(b) 扭形破坏；(c) 剪扭破坏

反的),形成如图 8-4(c)所示的剪扭型破坏。

没有扭矩作用的受弯构件斜截面会发生剪压破坏。对于弯剪扭共同作用下的构件,除了前述三种破坏形态外,试验表明,若剪力作用十分显著而扭矩较小即扭剪比 χ 较小时,还会发生与剪压破坏十分相近的剪切破坏形态。

8.3　截面开裂扭矩

纯扭构件的扭曲截面承载力计算中,首先需要计算构件的开裂扭矩。如果外荷载产生的扭矩大于构件的开裂扭矩,则要按计算配置受扭纵筋和箍筋,以满足构件的承载力要求。否则,可按构造要求配置受扭钢筋。

图 8-5 所示为一矩形截面纯扭构件,扭矩使截面上产生扭剪应力 τ。由于扭剪应力作用,在与构件轴线呈 45°和 135°的方向,分别产生主拉应力 σ_{tp} 和主压应力 σ_{cp},并有

$$|\sigma_{tp}| = |\sigma_{cp}| = |\tau|$$

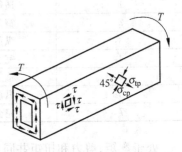

矩形截面钢筋混凝土受扭构件的初始裂缝一般发生在剪应力最大处,即截面长边的中点处,如图 8-6(a)所示。对于理想弹塑性体,当最大扭剪应力值或者最大主应力值达到混凝土抗拉强度值时,构件不会发生破坏,荷载还可少量增加,直到截面边缘的拉应变达到混凝土的极限拉应变

图 8-5　矩形截面受扭构件

值,截面上各点的应力全部达到混凝土的抗拉强度后,截面开裂。此时,截面承受的扭矩称为开裂扭矩 T_{cr},见图 8-6(b)。可把截面上的扭剪应力划分成四个部分,如图 8-6(c)所示。计算各部分扭剪应力的合力及相应组成的力偶,其总和则为 T_{cr},T_{cr} 按式(8-1)计算:

$$T_{cr} = \tau_{max}\left[(h-b) \times \frac{b}{2} \times \frac{b}{2} + 2 \times \frac{1}{2} \times \frac{b}{2} \times \frac{b}{2} \times \frac{2b}{3} + \frac{1}{2} \times b \times \frac{b}{2} \times \left(h - \frac{b}{3}\right)\right]$$

$$= \frac{1}{6}f_t b^2(3h-b) \tag{8-1}$$

式中　h、b——矩形截面的长边和短边尺寸。

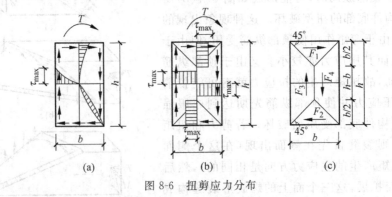

图 8-6　扭剪应力分布

若混凝土为弹性材料,则当最大扭剪应力或最大主拉应力达到混凝土抗拉强度 f_t 时,构件开裂,从而开裂扭矩 T_{cr} 可按下式计算:

$$T_{cr} = f_t \alpha b^2 h \tag{8-2}$$

式中　α——与比值 h/b 有关的系数,当比值 $h/b=1\sim10$ 时,$\alpha=0.208\sim0.313$。

实际上,混凝土既非弹性材料又非理想弹塑性材料,而是介于两者之间的弹塑性材料。试验表明,当按式(8-1)计算开裂扭矩时,计算值总较试验值高,而按式(8-2)计算时,则计算值较实验值低。

为实用方便,开裂扭矩可近似采用理想弹塑性材料的应力分布图形进行计算,但要适当降低混凝土抗拉强度。《混凝土结构设计规范》(GB 50010—2010)取混凝土抗拉强度降低系数为 0.7,故开裂扭矩计算公式如下:

$$T_{cr}=0.7f_tW_t \tag{8-3}$$

式中,W_t 为受扭构件的截面受扭塑性抵抗矩。矩形截面的受扭塑性抵抗矩按式(8-4)计算:

$$W_t=\frac{b^2}{6}(3h-b) \tag{8-4}$$

对于 T 形和 I 形截面纯扭构件,可将其截面划分为几个矩形截面,每个矩形截面利用式(8-4)计算 W_t,并近似认为整个截面的受扭塑性抵抗矩等于各分块矩形截面受扭塑性抵抗矩之和,如式(8-5)所示。截面分块的原则是满足较宽矩形部分的完整性。对于工程中常用的 T 形或工字型截面,一般是腹板矩形较宽,可按照图 8-7 所示的方法进行划分。

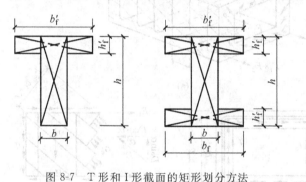

图 8-7　T 形和 I 形截面的矩形划分方法

$$W_t=W_{tw}+W'_{tf}+W_{tf} \tag{8-5}$$

式中　W_{tw}、W'_{tf}、W_{tf}——腹板、上翼缘及下翼缘的抗扭塑性抵抗矩,可分别按式(8-6)~
　　　　　　　式(8-8)求得。

腹板:

$$W_{tw}=\frac{b^2}{6}(3h-b) \tag{8-6}$$

上翼缘:

$$W'_{tf}=\frac{h'^2_f}{6}(3b'_f-h'_f)-\frac{h'^2_f}{6}(3b-h'_f)=\frac{h'^2_f}{2}(b'_f-b) \tag{8-7}$$

下翼缘:

$$W_{tf}=\frac{h^2_f}{2}(b_f-b) \tag{8-8}$$

但是,当翼缘宽度较大时,计算时取用的翼缘宽度尚应符合下列规定:

$$\left.\begin{array}{l}b'_f\leqslant b+6h'_f\\b_f\leqslant b+6h_f\end{array}\right\} \tag{8-9}$$

采用这样叠加的方法来计算 T 形或 I 形截面构件抗扭塑性抵抗矩,没有考虑翼缘与腹板之间的联系,计算值是偏小的,故计算结果偏于安全。另一方面,混凝土材料并非理想弹塑性材料,亦即实际上不可能像理想塑性分析的那样,使截面上每一点都达到 f_t,因此混凝土构件的抗扭抵抗矩的值按理想塑性体考虑略偏大。

8.4　纯扭构件变角度空间桁架模型计算理论

对于受扭构件的受力机理,国内外有多种假设,主要有变角度空间桁架模型和斜弯曲模型,《混凝土结构设计规范》(GB 50010—2010)以前者为基础计算受扭承载力。图 8-8 所示的变角度空间桁架模型是 P. Lampert 和 B. Thtidimann 在 1968 年提出来的,它是 1929 年 E. Rausch 提出的 45°空间桁架模型的改进和发展。

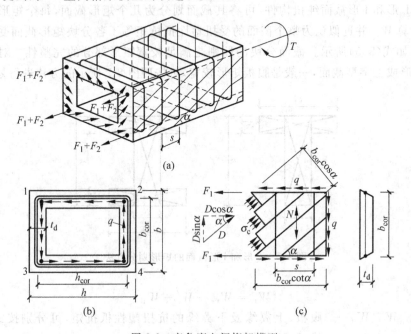

图 8-8　变角度空间桁架模型

试验分析和理论研究表明,在裂缝充分发展且钢筋应力接近屈服强度时,截面核心混凝土退出工作,从而实心截面的钢筋混凝土受扭构件可以假想为一箱形截面构件。此时,具有螺旋形裂缝的混凝土外壳、纵筋和箍筋共同组成空间桁架以抵抗扭矩。

变角度空间桁架模型的基本假定如下:

(1) 混凝土只承受压力,具有螺旋形裂缝的混凝土外壳组成桁架的斜压杆,其倾角为 α;

(2) 纵筋和箍筋只承受拉力,分别为桁架的弦杆和腹杆;

(3) 忽略核心混凝土的受扭作用及钢筋的销栓作用。

按弹性薄壁管理论,在扭矩 T 作用下,沿箱形截面侧壁中将产生大小相等的环向剪力流 q,如图 8-8(b)所示,环向剪力流 q 按(8-10)计算。

$$q = \tau t_d = \frac{T}{2A_{cor}}$$

$$(8-10)$$

式中　A_{cor}——剪力流路线所围成的面积,取为箍筋内表面范围内核心部分所围成的面积,
　　　　　　即 $A_{cor}=b_{cor}h_{cor}$;

　　　τ——扭剪应力;

　　　t_d——箱形截面侧壁厚度。

作用于侧壁 2-4 的剪力流 q 所引起的桁架内力如图 8-8(c) 所示。图中,斜压杆倾角为 α,其平均压应力为 σ_c,斜压杆的总压力为 D,箍筋的拉力为 N,F_1 为纵筋拉力。由静力平衡条件知,斜压力 D、箍筋拉力 N、纵筋拉力 F_1 分别按式(8-11)～式(8-13)计算:

$$D = \frac{qb_{cor}}{\sin\alpha} = \frac{\tau t_d b_{cor}}{\sin\alpha} \tag{8-11}$$

$$N = qs\tan\alpha = \tau t_d s\tan\alpha = \frac{T}{2A_{cor}}s\tan\alpha \tag{8-12}$$

$$F_1 = \frac{1}{2}D\cos\alpha = \frac{1}{2}qb_{cor}\cot\alpha = \frac{1}{2}\tau t_d b_{cor}\cot\alpha = \frac{Tb_{cor}}{2A_{cor}}\cot\alpha \tag{8-13}$$

设水平的变角度平面桁架的斜压杆倾角也是 α,则纵向钢筋拉力 F_2 按式(8-14)计算:

$$F_2 = \frac{Th_{cor}}{2A_{cor}}\cot\alpha \tag{8-14}$$

故全部纵筋的合拉力 R 为

$$R = 4(F_1+F_2) = q\cot\alpha \cdot u_{cor} = \frac{Tu_{cor}}{2A_{cor}}\cot\alpha \tag{8-15}$$

混凝土平均压应力 σ_c 为

$$\sigma_c = \frac{D}{t_d b_{cor}\cos\alpha} = \frac{q}{t_d\sin\alpha \cdot \cos\alpha} = \frac{\tau}{\sin\alpha \cdot \cos\alpha} = \frac{T}{2A_{cor}t_d\sin\alpha \cdot \cos\alpha} \tag{8-16}$$

式中　u_{cor}——剪力流路线所围成面积 A_{cor} 的周长,$u_{cor}=2(b_{cor}+h_{cor})$。

式(8-11)、式(8-12)、式(8-15)和式(8-16)是按变角度空间桁架模型得出的 4 个基本的静力平衡方程。若为适筋受扭构件,即混凝土压坏前纵筋和箍筋应力先达到屈服强度 f_y 和 f_{yv},则 R 和 N 分别为

$$R = R_y = f_y A_{stl} \tag{8-17}$$

$$N = N_y = f_{yv} A_{st1} \tag{8-18}$$

式中　A_{stl}——受扭纵筋截面面积;

　　　A_{st1}——箍筋截面面积。

由式(8-12)、式(8-15)、式(8-17)和式(8-18)可分别得出适筋受扭构件扭曲截面受扭承载力计算公式:

$$T_u = 2R_y\frac{A_{cor}}{u_{cor}}\tan\alpha = 2f_y A_{stl}\frac{A_{cor}}{u_{cor}}\tan\alpha \tag{8-19}$$

$$T_u = 2N_y\frac{A_{cor}}{s}\cot\alpha = 2f_{yv} A_{st1}\frac{A_{cor}}{s}\cot\alpha \tag{8-20}$$

消去 T_u 或 α,得到

$$\tan\alpha = \sqrt{\frac{f_{yv}A_{st1}u_{cor}}{f_y A_{stl}s}} = \sqrt{\frac{1}{\zeta}} \tag{8-21}$$

$$T_u = 2A_{cor}\sqrt{\frac{f_y A_{stl}f_{yv}A_{st1}}{u_{cor}s}} = 2\sqrt{\zeta}\frac{f_{yv}A_{st1}A_{cor}}{s} \tag{8-22}$$

式中　ζ——受扭构件纵筋与箍筋的配筋强度比,按式(8-23)计算。

$$\zeta = \frac{f_y A_{stl} s}{f_{yv} A_{st1} u_{cor}} \tag{8-23}$$

纵筋为不对称配筋截面时,按较少一侧配筋的对称配筋截面计算。对于纵筋与箍筋的配筋强度比 ζ 为 1 的特殊情况,由式(8-21)可知,斜压杆倾角为 45°,此时,式(8-19)、式(8-20)可分别简化为如下两式:

$$T_u = 2 f_y A_{stl} \frac{A_{cor}}{u_{cor}} \tag{8-24}$$

$$T_u = 2 f_{yv} A_{st1} \frac{A_{cor}}{s} \tag{8-25}$$

式(8-24)及式(8-25)为按 E. Rausch 提出的 45°空间桁架模型的计算公式。当 ζ 不等于 1 时,在纵筋(或箍筋)屈服后产生内力重分布,斜压杆倾角也会改变。试验研究表明,若斜压杆倾角介于 30°和 60°之间,按式(8-21)得到的 $\zeta = 0.333 \sim 3$,构件破坏时,只要纵筋和箍筋用量适当,则两种钢筋应力均能达到屈服强度。为了进一步限制构件在使用荷载作用下的裂缝宽度,一般取 α 角的限制范围为

$$\frac{3}{5} \leqslant \tan\alpha \leqslant \frac{5}{3} \tag{8-26}$$

或

$$0.36 \leqslant \zeta \leqslant 2.778 \tag{8-27}$$

由式(8-22)可以看出,构件扭曲截面的受扭承载力主要取决于钢筋骨架尺寸、纵筋和箍筋用量及其屈服强度。为了避免发生超配筋构件的脆性破坏,必须限制钢筋的最大用量或者限制斜压杆平均压应力 σ_c 的大小。

8.5 受扭构件配筋计算方法

8.5.1 纯扭构件的配筋计算方法

《混凝土结构设计规范》(GB 50010—2010)规定,在弯矩、剪力和扭矩共同作用下,对 $h_w/b \leqslant 6$ 的矩形,$h_w/t_w \leqslant 6$ 的箱形截面和 T 形、I 形截面(见图 8-9)的受扭构件,扭曲截面承载力采用不同的计算方法。

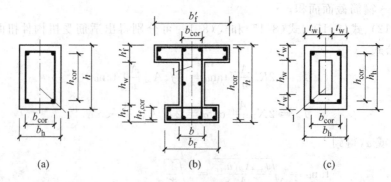

图 8-9　受扭构件截面

(a) 矩形截面($h \geqslant b$); (b) T 形、I 形截面; (c) 箱形截面($t_w \leqslant t'_w$)

1—弯矩、剪力作用平面

1. $h_w/b \leqslant 6$ 的矩形截面

钢筋混凝土纯扭构件受扭承载力 T_u 计算公式如下：

$$T_u = 0.35 f_t W_t + 1.2\sqrt{\zeta} f_{yv} \frac{A_{st1} A_{cor}}{s} \tag{8-28}$$

$$\zeta = \frac{f_y A_{stl} s}{f_{yv} A_{st1} u_{cor}} \tag{8-29}$$

式中　ζ——受扭纵向钢筋与箍筋的配筋强度比值；应符合 $0.6 \leqslant \zeta \leqslant 1.7$ 的要求，当 ζ 大于 1.7 时，取 1.7；当 ζ 小于 0.6 时，取 0.6；试验表明，当 ζ 为 1.2 左右时，抗扭钢筋与抗扭箍筋配合最佳，两者基本能同时达到屈服强度；因此，设计时取 ζ 为 1.2 左右较为合理；

　　A_{stl}——受扭计算中取对称布置的全部纵向普通钢筋截面面积；

　　A_{st1}——受扭计算中沿截面周边所配置的箍筋单肢截面面积；

　　f_{yv}——受扭箍筋的抗拉强度设计值；按附录表 A-6 取值；

　　A_{cor}——截面核心部分的面积，取为 $b_{cor} h_{cor}$，此处 b_{cor}、h_{cor} 分别为箍筋内表面范围内截面核心部分的短边、长边尺寸；

　　u_{cor}——截面核心部分的周长，取 $2(b_{cor} + h_{cor})$；

　　s——受扭箍筋间距。

式(8-28)等式右边的第一项为混凝土的受扭作用，第二项为钢筋的受扭作用。

2. 箱形截面

钢筋混凝土纯扭构件的扭曲截面受扭承载力实验和理论研究表明，一定壁厚箱形截面的受扭承载力与实心截面的受扭承载力是相同的。对于 $h_w/t_w \leqslant 6$ 的箱形截面纯扭构件，上述规范是将式(8-28)混凝土项乘以与截面相对壁厚有关的折减系数，得出下列计算公式：

$$T_u = 0.35 \alpha_h f_t W_t + 1.2\sqrt{\zeta} f_{yv} \frac{A_{st1} A_{cor}}{s} \tag{8-30}$$

式中　α_h——箱形截面壁厚影响系数，$\alpha_h = 2.5 t_w/b_h$，当 α_h 大于 1 时，取 1；

　　t_w——箱形截面壁厚，其值不应小于 $b_h/7$，b_h 为箱形截面的宽度；

　　ζ 值的规定同式(8-29)。

箱形截面受扭塑性抵抗矩

$$W_t = \frac{b_h^2}{6}(3h_h - b_h) - \frac{(b_h - 2t_w)^2}{6}[3h_w - (b_h - 2t_w)] \tag{8-31}$$

式中　b_h、h_h——箱形截面的短边尺寸、长边尺寸，具体含义如图 8-9(c)所示；

　　h_w——箱形截面的腹板净高；

　　t_w——箱形截面壁厚。

3. T 形和 I 形截面

纯扭钢筋混凝土 T 形和 I 形截面的构件，可将其截面划分为几个矩形截面（划分原则如 8.3 节所述），计算各自的受扭塑性抵抗矩，具体计算如式(8-6)~式(8-8)，每个矩形截面的扭矩设计值如下。

（1）腹板：

$$T_w = \frac{W_{tw}}{W_t} T \tag{8-32}$$

（2）受压翼缘：

$$T'_f = \frac{W'_{tf}}{W_t} T \tag{8-33}$$

（3）受拉翼缘：

$$T_f = \frac{W_{tf}}{W_t} T \tag{8-34}$$

式中　T——整个截面所承受的扭矩设计值；

　　　T_w——腹板所承受的扭矩设计值；

　　　T'_f、T_f——分别为受压翼缘、受拉翼缘所承受的扭矩设计值；

　　　W_{tw}、W'_{tf}、W_{tf}、W_t——腹板、受压翼缘、受拉翼缘受扭塑性抵抗矩和截面总的受扭塑性抵抗矩。

每一块矩形的受扭承载力按照式(8-28)、式(8-29)计算。

8.5.2　弯剪扭构件的配筋计算方法

在国内大量试验研究和按变角度空间桁架模型分析的基础上，《混凝土结构设计规范》(GB 50010—2010)规定了剪扭及弯剪扭构件扭曲截面的实用配筋计算方法。

在规范中，受剪和受扭承载力计算公式中都考虑了混凝土的作用。因此，在剪扭构件的承载力计算中，需考虑扭矩对混凝土受剪承载力以及剪力对混凝土受扭承载力的影响。与纯扭构件的截面承载力计算类似，对于不同截面形式，规范中采用了不同的计算公式，分述如下。

1. 矩形截面

1）一般剪扭构件

（1）剪扭构件的受剪承载力

$$V_u = 0.7(1.5 - \beta_t) f_t b h_0 + f_{yv} \frac{A_{sv}}{s} h_0 \tag{8-35}$$

（2）剪扭构件的受扭承载力

$$T_u = 0.35 \beta_t f_t W_t + 1.2 \sqrt{\zeta} f_{yv} \frac{A_{st1} A_{cor}}{s} \tag{8-36}$$

$$\beta_t = \frac{1.5}{1 + 0.5 \dfrac{V}{T} \dfrac{W_t}{b h_0}} \tag{8-37}$$

式中　β_t——一般剪扭构件混凝土受扭承载力降低系数。

2）集中荷载作用下的独立剪扭构件

剪扭构件的受剪承载力

$$V_u = \frac{1.75}{\lambda + 1}(1.5 - \beta_t) f_t b h_0 + f_{yv} \frac{A_{sv}}{s} h_0 \tag{8-38}$$

式中　β_t——集中荷载作用下剪扭构件混凝土受扭承载力降低系数，按式(8-39)计算：

$$\beta_t = \frac{1.5}{1 + 0.2(\lambda + 1) \dfrac{V W_t}{T b h_0}} \tag{8-39}$$

　　　λ——计算截面的剪跨比。

按式(8-37)及式(8-39)计算得出的剪扭构件混凝土受扭承载力降低系数 β_t 值,若小于0.5,则可不考虑扭矩对混凝土受剪承载力的影响,此时取 $\beta_t=0.5$。若 β_t 大于1.0,则可不考虑剪力对混凝土受扭承载力的影响,此时取 $\beta_t=1.0$。

集中荷载作用下的独立剪扭构件受扭承载力按式(8-36)、式(8-39)计算。

2. 箱形截面钢筋混凝土剪扭构件

一般剪扭构件的受剪承载力和受扭承载力计算方法如下。

(1)剪扭构件的受剪承载力按式(8-35)计算箱型截面剪扭构件的受剪承载力。

(2)剪扭构件的受扭承载力

$$T_u = 0.35\alpha_h\beta_t f_t W_t + 1.2\sqrt{\zeta} f_{yv}\frac{A_{st1}A_{cor}}{s} \tag{8-40}$$

式中 α_h——箱形截面壁厚影响系数,$\alpha_h=2.5t_w/b_h$,当 α_h 大于1时,取1;

ζ——受扭纵向钢筋与箍筋的配筋强度比值,应符合 $0.6 \leqslant \zeta \leqslant 1.7$ 的要求;当 ζ 大于1.7时,取1.7;当 ζ 小于0.6时,取0.6;

β_t——箱形截面一般剪扭构件混凝土受扭承载力降低系数,可近似按式(8-37)计算。

对于集中荷载作用下独立的箱形截面剪扭构件,按式(8-38)计算受剪承载力,按式(8-40)计算受扭承载力,但式(8-40)中 β_t 应按式(8-39)计算。

3. T 形和 I 形截面剪扭构件的受剪扭承载力

(1)剪扭构件的受剪承载力:按式(8-35)与式(8-37)或按式(8-38)与式(8-39)计算,但计算时应将 T 及 W_t 分别以 T_w 及 W_{tw} 代替;

(2)剪扭构件的受扭承载力:可按纯扭构件的计算方法,将截面划分为几个矩形截面分别进行计算;腹板可按式(8-36)以及式(8-37)或式(8-39)计算,但计算时应将 T 及 W_t 分别以 T_w 及 W_{tw} 代替;受压翼缘及受拉翼缘可按矩形截面纯扭构件的规定进行计算,但计算时 T 及 W_t 应分别以 T_f' 及 W_{tf}' 和 T_f 及 W_{tf} 代替。

4. 弯扭(M、T)构件

对于弯扭(M、T)构件截面的配筋计算,规范中采用按纯弯矩(M)和纯扭矩(T)计算所需的纵筋和箍筋,然后将相应的钢筋截面面积叠加的计算方法。因此,弯扭构件的纵筋用量为受弯(弯矩为 M)所需的纵筋和受扭(扭矩为 T)所需的纵筋截面面积之和,而箍筋用量则由受扭(扭矩为 T)箍筋决定。

5. 弯剪扭(M、V、T)构件

矩形、T 形、I 形和箱形截面钢筋混凝土弯剪扭构件配筋计算的一般原则如下:纵向钢筋截面面积应分别按受弯构件的正截面受弯承载力和剪扭构件的受扭承载力计算确定,并按相应的位置进行配置;箍筋截面面积应分别按剪扭构件的受剪承载力和受扭承载力计算确定,并按相应位置进行配置。

对于矩形截面弯剪扭及剪扭构件,当内力设计值 M、V、T 已知时,可由式(8-37)或式(8-39)确定 β_t 值,并根据式(8-35)及式(8-36)或式(8-38)及式(8-36)计算构件截面的受剪承载力所需的箍筋和受扭承载力所需的纵筋和箍筋。

《混凝土结构设计规范》(GB 50010—2010)规定,在弯矩、剪力和扭矩共同作用下,但剪力或扭矩较小的矩形、T 形、I 形和箱形截面弯剪扭构件,当符合下列条件时,可按下列规定进行承载力计算:

(1) 当 $V \leqslant 0.35 f_t b h_0$ 或 $V \leqslant \dfrac{0.875 f_t b h_0}{\lambda + 1}$ 时,可仅按受弯构件的正截面受弯承载力和纯扭构件扭曲截面受扭承载力分别进行计算;

(2) 当 $T \leqslant 0.175 f_t W_t$ 或 $T \leqslant 0.175 \alpha_h f_t W_t$ 时,可仅按受弯构件的正截面受弯承载力和斜截面受剪承载力分别进行计算。

试验研究表明,弯剪扭共同作用下矩形截面无腹筋构件剪扭承载力相关曲线基本符合 1/4 圆曲线规律,如图 8-10(a)所示。若假定配有箍筋的有腹筋构件混凝土的剪扭承载力相关曲线也符合 1/4 圆曲线规律,并将其简化为如图 8-10(b)的三折线,则有

AB 段:

$$\frac{V_c}{V_{c0}} \leqslant 0.5 \text{ 时,} \quad \frac{T_c}{T_{c0}} = 1.0 \tag{8-41}$$

CD 段:

$$\frac{T_c}{T_{c0}} \leqslant 0.5 \text{ 时,} \quad \frac{V_c}{V_{c0}} = 1.0 \tag{8-42}$$

BC 段:

$$\frac{T_c}{T_{c0}} \text{、} \frac{V_c}{V_{c0}} > 0.5 \text{ 时,} \quad \frac{T_c}{T_{c0}} + \frac{V_c}{V_{c0}} = 1.5 \tag{8-43}$$

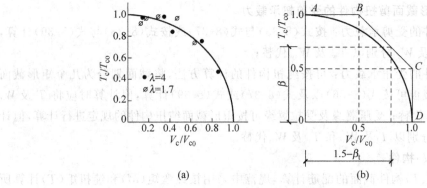

(a)　　　　　　　　　(b)

图 8-10　剪扭承载能力相关关系

(a) 无腹筋构件;(b) 有腹筋构件混凝土承载力计算曲线

对于式(8-43),若令

$$\frac{T_c}{T_{c0}} = \beta_t \tag{8-44}$$

则有

$$\frac{V_c}{V_{c0}} = 1.5 - \beta_t \tag{8-45}$$

从而得到

$$\beta_t = \frac{1.5}{1 + \dfrac{V_c / V_{c0}}{T_c / T_{c0}}} \tag{8-46}$$

式(8-41)~式(8-43)中,T_c、V_c 为有腹筋剪扭构件混凝土的受扭承载力和受剪承载力,T_{c0} 和 V_{c0} 为有腹筋纯扭构件及纯剪构件混凝土的受扭承载力和受剪承载力。在式(8-46)中,若以剪力和扭矩设计值之比 V/T 代替 V_c/T_c,取 $T_{c0} = 0.35 f_t W_t$ 和 $V_{c0} = 0.7 f_t b h_0$,代入

式(8-46)时,则可得出式(8-37);取 $T_{c0}=0.35f_tW_t$ 和 $V_{c0}=\dfrac{1.75}{\lambda+1}f_tbh_0$,代入式(8-46)时,则可得出式(8-39)。

对于弯剪扭及剪扭矩形截面构件,《混凝土结构设计规范》(GB 50010—2010)采用的受剪和受扭承载力计算公式是根据有腹筋构件的剪扭承载力相关关系为 1/4 圆曲线作为校正线,采用混凝土部分相关、钢筋部分不相关的近似拟合公式。虽然按式(8-37)或式(8-39)计算的混凝土受扭承载力降低系数 β_t 值,较按 1/4 圆曲线的计算值稍大,但采用此 β_t 值后,构件的剪扭承载力相关曲线与 1/4 圆曲线较为接近,如图 8-10(b)所示。

8.6 压、弯、剪、扭矩共同作用下钢筋混凝土矩形截面框架柱剪扭承载力计算

在轴向压力、弯矩、剪力和扭矩共同作用下的钢筋混凝土矩形截面框架柱,其剪扭承载力应符合下列规定。

(1) 受剪承载力:

$$V\leqslant V_u=(1.5-\beta_t)\left(\frac{1.75}{\lambda+1}f_tbh_0+0.07N\right)+f_{yv}\frac{A_{sv}}{s}h_0 \tag{8-47}$$

(2) 受扭承载力:

$$T\leqslant T_u=\beta_t\left(0.35f_tW_t+0.07\frac{N}{A}W_t\right)+1.2\sqrt{\zeta}f_{yv}\frac{A_{st1}A_{cor}}{s} \tag{8-48}$$

此处,β_t 近似按式(8-39)计算。式(8-47)、式(8-48)中 λ 为计算截面的剪跨比,按式(5-13)规定取用。

在轴向压力、弯矩、剪力和扭矩共同作用下的钢筋混凝土矩形截面框架柱,当 $T\leqslant(0.175f_t+0.035N/A)W_t$ 时,可仅按偏心受压构件的正截面承载力和框架柱斜截面受剪承载力分别进行计算。

在轴向压力、弯矩、剪力和扭矩共同作用下的钢筋混凝土矩形截面框架柱,纵向普通钢筋截面面积应按偏心受压构件的正截面承载力和剪扭构件的受扭承载力计算确定,并按相应的位置进行配置;箍筋截面面积应按剪扭构件的受剪承载力和受扭承载力计算确定,并按相应位置进行配置。

8.7 构造要求

1. 构件截面尺寸

为了保证弯剪扭构件在破坏时混凝土不首先被压碎,对于在弯矩、剪力和扭矩共同作用下,且 $h_w/b\leqslant6$ 的矩形截面、T 形、I 形和 $h_w/t_w\leqslant6$ 的箱形截面混凝土构件,其截面尺寸应符合下列要求。

当 h_w/b(或 h_w/t_w)$\leqslant4$ 时

$$\frac{V}{bh_0}+\frac{T}{0.8W_t}\leqslant0.25\beta_cf_c \tag{8-49}$$

当 h_w/b(或 h_w/t_w)$=6$ 时

$$\frac{V}{bh_0}+\frac{T}{0.8W_t}\leqslant0.2\beta_cf_c \tag{8-50}$$

当 $4 < h_w/b$(或 h_w/t_w)< 6 时,按线性内插法确定。

式(8-49)、式(8-50)中字母意义如下:

　　b——矩形截面的宽度,对 T 形或 I 形截面,取腹板宽度,对箱形截面,取侧壁总厚度 $2t_w$;

　　h_w——矩形截面有效高度 h_0;对 T 形截面,取有效高度减去翼缘高度;对 I 形和箱形截面,取腹板净高;

　　W_t——受扭构件的截面受扭塑性抵抗矩;

　　t_w——箱形截面壁厚,其值不应小于 $b_h/7$,b_h 为箱形截面的宽度。

当截面尺寸符合下列要求时,

$$\frac{V}{bh_0} + \frac{T}{W_t} \leqslant 0.7 f_t \tag{8-51}$$

或

$$\frac{V}{bh_0} + \frac{T}{W_t} \leqslant 0.7 f_t + 0.07 \frac{N}{bh_0} \tag{8-52}$$

则可不进行构件截面受剪扭承载力计算,但为了防止构件脆断和保证构件破坏时具有一定的延性,《混凝土结构设计规范》(GB 50010—2010)规定应按构造要求配置抗扭纵筋及抗剪扭箍筋。

　　式(8-52)中,N 为与剪力、扭矩设计值相应的轴向压力设计值,当 $N > 0.3 f_c A$ 时,取 $N = 0.3 f_c A$,此处 A 为构件的截面面积。

2. 弯剪扭构件受扭纵向受力钢筋的最小配筋率

弯剪扭构件受扭纵向受力钢筋的最小配筋率应取为

$$\rho_{stl,min} = \frac{A_{stl,min}}{bh} = 0.6\sqrt{\frac{T}{Vb}} \cdot \frac{f_t}{f_y} \tag{8-53}$$

式中　当 $\frac{T}{Vb} > 2$ 时,取 $\frac{T}{Vb} = 2$;

　　b——抗剪的截面宽度,对箱形截面构件,b 应以 b_h 代替;

　　A_{stl}——沿截面周边布置的受扭纵筋总面积。

沿截面周边布置的受扭纵向受力钢筋的间距不应大于 200mm 和梁截面短边宽度;除应在梁截面四角设置受扭纵力钢筋外,其余纵向钢筋宜沿截面周边均匀对称布置。当支座边作用有较大扭矩时,受扭纵向钢筋应按受拉钢筋锚固在支座内。

　　在弯剪扭构件中,配置在截面弯曲受拉边的纵向受拉钢筋,其截面面积不应小于按弯曲受拉钢筋最小配筋率计算出的钢筋截面面积与按式(8-53)计算并分配到弯曲受拉边钢筋截面面积之和。

3. 箍筋的构造要求

在弯剪扭构件中,受剪扭的箍筋配筋率不应小于 $\frac{0.28 f_t}{f_{yv}}$,即

$$\rho_{sv} = \frac{nA_{svl}}{bs} \geqslant 0.28 \frac{f_t}{f_{yv}} \tag{8-54}$$

由受扭构件的空间桁架模型可知,箍筋在整个周边上均匀受力,因此,箍筋必须做成封闭式,且应沿截面周边布置;当采用复合箍筋时,位于截面内部的箍筋不应计入受扭所需的箍筋面积,受扭所需箍筋的末端应做成 135°弯钩,弯钩端头平直段长度不应小于箍筋直径

第 8 章　受扭构件的扭曲截面承载力　189

的 10 倍。

在超静定结构中，考虑协调扭转而配置的箍筋，其间距不宜大于 $0.75b$，b 按式(8-49)、式(8-50)规定取用，对箱型截面，b 应以 b_h 代替。

【例 8-1】　已知矩形截面构件，$b \times h = 250\text{mm} \times 500\text{mm}$，承受扭矩设计值 $T = 12\text{kN} \cdot \text{m}$，弯矩设计值 $M = 110\text{kN} \cdot \text{m}$，剪力设计值 $V = 76\text{kN}$。采用 C25 级混凝土，纵筋为 HRB400 级，箍筋为 HPB300 级，安全等级二级，环境类别为一类。

请计算构件的配筋。

解：（1）确定基本参数

一类环境，C25 梁，$f_t = 1.27\text{MPa}$，$f_c = 11.9\text{MPa}$，$\alpha_1 = 1.0$，$\xi_b = 0.55$

保护层厚度 $c = 20\text{mm}$，箍筋直径选用 8mm，纵筋直径按 20mm 考虑，则

$$a_s = 20\text{mm} + 8\text{mm} + \frac{20\text{mm}}{2} = 38\text{mm}, \quad \text{计算时取 40mm}$$

$$h_0 = h - a_s = 500\text{mm} - 40\text{mm} = 460\text{mm}$$

截面外边缘至箍筋内边缘的距离为 $20\text{mm} + 8\text{mm} = 28\text{mm}$，计算中取 30mm，则

$$b_{cor} = b - 2(c + d) = 250\text{mm} - 2 \times 30\text{mm} = 190\text{mm}$$

$$h_{cor} = h - 2(c + d) = 500\text{mm} - 2 \times 30\text{mm} = 440\text{mm}$$

$$A_{cor} = b_{cor} \times h_{cor} = 190\text{mm} \times 440\text{mm} = 83600\text{mm}^2$$

$$u_{cor} = 2(b_{cor} + h_{cor}) = 2 \times (190\text{mm} + 440\text{mm}) = 1260\text{mm}$$

$$W_t = \frac{b^2}{6}(3h - b) = \frac{(250\text{mm})^2}{6} \times (3 \times 500\text{mm} - 250\text{mm}) = 13.02 \times 10^6 \text{mm}^3$$

HPB300 级箍筋，$f_{yv} = 270\text{MPa}$；HRB400 级纵筋，$f_y = 360\text{MPa}$。

（2）验算截面尺寸

$$h_w = h_0 = 460\text{mm}, \quad \frac{h_w}{b} = \frac{460\text{mm}}{250\text{mm}} = 1.84 < 4.0$$

采用式(8-49)，因为混凝土强度等级小于 C50，取 $\beta_c = 1.0$

$$\frac{V}{bh_0} + \frac{T}{0.8W_t} = \frac{76 \times 10^3 \text{N}}{250\text{mm} \times 460\text{mm}} + \frac{12 \times 10^6 \text{N} \cdot \text{mm}}{0.8 \times 13.02 \times 10^6 \text{mm}^3}$$

$$= 0.661\text{MPa} + 1.152\text{MPa} = 1.813\text{MPa}$$

$$< 0.25\beta_c f_c = 0.25 \times 1.0 \times 11.9\text{MPa} = 2.98\text{MPa}$$

截面符合要求。

（3）验算是否可不考虑剪力

$$V = 76\text{kN} > 0.35 f_t bh_0 = 0.35 \times 1.27\text{MPa} \times 250\text{mm} \times 460\text{mm} = 51117\text{N}$$

不能忽略剪力。

（4）验算是否可不考虑扭矩

$$T = 12\text{kN} \cdot \text{m} > 0.175 f_t W_t = 0.175 \times 1.27\text{MPa} \times 13.02 \times 10^6 \text{mm}^3$$

$$= 2.894 \times 10^6 \text{N} \cdot \text{mm}$$

不能忽略扭矩。

（5）验算是否要按计算配置抗剪、抗扭钢筋

根据式(8-51)，有

$$\frac{V}{bh_0} + \frac{T}{W_t} = \frac{76 \times 10^3 \text{N}}{250\text{mm} \times 460\text{mm}} + \frac{12 \times 10^6 \text{N} \cdot \text{mm}}{13.02 \times 10^6 \text{mm}^3} = 1.583\text{MPa}$$

$$> 0.7 f_t = 0.7 \times 1.27\text{MPa} = 0.889\text{MPa}$$

应按计算配置抗剪、抗扭钢筋。

(6) 计算剪扭构件混凝土承载力降低系数 β_t

根据式(8-37),有

$$\beta_t = \frac{1.5}{1 + 0.5 \frac{V W_t}{T b h_0}} = \frac{1.5}{1 + 0.5 \times \frac{76 \times 10^3 \text{N} \times 13.02 \times 10^6 \text{mm}^3}{12 \times 10^6 \text{N} \cdot \text{mm} \times 250\text{mm} \times 460\text{mm}}} = 1.104 > 1.0$$

取 $\beta_t = 1.0$。

(7) 计算箍筋用量

① 计算抗扭箍筋用量

选用抗扭纵筋与箍筋的配筋强度比 $\zeta = 1.0$。

根据式(8-36),有

$$\frac{A_{st1}}{s} = \frac{T - 0.35\beta_t f_t W_t}{1.2\sqrt{\zeta} f_{yv} A_{cor}} = \frac{12 \times 10^6 \text{N} - 0.35 \times 1.0 \times 1.27\text{MPa} \times 13.02 \times 10^6 \text{mm}^3}{1.2 \times \sqrt{1.0} \times 270\text{MPa} \times 83600\text{mm}^2}$$

$$= 0.229 \text{ mm}^2/\text{mm}$$

② 计算抗剪箍筋用量

采用双肢箍筋 $n = 2$。

根据式(8-35),有

$$\frac{A_{sv1}}{s} = \frac{V - 0.7(1.5 - \beta_t) f_t b h_0}{n f_{yv} h_0} = \frac{76000\text{N} - 0.7 \times (1.5 - 1.0) \times 1.27\text{MPa} \times 250\text{mm} \times 460\text{mm}}{2 \times 270\text{MPa} \times 460\text{mm}}$$

$$= 0.1002 \text{ mm}^2/\text{mm}$$

③ 抗剪和抗扭箍筋用量

$$\frac{A_{sv1}^*}{s} = \frac{A_{st1}}{s} + \frac{A_{sv1}}{s} = 0.229\text{mm}^2/\text{mm} + 0.1002\text{mm}^2/\text{mm} = 0.329 \text{ mm}^2/\text{mm}$$

选用箍筋直径 $\phi 8$,单肢箍筋面积 $A_{sv1}^* = 50.3 \text{ mm}^2$

箍筋间距 $s = \dfrac{50.3\text{mm}^2}{0.329\text{mm}^2/\text{mm}} = 152.9\text{mm}$

实取 $s = 150\text{mm} < s_{max} = 200\text{mm}$

④ 验算配箍率

$$\rho_{sv,min} = 0.28 \frac{f_t}{f_{yv}} = 0.28 \times \frac{1.27\text{MPa}}{270\text{MPa}} = 0.132\%$$

实际配箍率 $\rho_{sv}^* = \dfrac{A_{sv}}{bs} = \dfrac{2 \times 50.3\text{mm}^2}{250\text{mm} \times 150\text{mm}} = 0.268\% > \rho_{sv,min}$

满足要求。

(8) 计算抗扭纵筋用量

① 求 A_{stl}

已知 $\zeta = 1.0$,$\dfrac{A_{st1}}{s} = 0.229\text{mm}^2/\text{mm}$

根据式(8-29),有

$$A_{stl} = \frac{\zeta f_{yv} A_{st1} u_{cor}}{f_y s} = \frac{1.0 \times 270\text{MPa} \times 0.229\text{mm}^2/\text{mm} \times 1260\text{mm}}{360\text{MPa}} = 216.4 \text{ mm}^2$$

选用 $6\,\underline{\Phi}\,12$，$A_{stl}=678\text{mm}^2$，布置在截面四角和侧边高度的中部。

② 验算配筋率

根据式(8-53)，有

$$\rho_{stl,\min}=0.6\sqrt{\frac{T}{Vb}}\cdot\frac{f_t}{f_y}$$

$$\frac{T}{Vb}=\frac{12\times10^6\text{N}\cdot\text{mm}}{76\times10^3\text{N}\times250\text{mm}}=0.632<2.0，取\ \frac{T}{Vb}=0.632$$

$$\rho_{stl,\min}=0.6\times\sqrt{0.632}\times\frac{1.27\text{MPa}}{360\text{MPa}}=0.168\%$$

实际配箍率

$$\rho_{stl}=\frac{A_{stl}}{bh}=\frac{678\text{mm}^2}{250\text{mm}\times500\text{mm}}=0.542\%>\rho_{stl,\min}=0.168\%，符合要求。$$

(9) 计算抗弯纵筋用量

按单筋矩形截面抗弯承载力进行计算：

$$\alpha_s=\frac{M}{\alpha_1 f_c bh_0^2}=\frac{110\times10^6\text{N}\cdot\text{mm}}{1.0\times11.9\text{MPa}\times250\text{mm}\times(460\text{mm})^2}=0.175$$

$$\xi=1-\sqrt{1-2\alpha_s}=1-\sqrt{1-2\times0.175}=0.194<\xi_b=0.55$$

$$A_s=\frac{\xi\alpha_1 f_c bh_0}{f_y}=\frac{0.194\times1.0\times11.9\text{MPa}\times250\text{mm}\times460\text{mm}}{360\text{MPa}}=737\ \text{mm}^2$$

(10) 确定纵筋的总用量

顶部纵筋为 $2\,\underline{\Phi}\,12$，两侧边高度中部纵筋为 $2\,\underline{\Phi}\,12$。

底部纵筋面积为

$$\frac{A_{stl}}{3}+A_s=\frac{678\text{mm}^2}{3}+737\text{mm}^2=963\ \text{mm}^2$$

实取 $3\,\underline{\Phi}\,22$，$A_s=1140\ \text{mm}^2$。截面配筋图见图 8-11。

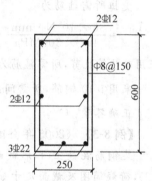

图 8-11　例 8-1 截面配筋图

【例 8-2】（2012 年全国注册结构工程师考题）

某钢筋混凝土框架结构多层办公楼，局部平面布置如图 8-12 所示（均为办公室），梁、板、柱混凝土强度等级均为 C30，梁、柱纵向钢筋为 HRB400 钢筋，楼板纵向钢筋及梁、柱箍筋均为 HRB335 钢筋。

假设 KL1 梁端剪力设计值 $V=160\text{kN}$，扭矩设计值 $T=36\text{kN}\cdot\text{m}$，截面受扭塑性抵抗矩 $W_t=2.475\times10^7\text{mm}^3$，受扭的纵向普通钢筋与箍筋的配筋强度比 $\zeta=1.0$，混凝土受扭承载力降低系数 $\beta_t=1.0$，梁截面尺寸及配筋形式如图 8-12 所示，试问，以下何项箍筋配置与计算所需要箍筋最为接近？（提示：纵筋的混凝土保护层厚度取 30mm，$a_s=40\text{mm}$。）

　A. $\underline{\Phi}\,10@200$　　B. $\underline{\Phi}\,10@150$　　C. $\underline{\Phi}\,10@120$　　D. $\underline{\Phi}\,10@100$

解：依据《混凝土结构设计规范》(GB 50010—2010)第 6.4.2 条判断是否按计算配置箍筋。

$$\frac{V}{bh_0}+\frac{T}{W_t}=\frac{160\times10^3\text{N}}{300\text{mm}\times610\text{mm}}+\frac{36\times10^6\text{N}\cdot\text{mm}}{2.475\times10^7\text{mm}^3}=2.33\text{MPa}>0.7f_t$$

$$=0.7\times1.43\text{MPa}=1.0\text{MPa}$$

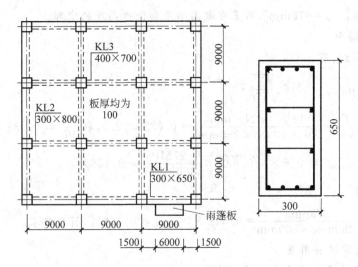

图 8-12　例 8-2 题图

所以,应按照计算配置箍筋。

依据第 6.4.8 条,受剪所需箍筋为

$$\frac{A_{sv}}{s} = \frac{160 \times 10^3 \text{N} - (1.5-1) \times 0.7 \times 1.43\text{MPa} \times 300\text{mm} \times 610\text{mm}}{300\text{MPa} \times 610\text{mm}} = 0.374 \text{ mm}^2/\text{mm}$$

受扭所需箍筋为

$$\frac{A_{st1}}{s} = \frac{36 \times 10^6 \text{N} \cdot \text{mm} - 1 \times 0.35 \times 1.43\text{MPa} \times 2.475 \times 10^7 \text{mm}^3}{1.2 \times 300\text{MPa} \times (300\text{mm} - 60\text{mm}) \times (650\text{mm} - 60\text{mm})} = 0.446 \text{ mm}^2/\text{mm}$$

采用双肢箍抗剪,所需箍筋为 $A_{sv1}/s = 0.446\text{mm}^2/\text{mm} + 0.374\text{mm}^2/\text{mm}/2 = 0.633\text{mm}^2/\text{mm}$。

采用 $\Phi 10$ 钢筋,所需间距最大为 $78.5\text{mm}^2/0.633\text{mm}^2/\text{mm} = 124\text{mm}$。

正确答案:C

【例 8-3】　(2005 年全国注册结构工程师考题)

某钢筋混凝土 T 形截面梁,梁支座为固定支座,安全等级为二级,混凝土强度等级为 C25,荷载简图及截面尺寸如图 8-13 所示。忽略梁的自重 $(g_k = q_k = 0)$,$G_k = P_k = 58\text{kN}$(标准值,分项系数分别按 1.2、1.4 考虑)。集中荷载作用点分别有同方向的扭矩作用,其设计值均为 $12\text{kN} \cdot \text{m}$;$a_s = 65\text{mm}$。已知腹板、翼缘的矩形截面受扭塑性抵抗矩分别为 $W_{tw} = 16.15 \times 10^6 \text{mm}^3$,$W_{tf} = 3.6 \times 10^6 \text{mm}^3$。试问,集中荷载作用下该剪扭构件混凝土受扭承载力降低系数 β_t 与下列何项数据最为接近?

A. 0.60　　　　B. 0.69　　　　C. 0.79　　　　D. 1.0

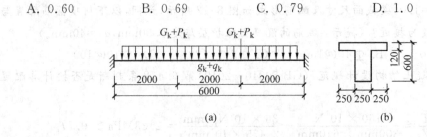

图 8-13　例 8-3 题图
(a)荷载简图；(b)梁截面尺寸

解：(1) $\lambda = \dfrac{2000\text{mm}}{535\text{mm}} = 3.74 > 3$；取 $\lambda = 3$。

(2) $V = 1.2 \times 58\text{kN} + 1.4 \times 58\text{kN} = 150.8\text{kN}$

(3) $T_w = \dfrac{W_{tw}}{W_{tw} + W_{tf}} \cdot T = \dfrac{16.15 \times 10^6\,\text{mm}^3}{16.15 \times 10^6\,\text{mm}^3 + 3.6 \times 10^6\,\text{mm}^3} \times 12\text{kN} \cdot \text{m} = 9.81\text{kN} \cdot \text{m}$

(4) $\beta_t = \dfrac{1.5}{1 + 0.2(\lambda+1)\dfrac{VW_{tw}}{T_w b h_0}} = \dfrac{1.5}{1 + 0.2 \times (3+1) \times \dfrac{150.8\text{kN} \times 16.15 \times 10^6\,\text{mm}^3}{9.81 \times 10^6\,\text{N} \cdot \text{mm} \times 250\text{mm} \times 535\text{mm}}}$

$= 0.604$

正确答案：A

8.8　公路桥涵工程受扭构件的设计

在公路桥涵工程中，受扭构件承载力计算与建筑工程中的受扭构件有很多相同之处，以下主要阐述《公路钢筋混凝土及预应力混凝土桥涵设计规范》(JTG D62—2012)有关受扭构件的主要规定。

8.8.1　矩形和箱形截面纯扭构件承载力计算

矩形和箱形截面钢筋混凝土纯扭构件抗扭承载力应按式(8-55)计算。

$$\gamma_0 T_d \leqslant 0.35 \beta_a f_{td} W_t + 1.2\sqrt{\zeta} \frac{f_{sv} A_{sv1} A_{cor}}{s_v} \tag{8-55}$$

$$\zeta = \frac{f_{sd} A_{st} s_v}{f_{sv} A_{sv1} U_{cor}} \tag{8-56}$$

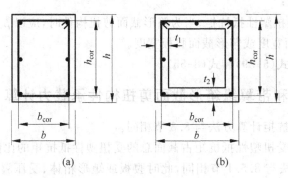

图 8-14　矩形和箱型受扭构件截面

(a) 矩形截面($h > b$)；(b) 箱形截面($h < b$)

式中　T_d——扭矩组合设计值；

ζ——纯扭构件纵向钢筋与箍筋的配筋强度比，应符合 $0.6 \leqslant \zeta \leqslant 1.7$ 的要求；

β_a——箱形截面有效壁厚折减系数，当 $0.1b \leqslant t_2 \leqslant 0.25b$ 或 $0.1h \leqslant t_1 \leqslant 0.25h$ 时，取 $\beta_a = 4t_2/b$ 或 $\beta_a = 4t_1/h$ 中的较小值；当 $t_2 > 0.25b$ 或 $t_1 > 0.25h$ 时，取 $\beta_a = 1.0$，此处 t_1、t_2、b、h 如图 8-14(b)所示；对于矩形截面，$\beta_a = 1.0$；

W_t——矩形截面或箱形截面的受扭塑性抵抗矩，其计算原理与 8.5.1 节相同；

f_{td}——混凝土轴心抗拉强度设计值；

f_{sv}——箍筋的抗拉强度设计值；

A_{sv1}——纯扭计算中单肢箍筋截面面积；

A_{st}——纯扭计算中沿截面周边对称布置的全部纵向钢筋截面面积；

f_{sd}——纵向钢筋的抗拉强度设计值；

s_v——箍筋的间距；

A_{cor}——由箍筋内表面包围的截面核心面积；$A_{cor}=b_{cor}h_{cor}$，b_{cor}、h_{cor} 分别为核心面积的短边边长和长边边长；

U_{cor}——截面核心面积的周长。

8.8.2　矩形和箱形截面剪扭构件承载力计算

《公路钢筋混凝土及预应力混凝土桥涵设计规范》(JTG D62—2012)规定，矩形和箱形截面剪扭构件的抗剪承载力和抗扭承载力分别按式(8-57)和式(8-58)计算。

抗剪承载力为

$$\gamma_0 V_d \leqslant \alpha_1 \alpha_2 \alpha_3 \frac{(10-2\beta_t)}{20} bh_0 \sqrt{(2+0.6P)} \sqrt{f_{cu,k}} \rho_{sv} f_{sv} \tag{8-57}$$

抗扭承载力为

$$\gamma_0 T_d \leqslant 0.35 \beta_a \beta_t f_{td} W_t + 1.2\sqrt{\zeta} \frac{f_{sv} A_{sv1} A_{cor}}{s_v} \tag{8-58}$$

$$\beta_t = \frac{1.5}{1+0.5 \dfrac{V_d W_t}{T_d bh_0}} \tag{8-59}$$

式中　β_t——剪扭构件混凝土抗扭承载力降低系数，当 $\beta_t<0.5$ 时，取 $\beta_t=0.5$；当 $\beta_t>1$ 时，取 $\beta_t=1$；

W_t——截面受扭塑性抵抗拒，当为箱形截面剪扭构件时，应以 $\beta_a W_t$ 代替；

b——矩形截面宽度或箱形截面腹板宽度。

其余符号意义见式(5-29)和式(8-55)。

8.8.3　T 形、I 形和带翼缘箱形截面剪扭构件承载力计算

截面受扭塑性抵抗拒计算方法与 8.3 节相同。

按截面各分块的受扭塑性抵抗矩占截面总的受扭塑性抵抗矩的比例分配截面所受的扭矩设计值 T_d，计算方法与 8.5.1 节相同，此时腹板或矩形箱体、受压翼缘、受拉翼缘分配到的扭矩设计值分别用 T_{wd}、T'_{fd}、T_{fd} 表示。

T 形、I 形截面的腹板和带翼缘箱形截面的矩形箱体按剪扭构件，用式(8-57)计算截面受扭塑性抵抗矩，计算时公式中的 T_d、W_t 应以 T_{wd}、W_{tw} 代替。

而受压翼缘或受拉翼缘按纯扭构件，用式(8-57)计算截面受扭塑性抵抗矩，计算时公式中的 T_d、W_t 应以 T'_{fd}、W'_{tf} 或 T_{fd}、W_{tf} 代替。

8.8.4　矩形、T 形、I 形和箱形截面弯剪扭构件承载力计算

矩形、T 形、I 形和带翼缘箱形截面的弯剪扭构件，其纵向钢筋和箍筋应按下列规定计算，并配置在相应位置。

（1）在弯矩 M_d 的作用下，按受弯构件正截面抗弯承载力计算抗弯所需的纵向钢筋。

（2）按 8.5.1 节方法分配扭矩 T_d。

（3）矩形截面、T 形截面和 I 形截面的腹板、带翼缘箱形截面的矩形箱体，在剪力 V_d 和扭矩 T_{wd}（矩形截面为 T_d）的作用下，按剪扭构件计算其纵向钢筋和箍筋。

在剪力 V_d 和扭矩 T_{wd}（矩形截面为 T_d）的作用下，按剪扭构件的抗剪承载力计算公式（8-57）计算抗剪所需的箍筋。

在剪力 V_d 和扭矩 T_{wd}（矩形截面为 T_d）的作用下，按剪扭构件的抗扭承载力计算公式（8-58）计算扭矩所需的箍筋。

在剪力 V_d 和扭矩 T_{wd}（矩形截面为 T_d）的作用下，应采用式（8-58）计算所得的抗扭箍筋和配筋强度比计算公式（8-56）计算抗扭所需的纵筋。

（4）在扭矩 T'_{td}（或 T_{td}）的作用下，T 形、I 形和带翼缘箱形截面的受压翼缘（或受拉翼缘）应按纯扭构件抗扭承载力计算公式（8-55）计算抗扭所需的纵向钢筋和箍筋。

（5）按计算结果和构造要求配置相应的纵向钢筋和箍筋。

8.8.5　受扭构件承载力计算公式的适用条件与钢筋的构造规定

1. 计算公式的适用条件

1）公式上限——截面限制条件

当构件的抗扭钢筋配置过多时，可能首先发生构件混凝土被压坏的情况。因此，必须对截面提出限制条件，以防止该类型破坏。

《公路钢筋混凝土及预应力混凝土桥涵设计规范》（JTG D62—2012）规定，矩形和箱形截面弯剪扭构件的截面应符合下式要求：

$$\frac{\gamma_0 V_d}{bh_0} + \frac{\gamma_0 T_d}{W_t} \leqslant 0.51 \times 10^{-3} \sqrt{f_{cu,k}} \, (kN/mm^2) \qquad (8-60)$$

若不满足上式要求，则应加大截面尺寸，或提高混凝土强度等级。

2）公式下限——构造配筋条件

上述规范规定，对于矩形和箱形截面弯剪扭构件，当满足式（8-61）时，可不进行构件的抗扭承载力计算，仅需按规定配置构造钢筋：

$$\frac{\gamma_0 V_d}{bh_0} + \frac{\gamma_0 T_d}{W_t} \leqslant 0.50 \times 10^{-3} \alpha_2 f_{td} \, (kN/mm^2) \qquad (8-61)$$

2. 钢筋的构造规定

对于弯剪扭构件纵向钢筋和箍筋的构造，除应满足受弯构件纵向钢筋和箍筋的相应构造规定外，尚应符合下列规定。

1）箍筋的最小配筋率

剪扭构件（梁的腹板）应满足下式规定：

$$\rho_{sv} \geqslant \rho_{sv,min} = (2\beta_t - 1)\left(0.055 \frac{f_{cd}}{f_{sv}} - c\right) + c \qquad (8-62)$$

式中　c——与抗剪箍筋配筋率有关，当采用 HPB300 钢筋时，取 $c=0.0018$；当采用 HRB335 钢筋时，取 $c=0.0012$。

对纯扭构件（梁的翼缘），应满足下式规定：

$$\rho_{sv} \geqslant \rho_{sv,min} = 0.055 \frac{f_{cd}}{f_{sv}} \tag{8-63}$$

2) 纵向钢筋的最小配筋率

弯剪扭构件纵向钢筋的配筋率不应小于受弯构件纵向受力钢筋的最小配筋率与受扭构件纵向受力钢筋的最小配筋率之和。

其中,受扭构件纵向受力钢筋的最小配筋率应符合下列规定。

受剪扭时:

$$\rho_{st} = \frac{A_{st}}{bh} \geqslant \rho_{st,min} = 0.08(2\beta_t - 1)\frac{f_{cd}}{f_{sd}} \tag{8-64}$$

受纯扭时:

$$\rho_{st} = \frac{A_{st}}{bh} \geqslant \rho_{st,min} = 0.08\frac{f_{cd}}{f_{sd}} \tag{8-65}$$

3) 箍筋构造

箍筋应采用闭合式,箍筋末端应做成 135°弯构,并构牢纵向钢筋,相邻箍筋的弯构接头,其纵向位置应交替布置。

4) 纵筋构造

承受扭矩的纵向钢筋,应沿截面周边均匀对称布置,其间距不应大于 300mm。在矩形截面基本单元的四角应设有纵向钢筋,其末端应满足受拉钢筋的最小锚固长度。

思考题

8-1 什么是平衡扭转?什么是协调扭转?各有什么特点?

8-2 纵向钢筋与箍筋的配筋强度比 ζ 的物理意义是什么?有什么限制条件?

8-3 钢筋混凝土矩形截面纯扭构件有哪些破坏形态?各自的特征是什么?

8-4 在弯剪扭构件的承载力计算中,为什么要规定截面尺寸限制条件构造配筋要求?《混凝土结构设计规范》(GB 50010—2010)中如何确定弯剪扭构件箍筋的最小配箍率 $\rho_{sv,min}$ 和受扭纵筋的最小配筋率 $\rho_{stl,min}$ 的?

8-5 如何计算受扭构件的开裂扭矩?截面受扭塑性抵抗矩的计算假定是什么?

8-6 如何计算 T 形、I 形截面的受扭承载力?

习题

8-1 矩形截面纯扭构件的配筋计算。钢筋混凝土矩形截面构件,截面尺寸为 $b \times h = 250\text{mm} \times 550\text{mm}$,承受扭矩设计值 $T = 20\text{kN} \cdot \text{m}$,混凝土强度等级为 C25,箍筋用 HPB300 级钢筋,纵筋用 HRB400 级钢筋,安全等级二级,环境类别为一类。假定配筋强度比 $\zeta = 1.0$。请确定抗扭钢筋。

8-2 集中荷载作用下的矩形截面弯、剪、扭构件。钢筋混凝土框架梁(见图 8-15),截面 250mm×500mm,净跨 6.3m,跨中有一短挑梁,挑梁上作用有距梁轴线 400mm 的集中荷载 P。梁上均布荷载(包括自重)设计值 g 为 9kN/m,集中荷载 P 设计值为 250kN,混凝土

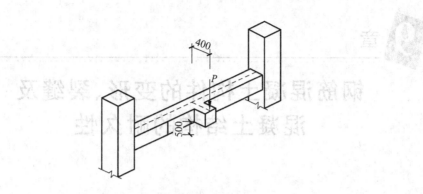

图 8-15　习题 8-2 图

为 C30 级,纵筋采用 HRB400 级钢 $f_y = 360\text{MPa}$,箍筋为 HPB300 级钢 $f_{yv} = 270\text{MPa}$。请计算梁的配筋。

8-3　T 形截面纯扭构件。已知混凝土形截面受扭构件 $b'_f = 400\text{mm}$,$h'_f = 100\text{mm}$,$b = 200\text{mm}$,$h = 450\text{mm}$,采用 C25 级混凝土,HRB400 级(纵筋)和 HPB300(箍筋)热轧钢筋;承受扭矩设计值 $T = 14.2\text{kN} \cdot \text{m}$。请选配纵筋和箍筋。

8-4　压扭构件的截面设计。钢筋混凝土压扭构件,截面尺寸为 $350\text{mm} \times 350\text{mm}$,计算长度 $l_0 = 4.5\text{m}$,混凝土强度等级为 C25,纵筋为 HRB400 级钢筋,箍筋为 HRB335 级钢筋,承受轴向压力设计值 $N = 1200\text{kN}$,扭矩设计值 $T = 25\text{kN} \cdot \text{m}$,环境类别为一类。请配置钢筋。

第9章

钢筋混凝土构件的变形、裂缝及 混凝土结构的耐久性

本章主要讲述结构构件按荷载的准永久组合进行正常使用极限状态验算方法。主要内容包括裂缝出现、分布和发展的机理及最大裂缝宽度公式的建立；受弯构件刚度公式的建立及变形的验算；混凝土结构进入破坏阶段如何保证其截面延性，以及结构在使用期限内如何满足其耐久性的要求。

9.1 概述

为保证结构安全可靠，结构设计时须使结构满足各项预定的功能要求，即安全性、适用性和耐久性。第4~8章讨论了各类钢筋混凝土构件承载力的计算和设计方法，主要解决结构构件的安全性问题。本章将介绍钢筋混凝土结构的正常使用极限状态验算和耐久性设计的有关内容。

结构的适用性是指不需要对结构进行维修（或少量维修）和加固的情况下继续正常使用的性能。如裂缝过宽，不仅影响结构的观瞻，引起使用者的不安，还可能使钢筋产生锈蚀，影响结构的耐久性；水池、油罐等开裂会引起渗漏问题；屋面梁板变形过大，导致屋面积水；结构侧移变形过大，影响门窗的开关；结构振动频率或振幅过大，导致使用者不舒服；厂房吊车梁变形过大，造成吊车不能正常运行等。这些都使结构的正常使用受到影响。

结构的耐久性是指在设计确定的环境作用和维修、使用条件下，结构构件在规定期限内保持其适用性和安全性的能力。混凝土受有害介质的侵蚀，如混凝土碳化等；混凝土材料本身有害成分的物理、化学作用，如混凝土中的碱集料反应、反复冻融循环等；这些因素导致混凝土产生劣化，宏观上会出现开裂、剥落、膨胀、松软及强度下降等，从而随着时间的推移影响结构的安全性和适用性。

由上述分析可知，钢筋混凝土构件的裂缝和变形控制是关系到结构能否满足适用性和耐久性要求的重要问题。应根据结构的工作条件及使用要求，验算裂缝宽度和挠度，使其不超过规定的限值。

混凝土结构正常使用极限状态的验算应包括以下内容：①对使用上需要控制变形的结构及构件，应进行变形验算；②对使用上限制出现裂缝的构件，应进行混凝土拉应力验算；

③对使用上允许出现裂缝的构件,应进行受力裂缝宽度验算;④对使用上有舒适度要求的楼盖结构,应进行自振频率的验算。

随着高强度混凝土及高强钢筋(丝)的应用,构件截面尺寸进一步减少,对控制钢筋混凝土结构变形的必要性不断增大。《混凝土结构设计规范》(GB 50010—2010)规定受弯构件的最大挠度应按荷载效应准永久组合并考虑长期作用的影响计算,其计算值不应超过规定的允许值(见附录表 C-1),确定受弯构件的允许挠度值时,应考虑结构的要求对结构构件和非结构构件的影响以及人们感觉可接受程度等方面的问题。

对于普通钢筋混凝土构件而言,不出现裂缝是不经济的,一般的工业与民用的建筑结构允许构件带裂缝工作。裂缝出现对结构构件的承载力影响不显著,但会影响有些结构的使用功能,如游泳池,裂缝的存在会直接影响其使用功能,因此要控制裂缝的出现;裂缝过宽会影响建筑的外观,引起房屋使用者的不安全感,裂缝最大宽度应有一定限值;垂直裂缝的出现虽然对钢筋的锈蚀无显著影响,但影响了裂缝截面混凝土的碳化时间,进而影响了结构构件的耐久性。

产生裂缝的因素很多,有荷载作用、施工养护不善、温度变化、基础不均匀沉降以及钢筋锈蚀等。本章所讨论的内容主要指由于荷载所产生裂缝的控制问题。在使用阶段,钢筋混凝土构件往往是带裂缝工作的,特别是随着高强度钢筋的使用,钢筋的工作应力有较大的提高,裂缝宽度也随之按某种关系增大,对裂缝控制问题更应给予重视。

《混凝土结构设计规范》(GB 50010—2010)将配筋混凝土结构构件裂缝控制等级划分为以下三级。

一级:严格要求不出现裂缝的构件,按荷载效应的标准组合进行计算时,构件受拉边缘混凝土不应产生拉应力。

二级:一般要求不出现受力裂缝的构件,按荷载效应的标准组合计算时,构件受拉边缘混凝土拉应力不应大于混凝土轴心抗拉强度标准值。

三级:允许出现受力裂缝的构件,钢筋混凝土构件按荷载效应的准永久组合并考虑长期作用影响计算时,构件的最大裂缝宽度不超过其最大裂缝宽度限值。

考虑到正常使用极限状态设计属于校核验算性质,其相应目标可靠指标 $[\beta]$ 值可以相对承载力极限状态的 $[\beta]$ 小些,所以采用荷载效应及结构抗力标准值进行计算,同时考虑荷载的长期作用影响。

混凝土构件的截面延性反映截面在破坏阶段的变形能力,是抗震性能的一个重要指标,规范要求混凝土构件的截面应具有一定的延性。

混凝土结构在外界环境和各种因素的作用下,存在承载力逐渐削弱和衰减的过程,经历一定年代后,甚至不能满足设计应有的功能而"失效"。在混凝土结构设计使用年限内,需要对混凝土结构根据使用环境类别和耐久性等级进行耐久性的设计。

由于我国结构设计安全度逐步提高,并越来越重视耐久性设计,因此应考虑整体结构方案的优化和对全寿命周期进行既有结构设计,以保证其应有的安全度并延长使用年限。

本章主要讲述钢筋混凝土构件按正常使用极限状态验算变形和裂缝宽度的方法。

9.2　钢筋混凝土受弯构件的挠度验算

9.2.1　截面弯曲刚度

由材料力学可知,弹性均质材料梁的挠曲线的微分方程为 $\dfrac{\mathrm{d}^2 y}{\mathrm{d}x^2} = -\dfrac{1}{r} = -\dfrac{M}{EI}$,解此方程可得梁最大挠度的一般计算公式为

$$f = s\frac{Ml_0^2}{EI} \tag{9-1}$$

式中　f——梁跨中的最大挠度;

　　　s——与荷载形式、支承条件有关的系数,例如计算承受均布荷载简支梁的跨中挠度时,$s=5/48$;

　　　M——跨中最大弯矩;

　　　l_0——梁的计算跨度;

　　　r——截面曲率半径;

　　　EI——梁的截面弯曲刚度。

由 $EI = \dfrac{M}{\phi}$(ϕ 为截面曲率)可以得到,截面弯曲刚度的物理意义是使截面产生单位转角所需施加的弯矩,它体现了截面抵抗弯曲变形的能力。

当截面尺寸与材料给定后,EI 为一常数,则挠度 f 与弯矩 M 或截面曲率 ϕ 与弯矩 M 呈线性关系,如图 9-1 中虚线 OA 所示。上述力学概念对于钢筋混凝土受弯构件仍然适用,但钢筋混凝土是由两种材料组成的非均质弹性材料,钢筋混凝土受弯构件的截面弯曲刚度(用 B 表示)在受弯过程中是变化的。下面讨论刚度与 M 及 ϕ 的关系。

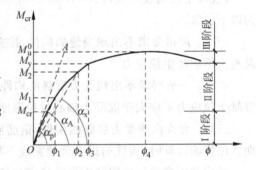

图 9-1　适筋梁 M-ϕ 关系曲线

在使用荷载作用下,钢筋混凝土受弯构件的第 Ⅱ 个工作阶段(混凝土开裂至钢筋屈服前的裂缝阶段,见图 9-1)处于带裂缝工作状态。由于钢筋混凝土是不匀质的非弹性材料,在加载全过程中,随着弯矩的增大,从第 Ⅰ 阶段(混凝土开裂前阶段)进入第 Ⅱ 阶段,裂缝逐渐出现并开展。在裂缝截面处,受拉区大部分混凝土退出工作,中和轴不断上移。截面抗弯刚度逐渐减小。从图 9-1 中可以看出,在第 Ⅱ 阶段 M 及 ϕ 为非线性关系,即曲率 ϕ 比 M 增加得快。由刚度的物理意义可知,任一点与坐标原点 O 相连的割线斜率 $\tan\phi$ 即为截面刚度,割线斜率随弯矩值的增大而减小,故刚度随 M 增大而降低。此时,构件截面刚度与用材料力学弹性体公式表达的抗弯刚度 EI 已大不相同。

当荷载长期作用时,由于受压混凝土的徐变与收缩,使混凝土的压应变随时间的增大而增大;裂缝间受拉区混凝土的应力松弛,受拉区混凝土与钢筋之间的粘结产生滑移徐变,裂缝向上延伸,导致受拉区混凝土随时间不断退出工作,钢筋拉应变随时间增大,构件的挠度也就不断地增长,也就是说截面的刚度随荷载的长期作用而降低。凡是影响混凝土徐变和

收缩的因素都将导致刚度降低。因此，验算裂缝时，应按荷载效应的准永久组合并考虑长期作用的影响计算。

可见，钢筋混凝土适筋梁的截面抗弯刚度 B 不是常数，并具有以下特点：

(1) 随荷载的增大而减小；

(2) 随荷载作用时间的增长而减小；

(3) 沿构件的长度变化；

(4) 与配筋率有关。

匀质弹性梁的截面抗弯刚度用 EI 表示，荷载准永久组合作用下，钢筋混凝土受弯构件的截面抗弯刚度用 B_s 表示，称为短期刚度；在荷载准永久组合作用下并考虑长期作用影响的截面抗弯刚度 B，称为长期刚度或简称刚度。

若要计算受弯构件的变形，首先需要计算短期刚度，然后计算刚度，在计算短期刚度之前，先引入一个重要系数，即纵向受拉钢筋的应变不均匀系数。

9.2.2　纵向受拉钢筋应变不均匀系数

钢筋混凝土构件的变形计算可以归结为受拉区存在裂缝情况下的截面刚度计算问题，为此需要了解裂缝开展过程对构件的应变和应力的影响。

1. 钢筋及混凝土的应变分布特征

钢筋混凝土简支试验梁承受两个对称的集中荷载，在两个集中荷载之间形成了纯弯段。梁纯弯段在出现裂缝以后各个截面应变与裂缝的分布情况如图 9-2 所示。

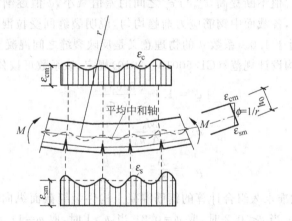

图 9-2　梁纯弯段内各截面应变及裂缝的分布

混凝土开裂以前，受压区边缘混凝土应变及受拉钢筋应变在纯弯段内沿梁长几乎平均分布。

当荷载增加，由于混凝土材料的非均质性，在抗拉能力最薄弱截面上首先出现第一批裂缝（一条或几条）。随 M 的增大，受拉区混凝土裂缝将陆续出现，直到裂缝间距趋于稳定以后，裂缝在纯弯段内近乎等距离分布。

裂缝稳定以后，钢筋应变沿梁长是非均匀分布的，呈波浪形变化，钢筋应变的峰值在开裂截面处最大，在裂缝中间处应变较小。

随 M 的增大，开裂截面钢筋的应力继续增大，由于裂缝处钢筋与混凝土之间的粘结力逐渐遭到破坏，使裂缝间的钢筋平均应变 ε_{sm} 与开裂截面钢筋应变 ε_s 的差值减小，混凝土参与受拉的程度减小。M 越大，钢筋 ε_{sm} 越接近于开裂截面钢筋 ε_s。

　　受压区边缘混凝土的应变 ε_c 也是非均匀分布的,开裂位置应变较大,裂缝之间应变较小,但其波动幅度比钢筋应变的波动幅度小得多。峰值应变与平均应变 ε_{cm} 差别不大。

　　由于裂缝的影响,混凝土截面中和轴在纯弯段内呈波浪形变化。裂缝截面处中和轴高度最小,在钢筋屈服之前,对于平均中和轴来说,沿截面高度可以认为平均截面的平均应变 ε_{sm}、ε_{cm} 符合平截面假定。

2. 纵向受拉钢筋应变不均匀系数 ψ 的表达式

　　纵向受拉钢筋应变不均匀系数反映了裂缝间受拉混凝土对纵向受拉钢筋应变的影响程度,ψ 小,影响程度大,即在正常使用阶段受拉区混凝土参加工作的程度大。纵向受拉钢筋不均匀系数 ψ 可用受拉钢筋平均应变与裂缝截面受拉钢筋应变的比值来表示,即

$$\psi = \frac{\varepsilon_{sm}}{\varepsilon_s} \tag{9-2}$$

式中　ψ——纵向受拉钢筋应变不均匀系数;

　　　ε_{sm}——纵向受拉钢筋重心处的平均拉应变;

　　　ε_s——按荷载效应准永久组合计算的钢筋混凝土构件裂缝截面处,纵向受拉钢筋重心处的拉应变。

　　ψ 值与混凝土强度、配筋率、钢筋与混凝土的粘结强度、构件的截面尺寸及裂缝截面钢筋应力诸因素有关。图 9-3 给出了梁内裂缝截面处钢筋应变 ε_s、钢筋平均应变 ε_{sm} 及自由钢筋的应变与裂缝截面钢筋应力 σ_{sq} 间的关系。由图可知 $\varepsilon_{sm}<\varepsilon_s$,说明受拉混凝土是参加工作的。随着荷载增大,$\sigma_{sq}$ 值不断提高,ε_{sm} 与 ε_s 之间的差值减小,ψ 值逐渐增大,这表示混凝土承受拉力的程度减小,各截面中钢筋应力渐趋均匀,说明裂缝间受拉混凝土逐渐退出工作。临近破坏时,ψ 值趋近于 1.0。系数 ψ 的物理意义是反映裂缝之间混凝土协助钢筋抗拉工作的程度。《混凝土结构设计规范》(GB 50010—2010)规定,该系数可按公式(9-3)计算。

$$\psi = 1.1 - \frac{0.65 f_{tk}}{\rho_{te}\sigma_{sq}} \tag{9-3}$$

$$\sigma_{sq} = \frac{M_q}{\eta A_s h_0} \tag{9-4}$$

$$\rho_{te} = \frac{A_s}{A_{te}} \tag{9-5}$$

式中　σ_{sq}——按荷载准永久组合计算的钢筋混凝土构件裂缝截面纵向受拉钢筋的应力,见图 9-4;当 $\psi<0.2$ 时,取 $\psi=0.2$;当 $\psi>1$ 时,取 $\psi=1$;对直接承受重复荷载的构件,取 $\psi=1$;

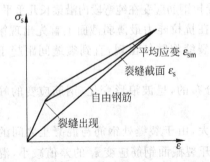

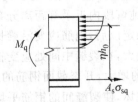

图 9-3　梁内裂缝截面处钢筋的应力-应变图　　　　图 9-4　准永久组合截面受力简图

f_{tk}——混凝土轴心抗拉强度标准值,见附录表 A-2;

η——裂缝截面处内力臂系数,与配筋率及截面形状有关,可以通过试验确定,对常用的混凝土强度等级及配筋率,受弯构件近似取 η 为 0.87;

M_q——按荷载准永久组合计算的弯矩值,如图 9-4 所示,按式(9-6)计算;

ρ_{te}——按有效受拉混凝土截面面积计算的纵向受拉钢筋的配筋率;在最大裂缝宽度计算中,当 $\rho_{te} < 0.01$ 时,取 $\rho_{te} = 0.01$;

A_{te}——有效受拉混凝土截面面积,如图 9-5 所示,按式(9-7)计算。

$$M_q = A_s \sigma_{sq} \eta h_0 \tag{9-6}$$

$$A_{te} = 0.5bh + (b_f - b)h_f \tag{9-7}$$

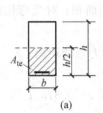 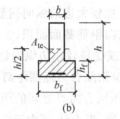 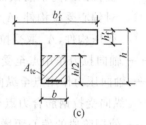

图 9-5　有效受拉混凝土面积

图 9-6 中,C 为受压区总压应力合力,C_c 为受压区混凝土压应力合力。

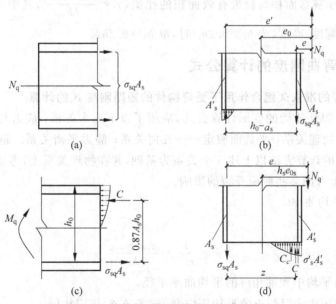

图 9-6　构件使用阶段的截面应力状态

(a) 轴心受拉;(b) 偏心受拉;(c) 受弯;(d) 偏心受压

图 9-6(a)～(d)分别为轴心受拉、偏心受拉、受弯及偏心受压情况,σ_{sq} 的计算公式分别对应式(9-8a)～式(9-8d):

$$\sigma_{sq} = \frac{N_q}{A_s} \tag{9-8a}$$

$$\sigma_{sq} = \frac{N_q e'}{A_s(h_0 - a'_s)} \tag{9-8b}$$

$$\sigma_{sq} = \frac{M_q}{0.87 A_s h_0} \tag{9-8c}$$

$$\sigma_{sq} = \frac{N_q(e-z)}{A_s z} \tag{9-8d}$$

$$z = \left[0.87 - 0.12(1-\gamma'_f)\left(\frac{h_0}{e}\right)^2\right] h_0 \tag{9-8e}$$

$$e = \eta_s e_0 + y_s \tag{9-8f}$$

$$\eta_s = 1 + \frac{1}{4000 e_0 / h_0}\left(\frac{l_0}{h}\right)^2 \tag{9-8g}$$

式中　A_s——受拉区纵向钢筋截面面积,对轴心受拉构件,A_s 取全部纵向钢筋截面面积;
对偏心受拉构件,A_s 取受拉较大边的纵向钢筋截面面积;对受弯构件和偏心
受压构件,A_s 取受拉区纵向钢筋截面面积;

$\quad\quad e'$——轴向拉力作用点至受压区或受拉较小边纵向钢筋合力点的距离;

$\quad\quad e$——轴向压力作用点至纵向受拉钢筋合力点的距离;

$\quad\quad z$——纵向受拉钢筋合力点至受压区合力点之间的距离,且 $z \leqslant 0.87 h_0$;

$\quad\quad \eta_s$——使用阶段的偏心距增大系数,当 l_0/h 不大于 14 时,取 1.0;

$\quad\quad y_s$——截面重心至纵向受拉钢筋合力点的距离,对矩形截面,$y_s = h/2 - a_s$;

$\quad\quad \gamma'_f$——受压翼缘面积与腹板有效面积的比值,$\gamma'_f = \dfrac{(b'_f - b)h'_f}{bh_0}$,其中,$b'_f$、$h'_f$ 为受压翼缘
的宽度、高度,当 $h'_f > 0.2 h_0$ 时,取 $h'_f = 0.2 h_0$。

9.2.3　截面弯曲刚度的计算公式

1. 荷载效应的准永久组合作用下受弯构件的短期刚度 B_s 的计算

为建立均质弹性体梁的变形计算公式,应用了以下三个关系:应力与应变成线性关系
的虎克定律——物理关系;平截面假定——几何关系;静力平衡关系。钢筋混凝土构件中
钢筋屈服前变形的计算方法以上述三个关系为基础,并在物理关系上,考虑 σ-ε 的非线性关
系,在几何关系上考虑某些截面开裂的影响。

1) 截面的平均曲率

由图 9-2 有

$$\phi = \frac{1}{r_{cm}} = \frac{\varepsilon_{sm} + \varepsilon_{cm}}{h_0} \tag{9-9}$$

式中　r_{cm}——与平均中和轴相应的平均曲率半径。

$\quad\quad \varepsilon_{cm}$——受压边缘混凝土的平均压应变,与式(9-2)规定相同。

截面弯曲刚度

$$B_s = \frac{M_q}{\phi} = \frac{M_q h_0}{\varepsilon_{sm} + \varepsilon_{cm}} \tag{9-10}$$

2) 受拉区钢筋的平均应变 ε_{sm} 及受压区混凝土边缘平均应变 ε_{cm}

设受压区边缘混凝土应变不均匀系数为 ψ_c,考虑混凝土的塑性变形。

$$\varepsilon_{sm} = \psi \frac{\sigma_{sq}}{E_s} = \psi \frac{M_q}{A_s \eta h_0 E_s} \tag{9-11}$$

$$\varepsilon_{cm} = \psi_c \varepsilon_c = \psi_c \frac{\sigma_{cq}}{\nu E_c} \tag{9-12}$$

式中　E_s、E_c——纵向受拉钢筋、混凝土的弹性模量；

　　　ε_c——按荷载效应准永久组合计算的钢筋混凝土构件裂缝截面处受压区边缘混凝土的压应变；

　　　σ_{cq}——按荷载准永久组合计算的钢筋混凝土构件裂缝截面处受压区边缘混凝土的压应力；

　　　ν——混凝土的弹性特征值，$\nu = E_c'/E_c$；

　　　E_c'——混凝土的变形模量；

　　　M_q——按式(9-6)计算。

在裂缝截面上，受压区混凝土应力图形为曲线形(边缘应力为 σ_{cq})，可简化为矩形图形进行计算，如图 9-7 所示。其折算高度为 ξh_0，应力丰满系数为 ω。对 T 形截面，混凝土计算受压区的面积为 $(b_f' - b)h_f' + b\xi h_0$，而受压区合力为 $\omega\sigma_{cq}(\gamma_f' + \xi)bh_0$，其中 γ_f' 为受压翼缘截面面积与腹板有效截面面积的比值，$\gamma_f' = \dfrac{(b_f' - b)h_f'}{bh_0}$。

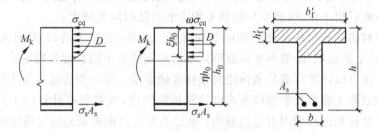

图 9-7　裂缝截面处的计算应力图形

$$\sigma_{cq} = \frac{M_q}{\omega(\gamma_f' + \xi)bh_0 \eta h_0} \tag{9-13}$$

则混凝土受压区边缘的平均应变为

$$\varepsilon_{cm} = \psi_c \frac{M_q}{\omega(\gamma_f' + \xi)bh_0 \eta h_0 \nu E_c}$$

令 $\zeta = \omega\nu(\gamma_f' + \xi)\eta/\psi_c$，则

$$\varepsilon_{cm} = \frac{M_q}{\zeta bh_0^2 E_c} \tag{9-14}$$

式中　ζ——受压区边缘混凝土平均应变综合系数。

3) 短期刚度 B_s 的一般表达式

将式(9-11)、式(9-14)代入式(9-10)并简化后，可得出在荷载准永久组合作用下钢筋混凝土受弯构件短期刚度计算公式的基本形式为

$$B_s = \frac{E_s A_s h_0^2}{\dfrac{\psi}{\eta} + \dfrac{\alpha_E \rho}{\zeta}} \tag{9-15}$$

式中　α_E——钢筋与混凝土的弹性模量比；

　　　ρ——纵向受拉钢筋配筋率，$\rho = \dfrac{A_s}{bh_0}$。

根据试验资料回归分析,$\dfrac{\alpha_E \rho}{\zeta}$可按下式计算:

$$\frac{\alpha_E \rho}{\zeta} = 0.2 + \frac{6\alpha_E \rho}{1 + 3.5\gamma'_f} \tag{9-16}$$

这样,可得《混凝土结构设计规范》(GB 50010—2010)中规定的在荷载准永久组合作用下受弯构件短期刚度 B_s 的计算公式为

$$B_s = \frac{E_s A_s h_0^2}{1.15\psi + 0.2 + \dfrac{6\alpha_E \rho}{1 + 3.5\gamma'_f}} \tag{9-17}$$

2. 受弯构件刚度 B 的计算

在荷载长期作用下,钢筋混凝土受弯构件的挠度随时间而增长,刚度随时间而降低。试验表明,前 6 个月挠度增长较快,以后逐渐减缓,1 年后趋于收敛,但数年以后仍能发现挠度有很小的增长。在荷载长期作用下,影响挠度增长的因素较多,也较为复杂,其中主要的因素有以下几点:

(1) 由于受压区混凝土的徐变,压应变随时间而增长;

(2) 由于裂缝间受拉混凝土出现应力松弛以及混凝土与钢筋之间产生滑移徐变,会使受拉混凝土不断退出工作,因而受拉钢筋平均应变将随时间而增大。

以上因素都将导致构件的刚度随时间而降低。此外,混凝土的收缩、环境的温度和湿度、加载时混凝土的龄期、配筋率和截面形式等都对刚度有不同程度的影响。

有多种方法可以计算荷载长期作用对梁挠度的影响。第一类方法为用不同方式及在不同程度上考虑混凝土徐变及收缩的影响以计算长期刚度,或者直接计算由于荷载长期作用而产生的挠度增长和由收缩而引起的翘曲;第二类方法是根据试验结果确定的挠度增大系数来计算长期刚度。《混凝土结构设计规范》(GB 50010—2010)采用第二类方法,考虑荷载长期作用影响时受弯构件刚度 B 的计算公式。即挠度增大系数 $\theta = \dfrac{f_l}{f_s}$,其中,$f_l$ 为考虑荷载长期作用影响计算的挠度,f_s 为按构件短期刚度计算的挠度,受弯构件的刚度按下式计算:

$$B = \frac{B_s}{\theta} \tag{9-18}$$

式中　B_s——在荷载准永久组合作用下受弯构件短期刚度;

　　　θ——考虑荷载长期作用对挠度增大的影响系数。

$$\theta = 2.0 - 0.4 \frac{\rho'}{\rho} \tag{9-19}$$

θ 的取值可根据纵向受压钢筋配筋率 $\rho'\left(\rho' = \dfrac{A'_s}{bh_0}\right)$ 与纵向受拉钢筋配筋率 $\rho\left(\rho = \dfrac{A_s}{bh_0}\right)$ 的关系确定,对钢筋混凝土受弯构件,按下列规定取用:

$\rho' = 0$ 时,　$\theta = 2.0$;

$\rho' = \rho$ 时,　$\theta = 1.6$;

当为中间值时,按直线内插法确定。

对翼缘在受拉区的倒 T 形截面,θ 值应增加 20%。但应注意,如按上述 θ 算得的长期挠度大于相应矩形截面(不考虑受拉翼缘作用)的长期挠度,应按矩形截面的计算结果取值。

对于 T 形梁,在有的试验中,看不出 θ 减小的现象,但在个别梁的试验中则出现 θ 试验值有随受压翼缘的加强系数 γ_f' 的加大而减小的趋势,但减小的不多,由于试件数量小,为简单及安全起见,θ 值仍然按矩形截面取用。对翼缘位于受拉区的倒 T 形截面梁,由于在荷载短期作用下受拉混凝土参加工作较多,在荷载长期作用下退出工作的影响就较大,从而使挠度增加较多。《混凝土结构设计规范》(GB 50010—2010)规定,对翼缘在受拉区的倒 T 形截面梁,θ 应增大 20%。

当建筑物所处的环境很干燥时,θ 应酌情增加 15%~20%。

9.2.4　影响截面受弯刚度的主要因素

1. 影响短期刚度 B_s 的因素

通过试验梁 M-ϕ 的曲线以及短期刚度 B_s 的计算表达式可知,影响短期刚度 B_s 的外在因素主要是截面上的弯矩大小,内在因素主要是截面有效高度 h_0、混凝土强度等级、截面受拉钢筋的配筋率 ρ 以及截面的形式。

由 M-ϕ 曲线可知,随着截面上弯矩的增加,在受拉区混凝土开裂以后,截面曲率增长的幅度很大,说明截面的弯曲刚度在下降,这主要是由于受拉区混凝土开裂引起截面的有效工作截面减小以及混凝土塑性发展造成的。

通过对短期刚度 B_s 计算表达式的参量进一步分析可以得到,当混凝土强度、钢筋种类以及受拉钢筋截面确定时,矩形截面受弯构件的短期刚度 B_s 与梁截面宽度 b 成正比,与梁截面有效高度 h_0 的三次方成正比,增加截面有效高度 h_0 是提高刚度的最为有效的措施。当给定钢筋种类、截面尺寸,在常用配筋率 ρ 为 1%~2% 的情况下,提高混凝土强度等级对提高构件的短期刚度作用不大,但当低配筋率 $\rho=0.5\%$ 左右时,提高混凝土强度等级则构件的短期刚度有所增大。受拉翼缘或受压翼缘都会使构件的短期刚度有所增长。

2. 影响长期刚度 B 的因素

在荷载长期作用下,受拉区混凝土将发生徐变,导致受压区混凝土应力松弛,以及受拉区混凝土与钢筋间的滑移使受拉区混凝土不断地退出工作,因而钢筋的平均应变随时间而增大。此外,由于纵向受拉钢筋周围混凝土的收缩受到钢筋的抑制,当受压区纵向钢筋用量较小时,受压区混凝土可较自由地产生收缩变形,这些因素均将导致梁长期刚度的降低。

试验表明,在加载初期,梁的挠度增长较快,随后,在荷载长期作用下,其增长趋势逐渐减缓,后期挠度虽然继续增长,但增值不大;受压钢筋对短期刚度影响较小,但对荷载长期作用下受压区混凝土的徐变以及梁的长期刚度下降起着抑制作用,抑制程度随受压钢筋和受拉钢筋的配筋量的增大而增大,配筋量大到一定程度时抑制作用不再加强。

9.2.5　最小刚度原则与挠度验算

在求得钢筋混凝土构件的短期刚度 B_s 或长期刚度 B 后,挠度值可按一般材料力学公式计算,将上述算得的刚度值代替材料力学公式中的弹性刚度即可。

由于沿构件长度方向的配筋量及弯矩均为变值,因此,沿构件长度方向的刚度也是变化的。例如,承受对称集中荷载作用的简支梁,除纯弯区段外,剪跨段各截面上的弯矩是不相等的,越靠近支座弯矩越小。靠近支座的截面弯曲刚度要比纯弯段大,但在剪跨段内存在剪切变形,甚至可能出现少量斜裂缝,会使梁的挠度增大。为了简化计算,对等截面构件,可假定同号弯矩的每一区段内各截面的刚度是相等的,并按该区段内最大弯矩处的刚度(最小刚度)来计算,这就是最小刚度计算原则。例如,对于均布荷载作用下单跨简支梁的跨中挠度,即按跨中截面最大弯矩 $M_{\max}$ 处的刚度 $B(B=B_{\min})$ 计算:

$$f = \frac{5}{48} \frac{M_{\max} l_0^2}{B_{\min}} \tag{9-20}$$

又如对承受均布荷载的单跨外伸梁,如图 9-8 所示,AE 段按 D 截面的弯曲刚度取用;EF 段按 C 截面的弯曲刚度取用。

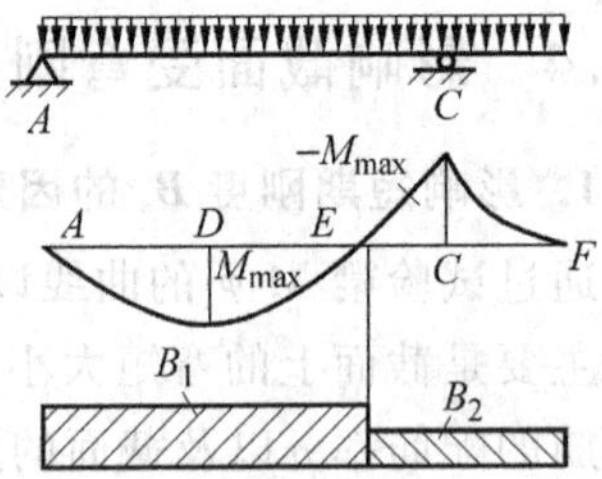

当用 $B_{\min}$ 代替匀质弹性材料梁截面弯曲刚度 EI 后,梁的挠度计算就十分简便。按规范要求,挠度验算应满足

$$f_l \leqslant [f] \tag{9-21}$$

图 9-8　均布荷载作用下的单跨外伸梁的弯矩图及刚度取值

式中　f_l——根据最小刚度原则采用刚度 B 计算的挠度;

　　　$[f]$——挠度限值,按附录表 C-1 取用。

【例 9-1】 已知矩形截面简支梁的截面尺寸 $b \times h = 200\text{mm} \times 500\text{mm}$,环境类别为一类,安全等级为二级,计算跨度 $l_0 = 6.6\text{m}$,承受均布荷载,按荷载效应准永久组合计算的弯矩值 $M_q = 110\text{kN} \cdot \text{m}$。混凝土强度等级为 C25,在受拉区配置 HRB400 级钢筋,共 $2\,\underline{\Phi}\,20 + 2\,\underline{\Phi}\,16 (A_s = 1030\text{mm}^2)$,梁的允许挠度为 $l_0/200$。试验算挠度是否符合要求。

解:$f_{tk} = 1.78\text{MPa}$,$E_s = 2.0 \times 10^5 \text{MPa}$,$E_c = 2.55 \times 10^4 \text{N/mm}^4$,$\alpha_E = \dfrac{E_s}{E_c} = 7.84$

$$h_0 = 600\text{mm} - 35\text{mm} = 465\text{mm}$$

$$\rho = \frac{A_s}{bh_0} = \frac{1013\text{mm}^2}{200\text{mm} \times 465\text{mm}} = 0.0111$$

$$\rho_{te} = \frac{A_s}{0.5bh} = \frac{1013\text{mm}^2}{0.5 \times 200\text{mm} \times 500\text{mm}} = 0.0206$$

$$\sigma_{sq} = \frac{M_q}{0.87 A_s h_0} = \frac{110 \times 10^6 \text{N} \cdot \text{mm}}{0.87 \times 1030\text{mm}^2 \times 465\text{mm}} = 264\text{MPa}$$

$$\psi = 1.1 - \frac{0.65 f_{tk}}{\rho_{te} \sigma_{sk}} = 1.1 - \frac{0.65 \times 1.78\text{MPa}}{0.0206 \times 264\text{MPa}} = 0.887$$

$$B_s = \frac{E_s A_s h_0^2}{1.15\psi + 0.2 + \dfrac{6\alpha_E \rho}{1 + 3.5\gamma_f}} = \frac{2 \times 10^5 \text{MPa} \times 1030\text{mm}^2 \times (465\text{mm})^2}{1.15 \times 0.887 + 0.2 + 6 \times 7.84 \times 0.0111} = 2.56 \times 10^{13} \text{N} \cdot \text{mm}^2$$

又 $\rho' = 0$ 时,$\theta = 2.0$,则

$$B = \frac{B_s}{\theta} = \frac{1}{2.0} \times 2.56 \times 10^{13} \text{N} \cdot \text{mm}^2 = 1.280 \times 10^{13} \text{N} \cdot \text{mm}^2$$

$$f_l = \frac{5}{48} \frac{M_q l_0^2}{B} = \frac{5}{48} \times \frac{110 \times 10^6 \text{N} \cdot \text{mm} \times (6000\text{mm})^2}{1.280 \times 10^{13} \text{N} \cdot \text{mm}^2} = 32.2\text{mm}$$

$$\frac{f_l}{l_0} = \frac{32.2\text{mm}}{6600\text{mm}} = \frac{1}{205} < \frac{1}{200}, \text{满足要求}。$$

【例 9-2】　钢筋混凝土空心楼板截面尺寸为 $120mm \times 860mm$（见图 9-9），计算跨度 $l_0 = 3.04m$，板承受自重、抹面重量及楼面均布活荷载，跨中按荷载效应准永久组合计算的弯矩值 $M_q = 5348.80N \cdot m$。混凝土强度等级为 C20，配置 HRB335 级钢筋 9$\oplus$8（$A_s = 452\ mm^2$），混凝土配置板允许挠度为 $l_0/200$，试验算该板的挠度。

解：将圆孔按等面积、同形心轴位置和对形心轴惯性矩不变的原则折算成矩形孔，如图 9-9 所示，即

$$\frac{\pi d^2}{4} = b_1 h_1, \quad \frac{\pi d^4}{64} = \frac{b_1 h_1^3}{12}$$

可以求得 $b_1 = 0.91d = 0.91 \times 76mm = 69.16mm$，$h_1 = 0.87d = 66mm$。折算后的工字形截面尺寸如图 9-9 所示。

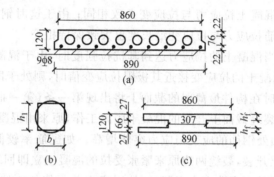

图 9-9　例 9-2 题图

$$h_0 = 120mm - 15mm = 105mm$$

$$\alpha_E = \frac{E_s}{E_c} = \frac{2.0 \times 10^5 MPa}{2.55 \times 10^4 MPa} = 7.84$$

$$\rho = \frac{A_s}{bh_0} = \frac{452mm^2}{307mm \times 105mm} = 0.014$$

$$\rho_{te} = \frac{A_s}{0.5bh + (b_f - b)h_f} = \frac{452mm^2}{0.5 \times 307mm \times 120mm + (890mm - 307mm) \times 27mm} = 0.0132$$

$$\sigma_{sq} = \frac{M_q}{0.87 A_s h_0} = \frac{5348800N \cdot mm}{0.87 \times 452mm^2 \times 105mm} = 130MPa$$

$$\psi = 1.1 - \frac{0.65 f_{tk}}{\rho_{te}\sigma_{sq}} = 1.1 - \frac{0.65 \times 1.55MPa}{0.0132 \times 130MPa} = 0.517$$

$$\gamma_f' = \frac{(b_f' - b)h_f'}{bh_0} = \frac{(860mm - 307mm) \times 27mm}{307mm \times 105mm} = 0.461$$

$$B_s = \frac{E_s A_s h_0^2}{1.15\psi + 0.2 + \frac{6\alpha_E\rho}{1 + 3.5\gamma_f}} = \frac{2 \times 10^5 MPa \times 452mm^2 \times (105mm)^2}{1.15 \times 0.517 + 0.2 + \frac{6 \times 7.84 \times 0.014}{1 + 3.5 \times 0.461}} = 9.52 \times 10^{11} N \cdot mm^2$$

$$B = \frac{B_s}{\theta} = \frac{1}{2} \times 9.52 \times 10^{11} N \cdot mm^2 = 4.76 \times 10^{11} N \cdot mm^2$$

$$f_l = \frac{5}{48} \frac{M_q l_0^2}{B} = \frac{5}{48} \times \frac{5348800N \cdot mm \times (3040mm)^2}{4.76 \times 10^{11} N \cdot mm^2} = 8.8mm$$

$$\frac{f_l}{l_0} = \frac{8.8mm}{3040mm} = \frac{1}{345} < \frac{1}{200}，满足要求。$$

9.3　钢筋混凝土构件裂缝宽度验算

引起混凝土结构裂缝的原因很多,主要分为两类:一是荷载引起的裂缝;二是非荷载因素引起的裂缝,如温度变化、混凝土收缩、地基不均匀沉降等。非荷载因素引起的裂缝十分复杂,主要通过构造措施加以控制。本节主要介绍由荷载引起裂缝的出现、分布、开展及计算。

9.3.1　裂缝的出现、分布与开展

钢筋混凝土受弯构件的纯弯段内,在混凝土未开裂之前,受拉区钢筋与混凝土共同受力。沿构件长度方向,混凝土拉应力与拉应变大致相同;由于这时钢筋与混凝土之间的粘结没有被破坏,因而钢筋拉应力与拉应变沿长度也大致保持相等。

随着荷载的增加,当混凝土的拉应力达到其抗拉强度时,由于混凝土的塑性发展,并没有立刻出现裂缝;当混凝土的拉应变接近其极限拉应变值时,则处于即将出新裂缝的状态,如图 9-10(a)所示。这时在构件最薄弱的截面上将出现第一条(第一批)裂缝,如图 9-10(b)所示。裂缝出现以后,裂缝截面上开裂的混凝土脱离工作,原来由混凝土承担的拉力转由钢筋承担,因此,裂缝截面处钢筋的应变与应力突然增高。如配筋率较低,钢筋的应力增量会相对较大。一旦混凝土开裂,裂缝两边原来紧张受拉的混凝土立即回缩,裂缝形成一定的宽度。纯弯段的裂缝主要是由弯曲内力引起的,拉区应力单元体的主拉应力方向与正截面垂直,所以在纯弯段拉区产生的裂缝是垂直杆轴的裂缝。

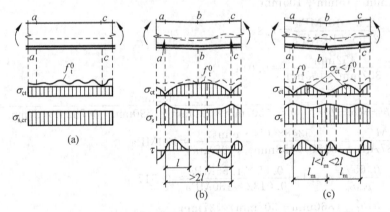

图 9-10　裂缝的出现、分布和开展

随着裂缝截面钢筋应力的增大,裂缝两侧钢筋与混凝土之间产生粘结应力,钢筋将阻止混凝土的回缩,使混凝土不能回缩到完全放松的无应力状态。这种粘结应力将钢筋的应力向混凝土传递,使混凝土参与工作。在远离裂缝的截面,钢筋应力逐渐减小,混凝土拉应力增加。当达到一定距离 $l_{cr,min}$ 后,粘结应力消失,钢筋与周围的混凝土又具有相同的应变。随着荷载的增加,此截面处的混凝土拉应力达到抗拉极限强度时,即将出现新的(第二条或第二批)裂缝,如图 9-10(c)所示。

新的裂缝出现以后,该截面裂开的混凝土退出工作、拉应力为零,钢筋的应力突增。沿

构件长度方向,钢筋与混凝土应力随着离开裂缝面的距离而变化,距离越远,混凝土应力越大,钢筋应力越小,中和轴的位置也沿纵向呈波浪形变化。

试验表明,由于混凝土质量的不均匀性,裂缝间距也疏密不等,存在着较大的离散性。在同一纯弯区段内,最大裂缝间距可为平均裂缝间距的 $1.3 \sim 2.0$ 倍,但在原有裂缝两侧的范围内,或当已有裂缝间距小于 $2l_{cr,min}$ 时,其间不可能出现新的裂缝。因为这时通过累计粘结力传递混凝土拉力不足以使混凝土开裂。再增加荷载,裂缝宽度不断增大,并继续延伸,构件中不出现新的裂缝,当钢筋应力接近屈服时,粘结应力几乎完全消失,裂缝间混凝土基本退出工作,各截面钢筋应力渐趋相等。

可见,裂缝的开展是由于混凝土的回缩、钢筋的伸长,导致混凝土与钢筋之间不断产生相对滑移。《混凝土结构设计规范》(GB 50010—2010)定义的裂缝开展宽度是指受拉钢筋重心水平处构件侧面混凝土的裂缝宽度。试验表明,沿裂缝的深度方向,裂缝的宽度是不相等的,构件表面处裂缝的宽度比钢筋表面处的裂缝宽度大。

由于影响裂缝宽度的因素很多,如混凝土的徐变和拉应力的松弛使裂缝变宽;混凝土的收缩也会使裂缝加宽。由于材料的不均匀性以及截面尺寸的偏差等因素的影响,裂缝的出现具有某种程度的偶然性,因而裂缝的分布和宽度也是不均匀的。

对荷载裂缝的机理,不少学者具有不同的观点。第一类是粘结滑移理论,认为裂缝间距是由粘结力从钢筋传递到混凝土所决定的,裂缝宽度是构件开裂后钢筋和混凝土之间的相对滑移造成的。第二类是无滑移理论,它假定在使用阶段范围内,裂缝开展后,钢筋与其周围混凝土之间的粘结强度并未破坏,相对滑动很小可忽略不计,裂缝宽度主要是钢筋周围混凝土受力时变形不均匀造成的。第三类是将前两种裂缝理论相结合而建立的综合理论。《混凝土结构设计规范》(GB 50010—2010)是以粘结滑移理论为依托,结合无滑移理论,采用先确定平均裂缝间距和平均裂缝宽度,然后乘以根据试验统计求得的扩大系数的方法来确定最大裂缝宽度。

9.3.2　平均裂缝间距

裂缝的分布规律与钢筋和混凝土之间的粘结应力有着密切的关系。如图 9-11 所示,取 ab 段的钢筋为脱离体,a 截面处为出现第一条裂缝的截面;b 截面为即将出现第二条裂缝的截面。

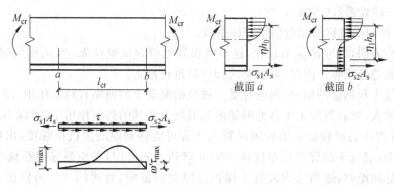

图 9-11　受弯构件即将出现第二条裂缝时钢筋、混凝土及其粘结应力

设平均裂缝间距为 l_{cr}，按图 9-11 的内力平衡条件，有

$$\sigma_{s1}A_s - \sigma_{s2}A_s = \omega'\tau_{max}ul_{cr} \tag{9-22}$$

式中　τ_{max}——钢筋与混凝土之间粘结应力的最大值；

　　　ω'——钢筋与混凝土之间粘结应力图形丰满系数；

　　　u——受拉钢筋截面周长总和。

截面 a、b 承担的弯矩均为 M_{cr}。截面 a 处钢筋的应力为 $\sigma_{s1} = \dfrac{M_{cr}}{A_s\eta h_0}$。截面 b 处的弯矩 M_{cr} 由两部分组成，一部分是由混凝土承担的 M_c，另一部分是由钢筋承担的 M_s，即 $M_{cr} = M_c + M_s$。钢筋的应力为 $\sigma_{s2} = \dfrac{M_s}{A_s\eta_1 h_0} = \dfrac{M_{cr} - M_c}{A_s\eta_1 h_0}$。

忽略截面 a、b 处钢筋内力臂的差异，取 $\eta \approx \eta_1$，将 σ_{s1}、σ_{s2} 代入式(9-22)，整理得

$$\frac{M_c}{\eta h_0} = \omega'\tau_{max}ul_{cr}$$

即

$$l_{cr} = \frac{M_c}{\omega'\tau_{max}u\eta h_0} \tag{9-23}$$

$M_c = A_{te}\eta_2 h f_{tk}$，则

$$l_{cr} = \frac{\eta_2 h}{4\eta h_0} \cdot \frac{f_{tk}}{\omega'\tau_{max}} \cdot \frac{d}{\rho_{te}} \tag{9-24}$$

式中　d——受拉钢筋直径；

　　　η、η_1、η_2——与相应弯矩对应的内力臂系数。

受拉区混凝土和钢筋之间是相互制约和影响的，参与作用的混凝土只包括距离钢筋一定范围内受拉区混凝土的有效面积，离钢筋较远的受拉区混凝土对钢筋基本不起影响作用。受拉混凝土有效面积越大，所需传递粘结力的长度就越长，裂缝间距就越大。试验表明，混凝土和钢筋之间的粘结强度与混凝土的抗拉强度基本成正比，将 $\dfrac{\omega'\tau_{max}}{f_{tk}}$ 取为常数。同时，$\dfrac{\eta_2 h}{\eta h_0}$ 也可近似取为常数，考虑钢筋表面粗糙情况对粘结力的影响，可得

$$l_{cr} = k_1\frac{d}{\nu\rho_{te}} \tag{9-25}$$

式中　k_1——经验系数(常数)；

　　　ν——纵向受拉钢筋相对粘结特征系数。

式(9-25)表明，l_{cr} 与 d/ρ_{te} 成正比，这不能很好地符合试验结果，当 ρ_{te} 很大时，实际的裂缝间距并不是趋近于零。因此，需要对式(9-25)进行修正。

由于混凝土和钢筋的粘结，钢筋对受拉张紧的混凝土的回缩有约束作用，随着混凝土保护层厚度的增大，外表混凝土比靠近钢筋内芯混凝土受到的约束作用小，所以当出现第一条裂缝后，只有离该裂缝较远处的外表混凝土才有可能达到混凝土抗拉强度，出现第二条裂缝。试验证明，混凝土的保护层厚度从 30mm 降到 15mm 时，平均裂缝间距减小 30%。在确定平均裂缝间距时，适当考虑混凝土保护层厚度的影响，对式(9-25)的修正是必要且合理的。

可在式(9-25)中引入 $k_2 c$ 以考虑混凝土保护层厚度的影响。平均裂缝间距 l_{cr} 可按下式

计算：

$$l_{\mathrm{cr}} = k_2 c + k_1 \frac{d}{\nu \rho_{\mathrm{te}}} \tag{9-26}$$

式中 c——最外层纵向受拉钢筋外边缘至受拉区底边的距离（mm）。当 $c<20$ 时，取 $c=20$；当 $c>65$ 时，取 $c=65$。

k_2——经验系数（常数）。

根据试验资料的分析并参考以往的工程经验，取 $k_1=0.08$，$k_2=1.9$。将式（9-25）中的 $\frac{d}{\nu}$ 值以纵向受拉钢筋的等效直径 d_{eq} 代入，则有 l_{cr} 的计算公式为

$$l_{\mathrm{cr}} = 1.9c + 0.08 \frac{d_{\mathrm{eq}}}{\rho_{\mathrm{te}}} \tag{9-27}$$

$$d_{\mathrm{eq}} = \frac{\sum n_i d_i^2}{\sum n_i \nu_i d_i} \tag{9-28}$$

式中 d_{ed}——受拉区纵向钢筋的等效直径，mm；

n_i——受拉区第 i 种纵向钢筋的根数；

d_i——受拉区第 i 种纵向钢筋的公称直径，mm；

ν_i——受拉区第 i 种纵向钢筋的相对粘结特征系数，对带肋钢筋，取 $\nu_i=1.0$；对光面圆钢筋，取 $\nu_i=0.7$。

式（9-27）包含了粘结滑移理论中重要的变量 $d_{\mathrm{eq}}/\rho_{\mathrm{te}}$ 以及无滑移理论中的重要变量 c 的影响，实质上是把两种理论结合在一起来计算裂缝间距的综合理论公式。

粘结应力传递长度短，则裂缝分布密些。裂缝间距与粘结强度及钢筋表面面积大小有关，粘结强度高，裂缝间距小；钢筋面积相同，使用小直径钢筋时，裂缝间距小。裂缝间距也与配筋率有关，低配筋率情况下裂缝间距较长。

9.3.3 平均裂缝宽度

1. 受弯构件平均裂缝宽度

裂缝宽度的离散性比裂缝间距更大，平均裂缝宽度的计算必须以平均裂缝间距为基础。平均裂缝宽度等于两条相邻裂缝之间（计算取平均裂缝间距 l_{cr}）钢筋的平均伸长与相同水平处受拉混凝土平均伸长的差值，如图 9-12 所示。

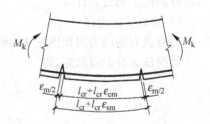

图 9-12 受弯构件开裂后的裂缝宽度

$$\omega_{\mathrm{m}} = \varepsilon_{\mathrm{sm}} l_{\mathrm{cr}} - \varepsilon_{\mathrm{cm}} l_{\mathrm{cr}} = \varepsilon_{\mathrm{sm}} l_{\mathrm{cr}} \left(1 - \frac{\varepsilon_{\mathrm{cm}}}{\varepsilon_{\mathrm{sm}}}\right) \tag{9-29}$$

式中 ω_{m}——平均裂缝宽度；

$\varepsilon_{\mathrm{sm}}$——纵向受拉钢筋的平均拉应变；

$\varepsilon_{\mathrm{cm}}$——与纵向受拉钢筋相同水平处受拉混凝土的平均应变。

令 $\alpha_{\mathrm{c}}=1-\dfrac{\varepsilon_{\mathrm{cm}}}{\varepsilon_{\mathrm{sm}}}$，又 $\varepsilon_{\mathrm{sm}}=\psi\dfrac{\sigma_{\mathrm{sq}}}{E_{\mathrm{s}}}$，则平均裂缝宽度为

$$\omega_{\mathrm{m}} = \alpha_{\mathrm{c}} \psi \frac{\sigma_{\mathrm{sq}}}{E_{\mathrm{s}}} l_{\mathrm{cr}} \tag{9-30}$$

式中 α_c——考虑裂缝间混凝土自身伸长对裂缝宽度的影响系数。其值与配筋率、截面形状及混凝土保护层厚度有关,但其变化幅度较小。通过对试验资料的分析,对受弯、轴心受拉、偏心受力构件,取 $\alpha_c=0.85$。

这样,在荷载效应准永久组合作用下平均裂缝宽度的计算公式为

$$\omega_m = 0.85\psi \frac{\sigma_{sq}}{E_s}l_{cr} \tag{9-31}$$

这里用式(9-4)计算裂缝截面处按荷载效应准永久组合下纵向受拉钢筋应力 σ_{sq},钢筋应力不均匀系数用式(9-3)计算。

2. 轴心受拉构件的平均裂缝宽度

轴心受拉构件的裂缝机理与受弯构件基本相同。根据试验资料,平均裂缝间距公式为

$$l_{cr} = 1.1\left(1.9c + 0.08\frac{d_{eq}}{\rho_{te}}\right) \tag{9-32}$$

式中 ρ_{te}——纵向受拉钢筋配筋率。$\rho_{te}=A_s/A_{te}$;A_s 是全部纵向受拉钢筋的截面面积,A_{te}是构件截面面积。当 $\rho_{te}<0.01$ 时,取 $\rho_{te}=0.01$。

平均裂缝宽度计算公式按 $\omega_m=0.85\psi\frac{\sigma_{sq}}{E_s}l_{cr}$ 计算,其中荷载效应准永久组合计算的混凝土构件裂缝截面处纵向受拉钢筋应力 σ_{sq} 为

$$\sigma_{sq} = \frac{N_q}{A_s} \tag{9-33}$$

式中 N_q——按荷载效应准永久组合计算的轴向力值。

钢筋应力不均匀系数 ψ 采用式(9-3)计算。

3. 偏心受力构件的平均裂缝宽度

偏心受力构件平均裂缝间距和平均裂缝宽度分别按受弯构件的计算公式 $l_{cr}=1.9c+0.08\frac{d_{eq}}{\rho_{te}}$、$\omega_m=0.85\psi\frac{\sigma_{sq}}{E_s}l_{cr}$ 计算,钢筋应力不均匀系数 ψ 按式(9-3)计算。但偏心受力构件在准永久轴向压(拉)力作用下裂缝截面的钢筋应力需分别按下列公式计算。

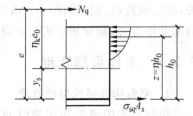

图 9-13 偏心受压构件受力简图

1) 偏心受压构件

裂缝截面的应力图如图9-13所示。

对受压区合力点取矩,得

$$\sigma_{sq} = \frac{N_q(e-z)}{zA_s} \tag{9-34}$$

$$e = \eta_s e_0 + y_s \tag{9-35}$$

$$\eta_s = 1 + \frac{1}{4000e_0/h_0}\left(\frac{l_0}{h}\right)^2 \tag{9-36}$$

式中 N_q——按荷载效应准永久组合计算的轴向力值;

e——轴向压力 N_q 作用点至纵向受拉钢筋合力点的距离;

y_s——截面重心至纵向受拉钢筋合力点的距离;

η_s——使用阶段的轴向压力偏心距增大系数,当 $\frac{l_0}{h}\leqslant 14$ 时,取 $\eta_s=1.0$;

e_0——轴向压力 N_q 作用点至截面重心的距离;

z——纵向受拉钢筋合力点至受压区合力点之间的距离，$z = \eta h_0 \leqslant 0.87$，$\eta$ 是内力臂系数。

对于偏心受压构件，η 的计算较麻烦，根据电算分析结果，适当考虑受压区混凝土的塑性影响，为简便起见，近似取为

$$\eta = 0.87 - 0.12(1 - \gamma_f') \left(\frac{h_0}{e}\right)^2 \tag{9-37}$$

与受弯构件一样，$\gamma_f' = \dfrac{(b_f' - b)h_f'}{bh_0}$，如果 $h_f' > 0.2h_0$，按 $h_f' = 0.2h_0$ 计算。

2) 偏心受拉构件

裂缝截面的应力如图 9-14 所示。

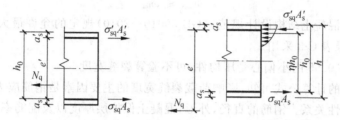

图 9-14　偏心受拉构件裂缝截面处应力图形

按荷载效应准永久组合计算的轴向力拉力 N_q，无论其作用在纵向钢筋 A_s 及 A_s' 之间，还是作用在纵向钢筋 A_s 及 A_s' 之外时，认为都存在有受压区，受压区合力点近似位于受压钢筋合力点处。轴向力拉力 N_q 对受压区合力点取矩，可得

$$\sigma_{sq} = \frac{N_q e'}{A_s(h_0 - a_s')} \tag{9-38}$$

式中　e'——轴向拉力作用点至受压区或受拉较小边纵向钢筋合力点的距离，$e' = e_0 + y_c - a_s'$；

y_c——截面重心至受压或较小受拉边缘的距离。

9.3.4　最大裂缝宽度及其验算

最大裂缝宽度由平均裂缝宽度乘以扩大系数得到。扩大系数主要考虑以下两种情况：一是考虑在荷载标准组合下裂缝的不均匀性；二是考虑在荷载长期作用下的混凝土进一步收缩、受拉混凝土的应力松弛以及混凝土和钢筋之间的滑移、徐变等因素，裂缝间受拉混凝土不断退出工作，使裂缝宽度加大。最大裂缝宽度的计算按下式计算：

$$\omega_{max} = \tau \tau_l \omega_m \tag{9-39}$$

式中　τ——裂缝宽度不均匀扩大系数；τ 值可根据试验，按统计方法求得；根据我国的短期荷载作用下的试验，得出受弯、偏压构件的 τ 计算值为 1.66，轴心受拉、偏心受拉构件的 τ 计算值为 1.9；

τ_l——荷载长期作用对裂缝的影响系数。根据试验观测结果，τ_l 的平均值可取 1.66，同时考虑荷载的组合系数 0.9，则取 τ_l 的计算值为 1.5。

《混凝土结构设计规范》(GB 50010—2010)规定在矩形、T 形、倒 T 形和工字形截面的钢筋混凝土受拉、受弯和偏心受压构件中，按荷载效应的准永久组合并考虑长期作用影响下的最大裂缝宽度(mm)可按下式计算：

$$\omega_{\max} = \alpha_{\mathrm{cr}} \psi \frac{\sigma_{\mathrm{sq}}}{E_{\mathrm{s}}} \Big(1.9c + 0.08 \frac{d_{\mathrm{eq}}}{\rho_{\mathrm{te}}} \Big) \tag{9-40}$$

式中　α_{cr}——构件受力特征系数。对钢筋混凝土轴心受拉构件,$\alpha_{\mathrm{cr}} = 2.7$;对偏心受拉构件,$\alpha_{\mathrm{cr}} = 2.4$;对受弯和偏心受压构件,$\alpha_{\mathrm{cr}} = 1.9$。

　　直接承受吊车的受弯构件主要承受短期荷载,卸载后裂缝可部分闭合。同时,吊车满载的可能性也不大,最大裂缝宽度是按 $\psi = 1.0$ 计算的。《混凝土结构设计规范》(GB 50010—2010)规定,对承受吊车荷载但不需要作疲劳验算的受弯构件,可将计算求得的最大裂缝宽度乘以系数 0.85。

　　构件在正常使用状态下,裂缝宽度应满足

$$\omega_{\max} \leqslant \omega_{\lim} \tag{9-41}$$

式中　$\omega_{\min}$——《混凝土结构设计规范》(GB 50010—2010)规定的允许最大裂缝宽度,按附录表 C-3 采用。

　　对于 $e_0/h_0 \leqslant 0.55$ 的小偏心受压构件,可不验算裂缝宽度。

　　由裂缝宽度的计算公式可知,影响荷载裂缝宽度的主要因素是钢筋应力,裂缝宽度与钢筋应力近似呈线性关系。钢筋的直径,外形,混凝土保护层厚度以及配筋率等也是比较重要的影响因素,混凝土强度对裂缝宽度并无显著影响。

　　由于钢筋应力是影响裂缝宽度的主要因素,为了控制裂缝,在普通钢筋混凝土结构中,不宜采用高强度钢筋。带肋钢筋的粘结强度较光面钢筋大得多,故采用带肋钢筋是减少裂缝宽度的一种有力措施。采用细而密的钢筋,因表面积大而使粘结力增大,可使裂缝间距及裂缝宽度减小,只要不给施工造成较大困难,应尽可能选用直径较小的钢筋。但对于带肋钢筋而言,因粘结强度很高,钢筋直径 d 不再是影响裂缝宽度的重要因素。

　　混凝土保护层越厚,裂缝宽度越大,但混凝土碳化区扩展到钢筋表面所需的时间就越长,从防止钢筋锈蚀的角度出发,混凝土保护层宜适当加厚。

　　【例 9-3】 已知矩形截面简支梁的截面尺寸 $b \times h = 200\mathrm{mm} \times 500\mathrm{mm}$,环境类别为一类,安全等级为二级,计算跨度 $l_0 = 6.6\mathrm{m}$,承受均布荷载,跨中按荷载效应准永久组合计算的弯矩 $M_{\mathrm{q}} = 110\mathrm{kN \cdot m}$。混凝土强度等级为 C25,在受拉区配置 HRB400 级钢筋,共 $2 \Phi 20 + 2 \Phi 16$($A_{\mathrm{s}} = 1030\mathrm{mm}^2$),混凝土保护层厚度 $c = 25\mathrm{mm}$,梁允许出现的最大裂缝宽度限值是 $\omega_{\min} = 0.3\mathrm{mm}$。试验算最大裂缝宽度是否符合要求。

　　解:$f_{\mathrm{tk}} = 1.78\mathrm{MPa}$,$E_{\mathrm{s}} = 2.0 \times 10^5 \mathrm{MPa}$,$h_0 = 500\mathrm{mm} - 35\mathrm{mm} = 465\mathrm{mm}$

$$\sigma_{\mathrm{sq}} = \frac{M_{\mathrm{q}}}{0.87 A_{\mathrm{s}} h_0} = \frac{110 \times 10^6 \mathrm{N \cdot mm}}{0.87 \times 1030\mathrm{mm}^2 \times 465\mathrm{mm}} = 264\mathrm{MPa}$$

$$\rho_{\mathrm{te}} = \frac{A_{\mathrm{s}}}{0.5bh} = \frac{1013\mathrm{mm}^2}{0.5 \times 200\mathrm{mm} \times 500\mathrm{mm}} = 0.0206$$

$$\psi = 1.1 - \frac{0.65 f_{\mathrm{tk}}}{\rho_{\mathrm{te}} \sigma_{\mathrm{sq}}} = 1.1 - \frac{0.65 \times 1.78\mathrm{MPa}}{0.0206 \times 264\mathrm{MPa}} = 0.887$$

$$d_{\mathrm{eq}} = \frac{\sum n_i d_i^2}{\sum n_i \nu_i d_i} = \frac{2 \times (20\mathrm{mm})^2 + 2 \times (16\mathrm{mm})^2}{2 \times 1 \times 20\mathrm{mm} + 2 \times 1 \times 16\mathrm{mm}} = 18.2\mathrm{mm}$$

$$\omega_{\max} = \alpha_{\mathrm{cr}} \psi \frac{\sigma_{\mathrm{sq}}}{E_{\mathrm{s}}} \Big(1.9c + 0.08 \frac{d_{\mathrm{ed}}}{\rho_{\mathrm{te}}} \Big)$$

$$= 1.9 \times 0.887 \times \frac{264\text{MPa}}{2.0 \times 10^5 \text{MPa}} \left(1.9 \times 25\text{mm} + 0.08 \times \frac{18.2\text{mm}}{0.0206} \right)$$

$$= 0.26\text{mm} < 0.3\text{mm}$$

满足要求。

【例 9-4】 矩形截面轴心受拉构件，截面尺寸为 $b \times h = 160\text{mm} \times 400\text{mm}$，按荷载效应准永久组合计算的轴向拉力 $N_q = 150\text{kN}$，混凝土强度等级为 C25，在受拉区配置 HRB400 级钢筋，共 $2 \oplus 20 + 2 \oplus 16 (A_s = 1030 \text{ mm}^2)$，钢筋布置在截面的四角。混凝土保护层厚度 $c = 25\text{mm}$，允许出现的最大裂缝宽度限值是 $\omega_{\text{lin}} = 0.2\text{mm}$。试验算最大裂缝宽度是否符合要求。

解： $f_{tk} = 1.78\text{MPa}$

$$\sigma_{sq} = \frac{N_q}{A_s} = \frac{150000\text{N}}{1030\text{mm}^2} = 145\text{MPa}$$

$$\rho_{te} = \frac{A_s}{A_{te}} = \frac{1030\text{mm}^2}{160\text{mm} \times 400\text{mm}} = 0.016$$

$$\psi = 1.1 - \frac{0.65 f_{tk}}{\rho_{te} \sigma_{sq}} = 1.1 - \frac{0.65 \times 1.78\text{MPa}}{0.016 \times 145\text{MPa}} = 0.603$$

$$d_{eq} = \frac{\sum n_i d_i^2}{\sum n_i \nu_i d_i} = \frac{2 \times (20\text{mm})^2 + 2 \times (16\text{mm})^2}{2 \times 1 \times 20\text{mm} + 2 \times 1 \times 16\text{mm}} = 18.2\text{mm}$$

$$\omega_{\text{max}} = \alpha_{cr} \psi \frac{\sigma_{sq}}{E_s} \left(1.9c + 0.08 \frac{d_{ed}}{\rho_{te}} \right)$$

$$= 2.7 \times 0.603 \times \frac{145\text{MPa}}{2.0 \times 10^5 \text{MPa}} \left(1.9 \times 25\text{mm} + 0.08 \times \frac{18.2\text{mm}}{0.016} \right)$$

$$= 0.16\text{mm} < 0.2\text{mm}$$

满足要求。

【例 9-5】 矩形截面偏心受压柱的截面尺寸为 $b \times h = 400\text{mm} \times 600\text{mm}$，按荷载效应准永久组合计算的轴向拉力值 $N_q = 370\text{kN}$、弯矩 $M_q = 170\text{kN} \cdot \text{m}$，混凝土强度等级为 C30，配置 HRB400 级钢筋，$4 \oplus 20 (A_s = A_s' = 1256\text{mm}^2)$，混凝土保护层厚度 $c = 35\text{mm}$，柱子的计算长度 $l_0 = 4.2\text{m}$。允许出现的最大裂缝宽度限值是 $\omega_{\text{lin}} = 0.2\text{mm}$。试验算最大裂缝宽度是否符合要求。

解： $f_{tk} = 2.01\text{MPa}, h_0 = 600\text{mm} - 45\text{mm} = 555\text{mm}$

$$\frac{l_0}{h} = \frac{4200\text{mm}}{600\text{mm}} = 7 < 14，取 \eta_s = 1.0$$

$$e_0 = \frac{M_q}{N_q} = \frac{170 \times 10^6 \text{N} \cdot \text{mm}}{370 \times 10^3 \text{N}} = 459\text{mm}$$

$$e = \eta_s e_0 + y_s = 1 \times 459\text{mm} + \frac{600\text{mm}}{2} - 45\text{mm} = 714\text{mm}$$

$$z = \eta h_0 = \left[0.87 - 0.12 \left(\frac{h_0}{e} \right)^2 \right] h_0 = \left[0.87 - 0.12 \times \left(\frac{555\text{mm}}{714\text{mm}} \right)^2 \right] \times 555\text{mm}$$

$$= 0.797 \times 555\text{mm} = 442\text{mm}$$

$$\sigma_{sq} = \frac{N_q (e - z)}{z A_s} = \frac{370000\text{N} \times (714\text{mm} - 442\text{mm})}{442\text{mm} \times 1256\text{mm}^2} = 181\text{MPa}$$

$$\rho_{te}=\frac{A_s}{0.5bh}=\frac{1256mm^2}{0.5\times400mm\times600mm}=0.0105$$

$$\psi=1.1-\frac{0.65f_{tk}}{\rho_{te}\sigma_{sq}}=1.1-\frac{0.65\times2.01MPa}{0.0105\times181MPa}=0.413$$

$$\omega_{max}=\alpha_{cr}\psi\frac{\sigma_{sq}}{E_s}\left(1.9c+0.08\frac{d_{ed}}{\rho_{te}}\right)$$

$$=1.9\times0.413\times\frac{181MPa}{2.0\times10^5MPa}\left(1.9\times35mm+0.08\times\frac{20mm}{0.0105}\right)$$

$$=0.16mm<0.2mm$$

满足要求。

【例9-6】 矩形截面偏心受拉构件的截面尺寸为 $b\times h=160mm\times200mm$,按荷载效应准永久组合计算的轴向拉力值 $N_q=130kN$,偏心距 $e_0=35mm$,混凝土强度等级为C25,配置 HRB400 级钢筋,共 $4\underline{\Phi}16(A_s=A_s'=402\ mm^2)$,混凝土保护层厚度 $c=25mm$。允许出现的最大裂缝宽度限值是 $\omega_{lin}=0.3mm$。试验算最大裂缝宽度是否符合要求。

解: $f_{tk}=1.78MPa,h_0=200mm-35mm=165mm$

$$e'=e_0+y_c-a_s'=35mm+\frac{200mm}{2}-35mm=100mm$$

$$\sigma_{sq}=\frac{N_qe'}{A_s(h_0-a_s')}=\frac{130000N\times100mm}{402mm^2\times(165mm-35mm)}=249MPa$$

$$\rho_{te}=\frac{A_s}{0.5bh}=\frac{402mm^2}{0.5\times160mm\times200mm}=0.0251$$

$$\psi=1.1-\frac{0.65f_{tk}}{\rho_{te}\sigma_{sq}}=1.1-\frac{0.65\times1.78MPa}{0.0251\times249MPa}=0.915$$

$$\omega_{max}=\alpha_{cr}\psi\frac{\sigma_{sq}}{E_s}\left(1.9c+0.08\frac{d_{ed}}{\rho_{te}}\right)$$

$$=2.4\times0.915\times\frac{249MPa}{2.0\times10^5MPa}\times\left(1.9\times25mm+0.08\times\frac{16mm}{0.0251}\right)$$

$$=0.27mm<0.3mm$$

满足要求。

9.4　钢筋混凝土构件的截面延性

9.4.1　延性的概念

结构、构件或截面的延性是指进入屈服阶段,达到最大承载力后,在承载力没有显著下降的情况下承受变形的能力,是反映它们耐受后期变形的能力。"后期"指的是从钢筋开始屈服进入破坏阶段直到最大承载力(或下降到最大承载力的85%)的整个过程。构件或结构的破坏可以归结为两种情况,一是脆性破坏;二是延性破坏,两种破坏的典型力-变形曲线如图9-15所示。

从图9-15可以看出,延性较大,当达到最大承载力后,发生较大的后期变形才破坏,破坏时有一

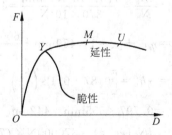

图9-15　两类破坏的典型力-变形曲线

定的安全感。反之,延性差,达到承载力后,容易产生脆性破坏,破坏时缺乏明显的预兆。

设计时,要求结构构件具有一定的延性,其目的在于以下几点:

(1) 破坏前有明显的预兆,破坏过程缓慢,因而可采用偏小的计算可靠度,相对经济;

(2) 对非预计荷载,如偶然超载、温度升高、基础沉降引起附加内力、荷载反向等情况,有较强的承载和变形能力;

(3) 有利于实现超静定结构的内力充分重分布,节约钢材;

(4) 承受动力作用(如振动、地震、爆炸等)情况下,减小惯性力,吸收更大的动能,减轻破坏程度,有利于修复。

9.4.2　受弯构件的截面曲率延性系数

为了度量和比较结构或构件的延性,一般用延性系数来表达。延性系数 β_d 的表达式为

$$\beta_d = \frac{D_u}{D_y} \tag{9-42}$$

式中　D_u——构件或结构保持承载力情况下的极限变形;

　　　D_y——构件或结构初始屈服变形。

可见,延性系数 β_d 反映了构件或结构截面在破坏阶段的变形能力。

构件或结构存在多种力-变形曲线。对受弯构件梁而言,其力-变形曲线可为荷载-跨中挠度曲线、荷载-支座转角曲线、截面弯矩-曲率曲线等,相对应的 β_d 可为梁构件的挠度延性系数、构件转角延性系数、梁构件的截面曲率延性系数。

受弯构件的截面曲率延性系数 β_ϕ 表示为

$$\beta_\phi = \frac{\phi_u}{\phi_y} \tag{9-43}$$

式中　ϕ_u——截面最大承载力时的截面曲率;

　　　ϕ_y——截面上内纵向受拉钢筋开始屈服时的截面曲率。

图 9-16 给出适筋梁截面受拉钢筋开始屈服和截面最大承载力时的截面应力及应变。

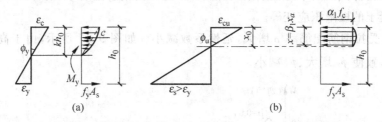

图 9-16　适筋梁截面受拉钢筋开始屈服和截面最大承载力时的截面应力及应变图

采用平截面假定,截面曲率可为

$$\phi_y = \frac{\varepsilon_y}{(1-k)h_0} \tag{9-44}$$

$$\phi_u = \frac{\varepsilon_{cu}}{x_u} \tag{9-45}$$

截面曲率延性系数

$$\beta_\phi = \frac{\phi_u}{\phi_y} = \frac{\varepsilon_{cu}}{\varepsilon_y} \cdot \frac{(1-k)h_0}{x_u} \tag{9-46}$$

式中　ε_{cu}——受压区边缘混凝土极限压应变;

　　　ε_y——钢筋开始屈服时的钢筋应变,$\varepsilon_y = \dfrac{f_y}{E_s}$;

　　　k——钢筋开始屈服时的截面受压区混凝土相对高度;

　　　x_u——达到截面最大承载力时混凝土受压区高度。

计算 k 可以采用简化的方法,将图 9-16(a)中的混凝土压应力分布简化成直线分布,如虚线所示。

对于单筋截面梁,有

$$k = \sqrt{(\rho \alpha_E)^2 + 2\rho \alpha_E} - \rho \alpha_E \tag{9-47}$$

式中　ρ——受拉钢筋的配筋率;

　　　α_E——钢筋与混凝土的弹性模量之比。

对于双筋截面梁,k 的表达式如下:

$$k = \sqrt{(\rho + \rho')^2 \alpha_E^2 + 2\left(\rho + \dfrac{\rho' a_s'}{h_0}\right)\alpha_E} - (\rho + \rho')\alpha_E \tag{9-48}$$

式中　ρ'——受压钢筋的配筋率,$\rho' = \dfrac{A_s'}{bh_0}$。

达到截面最大承载力时的混凝土受压区高度 x_u,可用承载力计算中采用的混凝土受压区高度 x 表示:

$$x_u = \frac{x}{\beta_1} = \frac{(\rho - \rho')f_y h_0}{\beta_1 \alpha_1 f_c} \tag{9-49}$$

将式(9-49)代入式(9-45)得

$$\phi_u = \frac{\beta_1 \alpha_1 \varepsilon_{cu} f_c}{(\rho - \rho')f_y h_0} \tag{9-50}$$

将式(9-48)和式(9-50)代入式(9-46),可得截面曲率延性系数。

影响受弯构件截面曲率延性系数的主要因素是纵向钢筋配筋率、钢筋的屈服强度、混凝土强度和混凝土的极限压应变等。

(1) 纵向受拉钢筋配筋率 ρ 增大,延性系数减小。如图 9-17 所示,由于高配筋率时 k 和 x_u 均增大,致使 ϕ_y 增大、ϕ_u 减小。

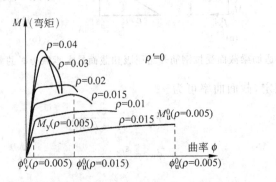

图 9-17　不同配筋率的矩形截面 $M\text{-}\phi$ 关系曲线

（2）纵向受压钢筋配筋率 ρ' 增大，延性系数可增大。在这时 k 和 x_u 均减小，致使 ϕ_y 减小，由于受压区混凝土的塑性发展，使受压钢筋与受压区的混凝土进行内力重分布，同时受压区混凝土自身进行的内力重分布深度发展，使 ϕ_u 增大。

（3）混凝土极限压应变 ε_{cu} 增大，延性系数提高。试验表明，采用密置箍筋可以加强对受压混凝土的约束，使混凝土的极限压应变值增大，提高延性系数。

（4）混凝土强度等级提高，适当降低钢筋屈服强度，也可以提高延性系数。

影响截面曲率延性系数的综合因素实质上是混凝土的极限压应变 ε_{cu} 和钢筋屈服时受压区高度 kh_0。在实际应用中，常采用双筋截面梁。往往在受压区配置受压钢筋来提高延性系数的效果要好于箍筋加密的效果；双筋截面梁的曲率延性系数比单筋 T 形截面梁大，这是因为 T 形截面梁的翼缘延性不好。

在结构设计中，通常采用如下手段增强结构的延性：

（1）限制纵向受拉钢筋的配筋率，一般不大于 2.5%；

（2）限制纵向受压钢筋和受拉钢筋的最小比例，根据抗震设计要求，一般保持 A'_s/A_s 为 $0.25\sim0.5$；

（3）受压区高度 $x\leqslant(0.25\sim0.35)h_0$；

（4）在弯矩较大的区段内适当加密箍筋，以提高混凝土的极限压应变。

9.4.3 偏心受压构件截面曲率延性的分析

影响偏心受压构件截面曲率延性系数的综合因素与受弯构件相同，但偏心受压构件存在轴向压力，会使截面受压区的高度增大，截面曲率延性系数降低很大。

试验研究表明，轴压比 $n=\dfrac{N}{f_cA}$ 是影响偏心受压构件截面曲率延性系数的主要因素之一。在相同混凝土极限压应变值的情况下，轴压比越大，截面受压区高度越大，截面曲率延性系数越小。为了防止出现小偏心受压破坏形态，保证偏心受压构件截面具有一定的延性，应限制轴压比，《混凝土结构设计规范》（GB 50010—2010）规定，考虑地震作用组合的框架柱，根据不同的抗震等级，轴压比限值为 $0.7\sim0.9$。

偏心受压构件配箍率的大小，对截面曲率延性系数的影响较大。图 9-18 为一组配箍率不同的混凝土棱柱体应力-应变曲线。在图中，配箍率以含箍特征值 $\lambda_s=\rho_s\dfrac{f_y}{f_c}$ 表示，可见配箍率对于混凝土抗压强度的提高作用不是十分明显，但对破坏阶段的应变影响较大。当 λ_s 较大时，下降段平缓，混凝土极限压应变值增大，使截面曲率延性系数提高。

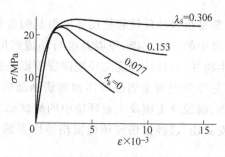

图 9-18　配箍率对棱柱体试件 σ-ε 曲线的影响

试验还表明,如采用密置的封闭箍筋或在矩形、方形箍内附加其他形式的箍筋(如螺旋形、井字形等)构成复合箍筋,都能有效地提高受压区混凝土的极限压应变值,增大截面曲率延性系数。

在实际工程中,常采用一些抗震构造措施以保证地震区的框架柱等具有一定的延性。这些措施中最主要的是综合考虑不同抗震等级对结构构件延性的要求。确定轴压比限值,规定加密箍筋的要求及区段等。

9.5　混凝土结构的耐久性

9.5.1　耐久性的概念与结构耐久性劣化现象

1. 混凝土结构的耐久性

长期以来,土木工程领域研究的重点是如何使结构的设计理论与方法更合理,而对现有结构重视不够。在设计上,过分追求初始造价最低,而忽略了结构的长期损伤,对结构的耐久性考虑不足。在长期使用过程中,材料老化、不利环境(如高温、高湿、腐蚀介质等)的影响以及使用、管理不当,会对结构造成某种程度的损伤,这种损伤的积累必然导致结构性能退化、承载力降低、耐久性降低、寿命缩短,影响结构的安全使用。国内外许多工程结构由于耐久性不足而导致结构出现破坏,并为此付出了惊人的代价。我国是一个发展中的大国,正在从事着世界瞩目的大规模基本建设,而我国财力有限,能源短缺,资源并不丰富,因此要高瞻远瞩,有效地利用资金,节约能源。既要科学地设计出安全、适用且耐久的新建工程项目,还要充分地、合理地、安全地延续利用现有房屋资源和工程设施。

结构耐久性是指结构和结构构件在其设计使用年限内,应当能够承受所有可能的荷载和环境作用,而不发生过度的腐蚀、损坏或破坏。可见,混凝土结构的耐久性主要由混凝土、钢筋材料本身的特性和所处使用环境的侵蚀性两方面共同决定的。

2. 引起结构耐久性损伤的原因

产生耐久性损伤的原因可分为内部原因和外部原因。

内部原因是指混凝土自身的一些缺陷,如混凝土内部存在气泡和毛细管孔隙,这些孔隙为空气中的二氧化碳(CO_2)、水分和氧气(O_2)向混凝土内部的扩散提供了通道。另外,当混凝土中掺加氯盐或使用含盐的骨料时,氯离子(Cl^-)的作用将使混凝土中的钢筋产生锈蚀;当混凝土的碱含量过高时,水泥中的碱会与活性集料发生反应,即在混凝土中产生碱-骨料反应,导致混凝土开裂。使混凝土自身存在缺陷的主要原因来自混凝土结构的设计、材料和施工的不足。

产生损伤的外部原因主要是指自然环境和使用环境引起的劣化,可以分为一般环境、特殊环境及灾害环境。一般环境中的二氧化碳、环境温度与环境湿度以及酸雨等将使混凝土中性化,并使其中的钢筋产生锈蚀,而环境温度与环境湿度等则是影响钢筋锈蚀的最主要因素;特殊环境中的酸、碱、盐是导致混凝土腐蚀破坏和钢筋锈蚀破坏的最主要原因,如沿海地区的盐害、寒冷地区的冻害、腐蚀性土壤及工业环境中的酸碱腐蚀等;灾害环境主要指地震、火灾等对结构造成的偶发损伤,这种损伤与环境损伤等因素的共同作用,也将使结构性能随时间劣化。

3. 结构耐久性损伤与结构劣化现象

从混凝土结构耐久性损伤的机理来看,可以将混凝土耐久性损伤分为化学作用引起的损伤和物理作用引起的损伤两大类,另外,生物作用对混凝土耐久性也有一定的影响。

化学作用与电化学作用使结构产生的劣化现象主要有混凝土的碳化、混凝土中钢筋的锈蚀、碱集料反应及混凝土的化学侵蚀(如硫酸盐侵蚀、酸侵蚀等);物理作用使结构产生的破坏现象主要有混凝土冻融破坏、磨损、碰撞、冲蚀等。

从混凝土结构耐久性损伤的劣化现象分,主要有以下几种类型:混凝土的碳化、混凝土中钢筋的锈蚀、混凝土冻融破坏、裂缝、混凝土强度降低及结构的过大变形等。

1) 混凝土的碳化

空气、土壤和地下水等环境中的酸性气体或液体侵入混凝土中,与水泥石中的碱性物质发生反应,使混凝土 pH 值下降的过程称为混凝土的中性化过程。其中,由大气环境中的二氧化碳引起的中性化过程称为混凝土的碳化。由于大气中均有一定含量的二氧化碳,所以碳化是最普遍的混凝土中性化过程。

2) 混凝土中的钢筋锈蚀

混凝土中的水泥水化后在钢筋表面形成一层致密的钝化膜,故在正常情况下钢筋不会锈蚀,但钝化膜一旦遭到破坏,在有足够水和氧气的条件下会发生电化学腐蚀。钢筋锈蚀的直接结果是钢筋的截面面积减小,不均匀锈蚀导致钢筋表面凹凸不平,产生应力集中现象,使钢筋的力学性能退化,如强度降低、脆性增大、延性变差,导致构件承载能力降低。

混凝土中钢筋锈蚀会使钢筋表面生成一层疏松的锈蚀产物,并向周围混凝土孔隙中不断扩散。因锈蚀产物最终形式不同,锈蚀产物的体积比未腐蚀钢筋的体积要大得多,一般可达钢筋腐蚀量的 2～4 倍。锈蚀产物的体积膨胀使钢筋外围混凝土产生环向拉应力,当环向拉应力达到混凝土的抗拉强度时,钢筋与混凝土交界处将出现内部径向裂缝,随着钢筋锈蚀的进一步加剧和钢筋锈蚀量的增加,径向内裂缝向混凝土表面发展,直到混凝土保护层开裂产生顺筋方向的锈胀裂缝,甚至保护层剥落,严重影响钢筋混凝土结构的安全性和正常使用。

钢筋锈蚀可用钢筋锈蚀面积率、钢筋锈蚀截面损失率和钢筋锈蚀深度等指标表示。

3) 混凝土冻融破坏

混凝土在饱水状态下因冻融循环产生的破坏作用称为冻融破坏,混凝土的抗冻耐久性(简称为抗冻性)是指饱水混凝土抵抗冻融循环作用的性能。混凝土处于饱水状态和冻融循环交替作用是发生冻融破坏的必要条件,因此,混凝土的冻融破坏一般发生于寒冷地区经常与水接触的混凝土结构物,如水位变化区的海工、水工混凝土结构物、水池、发电站冷却塔以及与水接触部位的道路、建筑物勒脚、阳台等。

造成混凝土冻融剥蚀的主要原因是混凝土微孔隙中的水在温度正负交互作用下形成冰胀压力和渗透压力联合作用的疲劳应力,从而使混凝土产生由表及里的剥蚀破坏,并导致混凝土强度降低。冻融破坏属于物理作用,混凝土产生冻融破坏必须有两个条件,一是混凝土必须与水接触或混凝土中有一定的含水量;二是混凝土建筑物必须经受交替出现的正负温度。

4) 碱-集料反应

碱-集料反应是指混凝土中所含有的碱与具有碱活性的骨料间发生的膨胀性反应。这种反应会引起明显的混凝土体积膨胀和开裂,改变混凝土的微结构,使混凝土的抗压强度、抗折强度、弹性模量等力学性能明显下降,严重影响结构的安全使用性,而且反应一旦发生很难阻止,更不容易修补和挽救,被称为混凝土的"癌症"。

混凝土结构碱-集料反应引起的开裂和破坏必须同时具备以下三个条件:混凝土含碱量超标;集料是碱活性的;混凝土暴露在潮湿环境中。缺少其中任何一个,其破坏可能性会减弱。因此,对潮湿环境下的重要结构及部位,设计时应采取一定的措施加以保护。若集料是碱活性的,则应尽量选用低碱水泥;在混凝土拌和时,适当掺加较好的掺合料或引气剂和降低水灰比等措施都是有利的。

5) 混凝土裂缝

混凝土的收缩、温度应力、地基的不均匀沉降及荷载的作用,会使混凝土产生裂缝;混凝土中的钢筋锈蚀将导致混凝土产生沿钢筋的纵向裂缝;混凝土冻融和碱-集料反应也会使混凝土产生裂缝。混凝土裂缝一般采用裂缝宽度作为度量指标。

6) 混凝土强度降低

随着结构服役时间的增长,混凝土的强度将下降。混凝土强度的劣化主要受使用环境的影响,如一般大气环境下混凝土强度在相当长时间以后才开始下降,而海洋环境的混凝土强度在 30 年时约降低 50%。另外,混凝土冻融和碱-集料反应也将使混凝土的强度降低。

9.5.2　耐久性设计

与承载能力极限状态设计相比,耐久性极限状态设计的重要性似乎应低一些。但是,如果结构因耐久性不足而失效,或为了维持其正常使用而须进行较大的维修、加固或改造,则不仅要付出较多的额外费用,也必然会影响结构的使用功能以及结构的安全性。因此,对于混凝土结构,除应进行承载力计算、变形和裂缝宽度验算外,还必须进行耐久性设计。

1. 混凝土结构耐久性极限状态设计

与承载能力极限状态和正常使用极限状态设计相似,也可建立结构耐久性极限状态方程。目前已有一些类似的研究成果,如耐久性极限状态设计实用方法、耐久性极限状态设计法以及基于近似概率法的耐久性极限状态设计法等。目前这些方法尚不便应用于工程。《混凝土结构耐久性设计规范》(GB/T 50476—2008)中规定结构构件耐久性极限状态按正常使用下的适用性极限状态考虑,且不应该损害到结构的承载能力和可修复性要求。

混凝土结构构件的耐久性极限状态可分为以下三种。

1) 钢筋开始发生锈蚀的极限状态

钢筋开始发生锈蚀的极限状态应为混凝土碳化发展到钢筋表面,或氯离子侵入混凝土内部并在钢筋表面积累的浓度达到临界浓度。

对锈蚀敏感的预应力钢筋、冷加工钢筋或直径不大于 6mm 的普通热轧钢筋作为受力主筋时,应以钢筋开始发生锈蚀状态作为极限状态。

2) 钢筋发生适量锈蚀的极限状态

钢筋发生适量锈蚀的极限状态应为钢筋锈蚀发展导致混凝土构件表面开始出现顺筋裂缝,或钢筋截面径向锈蚀深度达到 0.1mm。

普通热轧钢筋(直径小于或等于 6mm 的细钢筋除外)可把发生适量锈蚀状态作为极限状态。

3) 混凝土表面发生轻微损伤的极限状态

混凝土表面发生轻微损伤的极限状态应为不影响结构外观、不明显损害构件的承载能力和表层混凝土对钢筋的保护。

目前,环境作用下耐久性极限状态设计方法尚未成熟到能在工程中普遍应用的程度,还达不到完全进行定量设计。在各种劣化机理的计算模型中,可供使用的还只局限于定量估算钢筋开始发生锈蚀的年限。国内外现行的混凝土结构设计规范所采用的耐久性设计方法仍然是概念设计方法。

2. 混凝土结构耐久性概念设计

混凝土结构耐久性概念设计是根据混凝土结构的设计使用年限、所处环境类别及作用等级,采取不同的技术措施和构造要求,保证结构的耐久性。

混凝土结构耐久性概念设计包括以下内容。

1) 混凝土结构的环境类别与作用等级

结构所处的环境按其对钢筋和混凝土材料的腐蚀机理可分为以下 5 类,如表 9-1 所示。

表 9-1　环境类别

环境类别	名　　称	腐 蚀 机 理
Ⅰ	一般环境	保护层混凝土碳化引起钢筋锈蚀
Ⅱ	冻融环境	反复冻融导致混凝土损伤
Ⅲ	海洋氯化物环境	氯盐引起的钢筋锈蚀
Ⅳ	除冰盐等其他氯化物环境	氯盐引起的钢筋锈蚀
Ⅴ	化学腐蚀环境	硫酸盐等化学物质对混凝土的腐蚀

注:一般环境系指无冻融、氯化物和其他化学腐蚀物质作用。

环境对配筋混凝土结构的作用程度应采用环境作用等级表达,并应符合表 9-2 的规定。

表 9-2　环境作用等级

环境作用等级 环境类别	A 轻微	B 轻度	C 中度	D 严重	E 非常严重	F 极端严重
一般环境	Ⅰ-A	Ⅰ-B	Ⅰ-C	—	—	—
冻融环境	—	—	Ⅱ-C	Ⅱ-D	Ⅱ-E	—
海洋氯化物环境	—	—	Ⅲ-C	Ⅲ-D	Ⅲ-E	Ⅲ-F
除冰盐等其他氯化物环境			Ⅳ-C	Ⅳ-D	Ⅳ-E	
化学腐蚀环境			Ⅴ-C	Ⅴ-D	Ⅴ-E	

2) 结构构造设计

(1) 不同环境作用下钢筋主筋、箍筋和分布钢筋,其保护层厚度应满足钢筋防锈、耐火以及与混凝土之间粘结力传递的要求,且混凝土保护层厚度的设计值不得小于钢筋的公称直径。

(2) 具有连续密封套管的后张预应力钢筋,其混凝土保护层厚度可与普通钢筋相同,且不应小于孔道直径的 1/2;否则,其厚度应比普通钢筋增加 10mm。先张法构件中预应力钢筋在全预应力状态下的保护层厚度可与普通钢筋相同,否则应比普通钢筋增加 10mm。直径大于 16mm 的热轧预应力钢筋保护层厚度可与普通钢筋相同。

(3) 工厂预制的混凝土构件,其普通钢筋和预应力钢筋的混凝土保护层厚度可比现浇构件减少 5mm。

（4）当环境作用等级为 D、E、F 级时，应减少混凝土结构构件表面的暴露面积，并应避免表面的凹凸变化；构件的棱角宜做成圆角。

（5）施工缝、伸缩缝等连接缝的设置宜避开局部环境作用不利的部位，否则应采取有效的防护措施。

（6）暴露在混凝土结构构件外的吊环、紧固件、连接件等金属部件，表面应采用可靠的防腐措施；后张法预应力体系应采取多重防护措施。

3）混凝土结构材料要求

混凝土材料应根据结构所处的环境类别、作用等级和结构设计使用年限，按同时满足混凝土最低强度等级、最大水胶比和混凝土原材料组成的要求确定。配筋混凝土结构满足耐久性要求的混凝土最低强度等级应符合表 9-3 的规定。

表 9-3　满足耐久性要求的混凝土最低强度等级

环境类别与作用等级	设计使用年限		
	100 年	50 年	30 年
I -A	C30	C25	C25
I -B	C35	C35	C25
I -C	C40	C35	C30
II -C	C35,C45	C30,C45	C30,C40
II -D	C40	C_a35	C_a35
II -E	C45	C_a40	C_a40
III -C、IV -C、V -C、III -D、IV -D	C45	C40	C40
V -D、III -E、IV -E	C50	C45	C45
V -E、III -F	C55	C50	C50

注：（1）预应力混凝土构件的混凝土最低强度等级不应低于 C40；

（2）如能加大钢筋的保护层厚度，大截面受压墩、柱的混凝土强度等级可以低于表 9-3 规定的数值；

（3）C_a35 指强度等级为 C35 的引气混凝土。

4）混凝土裂缝控制要求

在荷载作用下配筋混凝土构件的表面裂缝最大宽度计算值不应超过表 9-4 中的限值。对裂缝宽度无特殊外观要求的，当保护层设计厚度超过 30mm 时，可将厚度取为 30mm 来计算裂缝的最大宽度。

表 9-4　表面裂缝计算宽度限值　　　　　　　　　　　　　　　mm

环境作用等级	钢筋混凝土构件	有粘结预应力混凝土构件
A	0.40	0.20
B	0.30	0.20(0.15)
C	0.20	0.10
D	0.20	按二级裂缝控制或按部分预应力 A 类构件控制
E、F	0.15	按一级裂缝控制或按全预应力类构件控制

注：括号中的宽度适用于采用钢丝或钢绞线的先张法预应力构件。

5）防水排水等构造措施

混凝土结构构件的形状和构造应有效地避免水、汽和有害物质在混凝土表面的积聚，并应采取以下构造措施：

(1) 受雨淋或可能积水的露天混凝土构件顶面，宜做成斜面，并应考虑结构挠度和预应力反拱对排水的影响；

(2) 受雨淋的室外悬挑构件侧边下沿，应做滴水槽、鹰嘴或采取其他防止雨水流向构件底面的构造措施；

(3) 屋面、桥面应专门设置排水系统，且不得将水直接排向下部混凝土构件表面；

(4) 在混凝土结构构件与上覆的露天面层之间，应设置可靠的防水层。

6) 耐久性所需的施工养护制度与保护层厚度的施工质量验收要求

根据结构所处的环境类别与作用等级，混凝土耐久性所需的施工养护应符合表 9-5 的规定。

表 9-5　施工养护制度要求

环境作用等级	混凝土类型	养护制度
Ⅰ-A	一般混凝土	至少养护 1d
	大掺量矿物掺合料混凝土	浇筑后立即覆盖并加湿养护，至少养护 3d
Ⅰ-B，Ⅰ-C，Ⅱ-C，Ⅲ-C，Ⅳ-C V-C，Ⅱ-D，V-D，Ⅱ-E，V-E	一般混凝土	养护至现场混凝土的强度不低于 28d 标准强度的 50%，且不少于 3d
	大掺量矿物掺合料混凝土	浇筑后立即覆盖并加湿养护，养护至现场混凝土的强度不低于 28d 标准强度的 50%，且不少于 7d
Ⅲ-D，Ⅳ-D，Ⅲ-E，Ⅳ-E，Ⅲ-F	大掺量矿物掺合料混凝土	浇筑后立即覆盖并加湿养护，养护至现场混凝土的强度不低于 28d 标准强度的 50%，且不少于 7d。加湿养护结束后应继续用养护喷涂或覆盖保湿、防风一段时间至现场混凝土的强度不低于 28d 标准强度的 70%

注：(1) 表中要求适用于混凝土表面大气温度不低于 10℃ 的情况，否则应延长养护时间；

(2) 有盐的冻融环境中混凝土施工养护应按Ⅲ、Ⅳ类环境的规定执行；

(3) 大掺量矿物掺合料混凝土在Ⅰ-A环境中用于永久浸没于水的构件。

处于Ⅰ-A、Ⅰ-B环境下的混凝土结构构件，其保护层厚度的施工质量验收要求按照现行国家标准《混凝土结构工程施工验收规范》(GB 50204—2015)的规定执行；环境作用等级为 C、D、E、F 的混凝土结构构件，应按现行国家标准《混凝土结构耐久性设计规范》(GB/T 50476—2008)的规定进行保护层厚度的施工质量验收。

9.6　公路桥涵工程混凝土构件的裂缝宽度、变形验算

9.6.1　公路桥涵工程裂缝宽度验算

《公路钢筋混凝土及预应力混凝土桥涵设计规范》(JTG D62—2012)规定，钢筋混凝土构件在正常使用极限状态下的裂缝宽度，应采用作用效应频遇组合、荷载效应准永久组合或作用效应频遇组合，并考虑作用长期效应的影响，汽车荷载效应不计冲击系数，并要求其计算的最大裂缝宽度不超过规范规定的裂缝限值(mm)。

《公路钢筋混凝土及预应力混凝土桥涵设计规范》(JTG D62—2012)规定:矩形、T形和I形截面钢筋混凝土构件,其最大裂缝宽度 ω_{fk} (mm)(保证率为 95%)可按下列公式计算:

$$\omega_{fk} = C_1 C_2 C_3 \frac{\sigma_{ss}}{E_s} \left(\frac{c+d}{0.30 + 1.4\rho_{te}} \right) \tag{9-51}$$

$$\rho_{te} = \frac{A_s}{A_{te}} \tag{9-52}$$

式中　C_1——钢筋表面形状系数,对光面钢筋,$C_1 = 1.4$;对带肋钢筋,$C_1 = 1.0$。

　　　C_2——作用效应影响系数,$C_2 = 1 + 0.5 N_l / N_s$,其中 N_l 和 N_s 分别为按作用效应准永久组合和频遇组合计算的弯矩值或轴力值。

　　　C_3——与构件受力系数有关的系数,当为钢筋混凝土板式受弯构件时,$C_3 = 1.15$;其受弯构件时,$C_3 = 1.0$;当为轴心受拉构件时,$C_3 = 1.2$;当为偏心受拉构件时,$C_3 = 1.1$;当为偏心受压构件时,$C_3 = 0.9$。

　　　A_s——受拉区纵向钢筋截面面积(mm²),对于轴心受拉构件,取全部纵筋面积;对于受弯、偏拉及大偏心受压构件,取受拉区纵筋截面面积或受拉较大一侧的钢筋截面面积。

　　　A_{te}——有效受拉混凝土截面面积(mm²),对于轴心受拉构件,取构件截面面积;对于受弯、偏拉及大偏心受压构件,取 $2a_s b$,a_s 为受拉钢筋重心至受拉区边缘的距离,对于矩形截面,b 为截面宽度,对于 T 形、I 形截面,b 为受拉区有效翼缘宽度。

　　c、d、ρ_{te} 的含义与式(9-40)的规定相同,σ_{ss} 为钢筋应力,应按下列公式计算。

对于受弯构件:

$$\sigma_{ss} = \frac{M_s}{0.87 A_s h_0} \tag{9-53}$$

对于轴心受拉构件:

$$\sigma_{ss} = \frac{N_s}{A_s} \tag{9-54}$$

对于偏心受拉构件:

$$\sigma_{ss} = \frac{N_s e_s'}{A_s (h_0 - a_s')} \tag{9-55}$$

对于偏心受压构件:

$$\sigma_{ss} = \frac{N_s (e_s - z)}{A_s z} \tag{9-56}$$

式(9-53)~式(9-56)中,N_s、M_s 分别为按作用效应频遇组合计算的轴向力值、弯矩值,其他参数的计算与 9.3.3 节相同。

9.6.2　公路桥涵工程受弯构件变形验算

公路桥涵钢筋混凝土受弯构件在正常使用极限状态下的挠度,可根据给定的构件刚度用结构力学的方法计算。钢筋混凝土受弯构件的刚度可按下列公式计算:

$$B = \frac{B_0}{\left(\frac{M_{cr}}{M_s} \right)^2 + \left(1 - \frac{M_{cr}}{M_s} \right)^2 \cdot \frac{B_0}{B_{cr}}} \tag{9-57}$$

$$M_{cr} = \gamma f_{tk} W_0 \tag{9-58}$$

式中　B——开裂构件等效截面的抗弯刚度；

　　　B_0——全截面的抗弯刚度，$B_0 = 0.95 E_c I_0$，I_0 为全截面换算截面惯性矩；

　　　B_{cr}——开裂截面的抗弯刚度，$B_{cr} = E_c I_{cr}$，I_{cr} 为开裂截面换算截面惯性矩；

　　　M_{cr}——开裂弯矩；

　　　γ——构件受拉区混凝土塑性影响系数，$\gamma = 2S_0 / W_0$；

　　　S_0——全截面换算截面重心轴以上（或以下）部分面积对重心轴的面积矩；

　　　W_0——换算截面抗裂边缘的弹性抵抗矩。

受弯构件在使用阶段的挠度应考虑荷载长期效应的影响，即按荷载效应频遇组合和式(9-57)计算的刚度计算挠度值，应乘以挠度长期增长系数 η_θ。当采用 C40 以下混凝土时，$\eta_\theta = 1.6$；当采用 C40～C80 混凝土时，$\eta_\theta = 1.35～1.45$，中间强度等级可按直线插值法取值。

钢筋混凝土受弯构件按上述计算的长期挠度值，在消除结构自重产生的长期挠度后，梁式桥主梁的最大挠度值不应超过计算跨径的 1/600，梁式桥主梁的悬臂端不应超过悬臂长度的 1/300。

【例 9-7】（2010 年全国注册结构工程师考题）

某钢筋混凝土不上人屋面挑檐剖面如图 9-19 所示。屋面板混凝土强度等级采用 C30。屋面面层荷载相当于 100mm 厚水泥砂浆的重量，梁的转动忽略不计。板受力钢筋保护层厚度 $c_s = 30$mm，板顶按受弯承载力要求配置的受力钢筋为 $\Phi 12@150$（HRB400 级）。试问，该悬挑板的最大裂缝宽度 ω_{max}（mm），与下列何项数值最为接近？

A. 0.10　　　　B. 0.15　　　　C. 0.20　　　　D. 0.25

图 9-19　例 9-7 题图

解：依据《建筑结构荷载规范》(GB 50009—2012)可知，水泥砂浆重度为 20kN/m³。依据第 5.3.1 条，不上人屋面活荷载为 0.5kN/m²，准永久值系数为 0。

取单位宽度计算，作用于梁上的荷载准永久组合值为

$$25 \text{kN/m}^2 \times 0.15\text{m} + 20 \text{kN/m}^2 \times 0.1\text{m} = 5.75 \text{kN/m}$$

梁根部的准永久组合弯矩值 $M_q = \dfrac{ql^2}{2} = \dfrac{5.75 \text{kN/m} \times (2.2\text{m})^2}{2} = 13.915 \text{kN} \cdot \text{m}$

依据《混凝土结构设计规范》(GB 50010—2010)第 7.1.2 条，ω_{max} 应按下式计算：

$$\omega_{max} = \alpha_{cr} \psi \frac{\sigma_s}{E_s} \left(1.9 c_s + 0.08 \frac{d_{eq}}{\rho_{te}} \right)$$

$$\sigma_s = \frac{M_q}{0.87 h_0 A_s} = \frac{13.915 \times 10^6 \text{N} \cdot \text{mm}}{0.87 \times (150\text{mm} - 30\text{mm} - 6\text{mm}) \times 754 \text{mm}^2} = 186.1 \text{MPa}$$

$$\rho_{te} = \frac{A_s}{0.5bh} = \frac{754 \text{mm}^2}{0.5 \times 1000\text{mm} \times 150\text{mm}} = 0.010$$

$$\psi = 1.1 - 0.65 \frac{f_{tk}}{\rho_{te}\sigma_s} = 1.1 - 0.65 \times \frac{2.01\text{MPa}}{0.01 \times 186.1\text{MPa}} = 0.398 > 0.2, \text{且}\psi < 1.0$$

HRB400 级钢筋,$E_s = 2.0 \times 10^5 \text{MPa}$;$\alpha_{cr} = 1.9$,故

$$\omega_{max} = 1.9 \times 0.398 \times \frac{186.1\text{MPa}}{2 \times 10^5 \text{MPa}} \times \left(1.9 \times 30\text{mm} + 0.08 \times \frac{12\text{mm}}{0.01}\right) = 0.108\text{mm}$$

正确答案:A

【例 9-8】(2010 年全国注册结构工程师考题)

题目基本情况同例 9-7。假设挑檐根部按荷载效应标准组合计算的弯矩 $M_k = 15.5\text{kN·m}$,按荷载效应准永久组合计算的弯矩 $M_q = 14.0\text{kN·m}$,荷载效应的准永久组合作用下受弯构件的短期刚度 $B_s = 2.6 \times 10^{12}\text{N·mm}^2$。考虑荷载长期作用对挠度增大的影响系数 $\theta = 1.9$。试问,该悬挑板的最大挠度(mm)与下列何项数值最为接近?

　A. 8　　　　　　B. 13　　　　　　C. 16　　　　　　D. 26

解:依据《混凝土结构设计规范》(GB 50010—2010)第 3.4.3 条,应采用荷载的准永久值计算最大挠度值。由第 7.2.2 条,对于钢筋混凝土构件,长期刚度为

$$B = \frac{B_s}{\theta} = \frac{2.6 \times 10^{12}\text{N·mm}^2}{1.9} = 1.37 \times 10^{12}\text{N·mm}^2$$

悬挑板的最大挠度为

$$f = \frac{M_q l^2}{4B} = \frac{14 \times 10^6 \text{N·mm} \times (2200\text{mm})^2}{4 \times 1.37 \times 10^{12}\text{N·mm}^2} = 12.4\text{mm}$$

正确答案:B

【例 9-9】(2011 年全国注册结构工程师考题)

某梁在支座处截面及配筋如图 9-20 所示,假定按荷载效应准永久组合计算的该截面弯矩值 $M_q = 600\text{kN·m}$,$a_s = a_s' = 70\text{mm}$。试问,该支座处梁端顶面按矩形截面计算的考虑长期作用影响的最大裂缝宽度 ω_{max}(mm)与下列何项数值最为接近?

　A. 0.21　　　　　B. 0.25

　C. 0.28　　　　　D. 0.32

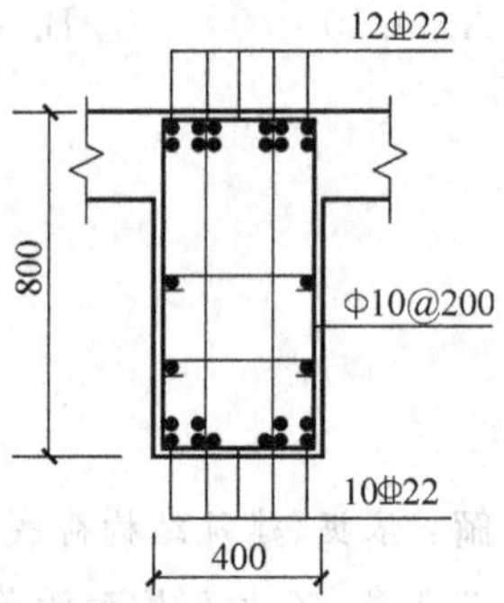

解:依据《混凝土结构设计规范》(GB 50010—2010)第 7.1.2 条,ω_{max} 应按下式计算:

图 9-20　例 9-9 题图

$$\omega_{max} = \alpha_{cr}\psi\frac{\sigma_{sq}}{E_s}\left(1.9c_s + 0.08\frac{d_{eq}}{\rho_{te}}\right)$$

12 $\underline{\Phi}$ 22mm 钢筋的截面积为 4562mm²;$h_0 = 800\text{mm} - 70\text{mm} = 730\text{mm}$

$$\sigma_s = \frac{M_q}{0.87h_0 A_s} = \frac{600 \times 10^6 \text{N·mm}}{0.87 \times 730\text{mm} \times 4562\text{mm}^2} = 207\text{MPa}$$

$$\rho_{te} = \frac{A_s}{0.5bh} = \frac{4562\text{mm}^2}{0.5 \times 400\text{mm} \times 800\text{mm}} = 0.0285 > 0.01, \quad \text{取} \rho_{te} = 0.0285$$

$$\psi = 1.1 - \frac{0.65 f_{tk}}{\rho_{te}\sigma_s} = 1.1 - \frac{0.65 \times 2.01\text{MPa}}{0.0285 \times 207\text{MPa}} = 0.879 > 0.2, \quad \text{且} < 1.0$$

HRB400 级钢筋,$E_s = 2.0 \times 10^5 \text{MPa}$,$\alpha_{cr} = 1.9$。根据题目已知条件,室外为二 b 类环境,依据上述规范表 8.2.1 按梁取 $c = 35\text{mm}$,箍筋按 10mm 计算,则 $c_s = 45\text{mm}$。于是

$$\omega_{\max} = 1.9 \times 0.879 \times \frac{207\text{MPa}}{2 \times 10^5 \text{MPa}} \times \left(1.9 \times 45\text{mm} + 0.08 \times \frac{22\text{mm}}{0.0285}\right) = 0.2\text{mm}$$

正确答案：B

【例 9-10】　(2012 年全国注册结构工程师考题)

某钢筋混凝土框架结构多层办公楼,局部平面布置如图 9-21 所示(均为办公室),梁、板、柱混凝土强度等级均为 C30,梁、柱纵向钢筋为 HRB400 钢筋,楼板纵向钢筋及梁、柱箍筋均为 HRB335 钢筋。框架梁 KL2 的截面尺寸为 300mm×800mm,跨中截面底部纵向钢筋为 4ϕ25。已知该截面处由永久荷载和可变荷载产生的弯矩标准值 M_{Gk}、M_{Qk} 分别为 250kN·m、100kN·m,试问,该梁跨中截面考虑长期作用影响的最大裂缝宽度 $\omega_{\max}$(mm) 与下列何项数值最为接近?

提示：$c_s = 30\text{mm}$,$h_0 = 755\text{mm}$。

A. 0.25　　　　B. 0.29　　　　C. 0.32　　　　D. 0.37

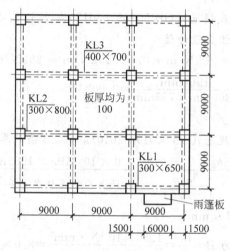

图 9-21　例 9-10 题图

解：依据《建筑结构荷载规范》(GB 50009—2012)表 5.1.1,办公楼活荷载准永久值系数为 0.4,于是

$$M_q = 250\text{kN·m} + 0.4 \times 100\text{kN·m} = 290\text{kN·m}$$

应依据《混凝土结构设计规范》(GB 50010—2010)第 7.1.2 条计算 $\omega_{\max}$。

$$\rho_{te} = \frac{A_p + A_s}{A_{te}} = \frac{1963\text{mm}^2}{0.5 \times 300\text{mm} \times 800\text{mm}} = 0.0164$$

$$\sigma_{sq} = \frac{M_q}{0.87 h_0 A_s} = \frac{290 \times 10^6 \text{N·mm}}{0.87 \times 755\text{mm} \times 1963\text{mm}^2} = 224.8\text{MPa}$$

$$\psi = 1.1 - \frac{0.65 f_{tk}}{\rho_{te} \sigma_{sq}} = 1.1 - \frac{0.65 \times 2.01\text{MPa}}{0.0164 \times 224.8\text{MPa}} = 0.746$$

则 $0.2 < \psi < 1.0$。

$$\omega_{\max} = \alpha_{cr} \psi \frac{\sigma_{sq}}{E_s} \left(1.9 c_s + 0.08 \frac{d_{eq}}{\rho_{te}}\right)$$

$$= 1.9 \times 0.746 \times \frac{224.8\text{MPa}}{2.0 \times 10^5 \text{MPa}} \times \left(1.9 \times 30\text{mm} + 0.08 \times \frac{25\text{mm}}{0.0164}\right)$$

$$= 0.285\text{mm}$$

正确答案：B

【例 9-11】 （2012 年全国注册结构工程师考题）

题目基本情况同上。假设框架梁 KL2 的左右端截面考虑长期作用影响的刚度 B_A、B_B 分别为 $9.0 \times 10^{13} \text{N} \cdot \text{mm}^2$、$6.0 \times 10^{13} \text{N} \cdot \text{mm}^2$，跨中最大弯矩处纵向钢筋应变不均匀系数 $\psi = 0.8$，梁底配置 4 $\oplus$ 25 纵向钢筋。作用在梁上的均布静荷载、均布活荷载标准值分别为 30kN/m、15kN/m，按规范提供的简化方法，该梁考虑长期作用影响的挠度 f(mm) 与下列何项数值最为接近？

　　A. 17　　　　　　　B. 21　　　　　　　C. 25　　　　　　　D. 30

提示：（1）按矩形截面梁计算，不考虑受压钢筋的作用，$a_s = 45\text{mm}$；

　　（2）梁挠度近似公式 $f = 0.00542 \dfrac{ql^4}{B}$ 计算；

　　（3）不考虑梁起拱的影响。

解： 依据《建筑结构荷载规范》(GB 50009—2012)表 5.1.1，办公楼活荷载准永久值系数为 0.4，于是荷载准永久组合设计值

$$q = 30\text{kN/m} + 0.4 \times 15\text{kN/m} = 36\text{kN/m}$$

纵筋配筋率 $\rho = \dfrac{A_s}{bh_0} = \dfrac{1964\text{mm}^2}{300\text{mm} \times 755\text{mm}} = 0.00867$

不考虑受压翼缘作用，$\gamma_f' = 0$

依据《混凝土结构设计规范》(GB 50010—2010)第 7.2.3 条计算跨中截面的短期刚度 B_s：

$$B_s = \frac{E_s A_s h_0^2}{1.15\psi + 0.2 + \dfrac{6\alpha_E \rho}{1 + 3.5\gamma_f'}} = \frac{2.0 \times 10^5 \text{MPa} \times 1963\text{mm}^2 \times (755\text{mm})^2}{1.15 \times 0.8 + 0.2 + \dfrac{6 \times 20/3 \times 0.00867}{1 + 0}}$$

$$= 1.60 \times 10^{14} \text{N} \cdot \text{mm}^2$$

跨中截面的长期刚度为 $B = \dfrac{B_s}{\theta} = \dfrac{1.60 \times 10^{14} \text{N} \cdot \text{mm}^2}{2} = 8.0 \times 10^{13} \text{N} \cdot \text{mm}^2$

依据《混凝土结构设计规范》(GB 50010—2010)第 7.2.1 条，当计算跨度内的支座截面刚度不大于跨中截面刚度的 2 倍或不小于跨中截面刚度的 1/2 时，该跨也可按等刚度构件进行计算，其构件刚度可取跨中最大弯矩截面的刚度。因此，该梁挠度为

$$f = 0.00542 \frac{ql^4}{B} = \frac{0.00542 \times 36\text{kN/m} \times (9000\text{mm})^4}{8.0 \times 10^{13} \text{N} \cdot \text{mm}^2} = 16\text{mm}$$

正确答案：A

思考题

　　9-1　为什么要进行钢筋混凝土结构构件的变形、裂缝宽度验算以及耐久性的设计？

　　9-2　《混凝土结构设计规范》(GB 50010—2010)关于配筋混凝土结构的裂缝控制、变形控制是如何规定的？

　　9-3　什么是构件截面弯曲刚度？如何建立受弯构件弯曲刚度计算公式？

　　9-4　在受弯构件挠度计算中，什么是最小刚度原则？

　　9-5　混凝土产生裂缝的因素有哪些？

9-6　在外荷载作用下,纯弯构件截面上的应力、应变是怎样变化的？裂缝的开展情况怎样？

9-7　如何计算混凝土构件的最大裂缝宽度？

9-8　怎样理解受拉钢筋的配筋率对受弯构件的挠度、裂缝宽度的影响？

9-9　什么是钢筋混凝土结构的延性？如何确定延性系数？研究延性有何实际意义？

9-10　怎样理解混凝土结构的耐久性？如何理解混凝土的碳化？研究混凝土结构的耐久性有何意义？

9-11　为什么《混凝土结构设计规范》(GB 50010—2010)要规定最小混凝土保护层厚度？

习题

9-1　某矩形截面简支梁,截面尺寸为 $b \times h = 250\text{mm} \times 500\text{mm}$,计算跨度 $l_0 = 6.0\text{m}$。承受均布荷载,恒荷载 $g_k = 8\text{kN/m}$,活荷载 $q_k = 10\text{kN/m}$,活荷载的准永久值系数 $\psi_q = 0.5$。混凝土强度等级为 C25,在受拉区配置 HRB400 级钢筋 $2 \oplus 20 + 2 \oplus 16$。混凝土保护层厚度为 $c = 25\text{mm}$,梁的允许挠度为 $l_0/200$、允许出现的最大裂缝宽度限值 $\omega_{lim} = 0.3\text{mm}$。验算梁的挠度和最大裂缝宽度。

9-2　某工字形截面简支梁,截面尺寸为 $b \times h = 80\text{mm} \times 1200\text{mm}$、$b'_f \times h'_f = b_f \times h_f = 200\text{mm} \times 150\text{mm}$,计算跨度为 $l_0 = 9.0\text{m}$。承受均布荷载,跨中按荷载效应标准组合计算的弯矩 $M_k = 490\text{kN} \cdot \text{m}$,按照荷载效应准永久组合计算的弯矩值 $M_q = 400\text{kN} \cdot \text{m}$。混凝土强度等级为 C30,在受拉区配置 HRB400 级钢筋 $6 \oplus 20$,在受压区配置 HRB400 级钢筋 $6 \oplus 14$,混凝土保护层厚度为 $c = 30\text{mm}$,梁的允许挠度为 $l_0/300$、允许出现的最大裂缝宽度的限值 $\omega_{lim} = 0.3\text{mm}$。验算梁的挠度和最大裂缝宽度。

9-3　矩形截面轴心受拉构件,截面尺寸 $b \times h = 200\text{mm} \times 160\text{mm}$,配置 HRB400 级钢筋 $4 \oplus 16$,混凝土强度等级为 C25,混凝土保护层 $c = 30\text{mm}$,按荷载效应准永久组合计算的轴向拉力 $N_q = 150\text{kN}$,允许出现的最大裂缝宽度的限值 $\omega_{lim} = 0.2\text{mm}$,验算最大裂缝宽度是否满足要求。若不满足,应采取什么措施使满足要求？

9-4　矩形截面偏心受拉构件的截面尺寸为 $b \times h = 160\text{mm} \times 200\text{mm}$,按荷载效应准永久组合计算的轴向拉力值 $N_q = 135\text{kN}$,偏心距 $e_0 = 30\text{mm}$,混凝土强度等级为 C25,配置 HRB400 级钢筋 $4 \oplus 16$($A_s = A'_s = 402\text{mm}^2$),混凝土保护层厚度 $c = 25\text{mm}$。允许出现的最大裂缝宽度限值是 $\omega_{lim} = 0.3\text{mm}$。试验算最大裂缝宽度是否符合要求。

9-5　矩形截面偏心受压柱的截面尺寸为 $b \times h = 400\text{mm} \times 700\text{mm}$,按荷载效应准永久组合计算的轴向拉力值 $N_q = 580\text{kN}$、弯矩 $M_q = 300\text{kN} \cdot \text{m}$,混凝土强度等级为 C30,配置 HRB400 级钢筋 $4 \oplus 22$($A_s = A'_s = 1520\text{mm}^2$),混凝土保护层厚度 $c = 30\text{mm}$,柱子的计算长度 $l_0 = 4.5\text{m}$。允许出现的最大裂缝宽度限值是 $\omega_{lim} = 0.3\text{mm}$。试验算最大裂缝宽度是否符合要求。

第10章

>>>

预应力混凝土构件

本章主要讲述预应力混凝土构件的施工方法、承载力的计算和正常使用极限状态的验算方法。主要内容包括预应力混凝土构件的特点、分类及施工方法；张拉控制应力及预应力损失；预应力轴心受拉构件各受力阶段的验算；预应力受弯构件各受力阶段的验算以及预应力混凝土构件的一般构造要求。

10.1 概述

10.1.1 预应力混凝土的概念

混凝土的抗拉强度及极限拉应变值都很低，其极限拉应变为 $0.1 \times 10^{-3} \sim 0.15 \times 10^{-3}$，即每米只能拉长 $0.1 \sim 0.15$mm，所以在使用荷载作用下，很容易产生裂缝。因而对使用中不允许开裂的构件，受拉钢筋的应力 $\sigma_s (E_s \varepsilon)$ 只能用到 $20 \sim 30$MPa，不能充分利用其强度。对于允许开裂的构件，一般在荷载标准值下裂缝宽度限值为 $0.2 \sim 0.3$mm，可反算出构件中受拉钢筋应力为 $150 \sim 250$MPa，大体相当于配 HPB300 钢筋的构件承受荷载标准值时的钢筋应力，而 $0.2 \sim 0.3$mm 宽度的裂缝会使构件耐久性降低，不宜用于高湿度或侵蚀性环境中。为了满足变形和裂缝控制的要求，则需增大构件的截面尺寸和用钢量，这将导致自重过大，使钢筋混凝土结构用于大跨度或承受动力荷载的结构成为不可能或很不经济。如果采用高强度钢筋，在使用荷载作用下，其应力可达 $500 \sim 1000$MPa，此时的裂缝宽度将很大，高强度钢筋是不能充分发挥其作用的，而提高混凝土强度等级对提高构件的抗裂性能和控制裂缝宽度的作用也不大。

为了避免钢筋混凝土结构的裂缝过早出现，充分利用高强度钢筋及高强度混凝土，可设法在结构构件受荷载作用前，使它产生预压应力来减小或抵消荷载所引起的混凝土拉应力，从而使结构构件的拉应力不大，甚至处于受压状态。在构件承受荷载以前预先对混凝土施加压应力的方法有多种，本章所讨论的预应力混凝土构件是指常用的张拉预应力钢筋的预应力混凝土构件。

现以图 10-1 所示预应力混凝土简支梁为例，说明预应力混凝土的概念。

在荷载作用之前，预先在梁的受拉区施加偏心压力 N，使梁下边缘混凝土产生预压应力为 σ_{cc}，梁上边缘产生预拉应力 σ_{ct}，如图 10-1(a) 所示。当荷载 q（包括梁自重）作用时，如果梁跨中截面下边缘产生拉应力 σ_t，梁上边缘产生压应力 σ_c，如图 10-1(b) 所示。这样，在预压力 N 和荷载 q 共同作用下，梁的下边缘拉应力将减至 $(\sigma_t - \sigma_{cc})$，梁上边缘应力为 $(\sigma_c - \sigma_{ct})$，如图 10-1(c) 所示。如果增大预压力 N，则在荷载作用下梁下边缘的拉应力减小，甚至变成压应力。由此可见,预应力混凝土构件可延缓混凝土构件的开裂,提高构件的抗裂度和刚度,并取得节约钢筋、减轻自重的效果,克服了钢筋混凝土的主要缺点。

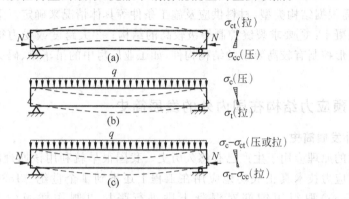

图 10-1　预应力混凝土简支梁
(a) 预压力作用下；(b) 外荷载作用下；(c) 预压力与外荷载共同作用下

预应力混凝土结构能将高强度钢材和高强度混凝土有效结合在一起,通过预压应力可以使钢材在高应力下工作。与钢筋混凝土结构相比,预应力混凝土结构有以下优点。

1) 提高构件的抗裂能力

预应力混凝土构件,只有当外荷载引起的拉应力抵消混凝土预压应力后,还剩余有拉应力并超过混凝土的抗拉强度时,构件才会开裂。普通钢筋混凝土构件不存在可被抵消的压应力,因此抗裂能力低。据统计,对于轴心受拉构件,预应力混凝土构件开裂荷载比普通钢筋混凝土构件高 4～8 倍；对于受弯构件,预应力混凝土开裂荷载比普通钢筋混凝土高 2～4 倍。

2) 增大构件刚度

因为预应力混凝土构件抗裂能力强,故在荷载作用下可能不开裂或只产生很小的裂缝,混凝土基本处于弹性工作阶段,构件刚度降低小。一般预应力构件可增大刚度 20%～70%。

3) 充分利用高强度材料的性能

在普通钢筋混凝土结构中,由于裂缝宽度和挠度的限制,高强度钢筋的强度不可能被充分利用。而在预应力混凝土结构中,对高强钢筋预先施加较高的应力,使得高强度钢筋在结构破坏前能够达到屈服强度。对于预应力混凝土构件,也完全能够控制钢筋在高应力作用下,混凝土仍不产生拉应力,或只有很小的拉应力或裂缝。如果不出现裂缝,则整个截面都有效。预应力不但可以有效利用高强混凝土,还必须尽可能使用高强混凝土,这样才能与高强钢筋相匹配。应用高强度钢筋也可减小钢筋的截面积。一般采用预应力混凝土,可节约钢材 30%～50%,减轻自重 20%～40%。

4) 扩大构件的应用范围

预应力混凝土采用高强度材料,结构轻巧,便于建筑艺术处理,且建筑空间大,以及由于构件无裂缝或裂缝宽度很小、刚度大、变形小等特点,使其更适于大跨度及承受反复荷载的结构。

通过对结构受拉区施加预压应力,可以使结构在使用荷载下延缓裂缝的开展,减小裂缝宽度,甚至避免开裂,同时预应力产生的反拱可以降低结构的变形,从而改善结构的使用性能,提高结构的耐久性。对于大跨度并承受重荷载的结构,预应力钢筋混凝土结构能有效地提高结构的跨高比限值,从而扩大了混凝土结构的应用范围。预压应力可以有效降低钢筋中疲劳应力幅值,增加疲劳寿命,尤其对于承受动力荷载为主的桥梁结构,这一点是很有利的。

预应力混凝土与钢筋混凝土相比具有很多的优点,但绝不等于前者可代替后者,预应力混凝土构造、施工和计算均较钢筋混凝土构件复杂,且延性较差。在实际工程中,应采用哪类混凝土,需根据结构类型、材料供应及施工条件等具体情况来确定。下列结构物宜优先采用预应力混凝土:①要求裂缝控制等级较高的结构;②大跨度或受力很大的构件;③构件的刚度和变形控制有较高要求的结构构件,如工业厂房中的吊车梁、码头和桥梁中的大跨度梁式构件等。

10.1.2　预应力结构在国内外的发展简史

1. 国外发展简史

预应力的原理应用于生产已有悠久历史。我国很早就利用该原理制造木桶、木盆和车轮。但是预应力技术真正成功地应用在工程上还不到1个世纪。1886年,美国的杰克森(P. H. Jackson)取得用钢筋对混凝土拱进行张拉以制作楼板的专利。德国的陶林(W. Dohring)于1888年取得了将预应力钢丝浇入混凝土中制作板和梁的专利。这也是采用预应力筋制作混凝土预制构件的首次创意。

预应力混凝土进入实用阶段与法国工程师弗雷西奈(F. Freyssinet)的贡献是分不开的。他在对混凝土和钢材性能进行大量研究和总结前人经验的基础上,考虑到混凝土收缩和徐变产生的损失,于1928年指出预应力混凝土必须采用高强钢材和高强混凝土。弗氏这一论断是预应力混凝土在理论上的关键性突破。从此,对预应力混凝土的认识开始进入理性阶段,但对预应力混凝土的生产工艺,当时并没有解决。

预应力混凝土的大量推广,开始于第二次世界大战结束后的1945年。当时西欧由于战争给工业、交通、城市建设造成大量破坏,急待恢复或重建,而钢材供应异常紧张,一些原来采用钢结构的工程,纷纷用预应力混凝土结构代替,几年之内西欧和东欧各国都获得蓬勃的发展。预应力混凝土的应用范围从桥梁和工业厂房,后来扩大到土木、建筑工程的各个领域。为了促进预应力技术的发展,1950年还成立了国际预应力混凝土协会(FIP)。

2. 国内发展简史

预应力混凝土技术在我国应用和发展时间较短。1956年以前基本处于学习试制阶段,先是1950年在上海等地开始学习和介绍国外预应力混凝土的经验,后于1954年铁道部试制预应力混凝土轨枕,1955年丰台桥梁厂开始试制12m跨度的桥梁。1956年是准备推广预应力混凝土的重要一年,原建筑工程部北京工业设计院等单位试设计了一些预应力拱形和梯形屋架、屋面板和吊车梁。太原工程局等单位成功试制了跨度为24m、30m的桁架,跨度为6m、吨位30t的吊车梁,宽1.5m、长6m的大型屋面板和预应力芯棒空心板等预应力混凝土构件。铁道部、冶金部和电力部亦先后设计和试制了一些预应力混凝土构件,为推广预应力混凝土做了技术方面的准备。1957—1964年,预应力混凝土处于逐步推广阶段,1958年建筑科学研究院编制了《预应力钢筋混凝土施工及验收规范》(建规3—60)。北京工业设计院等单位于1960年前后设计了一批预应力混凝土标准构件和参考图集。目前在用的混凝土结构设计规范有《公路钢筋混凝土及预应力混凝土桥涵设计规范》(JTG D62—2012)、《无粘结预应力混凝土结构技术规程》(JGJ 92—2016)、《预应力混凝土结构设计规范》(JGJ 369—2016)等。

在我国房屋建筑工程中,开始主要用预应力混凝土来代替单层工业厂房中的一些钢屋架、木屋架和钢吊车梁,后来逐步扩大到代替多层厂房和民用建筑中的一些中小型钢筋混凝土构件和木结构构件。既采用高强钢材制作跨度大、荷载重和技术要求高的结构;又不为国外经验所束缚,结合我国实际,采用中强、低强钢材制作中、小跨度的预应力构件。常用的预应力预制构件有 12～18m 的屋面大梁,18～36m 的屋架,6～9m 的槽形屋面板,6～12m 的吊车梁,12～33m 的 T 形梁和双 T 形梁,V 形折板,马鞍形壳板,预应力圆孔空心板和檩条等。此外,还少量采用一些无粘结预应力升板结构和预应力框架结构。

近二三十年,预应力混凝土的应用已逐步扩大到居住建筑、大跨和大空间公共建筑、高层建筑、高耸结构、地下结构、海洋结构、压力容器、大吨位囤船结构等领域。

10.1.3　预应力混凝土的分类

根据制作、设计和施工的特点,预应力混凝土可以有不同的分类。

1. 先张法和后张法

按预应力的施加方式,预应力混凝土可分为先张法和后张法。先张法是制作预应力混凝土构件时,先张拉预应力钢筋后浇灌混凝土的一种方法;而后张法是先浇灌混凝土,待混凝土达到规定强度后再张拉预应力钢筋的一种预加应力的方法。

2. 全预应力和部分预应力

按预应力施加的程度分类,预应力混凝土可分为全预应力和部分预应力。全预应力是在使用荷载作用下,构件截面混凝土不出现拉应力,即为全截面受压。部分预应力是在使用荷载作用下,构件截面混凝土允许出现拉应力或开裂,即只有部分截面受压。

根据预加应力对构件截面裂缝控制程度的不同,全预应力混凝土大致相当于规范中裂缝控制等级为一级,即严格要求不出现裂缝的构件。

部分预应力又分为 A、B 两类,A 类指在使用荷载作用下,构件预压区正截面的拉应力不超过规定的容许值,也称限值预应力混凝土,大致相当于规范中裂缝控制等级为二级,即一般要求不出现裂缝的构件;B 类则指在使用荷载作用下,构件预压区混凝土正截面的拉应力允许超过规定的限值,但当裂缝出现时,其宽度不超过允许值,这类构件大致相当于规范中裂缝控制等级为三级,即允许出现裂缝的构件。

3. 有粘结预应力和无粘结预应力

根据预应力钢筋与混凝土之间是否存在粘结作用,预应力混凝土可分为有粘结与无粘结预应力混凝土构件两类。有粘结预应力,是指预应力筋全长均与混凝土粘结、握裹在一起的预应力混凝土结构。先张法预应力结构及预留孔道穿筋压浆的后张预应力结构均属此类。无粘结预应力,指预应力筋伸缩、滑动自由,不与周围混凝土粘结的预应力混凝土结构。这种结构的预应力筋表面涂有防锈材料,外套防老化的塑料管,防止与混凝土粘结。无粘结预应力混凝土结构通常与后张预应力工艺相结合。本章所述计算方法仅限于后张有粘结预应力混凝土。

10.1.4　张拉预应力钢筋的方法

1. 先张法

通常通过机械张拉钢筋来给混凝土施加预应力,可采用台座长线张拉或钢模短线张拉,

其基本工序见图 10-2,具体如下:

(1) 在台座(或钢模)上用张拉机具张拉预应力钢筋至控制应力,并用夹具将被拉伸的预应力钢筋临时固定,如图 10-2(a)、(b)所示;

(2) 支模并浇筑混凝土,如图 10-2(c)所示;

(3) 待构件混凝土达到一定的强度后(一般不低于混凝土设计强度等级的 75%,以保证预应力钢筋与混凝土之间具有足够的粘结力),切断或放松钢筋,预应力钢筋的弹性回缩受到混凝土阻止而使混凝土受到挤压,产生预压应力,如图 10-2(d)所示。

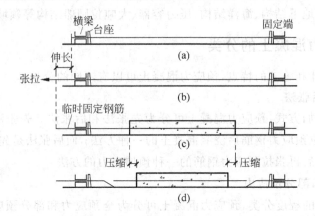

图 10-2 先张法主要工序示意图

先张法是将张拉后的预应力钢筋直接浇筑在混凝土内,依靠预应力钢筋与周围混凝土之间的粘结力来传递预应力。先张法制作预应力构件,常用台座、千斤顶、传力架和锚具等设备。台座承受张拉力的反力,要求具有足够的强度和刚度,不滑移,不倾覆。当构件尺寸不大时,也可用钢模代替台座在其上直接张拉。千斤顶和传力架因构件的形式、尺寸及张拉力大小的不同而有多种类型。先张法中应用的锚具又称工具锚具或夹具,其作用是在张拉端夹住钢筋进行张拉或在两端临时固定钢筋,可以重复使用。

2. 后张法

在结硬后的混凝土构件上张拉钢筋的方法称为后张法,其工序如图 10-3 所示,具体如下:

(1) 浇筑混凝土构件,并在预应力钢筋位置预留孔道,如图 10-3(a)所示;

(2) 待混凝土达到一定强度(一般为自然养护,不低于混凝土设计强度等级的 75%)后,将预应力钢筋穿过孔道,以构件本身作为支座张拉预应力钢筋,同时混凝土受到压缩,如图 10-3(b)所示;

(3) 当预应力钢筋张拉至要求的控制应力时,在张拉端用锚具将其锚固,使构件的混凝土受到预压应力,如图 10-3(c)所示;

(4) 在预留孔道内压力灌浆,以使预应力

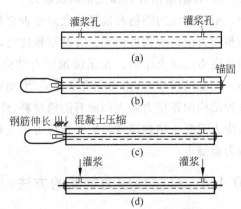

图 10-3 后张法主要工序示意图

钢筋与混凝土粘结在一起,如图 10-3(d)所示。

如果不灌浆,预应力钢筋沿全长与混凝土可产生相对滑移,接触表面之间不存在粘结作用,预压力完全通过锚具传递,即形成无粘结的预应力构件。无粘结预应力构件的一般做法是预应力钢筋外涂防腐油脂并设外包层。现使用较多的是钢绞线外涂油脂并外包 PE 塑料管的无粘结预应力钢筋,将无粘结预应力钢筋按配置的位置固定在钢筋骨架上之后浇筑混凝土,待混凝土达到规定强度后即可张拉。

后张无粘结预应力混凝土与后张有粘结预应力混凝土相比,有以下特点:

(1) 无粘结预应力混凝土不需要留孔、穿筋和灌浆,简化施工工艺,又可在工厂制作,减少现场施工工序。

(2) 如果忽略摩擦的影响,无粘结预应力混凝土中预应力钢筋的应力沿全长是相等的,在单一截面上与混凝土不存在应变协调关系,当截面混凝土开裂时对混凝土没有约束作用,裂缝疏而宽,挠度较大,需设置一定数量的非预应力钢筋以改善构件的受力性能。

(3) 无粘结预应力混凝土的预应力钢筋完全依靠端头锚具来传递预压力,所以对锚具的质量及防腐蚀要求较高。

后张法是依靠钢筋端部的锚具来传递预加应力的。制作后张法预应力结构及构件不需要台座,常用千斤顶张拉钢筋。后张法的锚具永远安置在构件上,起着传递预应力的作用,故又称为工作锚具。

3. 两种张拉方式的区别

先张法需要有张拉和临时固定钢筋的台座,因此初期投资费用较大。但先张法施工工序简单,钢筋靠粘结力自锚,在构件上不需设永久性锚具,临时固定的锚具都可以重复使用。因此在大批量生产时先张法构件比较经济,质量易保证。为了便于吊装运输,先张法适用于在预制厂大批制作中、小型构件,如预应力混凝土楼板、屋面板、梁等。

后张法构件不需要台座,可以在工厂预制,也可以在现场施工,应用比较灵活,但是对构件施加预应力需要逐个进行,操作比较麻烦。后张法构件是依靠其两端的锚具锚住预应力钢筋并传递预应力的,锚具作为构件的一部分,是永久性的,不能重复使用,因此用钢量大,成本比较高。后张法适用于在施工现场制作大型构件,如预应力屋架、吊车梁、大跨度桥梁等。

先张法一般只适用于直线或折线形预应力钢筋,后张法既适用于直线预应力钢筋,又适用于曲线预应力钢筋。

先张法与后张法的本质区别在于对混凝土构件施加预应力的途径,先张法是通过预应力筋与混凝土间的粘结作用来施加预应力,后张法则通过锚具直接施加预应力。

10.1.5　锚具与孔道成型材料

夹具和锚具是在制作预应力构件时锚固预应力钢筋的工具。一般认为,当预应力构件制成后能够取下重复使用的称夹具,而留在构件上不再取下的称锚具。夹具和锚具主要依靠摩阻、握裹和承压锚固来夹住或锚住钢筋。夹具和锚具对构件建立有效预应力起着至关重要的作用。工程中对锚具的基本要求为受力安全可靠、预应力损失小、构造简单、使用方便以及价格低廉等。

1. 锚具

锚具的种类很多,目前常用的有螺丝端杆锚具、墩头锚具、锥形锚具以及夹片锚具等。根据锚具的工作原理可以分为两大类:一类是用螺丝、焊接、墩头等方法为钢筋制造一个扩大的端头,在锚板、垫板等的配合下阻止钢筋回缩;另一类则是利用钢筋回缩带动锥形或楔形的锚塞、夹片等一起移动,使之挤紧在锚环的锥形内壁上,同时,挤压力也使锚塞或夹片紧紧挤住钢筋,产生极大的摩擦力,甚至使钢筋变形,从而阻止钢筋的回缩。

1) 支撑式锚具

(1) 螺丝端杆锚具

图 10-4 所示为两种常用的螺丝端杆锚具,图 10-4(a)用于粗钢筋,由螺杆、螺帽、垫板组成,螺杆焊于预应力钢筋的端部。图 10-4(b)用于钢丝束,由锥形螺杆、套筒、螺帽、垫板组成,通过套筒紧紧地将钢丝束与锥形螺杆挤压成一体。预应力钢筋或钢丝束张拉完毕时,旋紧螺帽使其锚固。有时因螺杆中螺纹长度不够或预应力钢筋伸长过大,则需在螺帽下增放垫板,以便能旋紧螺帽。

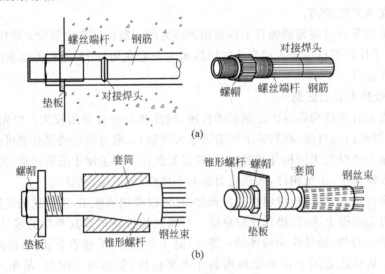

图 10-4　螺丝端杆锚具

螺丝端杆锚具通常用于后张法构件的张拉端,对于先张法或后张法构件的固定端同样也可使用。这种锚具的优点是比较简单、滑移小和便于再次张拉;缺点是对预应力钢筋长度的精度要求高,不能太长或太短,否则螺纹长度不够用。需要特别注意焊接接头的质量,以防止发生脆断。

(2) 墩头锚具

图 10-5 所示为两种墩头锚具,图 10-5(a)所示为用于预应力钢筋的张拉端,图 10-5(b)所示为用于预应力钢筋的固定端,通常为后张法构件的钢丝束所采用。

墩头锚具张拉端采用锚杯,固定端采用锚板。先将钢丝端头墩粗成球形,穿入锚杯孔内,边张拉边拧紧锚杯的螺帽。每个锚具可同时锚固几根到 100 多根 5~7mm 的高强钢丝,也可用于单根粗钢筋。对于先张法构件的单根应力钢丝,有时也在固定端采用,即将钢丝的一端墩粗,将钢丝穿过台座或钢模上的锚孔,在另一端进行张拉。

预应力钢筋的预拉力依靠墩头的承压力传到锚杯,依靠螺纹上的承压力传到螺帽,再经

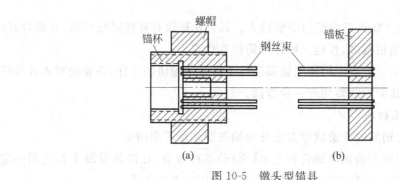

图 10-5　镦头型锚具

（a）张拉端镦头锚；（b）固定端镦头锚

过垫板传到混凝土构件上。

这种锚具的锚固性能可靠，锚固力大，施工比较方便，它对钢筋或钢丝束下料长度的精度要求较高，否则钢筋（丝）将受力不均。

2）锚块锚塞型锚具

（1）锥形锚具

锥形锚具，又称弗式锚，如图 10-6 所示，包括锚环和锚塞（又称锥销）。这种锚具是用于锚固多根直径为 5mm、7mm、8mm、12mm 的平行钢丝束，或锚固多根直径为 12.7mm、15.2mm 的平行钢绞线束。锚具由锚环和锚塞两部分组成，锚环在构件混凝土浇灌前埋置在构件端部，锚塞中间有小孔作锚固后灌浆用。由双作用千斤顶张拉钢丝后将锚塞顶压入锚圈内，利用钢丝在锚塞与锚圈之间的摩擦力锚固钢丝。

锥形锚具的优点是锚固方便，横截面积小，便于在梁体上分散布置。缺点是锚固时钢筋回缩量大，预应力损失大，不易保证每根钢筋或钢丝中的应力均匀，不能重复张拉或接长，钢筋设计长度要受到千斤顶行程的限制。

（2）夹片锚具

图 10-7 所示为 JM-12 型锚具，这种锚具由锚环和夹片组成，可锚固钢绞线或钢丝束。每套锚具由一个锚环和若干个夹片组成，钢绞线在每个孔道内通过有牙齿的钢夹片夹住。可以根据需要，每套锚具锚固数根直径为 15.2mm 或 12.7mm 的钢绞线。由于近年来在大跨度预应力混凝土结构中大都采用钢绞线，因此夹片锚具的使用也日益增多。国内常见的夹片式锚具有 JM、XM、QM、YM 及 OVM 系列锚具，可锚固由几根至几十根钢绞线组成的钢束，因此夹片锚具又称为群锚。

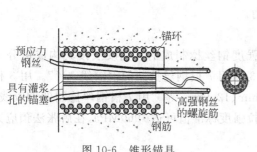

图 10-6　锥形锚具

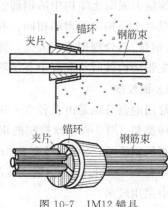

图 10-7　JM12 锚具

JM-12 型锚具的主要缺点是钢筋内缩量较大。其余几种锚具有锚固较可靠、互换性好、自锚性能强、张拉钢筋的根数多,且施工操作较简便等优点。

近年来,我国对预应力混凝土构件的锚具进行了大量试验研制工作,主要是对夹片等进行了改进和调整,使其锚固性能得到进一步提高。

2. 孔道成型与灌浆材料

后张有粘结预应力钢筋的孔道成型方法分为抽拔型和预埋型两类。

抽拔型是在浇筑混凝土前预埋钢管和充水(充压)的橡胶管,在浇筑混凝土并达到一定强度后拔抽出预埋管,形成预留在混凝土中的孔道。适用于直线孔道。

预埋型是在浇筑混凝土前预埋金属波纹管(或塑料波纹管),浇筑混凝土后不再拔出而永久留在混凝土中形成孔道。该方法适用于各种线形孔道。

预留孔道的灌浆材料应具有流动性、密实性和微膨胀性,一般采用 32.5 或 32.5 以上标号的普通硅酸盐水泥,水灰比为 0.4～0.45,宜掺入适量的膨胀剂。当预留孔道的直径大于 150mm 时,可在水泥浆中掺入不超过水泥用量 30％的细砂或研磨很细的石灰石。

10.1.6　预应力混凝土材料

1. 混凝土

预应力混凝土结构构件所用的混凝土,需满足下列要求。

(1) 强度高。与钢筋混凝土不同,预应力混凝土必须采用强度高的混凝土。因为对于先张法构件,采用强度高的混凝土可提高钢筋与混凝土之间的粘结力;对采用后张法的构件,可提高锚固端的局部受压承载力。因此,规范规定,预应力混凝土构件的混凝土强度等级不宜低于 C40,且不应低于 C30。

(2) 收缩、徐变小。应采用收缩、徐变小的混凝土,以减少因收缩、徐变引起的预应力损失。

(3) 快硬、早强。可尽早施加预应力,加快台座、锚具、夹具的周转率,以加速施工进度,降低管理费用。为了保证预压区混凝土不被压坏,同时保证构件端部局部受压承载力,规范规定,施加预应力时,所需的混凝土立方体抗压强度应经计算确定,且不宜低于设计混凝土强度等级的 75％。

2. 钢材

预应力混凝土结构中的钢筋包括预应力钢筋和非预应力钢筋。非预应力钢筋的选用与钢筋混凝土结构中的钢筋相同。我国目前用于预应力混凝土构件中的预应力钢材主要有钢绞线、钢丝、热处理钢筋三大类。此外,预应力钢筋还应具有一定的塑性、良好的可焊性以及用于先张法构件时与混凝土有足够的粘结力。

1) 钢绞线

常用的钢绞线是由直径 5～6mm 的高强度钢丝捻制成的。钢绞线按其构成可分为以下两种类型:用 3 根钢丝捻制的钢绞线 1×3 和用 7 根钢丝捻制的钢绞线 1×7。用 3 根钢丝捻制的钢绞线,公称直径有 8.6mm、10.8mm、12.9mm 等。用 7 根钢丝捻制的钢绞线,公称直径有 9.5～21.6mm。钢绞线的极限抗拉强度标准值可达 1960MPa,在后张法预应力混凝土中采用较多。

钢绞线经最终热处理后以盘或卷供应,每盘钢绞线应由一整根组成,成品的钢绞线表面不得带有润滑剂、油渍等,以免降低钢绞线与混凝土之间的粘结力。钢绞线表面允许有轻微的浮锈,但不得锈蚀出现麻坑。

2) 钢丝

按加工状态可分为冷拉钢丝及消除应力钢丝两种,消除应力钢丝按松弛性能又分为低松弛级钢丝和普通松弛级钢丝。按外形分有光圆钢丝、螺旋肋钢丝、刻痕钢丝。钢丝的公称直径有 5mm、7mm 和 9mm,其极限抗拉强度标准值可达 1570MPa。钢丝表面不得有裂纹,也不允许有影响使用的拉痕、机械损伤、油污等。

3) 预应力螺纹钢筋

预应力螺纹钢筋是一种热轧成带有不连续的外螺纹的直条钢筋,该钢筋在任意截面处,均可用带有匹配形状的内螺纹的连接器或锚具进行连接。预应力螺纹钢筋以屈服强度划分级别,其代号为"PSB"加上规定屈服强度最小值表示。"P""S""B"分别为 Prestressing、Screw、Bars 的英文首位字母。钢筋外形采用螺纹状无纵肋且钢筋两侧螺纹在同一螺旋线上,钢筋的公称直径为 18~50mm。极限抗拉强度标准值可达 1230MPa。钢筋表面不得有横向裂纹、结疤、折叠。

10.2 张拉控制应力与预应力损失

10.2.1 张拉控制应力 σ_{con}

张拉控制应力是指预应力钢筋在进行张拉时需要达到的应力值,其值为张拉设备(如千斤顶油压表)所指示的总张拉力除以预应力钢筋截面面积所得的应力值,以 σ_{con} 表示。

根据预应力的基本原理,如果张拉控制应力取值过低,则预应力钢筋经过各种损失后,对混凝土产生的预压应力过小,不能有效地提高预应力混凝土构件的抗裂度和刚度。如果张拉控制应力取值过高,则可能引起以下的问题。

(1) 易产生脆断。张拉控制应力越大,构件抗裂能力越好,出现裂缝越晚,开裂荷载也越接近构件破坏荷载,一旦出现裂缝,构件即达到承载能力极限状态。

(2) 张拉控制应力越大,受弯构件预应力反拱亦越大,可能在构件上部出现裂缝,而与构件使用阶段出现的下部裂缝相贯通。有时甚至由于混凝土的徐变,使构件反拱继续增大而发生破坏。

(3) 张拉控制应力相对过大,则在张拉过程中,由于材质不均匀,个别软钢钢筋可能超过其实际的屈服强度而变形过大,甚至失去回缩能力;当为硬钢时,个别钢筋则可能被拉断。

(4) 张拉控制应力过大,后张法端头局部容易出现裂缝或产生受压破坏。

张拉控制应力值大小的确定,还与预应力钢筋的钢种有关:由于预应力混凝土采用的都是高强度钢筋,塑性较差,故控制应力不能取得太高。

根据长期积累的设计和施工经验,《混凝土结构设计规范》(GB 50010—2010)规定,消除应力钢丝、钢绞线、中强度预应力钢丝的张拉控制应力值不应小于 $0.4f_{ptk}$;预应力螺纹钢筋的张拉应力控制值不宜小于 $0.5f_{pyk}$。且有如下规定。

对于消除应力钢丝、钢绞线，$\sigma_{con} \leqslant 0.75 f_{ptk}$；

对于中强度预应力钢丝，$\sigma_{con} \leqslant 0.70 f_{ptk}$；

对于预应力螺纹钢筋，$\sigma_{con} \leqslant 0.85 f_{pyk}$

式中　f_{ptk}——预应力筋极限强度标准值；

　　　f_{pyk}——预应力螺纹钢筋屈服强度标准值。

当符合下列情况之一时，上述规定的张拉控制应力限值可提高 $0.05 f_{ptk}$ 或 $0.05 f_{pyk}$：

（1）要求提高构件在施工阶段的抗裂性能而在使用阶段受压区内设置的预应力钢筋；

（2）要求部分抵消由于应力松弛、摩擦、钢筋分批张拉以及预应力钢筋与张拉台座之间的温差等因素产生的预应力损失。

10.2.2　预应力损失的分类

预应力钢筋的张拉应力在构件的施工及使用过程中，由于张拉工艺和材料特性等原因而不断降低，称为预应力损失。引起预应力损失的因素很多，工程设计中为简化起见，将各种损失值分项计算，然后叠加。下面分项讨论各种损失的计算方法。

1. 锚具变形和钢筋内缩引起的预应力损失 σ_{l1}

当预应力直线钢筋张拉到 σ_{con} 后，在张拉端临时固定或锚固在台座或构件上时，由于锚具的微小滑动、垫板与构件之间的缝隙被挤紧，使得被拉紧的钢筋内缩引起预应力损失值 σ_{l1}。

1）直线预应力钢筋 σ_{l1}

按式（10-1）计算：

$$\sigma_{l1} = \frac{a}{l} E_p \tag{10-1}$$

式中　a——张拉端锚具变形和钢筋内缩值（mm），按表 10-1 取用；

　　　l——张拉端与锚固端之间的距离，mm；

　　　E_p——预应力钢筋的弹性模量（MPa），按附录表 A-9 取用。

表 10-1　锚具变形和钢筋内缩值 a 　　　　　　　mm

锚 具 类 别		a
支承式锚具（钢丝束镦头锚具等）	螺帽缝隙	1
	每块后加垫板的缝隙	1
夹片式锚具	有顶压时	5
	无顶压时	6～8

注：（1）表中的锚具变形和钢筋内缩值也可根据实测数据确定；

　　（2）其他类型的锚具变形和钢筋内缩值应根据实测数据确定。

锚具损失只考虑张拉端，至于锚固端，因在张拉过程中已被挤紧，故不考虑其所引起的应力损失。

对于块体拼成的结构，其预应力损失尚应考虑块体间填缝材料的预压变形。当采用混凝土或砂浆填缝材料时，每条填缝的预压变形值应取 1mm。

减少 σ_{l1} 损失的措施有以下几点：

（1）选择锚具变形小或使预应力钢筋内缩小的锚具、夹具，并尽量少用垫板，因每增加一块垫板，a 值就增加 1mm；

（2）增加台座长度。因 σ_{l1} 值与台座长度成反比，采用先张法生产的构件，当台座长度为 100m 以上时，σ_{l1} 可忽略不计。

2）后张法构件曲线预应力筋

后张法构件曲线预应力筋或折线预应力筋由于锚具变形和预应力筋内缩引起的预应力损失值 σ_{l1}（见图 10-8），应根据曲线预应力筋或折线预应力筋与孔道壁之间反向摩擦影响长度 l_f 范围内的预应力筋变形值等于锚具变形和预应力筋内缩值的条件确定，反向摩擦系数可按表 10-2 中的数值采用。

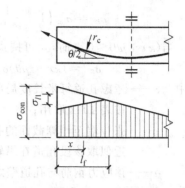

图 10-8　圆弧曲线形预应力钢筋的预应力损失 σ_{l1} 计算示意图

表 10-2　摩擦系数

孔道成型方式	κ	μ	
		钢绞线、钢丝束	预应力螺纹钢筋
预埋金属波纹管	0.0015	0.25	0.50
预埋塑料波纹管	0.0015	0.15	—
预埋钢管	0.0010	0.30	—
抽芯成型	0.0014	0.55	0.60
无粘结预应力筋	0.0040	0.09	—

对于通常采用的抛物线形预应力钢筋可近似按圆弧形曲线预应力筋考虑。当其对应的圆心角 $\theta \leqslant 45°$ 时（对无粘结预应力筋 $\theta \leqslant 90°$），预应力损失值 σ_{l1} 可按下列公式计算：

$$\sigma_{l1} = 2\sigma_{con} l_f \left(\frac{\mu}{r_c} + \kappa \right) \left(1 - \frac{x}{l_f} \right) \tag{10-2}$$

$$l_f = \sqrt{\frac{aE_s}{1000\sigma_{con}\left(\dfrac{\mu}{r_c} + \kappa\right)}} \tag{10-3}$$

式中　x——张拉端至计算截面的距离（m），可近似取该段孔道在纵轴上的投影长度且应符合 $x \leqslant l_f$ 的规定；

　　　l_f——反向摩擦影响长度；

　　　μ——预应力钢筋与孔道壁之间的摩擦系数，按表 10-2 取用；

　　　r_c——圆弧形曲线预应力钢筋的曲率半径，m；

　　　κ——考虑孔道每米长度局部偏差的摩擦系数，按表 10-2 取用。

2. 预应力钢筋与孔道壁之间的摩擦引起的预应力损失 σ_{l2}

采用后张法张拉直线预应力钢筋时，预应力钢筋的表面形状，孔道成型质量，预应力钢筋的焊接外形质量等情况，使钢筋在张拉过程中与孔壁接触而产生摩擦阻力。这种摩擦阻力距离预应力张拉端越远，影响越大，使构件各截面上的实际预应力有所减少，称为摩擦损失，以 σ_{l2} 表示，图 10-9 为预应力钢筋与孔道壁之间的摩擦引起的预应力损失 σ_{l2} 计算示意图。σ_{l2} 可用式（10-4）进行计算：

$$\sigma_{l2} = \sigma_{con}\left(1 - \frac{1}{e^{\kappa x + \mu\theta}}\right) \qquad (10\text{-}4)$$

当 $(\kappa x + \mu\theta) \leqslant 0.3$ 时，σ_{l2} 可按式(10-5)计算：

$$\sigma_{l2} = (\kappa x + \mu\theta)\sigma_{con} \qquad (10\text{-}5)$$

式中　　κ——考虑孔道每米长度局部偏差的摩擦系数，
　　　　　　　按表 10-2 取用；

　　　　　x——张拉端至计算截面的孔道长度(m)，亦可
　　　　　　　近似取该段孔道在纵轴上的投影长度；

　　　　　μ——预应力钢筋与孔道壁之间的摩擦系数，按
　　　　　　　表 10-2 取用；

　　　　　θ——从张拉端至计算截面曲线孔道部分切线
　　　　　　　的夹角，rad。

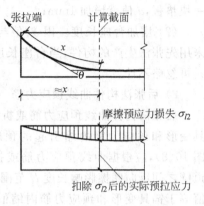

图 10-9　预应力摩擦损失计算

减少 σ_{l2} 损失的措施有以下几点。

(1) 对于较长的构件，可在两端进行张拉，则计算中孔道长度可按构件的一半长度计算。比较图 10-10(a)及(b)，两端张拉可减少摩擦损失是显而易见的。但这个措施将引起 σ_{l1} 的增加，应用时需加以注意。

(2) 采用超张拉，如图 10-10(c)所示，张拉程序如下：$1.1\sigma_{con} \xrightarrow{\text{停 2min}} 0.85\sigma_{con} \xrightarrow{\text{停 2min}}$ σ_{con}。当张拉端 A 超张拉 10% 时，钢筋中的预拉应力将沿 EHD 分布。当张拉端的张拉应力降低至 $0.85\sigma_{con}$ 时，由于孔道与钢筋之间产生反向摩擦，预应力将沿 $FGHD$ 分布。当张拉端再次张拉至 σ_{con} 时，则钢筋中的应力将沿 $CGHD$ 分布，显然比图 10-10(a)所建立的预拉应力更均匀，预应力损失也较小。

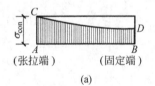

(a)

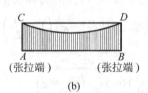

(b)

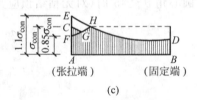

(c)

图 10-10　一端张拉、两端张拉及超张拉对减少摩擦损失的影响

3. 混凝土加热养护时预应力钢筋与张拉台座间温差引起的预应力损失 σ_{l3}

用先张法生产预应力构件时，为了缩短生产周期，浇灌混凝土后常采用蒸汽养护的办法加速混凝土的凝结。升温时，钢筋受热膨胀，而张拉台座与大地相接，表面大部分又暴露于空气之中，加热温度对其影响甚小，可认为台座温度基本不变，故预应力钢筋与张拉台座间形成温差。预应力钢筋呈张紧状态被锚固在台座上，受热后不能自由膨胀，因此钢筋内部张紧状态降低，这就是由于温差引起的预应力损失 σ_{l3}。

设混凝土加热养护时，受张拉的预应力钢筋与承受拉力的设备(台座)之间的温差为 $\Delta t(℃)$，钢筋的线膨胀系数为 $\alpha = 0.0001/℃$，则 σ_{l3} 可按式(10-6)计算：

$$\sigma_{l3} = \varepsilon_s E_s = \frac{\Delta l}{l}E_s = \frac{\alpha l \Delta t}{l}E_s = \alpha E_s \Delta t = 0.00001 \times 2.0 \times 10^5 \times \Delta t = 2\Delta t \quad (\text{MPa})$$

$$(10\text{-}6)$$

可见，蒸汽养护时，如果温度立即增大 70~80℃，由温差造成的预应力损失将达到

140~160MPa。

减少 σ_{l3} 损失的措施有以下几点。

（1）采用两次升温养护。先在常温下养护,待混凝土强度达到一定强度等级,如达 C7.5~C10 时,再逐渐升温至规定的养护温度,这时可认为钢筋与混凝土已结成整体,能够一起胀缩而不引起应力损失。

（2）钢模上张拉预应力钢筋。由于预应力钢筋是锚固在钢模上的,升温时两者温度相同,可以不考虑此项损失。

4. 预应力钢筋应力松弛引起的预应力损失 σ_{l4}

预应力钢筋在高应力下,若长度保持不变,随时间的增长,钢筋的应力会逐渐降低,这种现象称为钢筋的应力松弛。一般来说,张拉应力越大、温度越高,松弛量也越大,钢筋应力松弛损失 σ_{l4} 也随之增加。《混凝土结构设计规范》(GB 50010—2010) 对 σ_{l4} 的规定有以下几点。

1) 对预应力钢丝、钢绞线的规定

普通松弛:

$$\sigma_{l4} = 0.4\left(\frac{\sigma_{con}}{f_{ptk}} - 0.5\right)\sigma_{con} \tag{10-7}$$

低松弛:

当 $\sigma_{con} \leqslant 0.7 f_{ptk}$ 时,

$$\sigma_{l4} = 0.125\left(\frac{\sigma_{con}}{f_{ptk}} - 0.5\right)\sigma_{con} \tag{10-8}$$

当 $0.7 f_{ptk} < \sigma_{con} \leqslant 0.8 f_{ptk}$ 时,

$$\sigma_{l4} = 0.2\left(\frac{\sigma_{con}}{f_{ptk}} - 0.575\right)\sigma_{con} \tag{10-9}$$

2) 对中强度预应力钢丝的规定

$$\sigma_{l4} = 0.08\sigma_{con} \tag{10-10}$$

3) 对预应力螺纹钢筋的规定

$$\sigma_{l4} = 0.03\sigma_{con} \tag{10-11}$$

当取用上述超张拉的应力松弛损失值时,张拉程序应符合现行《混凝土结构工程施工质量验收规范》(GB 50204—2015) 的要求。

对于预应力钢丝、钢绞线,当 $\sigma_{con}/f_{ptk} \leqslant 0.5$ 时,预应力钢筋的应力松弛损失值可取为零。

试验表明,钢筋应力松弛与下列因素有关:

（1）应力松弛与时间有关,开始阶段发展较快,1h 内松弛损失可达全部松弛损失的 50% 左右,24h 后可达 80% 左右,以后发展缓慢;

（2）应力松弛损失与钢材品种有关,热处理钢筋的应力松弛值比钢丝、钢绞线的小;

（3）张拉控制应力值高,应力松弛大;反之,则小。

减少 σ_{l4} 损失的措施如下:进行超张拉,先控制张拉应力达 $1.05\sigma_{con} \sim 1.1\sigma_{con}$,持荷 2~5min 后卸荷,再施加张拉应力至 σ_{con},这样可以减少松弛引起的预应力损失。因为在高应力短时间所产生的松弛损失可达到在低应力下需经过较长时间才能完成的松弛数值,所以,经过超张拉,部分松弛损失业已完成。钢筋松弛与初应力有关,当初应力小于 $0.7 f_{ptk}$

时,松弛与初应力呈线性关系,初应力高于 $0.7f_{ptk}$ 时,松弛显著增大。

5. 混凝土收缩、徐变的预应力损失 σ_{l5}、σ'_{l5}

混凝土在一般温度条件下结硬时会发生体积收缩,而在预应力作用下,混凝土会沿压力方向发生徐变。两者均使构件缩短,预应力钢筋也随之内缩,造成预应力损失。收缩与徐变虽是两种性质完全不同的现象,但它们的影响因素、变化规律较为相似,故《混凝土结构设计规范》(GB 50010—2010)将这两项预应力损失合在一起考虑。

混凝土收缩、徐变引起受拉区纵向预应力钢筋的预应力损失 σ_{l5} 和受压区纵向预应力钢筋的预应力损失 σ'_{l5} 可按下列公式计算。

1) 对一般情况

先张法构件:

$$\sigma_{l5} = \frac{60 + 340\dfrac{\sigma_{pc}}{f'_{cu}}}{1 + 15\rho} \tag{10-12}$$

$$\sigma'_{l5} = \frac{60 + 340\dfrac{\sigma'_{pc}}{f'_{cu}}}{1 + 15\rho'} \tag{10-13}$$

后张法构件:

$$\sigma_{l5} = \frac{55 + 300\dfrac{\sigma_{pc}}{f'_{cu}}}{1 + 15\rho} \tag{10-14}$$

$$\sigma'_{l5} = \frac{55 + 300\dfrac{\sigma'_{pc}}{f'_{cu}}}{1 + 15\rho'} \tag{10-15}$$

式中　σ_{pc}、σ'_{pc}——受拉区、受压区预应力钢筋在各自合力点处混凝土法向压应力;预应力损失值仅考虑混凝土预压前(第一批)的损失,其非预应力钢筋中的应力 σ_{l5}、σ'_{l5} 值应取零;σ_{pc}、σ'_{pc} 值不得大于 $0.5f'_{cu}$;当 σ'_{pc} 为拉应力时,式(10-13)、式(10-15)中的 σ'_{pc} 应取零,计算混凝土法向应力 σ_{pc}、σ'_{pc} 时可根据构件制作情况考虑自重的影响;

　　　　f'_{cu}——施加预应力时的混凝土立方体抗压强度;

　　　　ρ、ρ'——受拉区、受压区预应力钢筋和非预应力钢筋的配筋率;对先张法构件,$\rho = (A_p + A_s)/A_0$,$\rho' = (A'_p + A'_s)/A_0$;对后张法构件,$\rho = (A_p + A_s)/A_n$,$\rho' = (A'_p + A'_s)/A_n$;此处,$A_0$ 为混凝土换算截面面积,A_n 为混凝土净截面面积。对于对称配置预应力钢筋和非预应力钢筋的构件,配筋率 ρ、ρ' 应分别按钢筋总截面面积的一半进行计算。

由式(10-12)~式(10-15)可以看出以下情况:

(1) σ_{l5} 与相对初应力 σ_{pc}/f'_{cu} 为线性关系,公式所给出的是线性徐变条件下的应力损失,因此要求符合 $\sigma_{pc} < 0.5f'_{cu}$ 的条件。否则,导致预应力损失值显著增大。由此可见,过大的预加应力以及放张时过低的混凝土抗压强度均是不妥的。

(2) 对于后张法构件,σ_{l5} 的取值比先张法构件低,因为后张法构件在施加预应力时,混凝土的收缩已完成了一部分。

当结构处于年平均相对湿度低于 40% 的环境下,σ_{l5} 和 σ'_{l5} 将增加 30%。

减少 σ_{l5} 损失的措施有以下几点：

（1）采用高标号水泥，减少水泥用量，降低水灰比，采用干硬性混凝土；

（2）采用级配较好的骨料，加强振捣，提高混凝土的密实性；

（3）加强养护，以减少混凝土的收缩。

2）对重要的结构构件

当需要考虑与时间相关的混凝土收缩、徐变及钢筋应力松弛预应力损失值时，可按《混凝土结构设计规范》(GB 50010—2010)附录 K 进行计算。

6. 用螺旋式预应力钢筋作配筋的环形构件，由于混凝土的局部挤压引起的预应力损失 σ_{l6}

对于水管、储水池等圆形结构物，可采用后张法施加预应力。先用混凝土或喷射砂浆建造池壁，待池壁硬化达足够强度后，用缠丝机沿圆周方向把钢丝连续不断地缠绕在池壁上并加以锚固，最后围绕池壁敷设一层喷射砂浆作保护层。把钢筋张拉完毕并锚固后，由于张紧的预应力钢筋挤压混凝土，钢筋处构件的直径由原来的 d 减小到 d_1，一圈内钢筋的周长减小，预拉应力 σ_{l6} 下降，计算公式如下：

$$\sigma_{l6} = \frac{\pi d - \pi d_1}{\pi d}E_s = \frac{d - d_1}{d}E_s \tag{10-16}$$

由式(10-16)可见，构件的直径 d 越大，则 σ_{l6} 越小。因此，当 d 较大时，这项损失可以忽略不计。《混凝土结构设计规范》(GB 50010—2010)规定：当构件直径 $d \leqslant 3\mathrm{m}$ 时，σ_{l6} 取为 30MPa；当构件直径 $d > 3\mathrm{m}$ 时，$\sigma_{l6} = 0$。

10.2.3 预应力损失值的组合

1. 预应力损失值的组合

上述六项预应力损失，有的只发生在先张法构件中，有的只发生于后张法构件中，有的两种构件均有，而且是分批产生的。为了便于分析和计算，设计时可将预应力损失分为两批：①混凝土预压完成前出现的损失，称为第一批损失 σ_{lI}；②混凝土预压完成后出现的损失，称为第二批损失 σ_{lII}。先、后张法预应力构件在各阶段的预应力损失组合见表 10-3。

表 10-3　各阶段预应力损失值的组合

预应力损失值的组合	先张法构件	后张法构件
混凝土预压前(第一批)损失	$\sigma_{l1} + \sigma_{l2} + \sigma_{l3} + \sigma_{l4}$	$\sigma_{l1} + \sigma_{l2}$
混凝土预压后(第二批)损失	σ_{l5}	$\sigma_{l4} + \sigma_{l5} + \sigma_{l6}$

在先张法中，当预应力钢筋张拉完毕固定在台座上时，有应力松弛损失。而实际上，切断钢筋后，预应力钢筋与混凝土间靠粘结传力，在构件两端之间，预应力钢筋长度也基本保持不变，因此还要发生部分应力松弛损失。所以，先张法构件由于钢筋应力松弛引起的损失值 σ_{l4} 在第一批和第二批损失中均占一定比例，如需区分，可根据实际情况确定，一般将 σ_{l4} 全部计入第一批损失中。

2. 预应力总损失值的下限

考虑到预应力损失的计算与实际值可能存在一定差异，为确保预应力构件的抗裂性，《混凝土结构设计规范》(GB 50010—2010)规定，当计算求得的预应力总损失值 $\sigma_l = \sigma_{lI} + \sigma_{lII}$ 小于下列数值时,应按下列数据取用:先张法构件为100MPa;后张法构件为80MPa。

【例 10-1】 有一预应力混凝土轴心受拉构件见图 10-11,截面尺寸 240mm×260mm,构件长 24m,采用先张法,在 50m 台座上张拉,锚具变形和钢筋内缩值 $a=3$mm,混凝土强度等级为 C40,75% 强度放张。蒸汽养护的构件与台座间温度差 $\Delta T=20℃$。预应力筋采用 15 根直径 9mm 的螺旋肋消除应力钢丝(15ϕ^H9,$=954$mm²),$f_{ptk}=1570$MPa,张拉控制应力 $\sigma_{con}=0.75f_{ptk}$,一次张拉。试确定各项预应力损失并进行组合。

图 10-11 截面配筋图

解:(1)确定换算截面面积 A_0

C40 级混凝土的弹性模量 $E_c=3.25×10^4$MPa

螺旋肋消除应力钢丝的弹性模量 $E_s=2.05×10^5$MPa

螺旋肋钢丝与混凝土的弹性模量比值

$$\alpha_E=\frac{E_s}{E_c}=\frac{2.05×10^5MPa}{3.25×10^4MPa}=6.31$$

A_0 为扣除孔道后的混凝土全部截面面积,以及非预应力筋、预应力钢筋的截面面积换算成混凝土截面面积之和:

$$A_0=b×h+(\alpha_E-1)A_p=240mm×260mm+(6.31-1)×954mm^2=67466mm^2$$

(2)求张拉控制应力

$$\sigma_{con}=0.75f_{ptk}=0.75×1570MPa=1177.5MPa$$

(3)求锚具变形及钢筋内缩损失 σ_{l1}

$$\sigma_{l1}=\frac{a}{l}E_s=\frac{3mm}{50×10^3mm}×2.05×10^5MPa=12.3MPa$$

(4)求构件与台座间温差损失 σ_{l3}

$$\sigma_{l3}=2\Delta t=2×20=40(MPa)$$

(5)求预应力钢筋应力松弛损失 σ_{l4}(一次张拉)

$$\sigma_{l4}=0.4\left(\frac{\sigma_{con}}{f_{ptk}}-0.5\right)\sigma_{con}=0.4×(0.75-0.5)×1177.5MPa=117.8MPa$$

(6)第一批预应力损失

$$\sigma_{lI}=\sigma_{l1}+\sigma_{l2}+\sigma_{l3}+\sigma_{l4}=12.3MPa+40MPa+117.8MPa=170.1MPa$$

(7)求混凝土收缩和徐变损失 σ_{l5}

预应力钢筋的合力

$$N_{p0}=(\sigma_{con}-\sigma_{lI})A_p=(1177.5MPa-170.1MPa)×954mm^2=961060N$$

由预加力产生的混凝土法向应力

$$\sigma_{pc}=\frac{N_{p0}}{A_0}=\frac{961060N}{67466mm^2}=14.25MPa$$

$$f'_{cu}=0.75f_{cu}=0.75×40MPa=30MPa$$

$\frac{\sigma_{pc}}{f'_{cu}}=\frac{14.25MPa}{30MPa}=0.475<0.5$,符合线性徐变条件。

$$\rho=\frac{A_s+A_p}{2A_0}=\frac{954mm^2}{2×67466mm^2}=0.0071$$

$$\sigma_{l5} = \frac{60 + 340 \dfrac{\sigma_{pc}}{f'_{cu}}}{1 + 15\rho} = \frac{60 + 340 \times 0.475}{1 + 15 \times 0.0071}\text{MPa} = 200.2\text{MPa}$$

(8) 求第二批预应力损失 $\sigma_{l\mathrm{II}}$

$$\sigma_{l\mathrm{II}} = \sigma_{l5} = 200.2\text{MPa}$$

(9) 求总预应力损失 σ_l

$$\sigma_l = \sigma_{l\mathrm{I}} + \sigma_{l\mathrm{II}} = 170.1\text{MPa} + 200.2\text{MPa} = 370.3\text{MPa}$$

根据《混凝土结构设计规范》(GB 50010—2010)规定,先张法的预应力总损失值不得小于 100MPa。

$\sigma_l = 370.3\text{MPa} > 100\text{MPa}$,可行。

【例 10-2】 24m 预应力混凝土屋架下弦拉杆,如图 10-12 所示。混凝土采用 C60($E_c = 3.60 \times 10^4\text{MPa}$),截面 280mm× 180mm,每个孔道布置 4 束 $\phi^S 1 \times 7$,$d = 12.7\text{mm}$($A_p =$ 790mm²)普通松弛钢绞线,非预应力钢筋采用 HRB335($f_y =$ 300MPa),4 ϕ 12($A_s = 452\text{mm}^2$),采用后张法一端张拉钢筋,张拉控制应力 $\sigma_{con} = 0.75 f_{ptk}$,孔道直径为 $2\phi 5\text{mm}$,采用夹片式锚具,钢管抽芯成型,混凝土强度达到设计强度的 80% 时施加预应力。

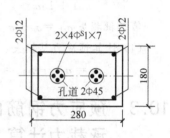

图 10-12 下弦拉杆配筋图

试计算:(1) 净截面面积 A_n,换算截面面积 A_0;(2) 预应力的总损失值。

解:(1) 求净截面面积 A_n、换算截面面积 A_0

预应力 $\alpha_E = \dfrac{E_p}{E_c} = \dfrac{1.95 \times 10^5 \text{MPa}}{3.60 \times 10^4 \text{MPa}} = 5.42$

非预应力 $\alpha_{E_s} = \dfrac{E_s}{E_c} = \dfrac{2.0 \times 10^5 \text{MPa}}{3.60 \times 10^4 \text{MPa}} = 5.56$

$A_n = A_c + \alpha_{E_s} A_s = \left(280\text{mm} \times 180\text{mm} - 2 \times \dfrac{\pi}{4} \times (45\text{mm})^2 - 452\text{mm}^2\right) + 5.56 \times 452\text{mm}^2$

$= 49280\text{mm}^2$

$A_0 = A_n + \alpha_E A_p = 49280\text{mm}^2 + 5.42 \times 790\text{mm}^2 = 53562\text{mm}^2$

张拉控制应力 $\sigma_{con} = 0.75 f_{ptk} = 0.75 \times 1860\text{MPa} = 1395\text{MPa}$。

(2) 计算第一批预应力损失

① 求锚具变形和钢筋内缩的损失

夹片式锚具变形和钢筋内缩值,$a = 5\text{mm}$,构件长 24m,则

$$\sigma_{l1} = \frac{a}{l} E_p = \frac{5\text{mm}}{24000\text{mm}} \times 1.95 \times 10^5 \text{MPa} = 40.63\text{MPa}$$

② 求孔道摩擦损失 σ_{l2}

$$\sigma_{l2} = \sigma_{con}(\mu\theta + kx) = 1395\text{MPa} \times (0 + 0.0014 \times 24) = 46.87\text{MPa}$$

第一批预应力损失 $\sigma_{l\mathrm{I}} = \sigma_{l1} + \sigma_{l2} = 40.63\text{MPa} + 46.87\text{MPa} = 87.5\text{MPa}$

(3) 计算第二批预应力损失

① 求预应力钢筋的应力松弛损失 σ_{l4}

$$\sigma_{l4} = 0.4\left(\frac{\sigma_{con}}{f_{ptk}} - 0.5\right)\sigma_{con} = 0.4 \times (0.75 - 0.5) \times 1395\text{MPa} = 139.5\text{MPa}$$

② 求混凝土收缩和徐变损失 σ_{l5}

$$\sigma_{\mathrm{pc\,I}} = (\sigma_{\mathrm{con}} - \sigma_{l1})\frac{A_{\mathrm{p}}}{A_{\mathrm{n}}} = (1395\mathrm{MPa} - 87.5\mathrm{MPa}) \times \frac{790\mathrm{mm}^2}{49280\mathrm{mm}^2} = 20.96\mathrm{MPa}$$

$$f'_{\mathrm{cu}} = 0.8 \times 60\mathrm{MPa} = 48\mathrm{MPa}$$

$$\frac{\sigma_{\mathrm{pc\,I}}}{f'_{\mathrm{cu}}} = \frac{20.96\mathrm{MPa}}{48\mathrm{MPa}} = 0.44 < 0.5$$

$$\rho = \frac{A_{\mathrm{p}} + A_{\mathrm{s}}}{2A_{\mathrm{n}}} = \frac{790\mathrm{mm}^2 + 452\mathrm{mm}^2}{2 \times 49280\mathrm{mm}^2} = 0.013$$

$$\sigma_{l5} = \frac{55 + 300\dfrac{\sigma_{\mathrm{pc}}}{f'_{\mathrm{cu}}}}{1 + 15\rho} = \frac{55 + 300 \times 0.44}{1 + 15 \times 0.013}\mathrm{MPa} = 156.48\mathrm{MPa}$$

第二批损失 $\sigma_{l\mathrm{II}} = \sigma_{l4} + \sigma_{l5} = 139.5\mathrm{MPa} + 156.48\mathrm{MPa} = 295.98\mathrm{MPa}$

（4）计算预应力总损失：

$$\sigma_l = \sigma_{l\mathrm{I}} + \sigma_{l\mathrm{II}} = 87.5\mathrm{MPa} + 295.98\mathrm{MPa} = 383.48\mathrm{MPa} > 80\mathrm{MPa}$$

10.3　预应力钢筋的传递长度和构件端部锚固区局部受压承载力计算

10.3.1　预应力钢筋的传递长度 l_{tr}

在先张法构件中，预应力是靠钢筋与混凝土之间的粘结力来传递的。当切断（或放松）预应力钢筋时，构件端部钢筋的应力为零，由端部向中间逐渐增大，经过一定长度后达到预应力值 σ_{pe}，如图 10-13 所示。预应力值为零到有效预应力区段的长度称为传递长度 l_{tr}。在此长度内，应力差值由钢筋与混凝土之间的粘结力来平衡。为了简化计算，《混凝土结构设计规范》(GB 50010—2010)规定可近似按直线考虑。先张法构件预应力钢筋的预应力传递长度 l_{tr} 应按下列公式计算：

$$l_{\mathrm{tr}} = \alpha\frac{\sigma_{\mathrm{pe}}}{f'_{\mathrm{tk}}}d \tag{10-17}$$

式中　σ_{pe}——放张时预应力钢筋的有效预应力；

d ——预应力钢筋的公称直径；

α ——预应力钢筋的外形系数，按表 2-2 采用；

f'_{tk}——与放张时混凝土立方体抗压强度 f'_{cu} 相应的轴心抗拉强度标准值，按附录表 A-2 以线性内插法确定。

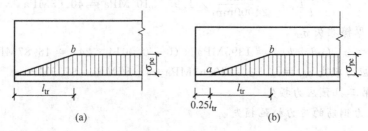

图 10-13　预应力钢筋的传递长度

《混凝土结构设计规范》(GB 50010—2010)规定,当采用骤然放松预应力的施工工艺时,对光面预应力钢丝,l_{tr} 的起点应从距构件末端 $0.25l_{tr}$ 处开始计算。

必须指出,先张法构件端部的预应力传递长度 l_{tr} 和预应力钢筋的锚固长度 l_a 是两个不同的概念。前者是指从预应力钢筋应力为零的端部到应力为 σ_{pe} 的这一段长度 l_{tr}。在正常使用阶段,对先张法构件端部进行抗裂验算时,应考虑 l_{tr} 内实际应力值的变化;而后者是当构件在外荷载作用下达到承载能力极限状态时,预应力钢筋的应力达到抗拉强度设计值 f_{py},为了使预应力钢筋不致被拔出,预应力钢筋应力从端部的零到 f_{py} 的锚固长度 l_a 应按下列公式计算:

$$l_a = \alpha \frac{f_{py}}{f_t}d \tag{10-18}$$

式中 f_{py}——预应力钢筋的抗拉强度设计值;

       f_t——混凝土轴心抗拉强度设计值,当混凝土强度等级大于 C40 时,按 C40 取值;

       d、α——含义与式(10-17)中相同。

当采用骤然放松预应力的施工工艺时,对光面预应力钢丝的锚固长度应从距构件末端 $0.25l_{tr}$ 处开始计算。

【例 10-3】 某先张法预应力混凝土构件,预应力筋为单根 7 股钢绞线若干根,其公称直径 d 为 15.2mm,$f_{ptk}=1800$MPa,$f_{py}=1320$MPa,放张时预应力筋的有效预应力 $\sigma_{pe}=700$MPa,混凝土强度等级为 C50,骤然放张时混凝土立方体抗压强度 f'_{cu} 为 C40。

求:(1) 预应力钢筋的锚固长度;

(2) 预应力钢筋的预应力传递长度;

(3) 骤然放张时预应力钢筋锚固长度开始计算点位置。

解:(1) $\alpha=0.17$,$f_{py}=1320$MPa,C50 混凝土 $f_t=1.89$MPa,$d=15.2$mm,

$$l_a = \alpha \frac{f_{py}}{f_t}d = 0.17 \times \frac{1320\text{MPa}}{1.89\text{MPa}} \times 15.2\text{mm} = 1805\text{mm}$$

(2) $\alpha=0.17$,放张时混凝土强度等级 C40,$f'_{tk}=f_{tk}=2.39$MPa,$\sigma_{pe}=700$MPa,$d=15.2$mm,

$$l_{tr} = \alpha \frac{\sigma_{pe}}{f'_{tk}}d = 0.17 \times \frac{700\text{MPa}}{2.39\text{MPa}} \times 15.2\text{mm} = 757\text{mm}$$

(3) 根据《混凝土结构设计规范》(GB 50010—2010),先张法构件采用骤然放松预应力筋施工工艺时,预应力筋的锚固长度应从距构件末端 $0.25 l_{tr}$ 处开始计算。

因 $l_{tr}=757$mm,所以 $0.25 l_{tr}=0.25 \times 757mm=189$mm。

10.3.2 后张法构件端部锚固区的局部承压承载力计算

在后张法构件中,预应力是通过构件端部锚具经垫板传递给混凝土的。一般垫板的受压面积小,而预压力较大,锚具下的混凝土将承受较大的局部压力,在局部压力的作用下,当混凝土强度或变形的能力不足时,构件端部会产生裂缝,甚至会发生局部受压破坏。

对后张法预应力混凝土构件,为了防止构件端部发生局部受压破坏,应进行施工阶段构件端部的局部受压承载力计算。在后张法构件的端部,预应力钢筋的回缩力通过锚具下的垫板压在混凝土上,由于通过锚具下垫板作用在混凝土上的面积 A_l(可按照压力沿锚具边缘在垫板中以 45°角扩散后传到混凝土的受压面积计算)小于构件端部的截面面积,因此构件端部混凝土是局部受压。这种很大的局部压力 F_l 需经过一段距离才能扩散到整个截面上从而产生均匀的预应压力,这段距离近似等于构件截面的高度,称为锚固区,如图 10-14 所示。

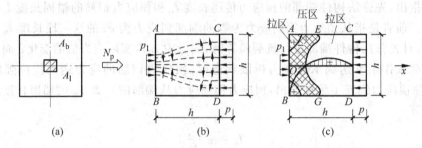

图 10-14　构件端部混凝土局部受压时的内力分布

锚固区内混凝土处于三向应力状态,除沿构件纵向的压应力 σ_x 外,还有横向应力 σ_y,后者在距端部较近处为侧向压应力而较远处则为侧向拉应力,如图 10-14 所示。当拉应力超过混凝土的抗拉强度时,构件端部将出现纵向裂缝,甚至导致局部受压破坏。通常在端部锚固区内配置方格网式或螺旋式间接钢筋,以提高局部受压承载力并控制裂缝宽度,但不能防止混凝土开裂。

试验表明,发生局部受压破坏时混凝土的强度值大于单轴受压时的混凝土强度值,增大的幅度与局部受压面积 A_l 周围混凝土面积的大小有关,这是由于 A_l 周围混凝土的约束作用所致。

1. 构件局部受压区截面尺寸

为了满足构件端部局部受压区的抗裂要求,防止该区段混凝土由于施加预应力而出现沿构件长度方向的裂缝,对于配置间接钢筋的混凝土结构构件,其局部受压区的截面尺寸应符合式(10-19)要求:

$$F_l \leqslant 1.35\beta_c\beta_l f_c A_{ln} \tag{10-19}$$

式中　F_l——局部受压面上作用的局部荷载或局部压力设计值,在后张法预应力混凝土构件中的锚头局压区,应取 $F_l = 1.2\sigma_{con}A_p$。

　　　f_c——混凝土轴心抗压强度设计值,在后张法预应力混凝土构件的张拉阶段验算中,应取相应阶段的混凝土立方体抗压强度 f'_{cu} 值,按附录表 A-1 线性内插法取用。

　　　β_c——混凝土强度影响系数。当混凝土强度等级不超过 C50 时,取 $\beta_c = 1.0$;当混凝土强度等级等于 C80 时,取 $\beta_c = 0.8$,其间按线性内插法取用。

　　　β_l——混凝土局部受压时的强度提高系数,$\beta_l = \sqrt{A_b/A_l}$。

　　　A_{ln}——混凝土局部受压净面积,对后张法构件,应在混凝土局部受压面积中扣除孔道、凹槽部分的面积。

　　　A_b——局部受压的计算底面积,可根据局部受压面积与计算底面积按同心、对称的原则确定,对常用情况可按图 10-15 取用。

　　　A_l——混凝土的局部受压面积;当有垫板时可考虑预压力沿锚具垫圈边缘在垫板中按 45°扩散后传至混凝土的受压面积,如图 10-15 所示。

当不满足式(10-19)时,应加大端部锚固区的截面尺寸、调整锚具位置或提高混凝土强度等级。

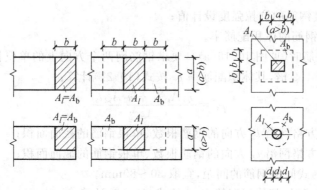

图 10-15 确定局部受压计算底面积 A_b

2. 局部受压承载力计算

在锚固区段配置间接钢筋(焊接钢筋网或螺旋式钢筋)可以有效地提高锚固区段的局部受压强度,防止局部受压破坏。当配置方格网式或螺旋式间接钢筋,且其核心面积 $A_{cor} \geqslant A_l$ 时,如图 10-16 所示。

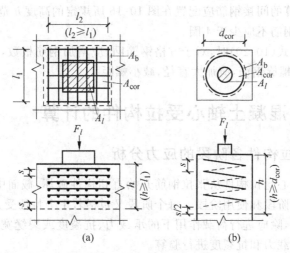

图 10-16 局部受压配筋
(a)方格网钢筋;(b)螺旋式钢筋

局部受压承载力应按下列公式计算:

$$F_l \leqslant 0.9(\beta_c \beta_l f_c + 2\alpha\rho_v\beta_{cor}f_{yv})A_{ln} \quad (10\text{-}20)$$

式中　F_l、β_c、β_l、f_c、A_{ln} 与式(10-19)的规定相同;

α——间接钢筋对混凝土约束的折减系数,其取值与螺旋配箍柱相同;具体见式(6-7)的规定;

β_{cor}——配置间接钢筋的局部受压承载力提高系数,$\beta_{cor} = \sqrt{\dfrac{A_{cor}}{A_l}}$,当 A_{cor} 大于 A_b 时,A_{cor} 取 A_b,当 A_{cor} 不大于混凝土局部受压面积 A_l 的 1.25 倍时,β_{cor} 取 1.0;

A_{cor}——方格网或螺旋式间接钢筋内表面范围以内的混凝土核心面积,应大于混凝土局部受压面积 A_l,其重心应与 A_l 的重心相重合,计算中按同心、对称的原则取值;

f_{yv}——间接钢筋的抗拉强度设计值；

ρ_v——间接钢筋的体积配筋率。

当为方格网配筋时(见图 10-16(a))，要求钢筋网两个方向上的单位长度内钢筋截面面积的比值不宜大于 1.5 倍，其体积配筋率 ρ_v 按式(10-21)计算：

$$\rho_v = \frac{n_1 A_{s1} l_1 + n_2 A_{s2} l_2}{A_{cor} s} \tag{10-21}$$

式中　n_1、A_{s1}——方格网沿 l_1 方向的钢筋根数、单根钢筋的截面面积；

　　　n_2、A_{s2}——方格网沿 l_2 方向的钢筋根数、单根钢筋的截面面积；

　　　s——方格网式间接钢筋的间距，宜取 30～80mm。

当为螺旋式配筋时，其体积配筋率 ρ_v 按式(10-22)计算：

$$\rho_v = \frac{4 A_{ss1}}{d_{cor} s} \tag{10-22}$$

式中　A_{ss1}——单根螺旋式间接钢筋的截面面积；

　　　d_{cor}——螺旋式间接钢筋内表面范围内的混凝土截面直径；

　　　s——螺旋式间接钢筋的间距，宜取 30～80mm。

按式(10-20)计算的间接钢筋应配置在图 10-16 所规定的高度 h 范围内，方格网钢筋不应少于 4 片，螺旋式钢筋不应少于 4 圈。

如验算不能满足式(10-20)时，对于方格钢筋网，应增加钢筋根数，加大钢筋直径，减小钢筋网的间距；对于螺旋钢筋，应加大直径，减小螺距。

10.4　预应力混凝土轴心受拉构件的计算

10.4.1　轴心受拉构件各阶段的应力分析

预应力混凝土轴心受拉构件从张拉钢筋开始直到构件破坏，截面中混凝土和钢筋应力的变化可以分为施工阶段和使用阶段。每个阶段又包括若干个特征受力过程，因此，在设计预应力混凝土构件时，除应进行荷载作用下的承载力、抗裂度或裂缝宽度计算外，还要对各个特征受力过程的承载力和抗裂度进行验算。

预应力构件施加外荷载前的阶段定义为施工阶段，施工阶段实质上是构件的制作阶段；预应力构件承受外荷载后的阶段定义为使用阶段。

1. 先张法构件

1) 施工阶段

(1) 在台座上张拉预应力钢筋到控制应力 σ_{con}

预应力钢筋的应力为 σ_{con}，总拉力为 $\sigma_{con} A_p$，非预应力钢筋不承担任何应力。如图 10-17(a)所示。

(2) 混凝土受到预压应力之前(放松预应力钢筋前)

张拉钢筋完毕，将预应力钢筋锚固在台座上，浇灌混凝土，蒸养构件。因锚具变形、温差和部分钢筋松弛而产生第一批预应力损失 σ_{lI}。如图 10-17(b)所示。

预应力钢筋的拉应力 $\sigma_{pe} = \sigma_{con} - \sigma_{lI}$

混凝土应力 $\sigma_{pc} = 0$

非预应力钢筋应力 $\sigma_s = 0$

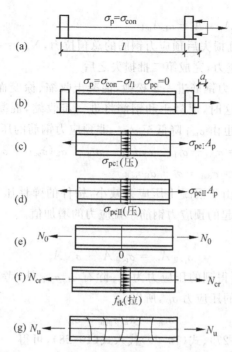

图 10-17　先张法轴拉构件截面应力变化示意图

（3）放松预应力钢筋、压缩混凝土

当混凝土达到 75％以上的强度设计值后，放松预应力钢筋，预应力钢筋回缩，钢筋与混凝土之间的粘结作用使得混凝土受到压缩，钢筋亦将随之缩短，钢筋的张拉应力减小。在图 10-17(c)中，设放松钢筋时混凝土所获得的预压应力为 σ_{pcI}，由于钢筋与混凝土两者的变形协调，则预应力钢筋的拉应力相应减小了 $\sigma_{pcI} E_p/E_c = \alpha_E \sigma_{pcI}$。截面应力分析如下：

预应力钢筋的拉应力

$$\sigma_{peI} = \sigma_{con} - \sigma_{lI} - \alpha_E \sigma_{pcI} \tag{10-23}$$

非预应力钢筋也得到预压应力

$$\sigma_{sI} = \alpha_{E_s} \sigma_{pcI} \tag{10-24}$$

式中　α_E、α_{E_s}——预应力钢筋或非预应力钢筋的弹性模量与混凝土弹性模量之比，$\alpha_E = E_p/E_c$，$\alpha_{E_s} = E_s/E_c$。

由力的平衡条件得

$$\sigma_{peI} A_p = \sigma_{pcI} A_c + \sigma_{sI} A_s \tag{10-25}$$

将 σ_{peI} 和 σ_{sI} 的表达式（10-23）、式（10-24）代入上式，可得

$$\sigma_{pcI} = \frac{(\sigma_{con} - \sigma_{lI}) A_p}{A_c + \alpha_{E_s} A_s + \alpha_E A_p} = \frac{N_{pI}}{A_n + \alpha_E A_p} = \frac{N_{pI}}{A_0} \tag{10-26}$$

式中　A_c——扣除预应力钢筋和非预应力钢筋截面面积后的混凝土截面面积；

　　　A_0——换算截面面积（混凝土截面面积 A_c 以及全部纵向预应力钢筋和非预应力钢筋换算成的混凝土截面面积），即 $A_0 = A_c + \alpha_{E_s} A_s + \alpha_E A_p$，对由不同混凝土强度等级组成的截面，应根据混凝土弹性模量比值换算成同一混凝土强度等级的截面面积；

　　　A_n——净截面面积（换算截面面积减去全部纵向预应力钢筋截面换算成的混凝土截

面面积),即 $A_n = A_0 - \alpha_E A_p$;

N_{pI}——完成第一批损失后预应力钢筋的总预拉力,$N_{pI} = (\sigma_{con} - \sigma_{lI})A_p$。

(4) 混凝土受到预压应力,完成第二批损失之后

随着时间的增长,预应力钢筋进一步松弛,混凝土收缩、徐变而产生第二批预应力损失 σ_{lII},如图 10-17(d)所示。这时,混凝土和钢筋将进一步收缩,混凝土压应力由 σ_{pcI} 降低至 σ_{pcII},预应力钢筋的拉应力也由 σ_{peI} 降低至 σ_{peII},非预应力钢筋的压应力降至 σ_{sII},于是

$$\sigma_{peII} = \sigma_{con} - \sigma_{lI} - \alpha_E \sigma_{pcI} - \sigma_{lII} + \alpha_E(\sigma_{pcI} - \sigma_{pcII})$$
$$= \sigma_{con} - \sigma_l - \alpha_E \sigma_{pcII} \tag{10-27}$$

式中 $\alpha_E(\sigma_{pcI} - \sigma_{pcII})$——由于混凝土压应力减小,构件的弹性压缩有所恢复,其差值所引起的预应力钢筋中拉应力的增加值。

由力的平衡条件得

$$\sigma_{peII} A_p = \sigma_{pcII} A_c + \sigma_{sII} A_s \tag{10-28}$$

此时,非预应力钢筋所得到的压应力为 σ_{sII} 除有 $\alpha_{E_s}\sigma_{pcII}$ 外,考虑到因混凝土收缩、徐变而在非预应力钢筋中产生的压应力 σ_{l5},所以

$$\sigma_{sII} = \alpha_{E_s}\sigma_{pcII} + \sigma_{l5} \tag{10-29}$$

将 σ_{peII} 和 σ_{sII} 的表达式(10-27)、式(10-29)代入式(10-28),可得

$$\sigma_{pcII} = \frac{(\sigma_{con} - \sigma_l)A_p - \sigma_{l5}A_s}{A_c + \alpha_{E_s}A_s + \alpha_E A_p} = \frac{N_{pII} - \sigma_{l5}A_s}{A_0} \tag{10-30}$$

式中 σ_{pcII}——预应力混凝土中所建立的有效预压应力;

σ_{l5}——非预应力钢筋由于混凝土收缩、徐变引起的应力;

N_{pII}——完成全部损失后预应力钢筋的总预拉力,$N_{pII} = (\sigma_{con} - \sigma_l)A_p$。

2) 使用阶段

(1) 加载至混凝土应力为零

由轴向拉力 N_0 产生的混凝土拉应力恰好全部抵消混凝土的有效预压应力 σ_{pcII},使截面处于消压状态,即 $\sigma_{pc} = 0$ 如图 10-17(e)所示。这时,预应力钢筋的拉应力 σ_{p0} 是在 σ_{peII} 的基础上增加 $\alpha_E\sigma_{pcII}$,即

$$\sigma_{p0} = \sigma_{peII} + \alpha_E\sigma_{pcII} \tag{10-31}$$

将式(10-27)代入上式,可得

$$\sigma_{p0} = \sigma_{con} - \sigma_l \tag{10-32}$$

非预应力钢筋的压应力 σ_s 由原来压应力 σ_{sII} 的基础上增加了一个拉应力 $\alpha_{E_s}\sigma_{pcII}$,因此

$$\sigma_s = \sigma_{sII} - \alpha_{E_s}\sigma_{pcII} = \alpha_{E_s}\sigma_{pcII} + \sigma_{l5} - \alpha_{E_s}\sigma_{pcII} = \sigma_{l5} \tag{10-33}$$

由式(10-33)得知此阶段非预应力钢筋仍为压应力,数值等于 σ_{l5}。

轴向拉力 N_0 可由力的平衡条件求得

$$N_0 = \sigma_{p0}A_p - \sigma_{l5}A_s = (\sigma_{con} - \sigma_l)A_p - \sigma_{l5}A_s = N_{pII} - \sigma_{l5}A_s \tag{10-34}$$

由式(10-30)得

$$N_{pII} - \sigma_{l5}A_s = \sigma_{pcII}A_0 \tag{10-35}$$

所以

$$N_0 = \sigma_{pcII}A_0 \tag{10-36}$$

式中 N_0——截面上混凝土应力为零时的轴向拉力。

（2）加载至裂缝即将出现

如图 10-17（f）所示，当轴向拉力超过 N_0 后，混凝土开始受拉，随着荷载的增加，其拉应力亦不断增长，当荷载加至 N_{cr}，即混凝土拉应力达到混凝土轴心抗拉强度标准值 f_{tk} 时，混凝土即将出现裂缝，这时预应力钢筋的拉应力 σ_{pcr} 是在 σ_{p0} 的基础上增加 $\alpha_E f_{tk}$，即

$$\sigma_{pcr} = \sigma_{p0} + \alpha_E f_{tk} = \sigma_{con} - \sigma_l + \alpha_E f_{tk} \tag{10-37}$$

非预应力钢筋的应力 σ_s 由压应力 σ_{l5} 转为拉应力，其值为

$$\sigma_s = \alpha_{E_s} f_{tk} - \sigma_{l5} \tag{10-38}$$

轴向拉力 N_{cr} 可由力的平衡条件求得

$$N_{cr} = \sigma_{pcr} A_p + \sigma_s A_s + f_{tk} A_c \tag{10-39}$$

将 σ_{pcr}、σ_s 的表达式（10-37）、式（10-38）代入上式，可得

$$N_{cr} = (\sigma_{pcII} + f_{tk}) A_0 \tag{10-40}$$

可见，由于预压应力 σ_{pcII} 的作用（σ_{pcII} 比 f_{tk} 大得多），使预应力混凝土轴心受拉构件的 N_{cr} 值比钢筋混凝土轴心受拉构件大很多，这就是预应力混凝土构件抗裂度高的原因所在。

研究这个阶段是为了计算构件的开裂轴向拉力，是使用阶段构件抗裂能力计算的依据。

（3）加载至破坏

如图 10-17（g）所示，当轴向拉力超过 N_{cr} 后，混凝土开裂，在裂缝截面上，混凝土不再承受拉力，拉力全部由预应力钢筋和非预应力钢筋承担。构件破坏时，预应力钢筋及非预应力钢筋的应力分别达到抗拉强度设计值 f_{py}、f_y。

轴向拉力 N_u 可由力的平衡条件求得

$$N_u = f_{py} A_p + f_y A_s \tag{10-41}$$

研究这个阶段是为了计算构件的极限轴向拉力，是使用阶段构件承载能力计算的依据。

2. 后张法构件

1）施工阶段

（1）浇灌混凝土后，养护直至钢筋张拉前，如图 10-18（a）所示。此阶段可认为截面中不产生任何应力。

（2）张拉预应力钢筋，同时压缩混凝土，如图 10-18（b）所示。张拉钢筋的同时，千斤顶的反作用力通过传力架传给混凝土，使混凝土受到弹性压缩，并在张拉过程中产生摩擦损失 σ_{l2}，混凝土预压应力为 σ_{pc}，得

预应力钢筋的拉应力

$$\sigma_{pe} = \sigma_{con} - \sigma_{l2} \tag{10-42}$$

非预应力钢筋的压应力

$$\sigma_s = \alpha_{E_s} \sigma_{pc} \tag{10-43}$$

混凝土预压应力 σ_{pc} 可由力的平衡条件求得

$$\sigma_{pe} A_p = \sigma_{pc} A_c + \sigma_s A_s \tag{10-44}$$

将 σ_{pe}、σ_s 的表达式代入上式，可得

$$(\sigma_{con} - \sigma_{l2}) A_p = \sigma_{pc} A_c + \alpha_{E_s} \sigma_{pc} A_s \tag{10-45}$$

$$\sigma_{pc} = \frac{(\sigma_{con} - \sigma_{l2}) A_p}{A_c + \alpha_{E_s} A_s} = \frac{(\sigma_{con} - \sigma_{l2}) A_p}{A_n} \tag{10-46}$$

式中　A_c——扣除非预应力钢筋截面面积以及预留孔道后的混凝土截面面积。

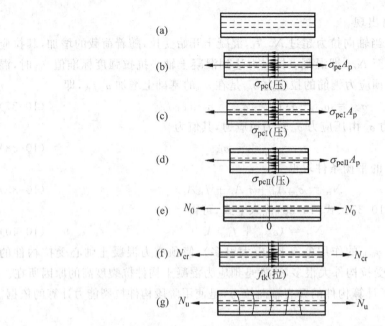

图 10-18 后张法轴拉构件截面应力变化示意图

(3) 混凝土受到有效预压应力之前,完成第一批损失。如图 10-18(c)所示,张拉预应力钢筋后,锚具变形和钢筋回缩引起的应力损失为 σ_{l1},此时预应力钢筋的拉应力由 $\sigma_{con} - \sigma_{l2}$ 降低至 $\sigma_{con} - \sigma_{l2} - \sigma_{l1}$,故

预应力钢筋的拉应力

$$\sigma_{pe\,I} = \sigma_{con} - \sigma_{l2} - \sigma_{l1} = \sigma_{con} - \sigma_{l\,I} \tag{10-47}$$

非预应力钢筋中的压应力

$$\sigma_{s\,I} = \alpha_{E_s} \sigma_{pc\,I} \tag{10-48}$$

混凝土压应力 $\sigma_{pc\,I}$ 由力的平衡条件求得

$$\sigma_{pe\,I} A_p = \sigma_{pc\,I} A_c + \sigma_{s\,I} A_s \tag{10-49}$$

将 $\sigma_{pe\,I}$、$\sigma_{s\,I}$ 的表达式代入上式,可得

$$(\sigma_{con} - \sigma_{l\,I}) A_p = \sigma_{pc\,I} A_c + \alpha_{E_s} \sigma_{pc\,I} A_s$$

$$\sigma_{pc\,I} = \frac{(\sigma_{con} - \sigma_{l\,I}) A_p}{A_c + \alpha_{E_s} A_s} = \frac{N_{p\,I}}{A_n} \tag{10-50}$$

(4) 混凝土受到预压应力之后,完成第二批损失,如图 10-18(d)所示。由于预应力钢筋松弛、混凝土收缩和徐变(对于环形构件还有挤压变形)引起的应力损失 σ_{l4}、σ_{l5}(以及 σ_{l6})使预应力钢筋的拉应力由 $\sigma_{pe\,I}$ 降低至 $\sigma_{pe\,II}$,即

预应力钢筋的拉应力

$$\sigma_{pe\,II} = \sigma_{con} - \sigma_{l\,I} - \sigma_{l\,II} = \sigma_{con} - \sigma_{l} \tag{10-51}$$

非预应力钢筋中的压应力

$$\sigma_{s\,II} = \alpha_{E_s} \sigma_{pc\,II} + \sigma_{l5} \tag{10-52}$$

由力的平衡条件求得混凝土压应力 $\sigma_{pc\,II}$:

$$\sigma_{pe\,II} A_p = \sigma_{pc\,II} A_c + \sigma_{s\,II} A_s \tag{10-53}$$

将 $\sigma_{pe\,II}$、$\sigma_{s\,II}$ 的表达式代入上式,可得

$$(\sigma_{con} - \sigma_l)A_p = \sigma_{pcII}A_c + (\alpha_{E_s}\sigma_{pcII} + \sigma_{l5})A_s \tag{10-54}$$

$$\sigma_{pcII} = \frac{(\sigma_{con} - \sigma_l)A_p - \sigma_{l5}A_s}{A_c + \alpha_{E_s}A_s} = \frac{(\sigma_{con} - \sigma_l)A_p - \sigma_{l5}A_s}{A_n} = \frac{N_{pII} - \sigma_{l5}A_s}{A_n} \tag{10-55}$$

2）使用阶段

（1）加载至混凝土预压应力被抵消

如图 10-18(e)所示，由轴向拉力 N_0 产生的混凝土拉应力恰好全部抵消混凝土的有效预压应力 σ_{pcII}，使截面处于消压状态，即 $\sigma_{pc} = 0$。这时，预应力钢筋的拉应力 σ_{p0} 是在 σ_{peII} 的基础上增加 $\alpha_E\sigma_{pcII}$，即

$$\sigma_{p0} = \sigma_{peII} + \alpha_E\sigma_{pcII} = \sigma_{con} - \sigma_l + \alpha_E\sigma_{pcII} \tag{10-56}$$

非预应力钢筋的应力 σ_s 在原来压应力 $\alpha_{E_s}\sigma_{pcII} + \sigma_{l5}$ 的基础上，增加了一个拉应力 $\alpha_{E_s}\sigma_{pcII}$，因此

$$\sigma_s = \sigma_{sII} - \alpha_{E_s}\sigma_{pcII} = \alpha_{E_s}\sigma_{pcII} + \sigma_{l5} - \alpha_{E_s}\sigma_{pcII} = \sigma_{l5} \tag{10-57}$$

轴向拉力 N_0 可由力的平衡条件求得

$$N_0 = \sigma_{p0}A_p - \sigma_{l5}A_s = (\sigma_{con} - \sigma_l + \alpha_E\sigma_{pcII})A_p - \sigma_{l5}A_s \tag{10-58}$$

由式(10-55)知：

$$(\sigma_{con} - \sigma_l)A_p - \sigma_{l5}A_s = \sigma_{pcII}(A_c + \alpha_{E_s}A_s) \tag{10-59}$$

所以

$$N_0 = \sigma_{pcII}(A_c + \alpha_{E_s}A_s) + \alpha_E\sigma_{pcII}A_p = \sigma_{pcII}(A_c + \alpha_{E_s}A_s + \alpha_E A_p) = \sigma_{pcII}A_0 \tag{10-60}$$

（2）加载至裂缝即将出现

如图 10-18(f)所示，混凝土受拉，直至拉应力达到 f_{tk}，预应力钢筋的拉应力 σ_{pcr} 是在 σ_{p0} 的基础上再增加 $\alpha_E f_{tk}$，即

$$\sigma_{pcr} = \sigma_{p0} + \alpha_E f_{tk} = (\sigma_{con} - \sigma_l + \alpha_E\sigma_{pcII}) + \alpha_E f_{tk} \tag{10-61}$$

非预应力钢筋的应力 σ_s 由压应力 σ_{l5} 转为拉应力，其值为

$$\sigma_s = \alpha_{E_s}f_{tk} - \sigma_{l5} \tag{10-62}$$

轴向拉力 N_{cr} 可由力的平衡条件求得

$$N_{cr} = \sigma_{pcr}A_p + \sigma_s A_s + f_{tk}A_c \tag{10-63}$$

将 σ_{pcr}、σ_s 的表达式(10-61)、式(10-62)代入上式，可得

$$\begin{aligned} N_{cr} &= (\sigma_{con} - \sigma_l + \alpha_E\sigma_{pcII} + \alpha_E f_{tk})A_p + (\alpha_{E_s}f_{tk} - \sigma_{l5})A_s + f_{tk}A_c \\ &= (\sigma_{con} - \sigma_l + \alpha_E\sigma_{pcII})A_p - \sigma_{l5}A_s + f_{tk}(A_c + \alpha_{E_s}A_s + \alpha_E A_p) \end{aligned} \tag{10-64}$$

式(10-58)与式(10-60)相等，即

$$N_0 = \sigma_{pcII}A_0 = (\sigma_{con} - \sigma_l + \alpha_E\sigma_{pcII})A_p - \sigma_{l5}A_s \tag{10-65}$$

则

$$N_{cr} = \sigma_{pcII}A_0 + f_{tk}A_0 = (\sigma_{pcII} + f_{tk})A_0 \tag{10-66}$$

（3）加载至破坏

如图 10-18(g)所示，与先张法相同，破坏时预应力钢筋和非预应力钢筋的拉应力分别达到 f_{py} 和 f_y，由力的平衡条件，可得

$$N_u = f_{py}A_p + f_y A_s \tag{10-67}$$

3. 先张法和后张法计算公式的比较

通过对比分析先张法与后张法预应力混凝土轴心受拉构件计算公式（见表 10-4 及表 10-5），可以得出以下结论。

表 10-4　先张法构件的应力状态

受力阶段		预应力钢筋应力 σ_p	混凝土应力 σ_c	非预应力钢筋应力 σ_s	轴向拉力 N	说明
施工阶段	预应力钢筋张拉并锚固后	$\sigma_{con}-\sigma_{l1}$	—	—	—	σ_{l1}
	完成第一批预应力损失	$\sigma_{con}-\sigma_{lI}$	0	0	—	$\sigma_{lI}=\sigma_{l1}+\sigma_{l3}+\sigma_{l4}$
	放松钢筋·构件预压	$\sigma_{peI}=\sigma_{con}-\sigma_{lI}-\alpha_E\sigma_{pcI}$	$\sigma_{pcI}=\dfrac{N_{pI}}{A_0}=\dfrac{(\sigma_{con}-\sigma_{lI})A_p}{A_0}\,(压)$	$\sigma_{sI}=\alpha_E\sigma_{pcI}\,(压)$	$N_0=(\sigma_{con}-\sigma_{lI})A_p\,(预压)$	$A_0=A_c+\alpha_E A_p+\alpha_E' A_s$
	完成第二批预应力损失	$\sigma_{peII}=\sigma_{con}-\sigma_l-\alpha_E\sigma_{pcII}$	$\sigma_{pcII}=\dfrac{N_{pII}}{A_0}-\dfrac{\sigma_{l5}A_s}{A_0}$ $=\dfrac{(\sigma_{con}-\sigma_l)A_p-\sigma_{l5}A_s}{A_0}\,(压)$	$\sigma_{sII}=\alpha_E\sigma_{pcII}+\sigma_{l5}\,(压)$	$N=(\sigma_{con}-\sigma_l)A_p\,(预压)$	$\sigma_{lII}=\sigma_{l5}$ $\sigma_l=\sigma_{lI}+\sigma_{lII}$
使用阶段	消压状态	$\sigma_{con}-\sigma_l$	0	$\sigma_{l5}\,(压)$	$N_0=\sigma_{pcII}A_0$	预应力钢筋应力增加 $\alpha_E\sigma_{pc}$
	即将开裂状态	$\sigma_{con}-\sigma_l+\alpha_E f_{tk}$	$f_{tk}\,(拉)$	$\alpha_E f_{tk}-\sigma_{l5}\,(拉)$	$N_{cr}=(\sigma_{pcII}+f_{tk})A_0$	钢筋应力增加 $\alpha_E f_{tk}$
	破坏状态	f_{py}	0	$f_y\,(拉)$	$N_u=f_{py}A_p+f_y A_s$	钢筋达到抗拉强度 f_{py}

表 10-5　后张法构件的应力状态

受力阶段		预应力钢筋应力 σ_p	混凝土应力 σ_c	非预应力钢筋应力 σ_s	轴向拉力 N	说明
施工阶段	张拉并锚固预应力钢筋，完成第一批预应力损失	$\sigma_{peI} = \sigma_{con} - \sigma_{lI}$	$\sigma_{pcI} = \dfrac{N_{pI}}{A_n} = \dfrac{(\sigma_{con}-\sigma_{lI})A_p}{A_n}$（压）	$\sigma_{sI} = \alpha_E \sigma_{pcI}$（压）	$(\sigma_{con}-\sigma_{lI})A_p$（预压）	$\sigma_{lI} = \sigma_{l1} + \sigma_{l2}$ $A_n = A_c + \alpha_E A_p$
	完成第二批预应力损失	$\sigma_{peII} = \sigma_{con} - \sigma_l$	$\sigma_{pcII} = \dfrac{N_{pII} - \sigma_{l5}A_s}{A_n}$ $= \dfrac{(\sigma_{con}-\sigma_l)A_p - \sigma_{l5}A_s}{A_n}$（压）	$\sigma_{sII} = \alpha_E \sigma_{pcII} + \sigma_{l5}$（压）	$(\sigma_{con}-\sigma_l)A_p$（预压）	$\sigma_{lII} = \sigma_{l4} + \sigma_{l5} + \sigma_{l6}$ $\sigma_l = \sigma_{lI} + \sigma_{lII}$
使用阶段	消压状态	$\sigma_{con} - \sigma_l + \alpha_E \sigma_{pcII}$	0	σ_{l5}（压）	$N_0 = \sigma_{pcII} A_0$	预应力钢筋应力增加 $\alpha_E \sigma_{pc}$
	即将开裂状态	$\sigma_{con} - \sigma_l + \alpha_E f_{tk} + \alpha_E \sigma_{pcII}$	f_{tk}（拉）	$\alpha_E f_{tk} - \sigma_{l5}$（拉）	$N_{cr} = (\sigma_{pcII} + f_{tk})A_0$	钢筋应力增加 $\alpha_E f_{tk}$
	破坏状态	f_{py}	0	f_y（拉）	$N_u = f_{py}A_p + f_y A_s$	钢筋达到抗拉强度 f_{py}

1) 钢筋应力

先张法构件和后张法构件的非预应力钢筋各阶段计算公式的形式均相同,这是由于两种方法中非预应力钢筋与混凝土协调变形的起点均是混凝土中应力为零的状态。

在预应力钢筋应力公式中,后张法比先张法相应时刻的应力多一项 $\alpha_E\sigma_{pc}$,这是因为后张法构件在张拉预应力筋的过程中,混凝土的弹性压缩所引起的预应力钢筋应力变化已经融入测力仪表读数内,因此,在这两种施工工艺中,预应力钢筋与混凝土协调变形的起点不同。

2) 混凝土应力

在施工阶段,两种张拉方法对应的预应力钢筋应力 σ_{pcI} 与 σ_{pcII} 计算公式形式相似。差别在于先张法公式中用构件的换算截面面积 A_0,而后张法用构件的换算净截面面积 A_n。由于 $A_0 > A_n$,若两者的张拉控制应力 σ_{con} 相同,则后张法预应力构件中混凝土有效预压应力要大于先张法构件;反之,如果要求两种工艺生产的预应力构件具有相同的有效预压应力,则先张法构件的张拉控制应力 σ_{con} 应大于后张法预应力构件。

前面推导出的混凝土预压应力 σ_{pc} 公式,可归纳为以下通式。

$$\text{先张法：}\sigma_{pc} = \frac{(\sigma_{con} - \sigma_l)A_p - \sigma_{l5}A_s}{A_0} = \frac{N_p}{A_0} \tag{10-68}$$

$$\text{后张法：}\sigma_{pc} = \frac{(\sigma_{con} - \sigma_l)A_p - \sigma_{l5}A_s}{A_n} = \frac{N_p}{A_n} \tag{10-69}$$

式中,$N_p = (\sigma_{con} - \sigma_l)A_p - \sigma_{l5}A_s$。

用式(10-68)及式(10-69)求 σ_{pcI} 时,令式中的 $\sigma_l = \sigma_{lI}$,$\sigma_{l5} = 0$(因为此时 σ_{l5} 还没有发生);求 σ_{pcII} 时,令 $\sigma_l = \sigma_{lI} + \sigma_{lII}$,当然此时 $\sigma_{l5} \neq 0$。

由式(10-68)和式(10-69)可得如下重要结论:计算预应力混凝土轴心受拉构件混凝土的有效预压应力 σ_{pc} 时,可以将一个轴心压力 N_p 作用于构件截面上,然后按照材料力学公式计算。压力 N_p 由相应时刻预应力钢筋和非预应力钢筋仅扣除预应力损失后的应力(如完成第二批损失后,预应力钢筋拉应力取$(\sigma_{con} - \sigma_l)$,非预应力钢筋压应力取 σ_{l5})乘以各自的截面面积,并反向(预应力钢筋的拉力反向后为压力,非预应力钢筋的压力反向后为拉力),然后叠加而得,如图10-19所示。计算时先张法用构件的换算截面面积 A_0,后张法用构件的净截面面积 A_n。

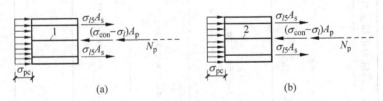

图 10-19　预应力钢筋及非预应力钢筋合力位置

(a) 先张法构件;(b) 后张法构件

1—换算截面重心轴　2—净截面重心轴

需要强调的是,该结论可推广用于计算预应力混凝土受弯构件中的混凝土预应力,只需将 N_p 改为偏心压力。

3) 轴向拉力

在使用阶段,构件在各特定时刻的轴向拉力 N_0、N_{cr} 及 N_u 的公式形式均相同。无论先张法、后张法,均采用构件的换算截面面积 A_0 计算。

4. 预应力混凝土与钢筋混凝土构件的比较

(1) 预应力钢筋的应力始终处于高应力状态。对于不允许出现裂缝的构件,在使用阶段一般 $\sigma_p < \sigma_{con}$,当轴向拉力 $N \leqslant N_{p0}$ 时,混凝土始终受压,可充分发挥两种材料的特性。而钢筋混凝土构件,一开始混凝土就进入受拉状态,很快出现裂缝并开展,当裂缝宽度受到限制时,钢筋应力亦受到限制,因此它不适合使用高强度钢材。

(2) 预应力混凝土构件在使用阶段消压状态下,混凝土应力为零,相当于钢筋混凝土轴拉构件未加荷时的应力状态。而对预应力混凝土构件已承受 $N_{p0} = A_0 \sigma_{pcII}$ 的荷载,同时预应力钢筋已达到很高的应力。

$$\text{先张法:} \quad \sigma_{p0} = \sigma_{con} - \sigma_l \tag{10-70}$$

$$\text{后张法:} \quad \sigma_{p0} = \sigma_{con} - \sigma_l + \alpha_E \sigma_{pcII} \tag{10-71}$$

由此以后构件再加荷时,截面应力的增加才和钢筋混凝土受拉构件一样地变化。

(3) 由 $N_{cr} = (\sigma_{pcII} + f_{tk})A_0 = N_0 + f_{tk}A_0$ 可知,预应力混凝土构件比同条件的普通混凝土构件的开裂荷载提高了 N_0。控制应力越大,N_0 相差越多,构件的抗裂能力越好。同时,裂缝出现与构件破坏阶段亦越接近,构件破坏缺乏足够的预兆,这是设计所不期望的,因此,σ_{con} 不宜过高。

(4) 预应力混凝土轴心受拉构件的极限承载力公式与截面尺寸和材料相同的普通钢筋混凝土构件的极限承载力公式相同,而与有无预应力及预应力大小无关,即施加预应力不能提高轴心受拉构件的承载力。只是钢筋混凝土构件因裂缝过大早已不满足使用要求。

(5) 构件加荷后,预压混凝土释放原被压缩的弹性能,相当于补偿加荷前预应力筋被拉伸所用去的弹性能。因此,最后计算时,仍能应用钢筋的全部强度。

10.4.2　预应力混凝土轴心受拉构件的计算和验算

预应力混凝土轴心受拉构件,除了进行使用阶段承载力计算、抗裂度验算或裂缝宽度验算以外,还要进行施工阶段张拉(或放松)预应力钢筋时构件的承载力验算,对采用锚具的后张法构件还应进行端部锚固区局部受压的验算。

1. 使用阶段正截面承载力计算

构件承受的极限轴向拉力应不大于预应力钢筋与非预应力钢筋共同承受的抗力。

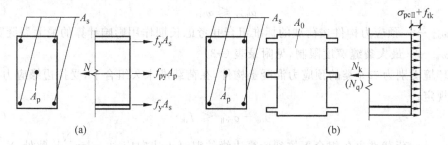

图 10-20　预应力构件轴心受拉使用阶段承载力计算图示

(a) 预应力轴心受拉构件的承载力计算图示;(b) 预应力轴心受拉构件的抗裂度验算图式

截面的计算简图如图 10-20(a)所示,构件正截面受拉承载力按下式计算:

$$N \leqslant N_u = f_{py}A_p + f_y A_s \tag{10-72}$$

式中　N——构件的轴向受拉承载力设计值；

　　　　f_{py}、f_y——预应力钢筋及非预应力钢筋抗拉强度设计值；

　　　　A_p、A_s——预应力钢筋及非预应力钢筋的截面面积。

　　一般非预应力钢筋 A_s 可取 4 根直径相同的架立钢筋，亦可作为受力钢筋。这样 A_s 为已知，代入上式即可求得预应力钢筋的截面面积 A_p，并选择合适的直径和根数。

2. 使用阶段正截面裂缝控制验算

　　图 10-20(b)为预应力轴拉构件抗裂验算图示。预应力构件按所处环境类别和使用要求，应有不同的抗裂安全储备。《混凝土结构设计规范》(GB 50010—2010)将预应力混凝土构件的抗裂等级划分为三个裂缝控制等级进行验算。

　　1) 一级——严格要求不出现裂缝的构件

　　在荷载短期效应组合下，轴向拉力标准值 N_k 对截面混凝土产生的拉应力 σ，在克服 $\sigma_{pc\,II}$ 后，仍不出现拉力，截面混凝土处于受压状态，即

$$\sigma_{ck} - \sigma_{pc\,II} \leqslant 0 \tag{10-73}$$

$$\sigma_{ck} = \frac{N_k}{A_0} \tag{10-74}$$

式中　σ_{ck}——荷载效应的标准组合下抗裂验算边缘的混凝土法向应力；

　　　　A_0——混凝土的换算截面面积 $A_0 = A_c + \alpha_{E_s} A_s + \alpha_E A_p$；

　　　　N_k——按荷载效应的标准组合计算的轴向力值。

　　式(10-73)也可以用内力表示：

$$N_k \leqslant N_{p0} = A_0 \sigma_{pc\,II} \tag{10-75}$$

　　2) 二级——一般要求不出现裂缝的构件

　　在荷载短期效应组合下，轴向拉力标准值 N_k 对截面混凝土产生的拉应力，在克服 $\sigma_{pc\,II}$ 后，剩余的拉应力应不大于混凝土抗拉强度标准值 f_{tk}，截面混凝土处于拉而不裂的状态，即

$$\sigma_{ck} - \sigma_{pc\,II} \leqslant f_{tk} \tag{10-76}$$

式中　f_{tk}——混凝土的轴心抗拉强度标准值。

　　3) 三级——允许出现裂缝的构件

　　对在使用阶段允许出现裂缝的预应力构件，应保证构件在荷载标准组合并考虑长期作用影响下，计算的最大裂缝宽度，不超过规范允许限值

$$\omega_{max} \leqslant \omega_{lim} \tag{10-77}$$

式中　ω_{max}——预应力构件按荷载的标准组合并考虑长期作用影响计算的最大裂缝宽度；

　　　　ω_{lim}——最大裂缝宽度限制，见附录表 C-3。

　　对环境类别为二 a 类的预应力混凝土构件，在荷载准永久组合下，受拉边缘应力尚应符合下列规定：

$$\sigma_{cq} - \sigma_{pc\,II} \leqslant f_{tk} \tag{10-78}$$

式中　σ_{cq}——荷载准永久组合下抗裂验算边缘的混凝土法向应力，$\sigma_{cq} = \dfrac{N_q}{A_0}$，此处 N_q 为按荷载效应准永久组合计算的轴向力值。

　　预应力混凝土轴心受拉构件最大裂缝宽度的计算方法与第 9 章介绍的钢筋混凝土构件类似，只是预应力混凝土构件的最大裂缝宽度是按荷载的标准组合计算的（钢筋混凝土构件

按荷载准永久组合计算),计算时尚应考虑消压轴力的影响。此外,预应力混凝土构件受力特征系数也与钢筋混凝土构件有所不同。预应力混凝土轴心受拉构件的最大裂缝宽度可按下式计算:

$$\omega_{\max} = \alpha_{cr} \psi \frac{\sigma_{sk}}{E_s} \left(1.9 c_s + 0.08 \frac{d_{eq}}{\rho_{te}} \right) \tag{10-79}$$

式中　α_{cr}——构件受力特征系数,对预应力轴心受拉构件,取 $\alpha_{cr}=2.2$;对受弯、偏心受压构件,取 $\alpha_{cr}=1.5$;

ψ——裂缝间纵向受拉钢筋应变不均匀系数,$\psi = 1.1 - \dfrac{0.65 f_{tk}}{\rho_{te} \sigma_{sk}}$,$\psi$ 的限值范围与式(9-9)规定相同;

ρ_{te}——按有效受拉混凝土截面面积计算的纵向受拉钢筋配筋率,$\rho_{te} = (A_s + A_p)/A_{te}$,当 $\rho_{te} < 0.01$ 时,取 $\rho_{te} = 0.01$;

σ_{sk}——按荷载效应的标准组合计算的预应力混凝土构件纵向受拉钢筋的等效应力,

$$\sigma_{sk} = \frac{N_k - N_{p0}}{A_p + A_s};$$

N_k——按荷载效应标准组合计算的轴向力值;

N_{p0}——混凝土法向预应力等于零时,全部纵向预应力和非预应力钢筋的合力;

c_s——最外层纵向受拉钢筋外边缘至受拉区底边的距离(mm),当 $c_s < 20$ 时,取 $c_s = 20$,当 $c_s > 65$ 时,取 $c_s = 65$;

d_{eq}——受拉区纵向受拉钢筋的等效直径(mm),$d_{eq} = \dfrac{\sum n_i d_i^2}{\sum n_i v_i d_i}$,对无粘结后张构件,仅为受拉区纵向受拉钢筋的等效直径;d_i 为受拉区第 i 种纵向受拉钢筋的公称直径(mm);对有粘结预应力钢绞线束的直径取 $\sqrt{n_1} d_{p1}$,其中 d_{p1} 为单根钢绞线的公称直径,n_1 为单束钢绞线根数;n_i 为受拉区第 i 种纵向钢筋的根数;对有粘结预应力钢绞线,取为钢绞线束数;

v_i——受拉区第 i 种纵向钢筋的相对粘结特性系数,可按表 10-6 取用。

表 10-6　钢筋的相对粘结特性系数

钢筋类别	非预应力钢筋		先张法预应力钢筋			后张法预应力钢筋		
	光圆钢筋	带肋钢筋	带肋钢筋	螺旋肋钢丝	钢绞线	带肋钢筋	钢绞线	光面钢丝
v_i	0.7	1.0	1.0	0.8	0.6	0.8	0.5	0.4

注:对环氧树脂涂层带肋钢筋,其相对粘结特性系数按表中系数的 0.8 倍取用。

3. 施工阶段承载力验算

当放张预应力钢筋(先张法)或张拉预应力钢筋完毕(后张法)时,混凝土将受到最大的预压应力 σ_{cc},而这时混凝土强度通常仅达到设计强度的 75%,应予验算构件强度是否足够。验算包括以下两个方面。

1) 张拉(或放松)预应力钢筋时,构件的承载力验算

为了保证在张拉(或放松)预应力钢筋时,混凝土不被压碎,混凝土的预压应力应满足式(10-80)要求:

$$\sigma_{cc} \leqslant 0.8 f'_{ck} \qquad (10\text{-}80)$$

式中 f'_{ck}——与张拉(或放松)预应力钢筋时,混凝土立方体抗压强度 f'_{cu} 相应的轴心抗压强度标准值,可按附录表 A-2 以线性内插法取用;

σ_{cc}——放松或张拉预应力钢筋时,混凝土承受的预压应力。对于先张法,按第一批损失出现后计算,$\sigma_{cc} = (\sigma_{con} - \sigma_{lI}) A_p / A_0$;对后张法,按未加锚具前的张拉端计算,即不考虑锚具和摩擦损失,张拉钢筋完毕至 σ_{con},而又未锚固时,按不考虑预应力损失值计算 σ_{cc},$\sigma_{cc} = \sigma_{con} A_p / A_n$。

2) 端部锚固区局部受压承载力验算

对后张法构件,应按 10.3.2 节的相关内容进行端部锚固区局部受压承载力验算。

【例 10-4】 已知条件同例 10-1,试验算施工阶段混凝土压应力。

解: 截面上混凝土承受的压应力

$$\sigma_{cc} = \frac{\sigma_{con} A_p}{A_n} = \frac{1395\text{MPa} \times 790\text{mm}^2}{49280\text{mm}^2} = 22.36\text{MPa} < 0.8 f'_{ck}$$

$$= 0.8 \times 0.8 \times 38.5\text{MPa} = 24.64\text{MPa}$$

满足要求。

【例 10-5】 已知条件同例 10-1,永久荷载标准值产生的轴向拉力 $N_{Gk} = 610\text{kN}$,可变荷载标准值产生的轴向拉力 $N_{Qk} = 220\text{kN}$。试按二级裂缝控制等级进行抗裂验算。

解: (1) 计算截面的有效预应力:

全部损失完成后,截面的有效预应力为

$$\sigma_{pcII} = \frac{(\sigma_{con} - \sigma_l) A_p - \sigma_{l5} A_s}{A_n} = \frac{(1395\text{MPa} - 383.48\text{MPa}) \times 790\text{mm}^2 - 156.48\text{MPa} \times 452\text{mm}^2}{49280\text{mm}^2}$$

$$= 14.78\text{MPa}$$

(2) 裂缝控制验算:

荷载效应标准组合下 $N_k = N_{Gk} + N_{Qk} = 610\text{kN} + 220\text{kN} = 830\text{kN}$

$$\sigma_{ck} = \frac{N_k}{A_0} = \frac{830 \times 10^3 \text{N}}{53562\text{mm}^2} = 15.50\text{MPa}$$

则 $\sigma_{ck} - \sigma_{pcII} = 15.50\text{MPa} - 14.78\text{MPa} = 0.72\text{MPa} < f_{tk} = 2.39\text{MPa}$,满足要求。

【例 10-6】 试对某 21m 预应力混凝土屋架下弦杆(图 10-21)。进行使用阶段的承载力和二级抗裂度验算,以及施工阶段放松预应力钢筋时的承载力验算。设计条件见表 10-7。

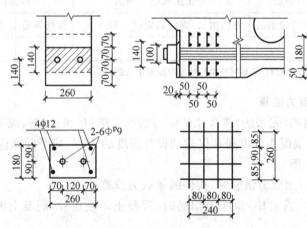

图 10-21 例 10-6 题图

表 10-7 设计条件

材　料	混　凝　土	预应力钢筋	非预应力钢筋
等级	C40	消除应力钢丝	HRB400
截面面积/mm²	260mm×180mm 孔道 2Φ50	两束,每束 6Φᵖ9,$A_p=763$	4Φ12($A_s=452$)
材料强度/MPa	$f_{ck}=26.8, f_c=19$ $f_{tk}=2.39, f_t=1.71$	$f_{ptk}=1470, f_{py}=1040$	$f_{yk}=400, f_y=360$
弹性模量/MPa	3.25×10^4	2.05×10^5	2.0×10^5
张拉工艺	后张法,一端一次张拉,采用 JM12 锚具,孔道为预埋钢管		
张拉控制应力 σ_{con}	$\sigma_{con}=0.75f_{ptk}=0.75\times1470=1103$(MPa)		
张拉时混凝土强度	$f'_{cu}=40$MPa		
下弦杆内力/kN	$N=830, N_k=630, N_q=580$		

解:(1)**按使用阶段承载力计算**

$N=830$kN$< f_{py}A_p+f_yA_s=1040$MPa$\times763$mm²$+360$MPa$\times452$mm²$=956$kN,满足要求。

(2)**按使用阶段抗裂度验算**

① 截面几何特征如下:

预应力:$\alpha_E=\dfrac{E_p}{E_c}=\dfrac{2.05\times10^5\text{MPa}}{3.25\times10^4\text{MPa}}=6.31$

非预应力:$\alpha_{E_s}=\dfrac{E_s}{E_c}=\dfrac{2.0\times10^5\text{MPa}}{3.25\times10^4\text{MPa}}=6.15$

$A_n=A_c+\alpha_{E_s}A_s=260\text{mm}\times180\text{mm}-2\times\dfrac{\pi}{4}\times(50\text{mm})^2-452\text{mm}^2+6.15\times452\text{mm}^2$

$=45200\text{mm}^2$

$A_0=A_n+\alpha_E A_p=45200\text{mm}^2+6.31\times763\text{mm}^2=50014\text{mm}^2$

② 计算预应力损失

先计算第一批预应力损失。

JM12 锚具属夹具式锚具,其变形和钢筋内缩值 $a=5$mm,构件长 21m,故锚具变形和钢筋内缩的损失

$$\sigma_{l1}=\frac{a}{l}E_p=\frac{5\text{mm}}{21000\text{mm}}\times2.05\times10^5\text{MPa}=48.81\text{MPa}$$

孔道摩擦损失

$$\sigma_{l2}=(\kappa x+\mu\theta)\sigma_{con}=(0+0.001\times21)\times1103\text{MPa}=23.16\text{MPa}$$

因此,第一批预应力损失 $\sigma_{lⅠ}=\sigma_{l1}+\sigma_{l2}=48.81\text{MPa}+23.16\text{MPa}=71.97\text{MPa}$

再计算第二批预应力损失。

预应力钢筋的应力松弛损失

$$\sigma_{l4}=0.4\times(0.75-0.5)\times\sigma_{con}=110.3\text{MPa}$$

$$\sigma_{pcⅠ}=\frac{(\sigma_{con}-\sigma_{l1})A_p}{A_n}=\frac{(1103\text{MPa}-71.97\text{MPa})\times763\text{mm}^2}{45200\text{mm}^2}=17.40\text{MPa}$$

$$f'_{cu}=40\text{MPa}$$

$$\frac{\sigma_{pcⅠ}}{f'_{cu}}=\frac{17.40\text{MPa}}{40\text{MPa}}=0.44<0.5$$

$$\rho = \frac{A_p + A_s}{2A_n} = \frac{763\text{mm}^2 + 452\text{mm}^2}{2 \times 45200\text{mm}^2} = 0.013$$

则混凝土收缩和徐变损失

$$\sigma_{l5} = \frac{55 + 300\dfrac{\sigma_{pc}}{f'_{cu}}}{1 + 15\rho} = \frac{55 + 300 \times 0.44}{1 + 15 \times 0.013}\text{MPa} = 156.48\text{MPa}$$

第二批损失 $\sigma_{l\mathrm{II}} = \sigma_{l4} + \sigma_{l5} = 110.3\text{MPa} + 156.48\text{MPa} = 266.78\text{MPa}$

总损失 $\sigma_l = \sigma_{l\mathrm{I}} + \sigma_{l\mathrm{II}} = 71.97\text{MPa} + 266.78\text{MPa} = 338.75\text{MPa} > 80\text{MPa}$

（3）进行正截面抗裂度验算

$$\sigma_{pc\mathrm{II}} = \frac{(\sigma_{con} - \sigma_l)A_p - \sigma_{l5}A_s}{A_n} = \frac{512394\text{N}}{45200\text{mm}^2} = 11.34\text{MPa}$$

在荷载效应的标准组合下，

$$\sigma_{ck} = \frac{N_k}{A_0} = \frac{630 \times 10^3\text{N}}{50014\text{mm}^2} = 12.60\text{MPa}$$

$$\sigma_{ck} - \sigma_{pc\mathrm{II}} = 12.60\text{MPa} - 11.34\text{MPa} = 1.26\text{MPa} < f_{tk} = 2.39\text{MPa}$$

满足要求。

（4）进行施工阶段验算

按张拉端考虑：

$$\sigma_{cc} = \frac{\sigma_{con}A_p}{A_n} = \frac{1103\text{MPa} \times 763\text{mm}^2}{45200\text{mm}^2} = 18.62\text{MPa} < 0.8f'_{ck} = 0.8 \times 26.8\text{MPa} = 21.44\text{MPa}$$

（5）进行锚具下局部受压验算

计算参数如下：

采用 JM12 锚具，直径为 100mm，垫板厚 20mm。

锚具下混凝土局部受压面积 A_l 可按压力 F_l 从锚具边缘在垫板中按 $45°$ 扩散的面积计算。为简化计算，在计算混凝土局部受压面积 A_l 时，可近似按图 10-21 两实线所围的面积代替两个圆面积。

$$A_l = 260\text{mm} \times (100\text{mm} + 2 \times 20\text{mm}) = 36400\text{mm}^2$$

锚具下混凝土局部受压底面积 $A_b = 260\text{mm} \times (140\text{mm} + 2 \times 70\text{mm}) = 72800\text{mm}^2$

混凝土局部受压净面积 $A_{ln} = 36400\text{mm}^2 - 2 \times \dfrac{\pi}{4} \times (50\text{mm})^2 = 32473\text{mm}^2$

$$\beta_l = \sqrt{\frac{A_b}{A_l}} = \sqrt{\frac{72800\text{mm}^2}{36400\text{mm}^2}} = 1.41$$

① 进行局部受压区截面尺寸验算

$$F_l = 1.2\sigma_{con}A_p = 1.2 \times 1103\text{MPa} \times 763\text{mm}^2 = 1009.9\text{kN}$$

$$< 1.35\beta_c\beta_l f_c A_{ln} = 1.35 \times 1 \times 1.41 \times 19.1\text{MPa} \times 32473\text{mm}^2 = 1181\text{kN}$$

满足要求。

② 进行局部受压承载力计算

间接网片采用 4 片 $\phi8$ 方格焊接网片，间距 $s = 50\text{mm}$，$l_1 = 240\text{mm}$，$l_2 = 260\text{mm}$。

$$A_{cor} = 240\text{mm} \times 260\text{mm} = 62400(\text{mm}^2) < A_b = 72800\text{mm}^2$$

且 $A_{cor} > A_l = 36400\text{mm}^2$

$$\beta_{cor} = \sqrt{\frac{A_{cor}}{A_l}} = \sqrt{\frac{62400\text{mm}^2}{36400\text{mm}^2}} = 1.31$$

$$\rho_v = \frac{nA_{s1}l_1 + nA_{s2}l_2}{A_{cor}s} = \frac{4 \times 50.3\text{mm}^2 \times 240\text{mm} + 4 \times 50.3\text{mm}^2 \times 260\text{mm}}{62400\text{mm}^2 \times 50\text{mm}} = 0.032$$

$$0.9(\beta_c\beta_l f_c + 2\alpha\rho_v\beta_{cor}f_{yv})A_{ln}$$
$$= 0.9 \times (1.0 \times 1.41 \times 19.1\text{MPa} + 2 \times 1.0 \times 0.032 \times 1.31 \times 270\text{MPa}) \times 32473\text{mm}^2$$
$$= 1448.6\text{kN}$$
$$> F_l = 1009.9\text{kN}$$

满足要求。

10.5 预应力混凝土受弯构件的计算

10.5.1 各阶段应力分析

如前所述,预应力混凝土轴心受拉构件中,预应力钢筋 A_p 和非预应力钢筋 A_s 均在截面内对称布置,因而在混凝土内建立了均匀的预压应力 σ_{pc}。与轴心受拉构件不同,预应力混凝土受弯构件中,预应力钢筋沿构件长度方向可以为直线或曲线型布置。在构件截面内,设置在受拉区的预应力钢筋 A_p 的重心与截面的重心有偏心。为了防止在制作、运输和吊装等施工阶段,构件受压区(称预拉区,即在预应力作用下可能受拉)出现裂缝或裂缝过宽,有时也在受压区设置预应力钢筋 A_p',同时在构件的受拉区和受压区设置少量的非预应力钢筋 A_s 和 A_s',如图 10-22 所示。由于预应力混凝土受弯构件截面内钢筋为非对称布置,因此,通过张拉预应力钢筋所建立的混凝土预应力 σ_{pc} 值(一般为压应力,预拉区有时也可能为拉应力)沿截面高度方向是变化的。

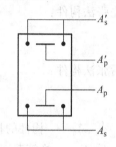

图 10-22 预应力混凝土受弯构件截面配筋

1. 钢筋应力

与预应力混凝土轴心受拉构件类似,在预应力混凝土受弯构件中,非预应力钢筋与混凝土协调变形的起点也是混凝土应力为零时。预应力钢筋与混凝土协调变形的起点:先张法为切断预应力钢筋的时刻(混凝土起点应力为零);后张法为完成第二批预应力损失的时刻(混凝土起点应力为 σ_{pcII})。但必须注意,计算钢筋应力时所用的混凝土应力 σ_{pc} 应是与该钢筋(预应力钢筋或非预应力钢筋)在同一水平处的值,因为沿截面高度混凝土应力分布不均匀。

这里的面积、应力、压力等的符号与轴心受拉构件相同,只需注意受压区的钢筋面积和应力符号要加一撇。应力的正负号规定:预应力钢筋以受拉为正,非预应力钢筋及混凝土以受压为正。

例如,第一批损失(σ_{lI}、σ_{lI}')完成后,受拉区预应力钢筋 A_p 的应力如下。

先张法:

$$\sigma_{pe} = \sigma_{con} - \sigma_{lI} - \alpha_E\sigma_{pcI} \tag{10-81}$$

后张法:

$$\sigma_{pe} = \sigma_{con} - \sigma_{lI} \tag{10-82}$$

分别加荷至受拉区和受压区预应力钢筋各自合力点处混凝土法向应力等于零时,受拉区和受压区的预应力钢筋 A_p 和 A'_p 的应力如下。

先张法:

$$\left. \begin{array}{l} \sigma_{p0} = \sigma_{con} - \sigma_l \\ \sigma'_{p0} = \sigma'_{con} - \sigma' \end{array} \right\} \tag{10-83}$$

后张法:

$$\left. \begin{array}{l} \sigma_{p0} = \sigma_{con} - \sigma_l + \alpha_E \sigma_{pcⅡ} \\ \sigma'_{p0} = \sigma'_{con} - \sigma'_l + \alpha_E \sigma'_{pcⅡ} \end{array} \right\} \tag{10-84}$$

2. 混凝土预压应力

仿照轴心受拉构件,计算预应力混凝土受弯构件中由预加力产生的混凝土法向应力 σ_{pc} 时,可看作将一个偏心压力 N_p 作用于构件截面上,然后按材料力学公式计算(见图 10-23)。计算时,先张法用构件的换算截面(面积 A_0,惯性矩 I_0),后张法用构件的净截面(面积 A_n,惯性矩 I_n)。计算公式如下。

先张法构件:

$$\sigma_{pc} = \frac{N_p}{A_0} \pm \frac{N_p e_{p0}}{I_0} y_0 \tag{10-85}$$

后张法构件:

$$\sigma_{pc} = \frac{N_p}{A_n} \pm \frac{N_p e_{pn}}{I_n} y_n \pm \frac{M_2}{I_n} y_n \tag{10-86}$$

式中　A_0、A_n——构件的换算截面面积、净截面面积,与式(10-26)中 A_0、A_n 计算相同;

　　　　I_0、I_n——换算截面惯性矩、净截面惯性矩;

　　　　e_{p0}、e_{pn}——换算截面重心、净截面重心至预应力钢筋及非预应力钢筋合力点的距离,即 N_p 的偏心距;

　　　　y_0、y_n——换算截面重心、净截面重心至所计算纤维处的距离;

　　　　N_p——预应力钢筋及非预应力钢筋的合力;

　　　　M_2——由预应力 N_p 在后张法预应力混凝土超静定结构中产生的次弯矩。

在式(10-85)、式(10-86)中,右边第二、第三项与第一项的应力方向相同时取加号,相反取减号。

1) 预应力钢筋及非预应力钢筋的合力 N_p

预应力钢筋与非预应力钢筋位置如图 10-23 所示。

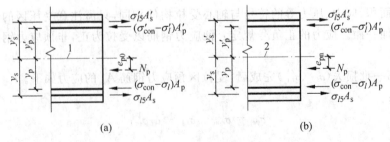

图 10-23　预应力钢筋及非预应力钢筋位置

(a) 先张法构件;(b) 后张法构件

1—换算截面重心轴　2—净截面重心轴

无论先、后张法,压力 N_p 均按式(10-87)计算:

$$N_p = (\sigma_{con} - \sigma_l)A_p + (\sigma'_{con} - \sigma'_l)A'_p - \sigma_{l5}A_s - \sigma'_{l5}A'_s \tag{10-87}$$

2) 预应力钢筋及非预应力钢筋合力点的偏心距(宜按式(10-88)、式(10-89)计算)

先张法构件:

$$e_{p0} = \frac{(\sigma_{con} - \sigma_l)A_p y_p - (\sigma'_{con} - \sigma'_l)A'_p y'_p - \sigma_{l5}A_s y_s + \sigma'_{l5}A'_s y'_s}{N_p} \tag{10-88}$$

后张法构件:

$$e_{pn} = \frac{(\sigma_{con} - \sigma_l)A_p y_{pn} - (\sigma'_{con} - \sigma'_l)A'_p y'_{pn} - \sigma_{l5}A_s y_{sn} + \sigma'_{l5}A'_s y'_{sn}}{N_p} \tag{10-89}$$

式中 σ_l、σ'_l——相应阶段受拉区、受压区纵向预应力钢筋的预应力损失值;

A_p、A'_p——受拉区、受压区纵向预应力钢筋的截面面积;

A_s、A'_s——受拉区、受压区纵向非预应力钢筋的截面面积;

y_p、y'_p——受拉区、受压区的预应力钢筋合力点至换算截面重心的距离;

y_s、y'_s——受拉区、受压区的非预应力钢筋重心至换算截面重心的距离;

σ_{l5}、σ'_{l5}——受拉区、受压区的预应力钢筋在各自合力点处由混凝土收缩和徐变引起的预应力损失值;

y_{pn}、y'_{pn}——受拉区、受压区的预应力钢筋合力点至净截面重心的距离;

y_{sn}、y'_{sn}——受拉区、受压区的非预应力钢筋重心至净截面重心的距离。

当式(10-87)～式(10-89)中的 $A'_p = 0$(即受压区不配置预应力钢筋)时,可取式中 $\sigma'_{l5} = 0$;当计算第一批损失完成后混凝土的预应力时,以上各式中,令 $\sigma_l = \sigma_{lI}$,$\sigma'_l = \sigma'_{lI}$,并取 $\sigma_{l5} = 0$,$\sigma'_{l5} = 0$;计算全部损失完成后的混凝土预应力时,则取 $\sigma_l = \sigma_{lI} + \sigma_{lII}$,$\sigma'_l = \sigma'_{lI} + \sigma'_{lII}$,此时 σ_{l5} 和 σ'_{l5} 已经发生。

偏心压力 N_p 的偏心公式(10-88)及式(10-89)是根据合力 N_p 对任一点(例如截面重心)的矩等于其分力的矩之和推得的。

3) 截面几何特征

先张法构件:

$$A_0 = A_c + \alpha_{E_s}A_s + \alpha'_{E_s}A'_s + \alpha_E A_p + \alpha'_E A'_p$$

$$A_c = A - A_s - A_p$$

后张法构件:

$$A_n = A_c + \alpha_{E_s}A_s + \alpha'_{E_s}A'_s$$

$$A_0 = A_n + \alpha_E A_p + \alpha'_E A'_p$$

$$A_c = A - A_s - A_孔$$

3. 外荷载作用下构件截面内混凝土应力计算

施加预应力之后,构件在正常使用时可能不开裂甚至不出现拉应力,因而可以视混凝土为理想弹性材料。仿照轴心受拉构件,在外荷载作用下,无论先、后张法,均采用构件换算截面,按材料力学公式计算混凝土应力。

例如,正截面抗裂验算时,加荷至构件受拉边缘混凝土应力为零时,设外弯矩为 M_0,则

$$\sigma_{pcII} - \frac{M_0}{W_0} = 0 \tag{10-90}$$

可得

$$M_0 = \sigma_{pc\,II} W_0 \qquad (10\text{-}91)$$

式中　$\sigma_{pc\,II}$——第二批损失完成后,受弯构件边缘处的混凝土预压应力,对先、后张法,分别按式(10-85)和式(10-86)计算;

　　　W_0——换算截面受拉边缘的弹性地抗矩,$W_0 = \dfrac{I_0}{y_{01}}$;

　　　y_{01}——换算截面重心至受拉边缘的距离。

必须注意,在受弯构件中,当加荷至 M_0 时,仅截面受拉边缘处的混凝土应力为零,而截面上其他纤维处的混凝土应力都不为零。对于轴心受拉构件,当加荷至 N_0 时,全截面的混凝土应力均为零。

加荷至受拉边缘混凝土即将开裂时,设开裂弯矩为 M_{cr}。对于预应力混凝土受弯构件,可有以下两种方法确定 M_{cr}。

1) 按弹性材料构件计算

不考虑受拉区混凝土的塑性,即构件截面上混凝土应力按直线分布(见图 10-24(a)),则加荷至受拉边缘混凝土应力等于 f_{tk} 时,有

$$\frac{M_{cr1}}{W_0} - \sigma_{pc\,II} = f_{tk} \qquad (10\text{-}92)$$

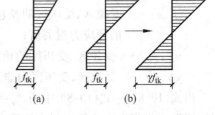

可解得

$$M_{cr1} = (\sigma_{pc\,II} + f_{tk}) W_0 \qquad (10\text{-}93)$$

图 10-24　确定开裂弯矩

2) 考虑受拉区混凝土的塑性

如图 10-24(b)所示,混凝土构件的截面抵抗矩塑性影响系数 γ 可按式(10-94)计算:

$$\gamma = \left(0.7 + \frac{120}{h}\right)\gamma_m \qquad (10\text{-}94)$$

式中　γ_m——混凝土的截面抵抗矩塑性影响系数基本值,按平截面应变假定,取受拉区混凝土应力图形为梯形、受拉边缘混凝土极限拉应变为 $2f_{tk}/E_c$ 确定。对于矩形截面,取 1.55,其他常用截面 γ_m 值按规范取值。

　　　h——截面高度(mm),当 $h < 400\text{mm}$ 时,取 $h = 400\text{mm}$;当 $h > 1600\text{mm}$ 时,取 $h = 1600\text{mm}$;对圆形、环形截面,取 $h = 2r$,此处,r 为圆形截面半径或环形截面的外环半径。

γ 的意义是将构件截面受拉区考虑混凝土塑性的应力图形等效转化为直线分布时,受拉边缘的应力为 γf_{tk}(见图 10-24(b)),γ 是大于 1 的系数。当加荷至受拉边缘即将开裂时,按材料力学公式则有

$$\frac{M_{cr2}}{W_0} - \sigma_{pc\,II} = \gamma f_{tk} \qquad (10\text{-}95)$$

可解得

$$M_{cr2} = (\sigma_{pc\,II} + \gamma f_{tk}) W_0 \qquad (10\text{-}96)$$

显然,按弹性计算的开裂弯矩 M_{cr1} 值偏小,即 $M_{cr1} < M_{cr2}$。《混凝土结构设计规范》(GB 50010—2010)建议采用式(10-96)计算开裂弯矩。

10.5.2　受弯构件正截面破坏形态及基本假定

1. 破坏形态

预应力混凝土受弯构件的破坏形态随预应力钢材性能、混凝土强度及配筋率变化而有所不同，与普通钢筋混凝土受弯构件一样，可分为三类破坏形态，即带有塑性性质的适筋梁破坏、带有脆性破坏性质的超筋梁破坏和少筋梁破坏。

2. 基本假定

预应力混凝土受弯构件正截面计算的基本假定与普通混凝土构件相同，包括以下几点：

（1）平截面假定；

（2）不考虑混凝土的抗拉强度；

（3）预应力钢材与混凝土有很好的粘结强度，由荷载引起的钢材应变与相同位置混凝土应变相同；

（4）混凝土的极限压应变和应力-应变本构关系已知，纵向钢筋的应力等于钢筋应变与其弹性模量的乘积，但其绝对值不应大于其相应的强度设计值。纵向受拉钢筋的极限拉应变取为 0.01。

3. 界限受压区高度 ξ_b

设受拉区预应力钢筋合力点处混凝土预压应力为零时，预应力钢筋中的应力为 σ_{p0}，预拉应变为 $\varepsilon_{p0} = \sigma_{p0}/E_s$。界限破坏时，预应力钢筋应力达到抗拉强度设计值 f_{py}，因而截面上受拉区预应力钢筋的应力增量为 $(f_{py} - \sigma_{p0})$，相应的应变增量为 $(f_{py} - \sigma_{p0})/E_s$。根据平截面假定，相对界限受压区高度 ξ_b 可按图 10-25 所示几何关系确定：

$$\frac{x_c}{h_0} = \frac{\varepsilon_{cu}}{\varepsilon_{cu} + \dfrac{f_{py} - \sigma_{p0}}{E_s}} \tag{10-97}$$

设界限破坏时，界限受压区高度为 x_b，则有 $x = x_b = \beta_1 x_c$，代入上式得

$$\frac{x_b}{\beta_1 h_0} = \frac{\varepsilon_{cu}}{\varepsilon_{cu} + \dfrac{f_{py} - \sigma_{p0}}{E_s}} \tag{10-98}$$

即

$$\xi_b = \frac{x_b}{h_0} = \frac{\beta_1}{1 + \dfrac{f_{py} - \sigma_{p0}}{E_s \varepsilon_{cu}}} \tag{10-99}$$

对于无明显屈服点的预应力钢筋（钢丝、钢绞线、热处理钢筋），根据条件屈服点定义，如图 10-26 所示，钢筋到达条件屈服点的拉应变为

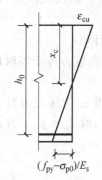

图 10-25　相对受压区高度

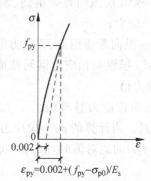

图 10-26　条件屈服钢筋的拉应变

$$\varepsilon_{py} = 0.002 + \frac{f_{py} - \sigma_{p0}}{E_s} \tag{10-100}$$

改写式(10-99)得

$$\xi_b = \frac{\beta_1}{1 + \frac{0.002}{\varepsilon_{cu}} + \frac{f_{py} - \sigma_{p0}}{E_s \varepsilon_{cu}}} \tag{10-101}$$

式中 σ_{p0}——受拉区纵向预应力钢筋合力点处混凝土法向应力等于零时的预应力钢筋应力。

当截面受拉区配置有不同种类或不同预应力值的钢筋时,受弯构件的相对界限受压区高度应分别计算,并取其小值。

4. 任意位置纵向钢筋应力计算

设第 i 根预应力钢筋的预拉应力为 σ_{pi},它到混凝土受压区边缘的距离为 h_{0i},根据平截面假定,它的应力可由图10-27得出:

$$\sigma_{pi} = E_s \varepsilon_{cu} \left(\frac{\beta h_{0i}}{x} - 1 \right) + \sigma_{p0i} \tag{10-102}$$

同理,非预应力钢筋的应力

$$\sigma_{si} = E_s \varepsilon_{cu} \left(\frac{\beta_1 h_{0i}}{x} - 1 \right) \tag{10-103}$$

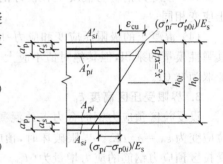

图10-27 纵向钢筋应力计算

纵向钢筋应力值也可以按下列近似公式计算。

普通钢筋:

$$\sigma_{si} = \frac{f_y}{\xi_b - \beta_1} \left(\frac{x}{h_{0i}} - \beta_1 \right) \tag{10-104}$$

预应力钢筋:

$$\sigma_{pi} = \frac{f_{py} - \sigma_{p0i}}{\xi_b - \beta_1} \left(\frac{x}{h_{0i}} - \beta_1 \right) + \sigma_{p0i} \tag{10-105}$$

按式(10-102)~式(10-105)计算的纵向钢筋应力应满足式(10-106)、式(10-107):

$$-f_y' \leqslant \sigma_{si} \leqslant f_y \tag{10-106}$$

$$\sigma_{p0i} - f_{py}' \leqslant \sigma_{pi} \leqslant f_{py} \tag{10-107}$$

式中 h_{0i}——第 i 层纵向钢筋截面重心至截面受压边缘的距离;

x——等效矩形应力图形的混凝土受压区高度;

σ_{si}、σ_{pi}——第 i 层纵向普通钢筋、预应力钢筋的应力,正值代表拉应力,负值代表压应力;

f_y'、f_{py}'——纵向普通钢筋、预应力钢筋的抗压强度设计值;

σ_{p0i}——第 i 层纵向预应力钢筋截面重心处混凝土法向应力等于零时的预应力钢筋应力值。

当计算的 σ_{si} 为拉应力且其值大于 f_y 时,取 $\sigma_{si} = f_y$;当 σ_{si} 为压应力且其绝对值大于 f_y' 时,取 $\sigma_{si} = -f_y'$。当计算的 σ_{pi} 为拉应力且其值大于 f_{py} 时,取 $\sigma_{pi} = f_{py}$;当 σ_{pi} 为压应力且其值大于 $(\sigma_{p0i} - f_{py}')$ 的绝对值时,取 $\sigma_{pi} = \sigma_{p0i} - f_{py}'$。

10.5.3 预应力混凝土受弯构件正截面承载力计算

预应力混凝土受弯构件的性能与普通钢筋混凝土受弯构件基本相同,混凝土开裂后,随着荷载增大,混凝土与钢材应力持续增大。混凝土受压区塑性发展如同普通钢筋混凝土受弯构件,当受拉区钢材达到其极限应力后,混凝土受压区边缘应变达到极限压应变,构件耗尽承载力而破坏。预应力混凝土受弯构件与普通钢筋混凝土受弯构件相比有以下几点区别。

其一,在未受外荷载时,预应力混凝土受弯构件中的预应力筋已有应力,即扣除各项损失后的有效预应力不为零,而普通钢筋混凝土受弯构件未受荷载时应力为零。

其二,预应力混凝土受弯构件中一般采用高强钢材(钢丝、钢绞线等),无明显屈服台阶,钢材进入塑性变形后,其应力随变形增长而提高是未知量,需在给定钢材应力应变曲线后才能进行截面分析,否则需采用条件屈服强度作为破坏时高强钢材极限应力的简化方法;而在普通钢筋混凝土受弯构件中,一般均采用有明显屈服台阶的软钢,钢材应力可以由理想弹塑性材料应力应变假定确定。

受弯构件正截面承载力计算较精确的方法,可以用变形协调方法,结合实际预应力筋的应力-应变曲线,用试算法反复迭代,最后求得受压区高度、预应力筋极限应力和抗弯承载力或其他未知量。这种方法虽精确,但非常繁琐且不实用,所以通常采用以条件屈服强度替代无明显屈服台阶预应力筋极限应力的简化方法,这样就可如同普通钢筋混凝土受弯构件正截面承载力计算方法,通过力系平衡建立起计算公式。

1. 矩形截面正截面受弯承载力计算

矩形截面或翼缘位于受拉边的倒 T 形截面受弯构件其正截面受弯承载力应按下列规定计算(见图 10-28):

$$M \leqslant \alpha_1 f_c b x \left(h_0 - \frac{x}{2}\right) + f_y' A_s'(h_0 - a_s') - (\sigma_{p0}' - f_{py}') A_p'(h_0 - a_p') \tag{10-108}$$

混凝土受压区高度应按下列公式确定:

$$\alpha_1 f_c b x = f_y A_s - f_y' A_s' + f_{py} A_p + (\sigma_{p0}' - f_{py}') A_p' \tag{10-109}$$

混凝土受压区高度尚应符合:

$$2a' \leqslant x \leqslant \xi_b h_0 \tag{10-110}$$

式中　M——弯矩设计值;

　　$a_s'、a_p'$——受压区纵向普通钢筋合力点、预应力钢筋合力点至截面受压边缘的距离;

　　a'——受压区全部纵向钢筋合力点至截面受压边缘的距离,当受压区未配置纵向预应力钢筋或受压区纵向预应力钢筋应力($\sigma_{p0}' - f_{py}'$)为拉应力时,式(10-110)中的 a' 用 a_s' 代替。

其余字母意义见图 10-28。

2. T 形、I 形截面正截面受弯承载力计算

T 形、I 形截面正截面受弯承载力(见图 10-29)应分别符合下列规定。

(1) 中和轴在翼缘内,当截面尺寸及配筋满足式(10-111)时,

$$f_y A_s + f_{py} A_p \leqslant \alpha_1 f_c b_f' h_f' + f_y' A_s' - (\sigma_{p0}' - f_{py}') A_p' \tag{10-111}$$

说明中和轴在翼缘内,应按宽度为 b_f' 的矩形截面计算。

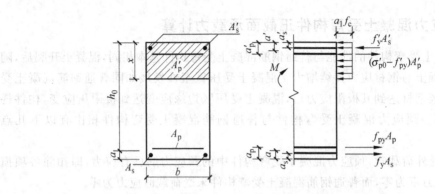

图 10-28　矩形截面受弯构件正截面受弯承载力计算简图

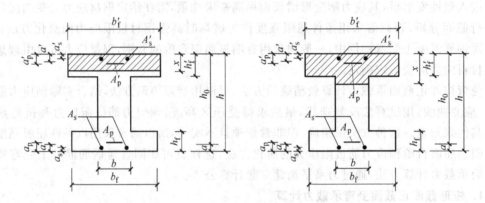

图 10-29　I 形截面受弯承载力计算示意

（2）不满足式(10-111)条件时，中和轴在腹板，其受弯承载力应满足下式：

$$M \leqslant \alpha_1 f_c bx \left(h_0 - \frac{x}{2}\right) + \alpha_1 f_c (b'_f - b) h'_f \left(h_0 - \frac{h'_f}{2}\right)$$
$$+ f'_y A'_s (h_0 - a'_s) - (\sigma'_{p0} - f'_{py}) A'_p (h_0 - a'_p) \tag{10-112}$$

混凝土受压区高度应按式(10-113)确定：

$$\alpha_1 f_c [bx + (b'_f - b) h'_f] = f_y A_s - f'_y A'_s + f_{py} A_p + (\sigma'_{p0} - f'_{py}) A'_p \tag{10-113}$$

式中　h'_f——T 形、I 形截面受压区的翼缘高度；

　　　b'_f——T 形、I 形截面受压区的翼缘计算宽度按表 4-4 确定。

按上述公式计算 T 形、I 形截面受弯构件时，混凝土受压区高度尚应符合 $2a' \leqslant x \leqslant \xi_b h_0$ 要求。当由构造要求或按正常使用极限状态验算要求配置的纵向受拉钢筋截面面积大于受弯承载力要求的配筋面积时，计算的混凝土受压区高度 x，可仅计入受弯承载力条件所需的纵向受拉钢筋截面面积。

当计算中计入纵向普通受压钢筋时，应当保证 $x \geqslant 2a'$。当不满足此条件时，正截面受弯承载力应符合式(10-114)规定：

$$M \leqslant f_{py} A_p (h - a_p - a'_s) + f_y A_s (h - a_s - a'_s) + (\sigma'_{p0} - f'_{py}) A'_p (a'_p - a'_s) \tag{10-114}$$

式中　a_s、a_p——受拉区纵向普通钢筋、预应力钢筋至受拉边缘的距离。

综上所述，预应力混凝土受弯构件截面极限承载能力计算公式基本类似于普通钢筋混凝土受弯构件。无论配筋设计还是截面承载能力复核，其核心无非是解两个未知数。对于

复核问题是求 x 和截面承载能力 M_u,对于设计问题是求 x 和受拉预应力筋的面积。应用的技巧在于避免解联立方程,选择合适公式求解 x。这些内容实际上与普通钢筋混凝土受弯构件的计算是一致的。

10.5.4　预应力混凝土受弯构件斜截面承载力计算

1. 预应力混凝土斜截面破坏形态

斜截面破坏形态有沿斜截面剪切破坏和斜截面弯曲破坏两种形式,前者一般是梁内纵向钢筋配置较多,锚固可靠,可阻碍斜裂缝分开的两部分相对转动,受压区混凝土在压力和剪力的共同作用下被剪断或压碎,致使结构构件的抗剪能力不足以抵抗荷载剪切效应而破坏;后者一般是梁内纵向钢筋配置不足或锚固不良,钢筋屈服后斜裂缝割开的两个部分绕公共铰转动,斜裂缝扩张,受压区减少,致使受压区混凝土被压碎而告破坏。

2. 预应力混凝土受弯构件斜截面承载力分析

1) 预应力对斜截面抗剪承载力的影响

斜裂缝出现后,预应力在受拉区混凝土中的预压应力能阻止裂缝开展、减小裂缝宽度,减缓斜裂缝沿截面高度的发展,增大剪压区高度,并且加大斜裂缝之间骨料的咬合作用,从而提高构件抗剪承载力。

然而,预应力对提高梁抗剪承载力的这种作用并不是无限的。从试验结果(见图 10-30)看,当换算截面重心处的混凝土预压应力 σ_{pc} 与混凝土轴心抗压强度 f_c 之比为 $0.4 \sim 0.5$ 时,这种有利作用反而有下降趋势,所以预应力对抗剪承载力的有利作用应有限制。

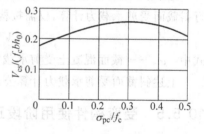

图 10-30　预应力对受弯构件抗剪承载力的影响

2) 预应力筋对抗剪承载力的有利作用

试验研究结果表明,预应力受弯构件抗剪承载力较相应的钢筋混凝土受弯构件抗剪承载力的提高表现在以下两个方面。

(1) 直线预应力筋的预应力及曲线预应力筋的水平分力能阻滞斜裂缝的出现和发展,增加混凝土剪压区的高度,从而能较大程度提高混凝土剪压区承担剪力的能力,使预应力混凝土梁的抗剪承载力高于具有相同截面和配筋的钢筋混凝土梁。

(2) 跨度较大的预应力受弯构件,一般预应力筋为曲线布置形式。曲线预应力筋或折线预应力筋的等效荷载将抵消一部分剪力,预应力弯起筋应力增量的竖向分力通常与外荷载产生的剪力方向相反,这样在外荷载作用下混凝土承受的剪力较小。通常,预应力筋的布置与构件的弯矩图是一致的,预应力筋的弯起区处在构件承受弯矩较小的区域。这样,在构件发生抗弯破坏时,弯起区仍可保持不开裂。

3) 受弯构件斜截面受剪承载力计算公式

计算预应力混凝土梁的斜截面受剪承载力时,可在钢筋混凝土梁计算公式的基础上增加一项由预应力而提高的斜截面受剪承载力设计值 V_p,根据矩形截面有箍筋预应力混凝土梁的试验结果,V_p 的计算公式为

$$V_p = 0.05 N_{p0} \tag{10-115}$$

式中　N_{p0}——计算截面上混凝土法向应力等于零时的预应力钢筋及非预应力钢筋的合

力,按式(10-87)计算;当 $N_{p0}>0.3f_cA_0$ 时,取 $N_{p0}=0.3f_cA_0$。

所以,对矩形、T 形及 I 字形截面的预应力混凝土受弯构件,当仅配置箍筋时,其斜截面的受剪承载力按下列公式计算:

$$V = V_{cs} + V_p \tag{10-116}$$

当合力 N_{p0} 引起的截面弯矩与由荷载产生的截面弯矩方向相同时,以及对预应力混凝土连续梁和允许出现裂缝的预应力混凝土简支梁,均取 $V_p=0$。

当配有箍筋和预应力弯起钢筋时,其斜截面受剪承载力按式(10-117)计算

$$V = V_{cs} + V_p + 0.8f_yA_{sb}\sin\alpha_s + 0.8f_{py}A_{pb}\sin\alpha_p \tag{10-117}$$

式中 V——在配置弯起钢筋处的剪力设计值,按照 5.3.2 节的规定取值;

V_p——按式(10-115)计算的由于施加预应力所提高的截面受剪承载力设计值,但在计算 N_{p0} 时不考虑预应力弯起钢筋的作用;

A_{sb}、A_{pb}——同一弯起平面内非预应力弯起钢筋、预应力弯起钢筋的截面面积;

α_s、α_p——斜截面上非预应力弯起钢筋,预应力弯起钢筋的切线与构件纵向轴线的夹角。

为了防止斜压破坏,受剪截面满足式(5-16)～式(5-18)要求。

矩形、T 形、I 形截面的预应力混凝土受弯构件,当符合式(10-118)的要求时.则可不进行斜截面受剪承载力计算,仅需按构造要求配置箍筋。

$$V \leqslant \alpha_{cv}f_tbh_0 + 0.05N_{p0} \tag{10-118}$$

式中 α_{cv}——截面混凝土受剪承载力系数,与式(5-13)规定相同。

上述斜截面受剪承载力计算公式的适用范围和计算位置与钢筋混凝土受弯构件相同。

10.5.5 受弯构件使用阶段正截面抗裂度验算

预应力混凝土受弯构件正截面裂缝控制验算与预应力混凝土轴心受拉构件类似。

对使用阶段允许出现裂缝的预应力混凝土构件,裂缝宽度验算也同普通混凝土构件一致,但构件受力特征系数取 $\alpha_{cr}=1.5$,按荷载标准组合计算的预应力混凝土构件纵向受拉钢筋的等效应力为

$$\sigma_{sk} = \frac{M_k - N_{p0}(z-e_p)}{(\alpha_1A_p+A_s)z} \tag{10-119}$$

式中 z——受拉区纵向预应力钢筋和非预应力钢筋合力点至受压区压力合力点的距离;

$$z = \left[0.87 - 0.12(1-\gamma'_f)\left(\frac{h_0}{e}\right)^2\right]h_0 \tag{10-120}$$

$$e = \frac{M_k}{N_{p0}} + e_p \tag{10-121}$$

γ'_f——受压翼缘截面面积与腹板有效截面面积的比值,$\gamma'_f=\frac{(b'_f-b)h'_f}{bh_0}$,其中,$b'_f$、$h'_f$ 为受压区翼缘的宽度、高度,当 $h'_f>0.2h_0$ 时,取 $h'_f=0.2h_0$;

e_p——混凝土法向预应力等于零时,全部纵向预应力和非预应力钢筋的合力 N_{p0} 的作用点至受拉区纵向预应力和非预应力受拉钢筋合力点的距离;

M_k——按荷载标准组合计算的弯矩值;

α_1——无粘结预应力筋的等效折减系数，取 $\alpha_1 = 0.30$；对灌浆的后张预应力筋，取
$\alpha_1 = 1.0$；

$\omega_{\lim}$——裂缝宽度限值，见附录表 C-3。

10.5.6　受弯构件使用阶段斜截面抗裂度验算

《混凝土结构设计规范》（GB 50010—2010）规定预应力混凝土受弯构件斜截面的抗裂度验算，主要是验算截面上的主拉应力 σ_{tp} 和主压应力 σ_{cp} 不超过一定的限值。

1. 斜截面抗裂度验算的规定

1）混凝土主拉应力

对严格要求不出现裂缝的构件（一级），应符合式（10-122）的规定：

$$\sigma_{tp} \leqslant 0.85 f_{tk} \tag{10-122}$$

对一般要求不出现裂缝的构件，应符合式（10-123）的规定：

$$\sigma_{tp} \leqslant 0.95 f_{tk} \tag{10-123}$$

2）混凝土主压应力

对严格要求和一般要求不出现裂缝的构件，均应符合式（10-124）的规定：

$$\sigma_{cp} \leqslant 0.6 f_{ck} \tag{10-124}$$

式中　σ_{tp}、σ_{cp}——混凝土的主拉应力和主压应力；

f_{tk}、f_{ck}——混凝土的抗拉强度和抗压强度标准值；

0.85、0.95——考虑张拉时的不准确性和构件质量变异影响的经验系数；

0.6——主要防止腹板在预应力和荷载作用下压坏，并考虑到主压应力过大会导致斜截面抗裂能力降低的经验系数。

2. 混凝土主拉应力 σ_{tp} 和主压应力 σ_{cp} 的计算

预应力混凝土构件在斜截面开裂前，基本上处于弹性工作状态，所以主应力可按材料力学方法计算。图 10-31 为一预应力混凝土简支梁，构件中各混凝土微元体除了承受由荷载产生的正应力和剪应力外，还承受由预应力钢筋所引起的预应力。

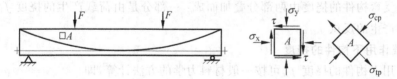

图 10-31　预应力混凝土简支梁单元应力

$$\sigma_x = \sigma_{pc} + \sigma_q = \sigma_{pc} + \frac{M_k y_0}{I_0} \tag{10-125}$$

$$\sigma_y = \frac{0.6 F_k}{bh} \tag{10-126}$$

$$\tau = \frac{\left(V_k - \sum \sigma_{pe} A_{pb} \sin\alpha_p\right) S_0}{b I_0} \tag{10-127}$$

混凝土的主拉应力 σ_{tp} 和主压应力 σ_{cp} 按式（10-128）计算：

$$\left.\begin{array}{l}\sigma_{tp}\\[6pt]\sigma_{cp}\end{array}\right\} = \frac{\sigma_x + \sigma_y}{2} \pm \sqrt{\left(\frac{\sigma_x - \sigma_y}{2}\right)^2 + \tau^2} \tag{10-128}$$

式中　σ_x——由预应力和弯矩值 M_k 在计算纤维处产生的混凝土法向应力;

σ_y——由集中荷载标准值 F_k 产生的混凝土竖向压应力;

τ——由剪力值 V_k 和弯起预应力钢筋的预加力在计算纤维处产生的混凝土剪应力;

σ_{pc}——扣除全部预应力损失后,在计算纤维处由于预应力产生的混凝土法向应力,
按式(10-85)、式(10-86)计算;

M_k——按荷载标准组合计算的弯矩值;

y_0——换算截面重心至所计算纤维处的距离;

I_0——换算截面惯性矩;

F_k——集中荷载标准值;

V_k——按荷载标准组合计算的剪力值;

σ_{pe}——预应力弯起钢筋的有效预应力;

A_{pb}——计算截面上同一弯起平面内的预应力弯起钢筋的截面面积;

α_p——计算截面上预应力弯起钢筋的切线与构件纵向轴线的夹角;

S_0——计算纤维以上部分的换算截面面积对构件换算截面中心的面积矩。

　　式(10-125)、式(10-128)中的 σ_{pc}、$\dfrac{M_k y_0}{I_0}$、σ_x、σ_y,当为拉应力时,以正号代入;为压应力时,以负号代入。

3. 斜截面抗裂度验算位置

　　计算混凝土主应力时,应选择跨度内不利位置的截面,如弯矩和剪力较大的截面或外形有突变的截面,并且在沿截面高度上,应选择该截面的换算截面重心处和截面宽度有突变处,如 I 形截面上、下翼缘与腹板交接处等主应力较大的部位。

10.5.7　受弯构件使用阶段变形验算

　　预应力受弯构件的挠度由两部分叠加而成:一部分是由荷载产生的挠度 f_{1l},另一部分是预加应力产生的反拱 f_{2l}。

1. 荷载作用下构件的挠度

荷载作用下构件的挠度 f_{1l} 可按一般材料力学的方法计算,即

$$f_{1l} = S\frac{Ml^2}{B} \tag{10-129}$$

式中　截面弯曲刚度 B 应分别按下列情况计算。

　　(1)荷载效应标准组合下的短期刚度,可由下列公式计算。

　　对于使用阶段要求不出现裂缝的构件,

$$B_s = 0.85 E_c I_0 \tag{10-130}$$

式中　E_c——混凝土的弹性模量;

I_0——换算截面惯性矩;

0.85——刚度折减系数,考虑混凝土受拉区开裂前出现的塑性变形。

　　对于使用阶段允许出现裂缝的构件,

$$B_s = \frac{0.85 E_c I_0}{\kappa_{cr} + (1 - \kappa_{cr})\omega} \tag{10-131}$$

$$\kappa_{cr} = \frac{M_{cr}}{M_k} \tag{10-132}$$

$$\omega = \left(1 + \frac{0.21}{\alpha_E \rho}\right)(1 + 0.45\gamma_f) - 0.7 \tag{10-133}$$

$$M_{cr} = (\sigma_{pc} + \gamma f_{tk}) W_0 \tag{10-134}$$

式中　k_{cr}——预应力混凝土受弯构件正截面的开裂弯矩 M_{cr} 与荷载标准组合弯矩 M_k 的比值,当 $k_{cr} > 1.0$ 时,取 $k_{cr} = 1.0$;

γ——混凝土构件的截面抵抗矩塑性影响系数,按式(10-70)计算;

σ_{pc}——扣除全部预应力损失后在抗裂验算截面边缘的混凝土预压应力;

α_E——钢筋弹性模量与混凝土弹性模量的比值,$\alpha_E = \dfrac{E_s}{E_c}$;

ρ——纵向受拉钢筋配筋率,$\rho = \dfrac{\alpha_1 A_p + A_s}{bh_0}$;对于灌浆的后张预应力筋,取 $\alpha_1 = 1.0$,对于无粘结后张预应力筋,取 $\alpha_1 = 0.3$;

γ_f——受拉翼缘面积与腹板有效截面面积的比值;$\gamma_f = \dfrac{(b_f - b)h_f}{bh_0}$,其中 b_f、h_f 为受拉区翼缘的宽度、高度。

对预压时预拉区出现裂缝的构件,B_s 应降低 10%。

(2) 按荷载效应标准组合并考虑预加应力长期作用影响的刚度,可按式(9-18)计算,其中 B_s 按式(10-130)或式(10-131)计算。

2. 预加应力产生的反拱

预应力混凝土受弯构件在使用阶段的预压应力反拱值 f_{2l},可按两端有弯矩 $N_p e_p$ 的简支梁计算,同时考虑到预应力是长期存在的,对使用阶段的反拱值应乘以增大系数 2.0,因此

$$f_{2l} = 2 \frac{N_p e_p l_0^2}{8 B_s} \tag{10-135}$$

对永久荷载相对于可变荷载较小的预应力混凝土构件,应考虑反拱过大时对正常使用的不利影响,并应采取相应的设计和施工措施。

3. 挠度计算

预应力混凝土受弯构件在荷载标准组合作用下并考虑荷载长期作用影响的挠度计算公式如下:

$$f = f_{1l} - f_{2l} \leqslant [f] \tag{10-136}$$

式中　$[f]$——挠度限值,见附录表 C-1。

《混凝土结构设计规范》(GB 50010—2010)规定,当考虑反拱后计算的构件长期挠度不符合规范有关规定时,可采用施工预先起拱等方式控制挠度。如果使用方面允许,则在验算挠度时,可将计算所得的挠度值减去起拱值。对预应力混凝土构件,尚可减去预加力所产生的反拱值,但构件制作时的起拱值和预加力所产生的反拱值,不宜超过构件在相应荷载组合作用下的计算挠度值。

10.5.8　受弯构件施工阶段的验算

预应力受弯构件,在制作、运输及安装等施工阶段的受力状态,与使用阶段是不相同的。在制作时,截面上受到偏心压力,截面下边缘受压,上边缘受拉,如图 10-32(a)所示。而在运输、安装时,搁置点或吊点通常离开梁端有一段距离,两端悬臂部分因自重引起负弯矩,与偏心预压力引起的负弯矩是相叠加的,如图 10-32(b)所示。在截面上边缘(或称预拉区),如果混凝土的拉应力超过混凝土的抗拉强度,预拉区将出现裂缝,并随时间的增长裂缝不断开展。在截面下边缘(预压区),如混凝土的压应力过大,也会产生纵向裂缝。试验表明,预拉区的裂缝虽可在使用荷载下闭合,对构件的影响不大,但会使构件在使用阶段的正截面抗裂度和刚度降低。因此,必须对构件制作阶段的抗裂度进行验算。《混凝土结构设计规范》(GB 50010—2010)采用限制边缘纤维混凝土应力值的方法,来满足预拉区不允许或允许出现裂缝的要求,同时保证预压区的抗压强度。

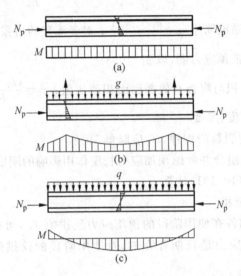

图 10-32　预应力混凝土受弯构件
(a)制作阶段;(b)吊装阶段;(c)使用阶段

制作、运输及安装等施工阶段,除进行承载能力极限状态验算外,对预拉区允许出现拉应力的构件或预压时全截面受压的构件,在预加应力、自重及施工荷载(必要时应考虑动力系数)作用下,其截面边缘的混凝土法向应力应符合式(10-137)、式(10-138)的规定(见图 10-33):

$$\sigma_{ct} \leqslant f'_{tk} \tag{10-137}$$
$$\sigma_{cc} \leqslant 0.8 f'_{ck} \tag{10-138}$$

简支构件的端截面受拉边缘应力允许大于 f'_{tk},但不应大于 $1.2 f'_{tk}$。

截面边缘的混凝土法向应力 σ_{ct}、σ_{cc} 可按下列公式计算:

$$\left.\begin{array}{r}\sigma_{cc}\\\sigma_{ct}\end{array}\right\} = \sigma_{pc} + \frac{N_k}{A_0} \pm \frac{M_k}{W_0} \tag{10-139}$$

式中　σ_{ct}、σ_{cc}——相应施工阶段计算截面边缘纤维的混凝土拉应力和压应力;

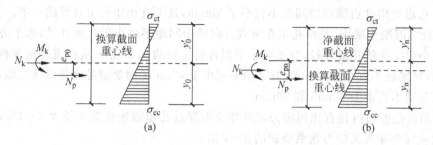

图 10-33 预应力混凝土构件施工阶段验算

f'_{tk}、f'_{ck}——与各施工阶段混凝土立方体抗压强度 f_{cu} 相应的抗拉强度标准值、抗压强度标准值，按附录表 A-2 用直线内插法取用；

σ_{pc}——由预加应力产生的混凝土法向应力，当 σ_{pc} 为压应力时，取正值，当 σ_{pc} 为拉应力时，取负值；

N_k、M_k——构件自重及施工荷载的标准组合在计算截面产生的轴向力值、弯矩值，当 N_k 为轴向压力时，取正值，当 N_k 为轴向拉力时，取负值，对由 M_k 产生的边缘纤维应力，压应力取正号，拉应力取负号；

W_0——验算边缘的换算截面弹性抵抗矩；

A_0——换算截面面积。

当有可靠的工程经验时，叠合式受弯构件预拉区的混凝土法向应力可按 $\sigma_{ct} \leqslant 2f'_{tk}$ 控制。

10.6 预应力混凝土构件的构造要求

1. 先张法构件

先张法预应力筋之间的净间距不应小于其公称直径或等效直径的 2.5 倍和混凝土粗骨料最大直径的 1.25 倍（当混凝土振捣密实性具有可靠保证时，净间距可放宽至最大粗骨料直径的 1.0 倍），且应符合下列规定：对预应力钢丝，不应小于 15mm；对三股钢绞线，不应小于 20mm；对七股钢绞线，不应小于 25mm。

对预应力筋在构件端部全部弯起的受弯构件或直线配筋的先张法构件，当构件端部与下部支承结构焊接时，应考虑混凝土收缩、徐变及温度变化所产生的不利影响，宜在构件端部可能产生裂缝的部位设置足够的非预应力纵向构造钢筋。

先张法预应力混凝土构件端部宜采取下列构造措施：

（1）对于单根配置的预应力筋，其端部宜设置螺旋筋；

（2）对于分散布置的多根预应力筋，在构件端部 $10d$（d 为预应力筋的公称直径），且不小于 100mm 范围内宜设置 3~5 片与预应力筋垂直的钢筋网片；

（3）对于采用预应力钢丝配筋的薄板，在板端 100mm 范围内应适当加密横向钢筋；

（4）对于槽形板类构件，应在构件端部 100mm 范围内沿构件板面设置附加横向钢筋，其数量不应少于 2 根。

2. 后张法构件

后张法预应力筋采用预留孔道，应符合下列规定。

（1）对预制构件，孔道之间的水平净间距不宜小于 50mm，且不宜小于粗骨料直径的

1.25 倍;孔道至构件边缘的净间距不宜小于 30mm,且不宜小于孔道直径的一半。

(2)现浇混凝土梁中,预留孔道在竖直方向的净间距不应小于孔道外径,水平方向的净间距不宜小于 1.5 倍孔道外径,且不应小于粗骨料直径的 1.25 倍;从孔道外壁至构件边缘的净间距,对梁底不宜小于 50mm,对梁侧不宜小于 40mm;对裂缝控制等级为三级的梁,上述净间距分别不宜小于 60mm 和 50mm。

(3)预留孔道的内径宜比预应力束外径及需穿过孔道的连接器外径大 6~15mm,且孔道的截面积宜为穿入预应力筋截面积的 3~4 倍。

(4)当有可靠经验,并能保证混凝土浇筑质量时,预应力筋孔道可水平并列贴紧布置,但并排的数量不应超过 2 束。

(5)在构件两端及曲线孔道的高点应设置灌浆孔或排气兼泌水孔,其孔距不宜大于 20m。

(6)凡制作时需要预先起拱的构件,预留孔道宜随构件同时起拱。

后张法预应力混凝土构件的端部锚固区,应按下列规定配置间接钢筋。

(1)当采用普通垫板时,应进行局部受压承载力计算,并配置间接钢筋,其体积配筋率不应小于 0.5%,垫板的刚性扩散角应取 45°。

(2)当采用整体铸造垫板时,其局部受压区的设计应符合相关标准的规定。

(3)在局部受压间接钢筋配置区以外,在构件端部长度 l 不小于截面重心线上部或下部预应力筋的合力点至邻近边缘距 e 的 3 倍、但不大于构件端部截面高度 h 的 1.2 倍,高度为 $2e$ 的附加配筋区范围内,应均匀配置附加防劈裂箍筋或网片(见图 10-34),配筋面积可按下列公式计算:

$$A_{sb} \geqslant 0.18\left(1 - \frac{l_l}{l_b}\right)\frac{P}{f_{yv}} \tag{10-140}$$

且体积配筋率不应小于 0.5%。

式中 P ——作用在构件端部截面重心线上部或下部预应力筋的合力,应乘以预应力分项系数 1.2,此时,仅考虑混凝土预压前的预应力损失值;

l_l、l_b——分别为沿构件高度方向 A_l、A_b 的边长或直径,A_l、A_b 按图 10-15 确定。

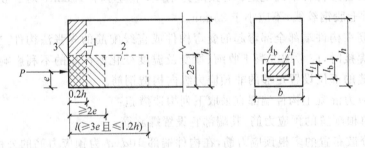

图 10-34 防止端部裂缝的配筋范围
1—局部受压间接钢筋配筋区 2—附加防劈裂配筋区 3—附加防剥裂配筋区

当构件端部预应力筋需集中布置在截面下部或集中布置在上部和下部时,应在构件端部 0.2h 范围内设置附加竖向防剥裂构造钢筋(见图 10-34),其截面面积应符合式(10-141)要求:

$$A_{sv} \geqslant \frac{T_s}{f_{yv}} \tag{10-141}$$

$$T_s = \left(0.25 - \frac{e}{h}\right) N_p \quad T_s = \left(0.25 - \frac{e}{h}\right) P \tag{10-142}$$

式中　T_s——锚固端剥裂拉力；

　　　f_y——附加竖向钢筋的抗拉强度设计值，按附录表 A-6 采用；

　　　e——截面重心线上部或下部预应力筋的合力点至截面近边缘的距离；

　　　h——构件端部截面高度。

当 $e > 0.2h$ 时，可根据实际情况适当配置构造钢筋。竖向防端面裂缝钢筋宜靠近端面配置，可采用焊接钢筋网、封闭式箍筋或其他的形式，且宜采用带肋钢筋。

当端部截面上部和下部均有预应力筋时，附加竖向钢筋的总截面面积应按上部和下部的预应力合力分别计算的较大值采用。

当构件在端部有局部凹进时，应增设折线构造钢筋（见图 10-35）或其他有效的构造钢筋。

对后张预应力混凝土外露金属锚具，应采取可靠的防锈及耐火措施，并应符合下列规定。

（1）无粘结预应力筋外露锚具应采用注有足量防腐油脂的塑料帽封闭锚具端头，并采用无收缩砂浆或细石混凝土封闭。

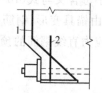

图 10-35　端部凹进处构造钢筋
1—折线构造钢筋；2—竖向构造钢筋

（2）对于处于二 b、三 a、三 b 类环境条件下的无粘结预应力锚固系统，应采用全封闭的防腐蚀体系，其封锚端及各连接部位应能承受 10kPa 的静水压力而不得透水。

（3）采用混凝土封闭时，混凝土强度等级宜与构件混凝土强度等级一致，且不应低于 C30。封锚混凝土与构件混凝土应可靠粘结，如锚具在封闭前应将周围混凝土界面凿毛并冲洗干净，且宜配置 1~2 片钢筋网，钢筋网应与构件混凝土拉结。

（4）采用无收缩砂浆或混凝土封闭保护时，其锚具及预应力筋端部的保护层厚度不应小于以下数值：一类环境类别为 20mm，二 a、二 b 类环境类别为 50mm，三 a、三 b 类环境类别为 80mm。

10.7　公路桥涵工程中预应力混凝土构件的设计

10.7.1　张拉控制应力和预应力损失

1. 张拉控制应力

张拉控制应力的概念与 10.2.1 节所述类似。对于有锚圈口摩擦损失的锚具，张拉控制应力 σ_{con} 应与扣除锚圈口摩擦损失后的拉应力值。因此，《公路钢筋混凝土及预应力混凝土桥涵设计规范》(JTG D62—2012)特别强调，对于后张法构件，σ_{con} 为梁体内锚下应力。预应力钢筋的张拉控制应力 σ_{con} 应符合以下规定。

对于钢丝、钢绞线的张拉控制应力值，

$$\sigma_{con} \leqslant 0.75 f_{pk} \tag{10-143}$$

对于精轧螺纹钢筋的张拉控制应力值，

$$\sigma_{con} \leqslant 0.90 f_{pk} \tag{10-144}$$

式中　f_{pk}——预应力钢筋抗拉强度标准值。

当对构件进行超张拉或计入锚圈口摩擦损失时,钢筋中最大控制力对于钢丝和钢绞线不超过 $0.80f_{pk}$;对精轧螺纹钢筋不应超过 $0.95f_{pk}$。

2. 预应力损失

预应力损失的概念与 10.2.2 节所述类似,以下给出《公路钢筋混凝土及预应力混凝土桥涵设计规范》(JTG D62—2012)规定的 6 种预应力损失的计算方法。

1) 预应力钢筋与管道壁之间摩擦引起的预应力损失 σ_{l1}

后张法构件钢筋张拉钢筋时,预应力钢筋与管道壁之间摩擦引起的预应力损失 σ_{l1} 可按下列公式计算:

$$\sigma_{l1} = \sigma_{con}\left[1 - e^{-(\mu\theta + \kappa x)}\right] \tag{10-145}$$

式中各字母含义与式(10-4)规定相同。

2) 由锚具变形、钢筋回缩和接缝压缩引起的预应力损失 σ_{l2}

预应力直线钢筋的预应力损失 σ_{l2} 按下式计算:

$$\sigma_{l2} = \frac{\sum \Delta l}{l}E_p \tag{10-146}$$

式中　Δl——张拉端锚具变形、钢筋回缩和接缝压缩值,mm;

　　　l——张拉端至锚固端之间的距离,mm;

　　　E_p——预应力钢筋的弹性模量,MPa。

对于后张法构件预应力曲线钢筋的预应力损失 σ_{l2},由于锚具变形引起的钢筋回缩同样也会受到管道摩擦力的影响,这种摩擦力与钢筋张拉时的摩擦力方向相反,称为反向摩擦,而式(10-146)未考虑反向摩擦的影响。后张法曲线钢筋的预应力损失 σ_{l2} 应考虑锚固后反向的影响,具体可参照《公路钢筋混凝土及预应力混凝土桥涵设计规范》(JTG D62—2012)附录计算。

为了减少 σ_{l2},可以采取超张拉工艺,注意应采取选用变形小的锚具、减少垫板等措施。

3) 预应力钢筋与台座之间的温差引起的预应力损失 σ_{l3}

对于先张法预应力混凝土构件,当采用加热方法养护时,由预应力钢筋与台座之间的温差引起的预应力损失 σ_{l3} 可按式(10-6)计算。

为了减少温差引起的预应力损失,可采用两次升温的养护方法,具体见 10.2.2 节。如果张拉台座与被养护构件共同受热,则不计此项预应力损失。

4) 混凝土弹性压缩引起的预应力损失 σ_{l4}

(1) 后张法预应力混凝土构件采用分批张拉时,先张拉的钢筋由张拉后批钢筋所产生的弹性压缩所引起的预应力损失 σ_{l4} 按下式计算:

$$\sigma_{l4} = \alpha_{Ep}\sum \Delta\sigma_{pc} \tag{10-147}$$

式中　$\Delta\sigma_{pc}$——在计算截面先张拉的钢筋重心处,由后张拉各批钢筋产生的混凝土法向应力,MPa;

　　　α_{Ep}——预应力钢筋弹性模量与混凝土弹性模量的比值。

后张法构件多采用曲线钢筋,钢筋束在各截面的相对位置连续变化,使得各截面的" $\sum \Delta\sigma_{pc}$ "也不相同,具体计算很复杂。当同一截面的预应力钢筋逐束张拉时,由混凝土弹性压缩引起的预应力损失可具体可参照《公路钢筋混凝土及预应力混凝土桥涵设计规范》(JTG D62—2012)附录计算。

（2）先张法预应力混凝土构件当放松预应力钢筋时由混凝土弹性压缩引起的预应力损失 σ_{l4} 按下式计算：

$$\sigma_{l4} = \alpha_{Ep}\sigma_{pc} \tag{10-148}$$

式中　σ_{pc}——在计算截面钢筋重心处，由全部预应力钢筋预加力产生的混凝土法向应力，MPa。

5）预应力钢筋应力松弛引起的预应力损失 σ_{l5}

由预应力钢筋应力松弛引起的预应力损失终极值可按下列规定计算。

（1）对于预应力钢丝、钢绞线，

$$\sigma_{l5} = \psi \cdot \zeta \left(0.52\frac{\sigma_{pe}}{f_{pk}} - 0.26\right)\sigma_{pe} \tag{10-149}$$

式中　ψ——张拉系数，一次张拉时，$\psi = 1.0$，超张拉时，$\psi = 0.9$；

　　　ζ——钢筋松弛系数，Ⅰ级松弛（普通松弛），$\zeta = 1.0$；Ⅱ级松弛（低松弛），$\zeta = 0.3$；

　　　σ_{pe}——传力锚固定时的钢筋应力，对于后张法构件 $\sigma_{pe} = \sigma_{con} - \sigma_{l1} - \sigma_{l2} - \sigma_{l4}$；对于先张法构件，$\sigma_{pe} = \sigma_{con} - \sigma_{l2}$。

（2）对于精轧螺纹钢筋，

一次张拉：

$$\sigma_{l5} = 0.05\sigma_{con} \tag{10-150}$$

超张拉时：

$$\sigma_{l5} = 0.035\sigma_{con} \tag{10-151}$$

6）混凝土收缩和徐变引起的预应力损失 σ_{l6}

由混凝土收缩和徐变引起的构件受拉区和受压区预应力钢筋的预应力损失，可按下列公式计算。

受拉区预应力钢筋：

$$\sigma_{l6}(t) = \frac{0.9[E_p\varepsilon_{cs}(t,t_0) + \alpha_{EP}\sigma_{pc}\phi(t,t_0)]}{1 + 15\rho\rho_{ps}} \tag{10-152}$$

受压区预应力钢筋：

$$\sigma_{l6}'(t) = \frac{0.9[E_p\varepsilon_{cs}(t,t_0) + \alpha_{EP}\sigma_{pc}'\phi(t,t_0)]}{1 + 15\rho'\rho_{ps}'} \tag{10-153}$$

$$\left.\begin{array}{l} \rho = \dfrac{A_p + A_s}{A} \\[3mm] \rho' = \dfrac{A_p' + A_s'}{A} \end{array}\right\} \tag{10-154}$$

$$\left.\begin{array}{l} \rho_{ps} = 1 + \dfrac{e_{ps}^2}{i^2} \\[3mm] \rho_{ps}' = 1 + \dfrac{e_{ps}'^2}{i^2} \end{array}\right\} \tag{10-155}$$

$$\left.\begin{array}{l} e_{ps} = \dfrac{A_p e_p + A_s e_s}{A_p + A_s} \\[3mm] e_{ps}' = \dfrac{A_p' e_p' + A_s' e_s'}{A_p' + A_s'} \end{array}\right\} \tag{10-156}$$

式中　$\sigma_{l6}(t)$、$\sigma_{l6}'(t)$——构件受拉区、受压区全部纵向钢筋截面重心处由混凝土收缩和徐变引起的预应力损失；

σ_{pc}、σ'_{pc}——构件受拉区、受压区全部纵向钢筋截面重心处由预应力产生的混凝土法向压应力,MPa;

A——构件截面面积,对先张法构件,$A=A_0$,对后张法构件,$A=A_n$,A_0为换算截面面积,A_n为净截面面积;

i——截面回转半径,$i^2=I/A$,对后张法构件,取 $A=A_0$,$I=I_0$,对后张法构件取 $A=A_n$,$I=I_n$,此处,I_0、I_n 分别为换算截面与净截面惯性矩;

e_p、e'_p——构件受拉区、受压区预应力钢筋截面重心至构件截面重心的距离;

e_s、e'_s——构件受拉区、受压区纵向普通钢筋截面重心至构件截面重心的距离;

e_{ps}、e'_{ps}——构件受拉区、受压区全部纵向钢筋截面重心至构件截面重心的距离;

$\varepsilon_{cs}(t,t_0)$——预应力钢筋传力锚固龄期为 t_0,计算考虑的龄期为 t 时的混凝土收缩应变,其终极值 $\varepsilon_{cs}(t_u,t_0)$ 可参照《公路钢筋混凝土及预应力混凝土桥涵设计规范》(JTG D62—2012)计算;

$\phi(t,t_0)$——加载龄期为 t_0,计算考虑的龄期为 t 时的混凝土徐变系数,终极值 $\phi(t_u,t_0)$ 可参照《公路钢筋混凝土及预应力混凝土桥涵设计规范》(JTG D62—2012)计算。

计算式(10-152)、式(10-153)中的 σ_{pc} 和 σ'_{pc} 时,预应力损失值仅考虑预应力钢筋传力锚固时的损失(第一批),且 σ_{pc} 和 σ'_{pc} 不得大于 $0.5f'_{cu}$,f'_{cu} 为预应力钢筋锚固时混凝土立方体抗压强度。当计算得到式(10-153)中的 σ'_{pc} 为拉应力时,应取值为零;还应根据构件制作情况考虑自重的影响。

3. 预应力损失值得分阶段组合

根据预应力损失出现的先后顺序及完成终极值所需的时间,先张法和后张法分别按两个阶段进行组合,见表 10-8。

表 10-8　各阶段预应力损失值得组合

预应力损失值得组合	先张法构件	后张法构件
传力锚固时的损失(第一批)σ_{lI}	$\sigma_{l2}+\sigma_{l3}+\sigma_{l4}+0.5\sigma_{l5}$	$\sigma_{l1}+\sigma_{l2}+\sigma_{l4}$
传力锚固后的损失(第一批)σ_{lII}	$0.5\sigma_{l5}+\sigma_{l6}$	$\sigma_{l5}+\sigma_{l6}$

预应力钢筋的有效预应力等于张拉控制应力减去相应阶段的预应力损失。

10.7.2　预应力混凝土受弯构件的承载力计算

预应力混凝土受弯构件持久状况计算包括正截面受弯承载力计算和斜截面承载力(包括斜截面受剪承载力和斜截面受弯承载力)计算,荷载作用效应组合采用相应的基本组合。

1. 正截面受弯承载力计算

预应力混凝土受弯构件达到极限状态时,截面受拉钢筋屈服,受压区边缘混凝土达到极限压应变,其中普通钢筋应力和受压区混凝土压应力与钢筋混凝土受弯构件相同。而受压区配置的预应力钢筋在使用阶段,其拉应力逐渐减小,达到极限状态时可能受拉,也可能受压,但是一般达不到受压屈服强度。受弯承载力具体算法与《混凝土结构设计规范》(GB 50010—2010)类似。

2. 斜截面承载力计算

对构件施加预应力能够延缓斜裂缝的出现和发展,从而增大混凝土剪压区的高度,使构件的抗剪承载力提高。但是,对于允许出现裂缝的预应力混凝土受弯构件,其受剪承载力提高有限,或者不能提高。另外,当由预应力钢筋合力引起的截面弯矩与外荷载弯矩方向一致时,预应力并不能延缓斜裂缝的出现和发展,因此也不能提高受剪承载力。

预应力弯起钢筋拉力的竖向分量能抵抗剪力,同时预应力弯起钢筋的预拉力也可以延缓斜裂缝的出现和发展,从而提高构件的抗剪承载能力。

预应力混凝土受弯构件斜截面受弯承载力的计算方法与钢筋混凝土受弯构件相同,只需在其公式中再计入预应力混凝土的抗弯能力,公式的适用条件(上、下限)、计算步骤、计算位置等均与钢筋混凝土受弯构件相同。预应力混凝土受弯构件斜截面受弯承载力一般通过构造要求保证。

10.7.3　预应力混凝土受弯构件应力计算和应力控制

预应力混凝土受弯构件除计算构件的承载力外,还需计算构件在弹性阶段的应力,包括正截面的法向应力、受拉区钢筋的拉应力和斜截面混凝土的主压应力。构件应力计算及控制是对构件承载力计算的补充。对预应力混凝土简支梁,只需计算预应力引起的主效应;对预应力混凝土连续梁等超静定结构,除主效应外,还要计算预应力、温度作用等引起的次效应。应力计算具体可参照《公路钢筋混凝土及预应力混凝土桥涵设计规范》(JTG D62—2012)计算。

10.7.4　预应力混凝土受弯构件抗裂验算

《公路钢筋混凝土及预应力混凝土桥涵设计规范》(JTG D62—2012)规定,对于全预应力混凝土和 A 类预应力混凝土构件,必须进行正截面和斜截面的抗裂验算;对于 B 类预应力混凝土构件,必须进行斜截面抗裂验算。

1. 正截面抗裂验算

1)全预应力混凝土构件,在作用效应频遇组合下,构件控制截面受拉区边缘混凝土法向应力应满足以下要求。

对于预制构件:

$$\sigma_{st} - 0.85\sigma_{pc} \leqslant 0 \tag{10-157}$$

对于分段浇筑或砂浆接缝的纵向分块构件:

$$\sigma_{st} - 0.80\sigma_{pc} \leqslant 0 \tag{10-158}$$

2)A 类预应力混凝土构件,在作用效应频遇组合下,构件控制截面受拉区边缘混凝土允许出现拉应力,但应满足下式:

$$\sigma_{st} - \sigma_{pc} \leqslant 0.7 f_{tk} \tag{10-159}$$

在荷载效应准永久组合下,构件控制截面受拉区边缘混凝土不应出现拉应力,即截面受拉区边缘混凝土法向应力满足式(10-160):

$$\sigma_{lt} - \sigma_{pc} \leqslant 0 \tag{10-160}$$

式中　σ_{pc}——扣除全部预应力损失后的预加力在构件抗裂验算边缘产生的混凝土预压应力;

　　　σ_{st}——在作用效应频遇组合下,构件抗裂验算边缘混凝土的法向应力,按式(10-161)计算;

$$\sigma_{st} = \frac{M_s}{W_0} \tag{10-161}$$

M_s——按作用效应频遇组合计算的弯矩；

W_0——构件换算截面受拉边缘的弹性抵抗矩。

$$\sigma_{lt} = \frac{M_l}{W_0} \tag{10-162}$$

式中　σ_{lt}——荷载长期效应组合下构件抗裂验算截面受拉区边缘混凝土法向拉应力；

M_l——按荷载效应准永久组合计算的弯矩，在组合的活荷载弯矩中，仅考虑汽车、人群等直接作用在构件的荷载产生的弯矩。

2. 斜截面抗裂验算

构件在预加力和外荷载频遇效应作用下产生弯矩和剪力，该弯矩和剪力引起的混凝土主拉应力达到混凝土抗拉强度时，腹板开始出现斜裂缝。可通过控制混凝土主拉应力来防止斜裂缝的出现。

1) 全预应力混凝土构件，在作用效应频遇组合下，由外荷载和预加力在构件内产生的混凝土主拉应力 σ_{tp} 应满足以下要求。

对于预制构件：

$$\sigma_{tp} \leqslant 0.60 f_{tk} \tag{10-163}$$

对于现浇(包括预制拼装)构件：

$$\sigma_{tp} \leqslant 0.40 f_{tk} \tag{10-164}$$

2) A 类和 B 类预应力混凝土构件，在作用效应频遇组合下，由外荷载和预加力在构件内产生的混凝土主拉应力 σ_{tp} 应满足以下要求。

对于预制构件：

$$\sigma_{tp} \leqslant 0.70 f_{tk} \tag{10-165}$$

对于现浇(包括预制拼装)构件：

$$\sigma_{tp} \leqslant 0.50 f_{tk} \tag{10-166}$$

10.7.5　预应力混凝土受弯构件挠度验算

预应力混凝土受弯构件的挠度 f 等于外荷载作用下产生的挠度 f_M 减去偏心预加力产生的反拱值 f_p。

1. 预加力产生的反拱值 f_p

在预加力作用下，预应力混凝土受弯构件的反拱值 f_p 可用结构力学方法计算，即

$$f_p = \eta_\theta \int \frac{M_{pe} M_x'}{E_c I_0} dx \tag{10-167}$$

式中　M_{pe}——有效预加力在梁任意截面 x 处产生的弯矩值；

M_x'——跨中作用的单位力在任意截面 x 处产生的弯矩值；单位力的方向应使单位力作用下的挠度产生与预加力产生的反拱方向一致；

I_0——全截面换算截面惯性矩；

η_θ——挠度长期增长系数；计算使用阶段预加力反拱值时，取 $\eta_\theta = 2.0$。

2. 外荷载作用下产生的挠度 f_M

1) 预应力混凝土受弯构件的抗弯刚度

（1）对于全预应力混凝土构件和 A 类预应力混凝土构件，其抗弯刚度计算公式为

$$B_0 = 0.95E_c I_0 \tag{10-168}$$

式中　E_c——混凝土的弹性模量。

（2）对于试用阶段允许开裂的 B 类预应力混凝土构件，其抗弯刚度计算公式如下：

在开裂弯矩 M_{cr} 作用下，

$$B_0 = 0.95E_c I_0 \tag{10-169}$$

在 $(M_s - M_{cr})$ 作用下，

$$B_{cr} = E_c I_{cr} \tag{10-170}$$

其中，开裂弯矩 M_{cr} 计算参照 10.5 节进行。

2) 外荷载作用下产生的挠度 f_M

外荷载作用产生的挠度按荷载效应频遇组合及根据式（10-168）～式（10-170）计算得到的抗弯刚度，使用结构力学方法计算挠度值 f_s，再乘以挠度长期增长系数，即 $f_M = \eta_\theta f_s$。挠度长期增长系数 η_θ 按下列规定确定：当采用 C40 以下的混凝土时，$\eta_\theta = 1.6$；当采用 C40～C80 混凝土时，$\eta_\theta = 1.45 \sim 1.35$；中间强度等级按线性内插法确定。

3. 挠度限值 $[f]$

预应力混凝土受弯构件按上述方法计算的长期挠度值，在清除结构自重产生的长期挠度后，梁式桥主梁的最大挠度不应超过计算跨径的 1/600，梁式桥主梁悬臂端的挠度不应超过悬臂长度的 1/300。

4. 预拱度设置

（1）当预加应力产生的长期反拱值大于按荷载效应频遇组合计算的长期挠度时，可不设预拱度；

（2）当预加应力的长期反拱值小于按荷载效应频遇组合计算的长期挠度时，应设预拱度，其值应按该项荷载的挠度值与预加应力长期反拱值之差采用。

对于自重相对于活荷载较小的预应力混凝土构件，应考虑预加力反拱值过大可能造成的不利影响，必要时采取反预拱或设计和施工中的其他措施，避免桥面隆起直至开裂破坏。

10.7.6　预应力混凝土受弯构件端部锚固区计算

后张法预应力混凝土受弯构件端部局部承压区的应力状态和受力机理同 10.4.5 节，具体可参照《公路钢筋混凝土及预应力混凝土桥涵设计规范》（JTG D62—2012）进行计算。

思考题

10-1　什么是预应力混凝土？与普通钢筋混凝土构件相比，预应力混凝土构件有何优缺点？

10-2　为什么预应力混凝土构件必须采用高强钢材，且应尽可能采用高强度等级的混凝土？

10-3　预应力混凝土分为几类？各有什么特点？

10-4 施加预应力的方法有哪几种？先张法和后张法的区别是什么？试简述它们的优缺点及应用范围。

10-5 什么是张拉控制应力 σ_{con}？为什么张拉控制应力取值不能过高也不能过低？

10-6 预应力损失有哪几种？各种损失产生的原因是什么？计算方法及减小措施如何？先张法、后张法各有哪几种损失？哪些属于第一批,哪些属于第二批？

10-7 什么是预应力钢筋的松弛？为什么短时的超张拉可以减小松弛损失？

10-8 预应力混凝土构件各阶段应力状态如何？先、后张法构件的应力计算公式有何异同之处？研究各特定时刻的应力状态有何意义？比较先、后张法应力状态的异同。

10-9 在计算混凝土预应力时,为什么先张法用构件的换算截面 A_0,而后张法却用构件的净截面 A_n？为什么在计算使用阶段由荷载所引起的混凝土应力时二者都用 A_0？

10-10 施加预应力对轴心受拉构件的承载力有何影响？为什么？

10-11 预应力混凝土构件中的非预应力钢筋有何作用？

10-12 什么是预应力钢筋的预应力传递长度？传递长度与锚固长度的区别？

10-13 为什么要对后张法构件端部进行局部受压承载力计算？应进行哪些方面的计算？不满足时应采取什么措施？

10-14 预应力混凝土受弯构件的受压区有时也配置预应力钢筋,有什么作用？这种钢筋对构件的承载能力有无影响？为什么？

习题

10-1 预应力圆孔板(见图 10-36)的预应力损失计算。3.6m 先张法圆孔板截面如图 10-36 所示。预应力筋采用 8 ϕ^P5 消除应力钢丝($A_p = 157\text{mm}^2$),在 4m 长钢模上采用螺杆成组张拉。混凝土为 C40 级,达到 75% 强度张放,$\sigma_{con} = 0.75 f_{ptk}$。请计算预应力损失。

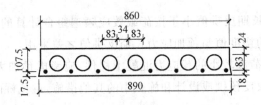

图 10-36 习题 10-1 图

10-2 后张法预应力混凝土简支梁,截面尺寸 $b \times h = 400\text{mm} \times 1200\text{mm}$,跨度为 18m。作用在梁上的恒载标准值 $g_k = 22\text{kN/m}^2$,活载标准值 $q_k = 22\text{kN/m}^2$,可变荷载的组合值系数 $\psi_c = 0.7$。梁内配置有粘结 1×7 标准低松弛钢绞线束 16 $\phi^S12.7$,用夹片式 OVM 锚具($a = 5\text{mm}$),两端同时张拉,孔道为预埋波纹管成型($\kappa = 0.0015\text{m}^{-1}, \mu = 0.25$),预应力钢筋线布置如图 10-37 所示,孔道由两端的圆弧段(水平投影长度为 7m)和梁跨中部的直线段(长度为 4m)组成。预应力钢筋端点处的切线倾角为 0.38rad(21.8°),曲线孔道的曲率半径为 18m。混凝土强度等级为 C45,普通钢筋采用 6 $\phi18$($A_s = 1526\text{mm}^2$)的 HRB335 热轧钢筋,裂缝控制等级为二级(一般要求不出现裂缝),一类使用环境。计算该简支梁跨中截面的预应力损失,并按单筋截面验算其正截面受弯承载力和正截面抗裂能力是否满足要求。

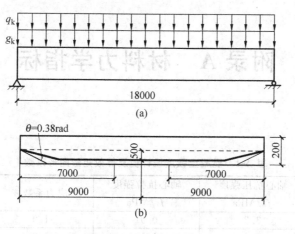

图 10-37　习题 10-2 图

附录 A　材料力学指标

表 A-1　混凝土强度设计值及等效矩形图形系数

强度种类		轴心抗压强度 f_c/MPa	轴心抗拉强度 f_t/MPa	应力系数 α	高度系数 β
混凝土 强度等级	C15	7.2	0.91	1.0	0.8
	C20	9.6	1.10	1.0	0.8
	C25	11.9	1.27	1.0	0.8
	C30	14.3	1.43	1.0	0.8
	C35	16.7	1.57	1.0	0.8
	C40	19.1	1.71	1.0	0.8
	C45	21.1	1.80	1.0	0.8
	C50	23.1	1.89	1.0	0.8
	C55	25.3	1.96	0.99	0.79
	C60	27.5	2.04	0.98	0.78
	C65	29.7	2.09	0.97	0.77
	C70	31.8	2.14	0.96	0.76
	C75	33.8	2.18	0.95	0.75
	C80	35.9	2.22	0.94	0.74

表 A-2　混凝土强度标准值和弹性模量　　　　　　　　MPa

强度种类		轴心抗压强度 f_{ck}	轴心抗拉强度 f_{tk}	弹性模量 E_c
混凝土 强度等级	C15	10.0	1.27	2.20×10^4
	C20	13.4	1.54	2.55×10^4
	C25	16.7	1.78	2.80×10^4
	C30	20.1	2.01	3.00×10^4
	C35	23.4	2.20	3.15×10^4
	C40	26.8	2.39	3.25×10^4
	C45	29.6	2.51	3.35×10^4
	C50	32.4	2.64	3.45×10^4
	C55	35.5	2.74	3.55×10^4
	C60	38.5	2.85	3.60×10^4
	C65	41.5	2.93	3.65×10^4
	C70	44.5	2.99	3.70×10^4
	C75	47.4	3.05	3.75×10^4
	C80	50.2	3.11	3.80×10^4

注：(1) 当有可靠试验数据时，弹性模量可根据实测数据确定；

　　(2) 当混凝土中掺有大量矿物掺合料时，弹性模量可按规定龄期根据实测数据确定。

表 A-3 不同 ρ_c^f 值时混凝土受压疲劳强度修正系数

$0 \leqslant \rho_c^f < 0.1$	$0.1 \leqslant \rho_c^f < 0.2$	$0.2 \leqslant \rho_c^f < 0.3$	$0.3 \leqslant \rho_c^f < 0.4$	$0.4 \leqslant \rho_c^f < 0.5$	$\rho_c^f \geqslant 0.5$
γ_ρ	0.74	0.80	0.86	0.93	1.00

表 A-4 混凝土疲劳变形模量

混凝土强度等级	C30	C35	C40	C45	C50	C55	C60	C65	C70	C75	C80
E_c^f	1.30	1.40	1.50	1.55	1.60	1.65	1.70	1.75	1.80	1.85	1.90

表 A-5 普通钢筋强度标准值及极限应变

种类	牌号	符号	公称直径 d/mm	屈服强度 f_{yk}/MPa	抗拉强度 f_{stk}/MPa	最大力下总伸长率 δ_{gt}限值/%
	HPB300	ϕ	6~14	300	420	10.0
	HRB335	ϕ、ϕ^F	6~14	335	455	
	HRB400	$\oplus$				7.5
	HRBF400	$\oplus^F$	6~50	400	540	
	RRB400	$\oplus^R$				5.0
	HRB500、HRBF500	Φ、Φ^F	6~50	500	630	3.5

注：当采用直径大于 40mm 的钢筋时，应有可靠的工程经验。

表 A-6 普通钢筋强度设计值   MPa

牌　　号	f_y	f_y'
HPB300	270	270
HRB335	300	300
HRB400、HRBF400、RRB400	360	360
HRB500、HRBF500	435	435

注：横向钢筋的抗拉强度设计值 f_{yv} 应按表中 f_y 的数值取用，当用作受剪受扭、受冲切承载力计算时，其数值大于 360MPa 时应取 360MPa。

表 A-7 预应力钢筋强度标准值

种　　类		符号	公称直径 d/mm	屈服强度标准值 f_{pyk}/MPa	极限强度标准值 f_{stk}/MPa
中强度预应力钢丝	光面 螺纹肋	ϕ^{PM} ϕ^{HM}	5、7、9	620	800
				780	970
				980	1270
预应力螺纹钢筋	螺纹	ϕ^T	18、25 32、40、 50	785	980
				930	1080
				1080	1230

续表

种　类		符号	公称直径 d/mm	屈服强度标准值 f_{pyk}/MPa	极限强度标准值 f_{stk}/MPa
钢绞线	1×3 (三股)	ϕ^S	8.6,10.8, 12.9	—	1570
				—	1860
				—	1960
	1×7 (七股)		9.5,12.7, 15.2,17.8	—	1720
				—	1860
				—	1960
			21.6	—	1860
消除应力钢丝	光面	ϕ^P	5	—	1570
				—	1860
	螺旋肋	ϕ^H	7	—	1570
			9	—	1470
				—	1570

表 A-8　预应力钢筋强度设计值　　　　　　　　　MPa

种类	极限强度标准值 f_{ptk}	抗拉强度设计值 f_{py}	抗压强度设计值 f'_{py}
中强度预应力钢丝	800	510	410
	970	650	
	1270	810	
消除应力钢丝	1470	1040	410
	1570	1110	
	1860	1320	
钢绞线	1570	1110	390
	1720	1220	
	1860	1320	
	1960	1390	
预应力螺纹钢筋	980	650	400
	1080	770	
	1230	900	

注：当预应力筋的强度标准值不符合表 A-8 的规定时，其强度设计值应进行相应的比例换算。

表 A-9　　钢筋的弹性模量　　　　　　　　　　　$\times 10^5$ MPa

牌号或种类	弹性模量 E_s
HPB300 钢筋	2.10
HRB335、HRB400、HRB500 级钢筋 HRBF400、HRBF500 钢筋 RRB400 钢筋 预应力螺纹钢筋	2.00
消除应力钢丝、中强度预应力钢丝	2.05
钢绞线	1.95

注：必要时可通过试验采用实测的弹性模量。

表 A-10　钢筋混凝土结构中钢筋疲劳应力幅限值

疲劳应力比值 ρ_s'	疲劳应力幅限值 Δf_y	
	HRB335	HRB400
0	175	175
0.1	162	162
0.2	154	156
0.3	144	149
0.4	131	137
0.5	115	123
0.6	97	106
0.7	77	85
0.8	54	60
0.9	28	31

注：当纵向受拉钢筋采用闪光接触对焊接头时，其接头处钢筋疲劳应力幅限值应按表中数值乘以 0.8 取用。

表 A-11　矩形和 T 形截面受弯构件正截面承载力计算系数

ξ	γ_s	α_s	ξ	γ_s	α_s
0.01	0.995	0.010	0.31	0.845	0.262
0.02	0.990	0.020	0.32	0.840	0.269
0.03	0.985	0.030	0.33	0.835	0.276
0.04	0.980	0.039	0.34	0.830	0.282
0.05	0.975	0.049	0.35	0.825	0.289
0.06	0.970	0.058	0.36	0.820	0.295
0.07	0.965	0.068	0.37	0.815	0.302
0.08	0.960	0.077	0.38	0.810	0.308
0.09	0.955	0.086	0.39	0.805	0.314
0.10	0.950	0.095	0.40	0.800	0.320
0.11	0.945	0.104	0.41	0.795	0.326
0.12	0.940	0.113	0.42	0.790	0.332
0.13	0.935	0.122	0.43	0.785	0.338
0.14	0.930	0.130	0.44	0.780	0.343
0.15	0.925	0.139	0.45	0.775	0.349
0.16	0.920	0.147	0.46	0.770	0.354
0.17	0.915	0.156	0.47	0.765	0.360
0.18	0.910	0.164	0.48	0.760	0.365
0.19	0.905	0.172	0.49	0.755	0.370
0.20	0.900	0.180	0.50	0.750	0.375
0.21	0.895	0.188	0.51	0.745	0.380
0.22	0.890	0.196	0.52	0.740	0.385
0.23	0.885	0.204	0.53	0.735	0.390
0.24	0.880	0.211	0.54	0.730	0.394
0.25	0.875	0.219	0.55	0.725	0.399
0.26	0.870	0.226	0.56	0.720	0.403
0.27	0.865	0.234	0.57	0.715	0.408
0.28	0.860	0.241	0.58	0.710	0.412
0.29	0.855	0.248	0.59	0.705	0.416
0.30	0.850	0.255	0.60	0.700	0.420

附录 B　钢筋的计算截面面积及公称质量

表 B-1　钢筋的公称直径、计算截面面积及理论质量

公称直径 /mm	不同根数钢筋的计算截面面积/mm²									单根钢筋 理论质量/(kg/m)
	1	2	3	4	5	6	7	8	9	
6	28.3	57	85	113	142	170	198	226	255	0.222
8	50.3	101	151	201	252	302	352	402	453	0.395
10	78.5	157	236	314	393	471	550	628	707	0.617
12	113.1	226	339	452	565	678	791	904	1017	0.888
14	153.9	308	461	615	769	923	1077	1231	1385	1.21
16	201.1	402	603	804	1005	1206	1407	1608	1809	1.58
18	254.5	509	763	1017	1272	1527	1781	2036	2290	2.00(2.11)
20	314.2	628	942	1256	1570	1884	2199	2513	2827	2.47
22	380.1	760	1140	1520	1900	2281	2661	3041	3421	2.98
25	490.9	982	1473	1964	2454	2945	3436	3927	4418	3.85(4.10)
28	615.8	1232	1847	2463	3079	3695	4310	4926	5542	4.83
32	804.2	1609	2413	3217	4021	4826	5630	6434	7238	6.31(6.65)
36	1017.9	2036	3054	4072	5089	6107	7125	8143	9161	7.99
40	1256.6	2513	3770	5027	6283	7540	8796	10053	11310	9.87(10.34)
50	1963.5	3928	5892	7856	9820	11784	13784	15712	17676	15.42(16.28)

注：括号内为预应力螺纹钢筋的数值。

表 B-2　钢绞线的公称直径、计算截面面积及理论质量

种类	公称直径/mm	计算截面面积/mm²	理论质量/(kg/m)
1×3	8.6	37.4	0.296
	10.8	58.9	0.462
	12.9	84.8	0.666
1×7 标准型	9.5	54.8	0.430
	12.7	98.7	0.775
	15.2	140	1.101
	17.8	191	1.500
	21.6	285	2.237

表 B-3　钢丝公称直径、截面面积及理论质量

公称直径/mm	计算截面面积/mm²	理论质量/(kg/m)
5.0	19.63	0.154
7.0	38.48	0.302
9.0	63.62	0.499

表 B-4　钢筋混凝土板每米宽的钢筋面积表　　　　mm²

钢筋间距/mm	钢筋直径/mm								
	6	6/8	8	8/10	10	10/12	12	12/14	14
70	404.0	561.0	719.0	920.0	1121.0	1369.0	1616.0	1907.0	2199.0
75	377.0	524.0	671.0	859.0	1047.0	1277.0	1508.0	1780.0	2052.0
80	354.0	491.0	629.0	805.0	981.0	1198.0	1414.0	1669.0	1924.0
85	333.0	462.0	592.0	758.0	924.0	1127.0	1331.0	1571.0	1811.0
90	314.0	437.0	559.0	716.0	872.0	1064.0	1257.0	1483.0	1710.0
95	298.0	414.0	529.0	678.0	826.0	1008.0	1190.0	1405.0	1620.0
100	283.0	393.0	503.0	644.0	785.0	958.0	1131.0	1335.0	1539.0
110	257.0	357.0	457.0	585.0	714.0	871.0	1028.0	1214.0	1399.0
120	236.0	327.0	419.0	537.0	654.0	798.0	942.0	1114.0	1283.0
125	226.0	314.0	402.0	515.0	628.0	766.0	905.0	1068.0	1231.0
130	218.0	302.0	387.0	495.0	604.0	737.0	870.0	1027.0	1184.0
140	202.0	281.0	359.0	460.0	561.0	684.0	808.0	954.0	1099.0
150	189.0	262.0	335.0	429.0	523.0	639.0	754.0	890.0	1026.0
160	177.0	246.0	314.0	403.0	491.0	599.0	707.0	834.0	962.0
170	166.0	231.0	296.0	379.0	462.0	564.0	665.0	785.0	905.0
180	157.0	218.0	279.0	358.0	436.0	532.0	628.0	742.0	855.0
190	149.0	207.0	265.0	339.0	413.0	504.0	595.0	703.0	810.0
200	141.0	196.0	251.0	322.0	393.0	479.0	505.0	668.0	770.0
220	129.0	179.0	229.0	293.0	357.0	436.0	514.0	607.0	700.0
240	118.0	164.0	210.0	268.0	327.0	399.0	471.0	556.0	641.0
250	113.0	157.0	201.0	258.0	314.0	383.0	452.0	534.0	616.0
260	109.0	151.0	193.0	248.0	302.0	369.0	435.0	513.0	592.0
280	101.0	140.0	180.0	230.0	280.0	342.0	404.0	477.0	550.0
300	94.2	131.0	168.0	215.0	262.0	319.0	377.0	445.0	513.0
320	88.4	123.0	157.0	201.0	245.0	299.0	353.0	417.0	481.0

附录 C 基本规定

表 C-1 受弯构件的挠度限值

构件类型		挠度限值
吊车梁	手动吊车	$l_0/500$
	电动吊车	$l_0/600$
屋盖、楼盖楼梯构件	当 $l_0 < 7\mathrm{m}$ 时	$l_0/200(l_0/250)$
	当 $7\mathrm{m} \leqslant l_0 \leqslant 9\mathrm{m}$ 时	$l_0/250(l_0/300)$
	当 $l_0 > 9\mathrm{m}$ 时	$l_0/300(l_0/400)$

注:(1) 表中 l_0 为构件的计算跨度;计算悬臂构件的挠度限值时,其计算跨度 l_0 按实际悬臂长度的 2 倍取用;

(2) 表中括号内的数值适用于使用中对挠度有较高要求的构件;

(3) 如果构件制作时预先起拱,且使用中也允许,则在验算挠度时,可将计算所得的挠度值减去起拱值;对预应力混凝土构件,尚可减去预加力所产生的反拱值;

(4) 构件制作时的起拱值和预加力所产生的反拱值,不宜超过构件在相应荷载组合作用下的计算挠度值。

表 C-2 混凝土结构的环境类别

环境类别	条 件
一	室内干燥环境; 无侵蚀性静水浸没环境
二 a	室内潮湿环境; 非严寒和非寒冷地区露天环境; 非严寒和非寒冷地区与无侵蚀性的水或土壤直接接触的环境; 严寒和寒冷地区的冰冻线以下与无侵蚀性的水或土壤直接接触的环境; 干湿交替环境
二 b	水位频繁变动环境; 严寒和寒冷地区的露天环境; 严寒和寒冷地区冰冻线以上与无侵蚀性的水或土壤直接接触的环境
三 a	严寒和寒冷地区冬季水位变动区环境; 受除冰盐影响环境; 海风环境
三 b	盐渍土环境; 受除冰盐作用环境; 海岸环境
四	海水环境
五	受人为或自然的侵蚀性物质影响的环境

注:(1) 室内潮湿环境是指构件表面经常处于结露或湿润状态的环境;

(2) 严寒和寒冷地区的划分应符合国家现行标准《民用建筑热工设计规程》(GB 50176—1993)的有关规定;

(3) 海岸环境和海风环境宜根据当地情况,考虑主导风向及结构所处迎风、背风部位等因素的影响,由调查研究和工程经验确定;

(4) 受除冰盐影响环境为受到除冰盐盐雾影响的环境;受除冰盐作用环境指被除冰盐溶液溅射的环境以及使用除冰盐地区的洗车房、停车楼等建筑;

(5) 暴露的环境是指混凝土结构表面所处的环境。

表 C-3　结构构件的裂缝控制等级及最大裂缝宽度的限值　　　　mm

环境类别	钢筋混凝土结构		预应力混凝土结构	
	裂缝控制等级	w_{lim}	裂缝控制等级	w_{lim}
一	三级	0.30(0.40)	三级	0.20
二 a				0.10
二 b		0.20	二级	—
三 a、三 b			一级	—

注：(1) 表中的规定适用于采用热轧钢筋的钢筋混凝土构件和采用预应力钢丝、钢绞线和精轧螺纹钢筋的预应力混凝土构件；当采用其他类别的钢丝或钢筋时，其裂缝控制要求可按专门标准确定；

(2) 对处于年平均相对湿度小于 60% 地区一级环境下的钢筋混凝土受弯构件，其最大裂缝宽度限值可采用括号内的数值；

(3) 在一类环境下，对钢筋混凝土屋架、托架及需作疲劳验算的吊车梁，其最大裂缝宽度限值应取为 0.20mm；对钢筋混凝土屋面梁和托梁，其最大裂缝宽度限值应取为 0.30mm；

(4) 在一类环境下，对预应力混凝土屋架、托架及双向板体系，应按二级裂缝控制等级进行验算；对预应力混凝土屋面梁、托梁、单向板，应按表中二 a 级环境的要求进行验算；

(5) 需作疲劳验算的预应力混凝土吊车梁，应按一级裂缝控制等级进行验算。

表 C-4　混凝土保护层的最小厚度 c　　　　mm

环境类别	板、墙、壳	梁、柱、杆
一	15	20
二 a	20	25
二 b	25	35
三 a	30	40
三 b	40	50

注：(1) 混凝土强度等级不大于 C25 时，表中保护层厚度数值应增加 5mm；

(2) 钢筋混凝土基础应设置混凝土垫层，其纵向受力钢筋的混凝土保护层厚度应从垫层顶面算起，且不小于 40mm。

表 C-5　截面抵抗矩塑性影响系数基本值 γ_m

项次	1	2	3		4		5
截面形状	矩形截面	翼缘位于受拉区的 T 形截面	对称 I 形截面或箱形截面		翼缘位于受拉区的倒 T 形截面		圆形和环形截面
			$b_f/b \leqslant 2$ h_f/h 为任意值	$b_f/b > 2$ $h_f/h < 0.2$	$b_f/b \leqslant 2$ h_f/h 为任意值	$b_f/b > 2$ $h_f/h < 0.2$	
γ_m	1.55	1.50	1.45	1.35	1.50	1.40	$1.6 - 0.24\, r_1/r$

注：(1) 对 $b_f' > b_f$ 的 I 形截面，可按项次 2 与项次 3 之间的数值采用；对 $b_f' < b_f$ 的 I 形截面，可按项次 3 与项次 4 之间的数值采用；

(2) 对于箱形截面，b 系指各肋宽度的总和；

(3) r_1 为环形截面的内环半径，对圆形截面取 r_1 为零。

表 C-6　钢筋混凝土结构构件中纵向受力钢筋的最小配筋百分率　　　　%

受力类型			最小配筋百分率
受压构件	全部纵向钢筋	强度等级 500MPa	0.50
		强度等级 400MPa	0.55
		强度等级 300MPa、335MPa	0.60
	一侧纵向钢筋		0.20
受弯构件、偏心受拉、轴心受拉构件一侧的受拉钢筋			0.2 和 $45f_t/f_y$ 中的较大值

注：(1) 受压构件全部纵向钢筋最小配筋百分率，当采用 C60 及以上强度等级的混凝土时，应按表中规定增加 0.10；

(2) 板类受弯构件(不包括悬臂板)的受拉钢筋，当采用强度等级 400MPa、500MPa 的钢筋时，其最小配筋百分率应允许采用 0.15 和 $45f_t/f_y$ 中的较大值；

(3) 偏心受拉构件中的受压钢筋，应按受压构件一侧纵向钢筋考虑；

(4) 受压构件的全部纵向钢筋和一侧纵向钢筋的配筋率，以及轴心受拉构件和小偏心受拉构件一侧受拉钢筋的配筋率，均应按构件的全截面面积计算；

(5) 受弯构件、大偏心受拉构件一侧受拉钢筋的配筋率，应按全截面面积扣除受压翼缘面积$(b_f'-b)h_f'$后的截面面积计算；

(6) 当钢筋沿构件截面周边布置时，"一侧纵向钢筋"系指沿受力方向两个对边中一边布置的纵向钢筋。

附录 D 术 语

1. 混凝土结构（concrete structure）：以混凝土为主要材料制成的结构，包括素混凝土结构、钢筋混凝土结构和预应力混凝土结构。

2. 素混凝土结构（plain concrete structure）：无筋或不配置受力钢筋的混凝土结构。

3. 普通钢筋（steel bar）：混凝土结构构件中的各种非预应力钢筋的总称。

4. 预应力筋（prestressing tendon/bar）：混凝土结构构件中施加预应力的钢丝、钢绞线和预应力螺纹钢筋等的总称。

5. 钢筋混凝土结构（reinforced concrete structure）：配置受力的钢筋、钢筋网或钢筋骨架的混凝土结构。

6. 预应力混凝土结构（prestressed concrete structure）：配置受力的预应力筋，通过张拉或其他方法建立预加应力的混凝土结构。

7. 无粘结预应力混凝土结构（unbonded prestressed concrete structure）：配置带有涂料层和外包层的预应力筋，与混凝土之间能够永久产生滑动的后张法预应力混凝土结构。

8. 有粘结预应力混凝土结构（bonded prestressed concrete structure）：通过灌浆或与混凝土的直接接触使预应力筋与混凝土之间相互粘结的预应力混凝土结构。

9. 先张法预应力混凝土结构（pretensioned prestressed concrete structure）：在台座上张拉预应力筋后浇筑混凝土，并通过粘结力传递而建立预加应力的混凝土结构。

10. 后张法预应力混凝土结构（post-tensioned prestressed concrete structure）：混凝土浇筑并达到规定强度后，通过张拉预应力筋并在结构上锚固而建立预加应力的混凝土结构。

11. 锚固长度（anchorage length）：受力钢筋端部依靠其表面与混凝土的粘结作用或端部锚头对混凝土的挤压作用而建立设计所需应力的长度。

12. 钢筋连接（splice of reinforcement）：通过绑扎搭接、机械连接、焊接等方式将一根钢筋中的力传递至另一根钢筋的传力形式。

13. 配筋率（ratio of reinforcement）：混凝土构件中配置的钢筋面积（或体积）与规定的混凝土截面面积（或体积）的比值。

14. 混凝土保护层（concrete cover）：构件中钢筋外边缘至构件表面的混凝土层，简称保护层。

15. 剪跨比（ratio of shear span to effective depth）：截面弯矩除以剪力及有效高度的比值，$M/(Vh_0)$。

16. 横向钢筋（transverse reinforcement）：垂直于纵向受力钢筋的箍筋或间接钢筋。

17. 混凝土结构设计规范（code for design of concrete structures）。

参 考 文 献

[1] 中华人民共和国住房和城乡建设部,中华人民共和国国家质量监督检验检疫总局. 混凝土结构设计规范:GB 50010—2010(2015 年版)[S]. 北京:中国建筑工业出版社,2015.

[2] 中华人民共和国住房和城乡建设部,中华人民共和国国家质量监督检验检疫总局. 建筑结构可靠度设计统一标准:GB 50068—2001[S]. 北京:中国建筑工业出版社,2001.

[3] 中华人民共和国住房和城乡建设部,中华人民共和国国家质量监督检验检疫总局. 建筑结构荷载规范:GB 50009—2012[S]. 北京:中国建筑工业出版社,2012.

[4] 中华人民共和国住房和城乡建设部,中华人民共和国国家质量监督检验检疫总局. 普通混凝土力学性能试验方法:GB/T 50081—2002[S]. 北京:中国建筑工业出版社,2003.

[5] 中华人民共和国交通部. 公路桥涵设计通用规范:JTG D60—2015[S]. 北京:人民交通出版社,2015.

[6] 中华人民共和国交通部. 公路钢筋混凝土及预应力混凝土桥涵设计规范:JTG D62—2012[S]. 北京:人民交通出版社,2012.

[7] 徐有邻. 混凝土结构设计原理及修订规范的应用[M]. 北京:清华大学出版社,2012.

[8] 梁兴文,史庆轩. 混凝土结构设计原理[M]. 3 版. 北京:中国建筑工业出版社,2016.

[9] 东南大学,天津大学,同济大学. 混凝土结构(上册):混凝土结构设计原理[M]. 5 版. 北京:中国建筑工业出版社,2012.

[10] 沈蒲生,梁兴文. 混凝土结构设计原理[M]. 4 版. 北京:高等教育出版社,2012.

[11] 沈蒲生,罗国强. 混凝土结构疑难释义[M]. 4 版. 北京:中国建筑工业出版社,2012.

[12] 徐有邻,刘刚. 混凝土结构设计规范理解与应用[M]. 北京:中国建筑工业出版社,2013.

[13] 江见鲸. 钢筋混凝土结构非线性有限元分析[M]. 西安:陕西科学技术出版社,1994.

[14] 江见鲸. 混凝土结构工程学[M]. 北京:中国建筑工业出版社,1998.

[15] 王传志,滕智明. 钢筋混凝土结构理论[M]. 北京:中国建筑工业出版社,1985.

[16] 丁大钧. 现代混凝土结构学[M]. 北京:中国建筑工业出版社,2000.

[17] 过镇海. 混凝土的强度和变形(试验基础和本构关系)[M]. 北京:清华大学出版社,1997.

[18] 过镇海. 钢筋混凝土原理[M]. 3 版. 北京:清华大学出版社,2013.

[19] 叶见曙. 结构设计原理[M]. 3 版. 北京:人民交通出版社,2014.

[20] 吴培明. 混凝土结构(上)[M]. 2 版. 武汉:武汉理工大学出版社,2004.

[21] PARK R,PAULEY T. Reinforced concrete structures[M]. New York:John Wiley&Son,1975.

[22] 童岳生,梁兴文. 钢筋混凝土构件设计[M]. 北京:科学技术文献出版社,1995.

[23] 周奎,郑七振. 全国一级注册结构工程师执业资格考试历年真题解析及模拟试题(专业部分)[M]. 3 版. 武汉:华中科技大学出版社,2009.

[24] 住房和城乡建设部执业资格注册中心. 全国一级注册结构工程师专业考试历年试题及标准解答[M]. 北京:机械工业出版社,2010.

[25] 张庆芳,申兆武. 2017 版一级注册结构工程师专业考试历年试题·疑问解答·专题聚焦[M]. 北京:中国建筑工业出版社,2016.

[26] 施岚青. 注册结构工程师专业考试应试指南[M]. 北京:中国建筑工业出版社,2015.